カラー・プレビュー
PCI Express アドイン・カード解体新書

福田 光治

　パソコン内部で使われる PCI Express バス用アドイン・カードの詳細を**写真 A**に解説します．また**写真 A**の基板の機能ブロックを**図 A**に示します．

● FPGA の役割（写真 A の A）

- ユーザ回路が入っている
- PCI Express の処理は IP コアを活用
- PHY チップとのインターフェース PIPE を備える
- そのほか DLL，CPU，RAM，FIFO などのインターフェースを備える

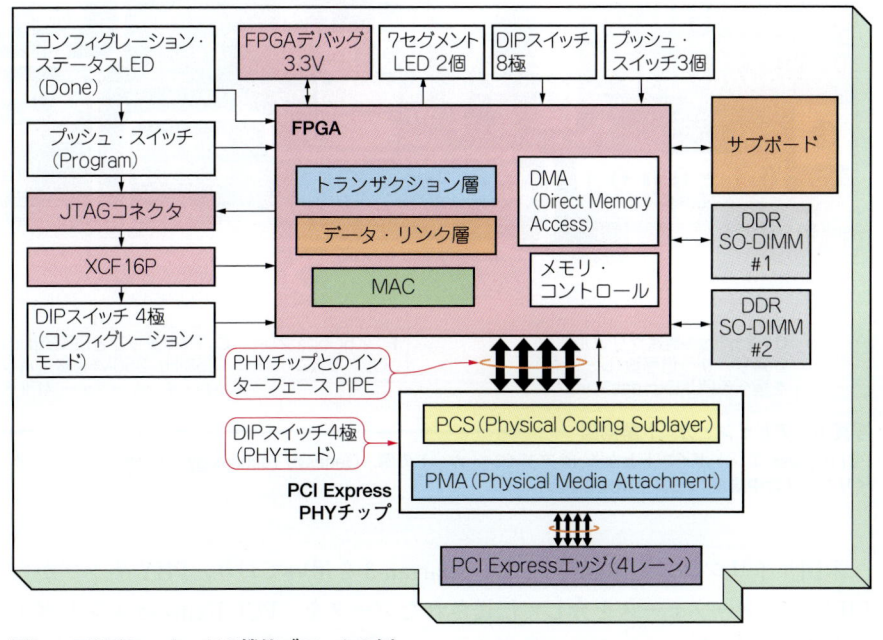

図 A　アドイン・カードの機能ブロックの例

D：フォーム・ファクタで基板の形状が決められている

B：2.5Gbps高速シリアル信号をパラレル変換するPHYチップ（Genesys Technology社 **GL9714**）

A：物理層のMAC処理のほか，データ・リンク層，トランザクション層の処理を行う中規模FPGA（ザイリンクスSpartan-3 **XC3S4000-FG900**）

C：2.5Gbps高速シリアル信号が通り，使う信号数（レーン幅）を選べるPCI Expressエッジ

F：2.5Gbpsシリアル・ライン

E：PHYチップとFPGA間の125MHz/250MHz高速パラレル・インターフェースPIPE

写真A　アドイン・カード解剖図
PCI Express エンドポイントとなる x4 アドイン・カードの例．Genesys Technology 社の PHY チップとザイリンクスの中規模 FPGA で構成される．

　米国ザイリンクスの中規模 FPGA Spartan-3 を用いており，PHY チップから PIPE インターフェースを介して伝送されたデータを，PCI Express エンドポイント用ソフト IP コアによって処理することで PCI Express 接続を制御します．

口絵2　カラー・プレビュー　PCI Express アドイン・カード解体新書

FPGAの回路情報を格納する
コンフィグレーションROM

電源

この構成で，データのフロー制御やパケット化，エラー通知，割り込み挿入など，MAC層を含めた上位層（トランザクション層，データ・リンク層）の機能をすべて実現できます．

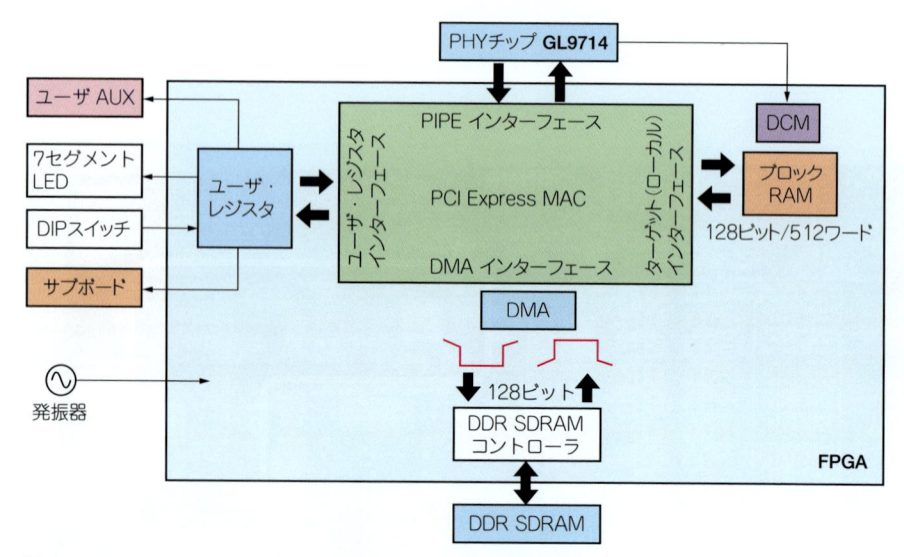

図B　PCI Express システムにおける FPGA の役割と概要
アドイン・カードに搭載された FPGA の機能を示す．特に MAC 層の処理とソフト IP コアで実装した DMA, PHY チップの関係を表す．

　バースト転送方式でデータ伝送帯域を確保し，RAM などにダンピングする必要があるアプリケーションでは，ソフト IP コアの DMA（Direct Memory Access）コントローラを追加することで実現します．また，PIPE のデータ・クロック・タイミングは，FPGA 内の DCM（Digital Clock Manager）が持つ位相シフト機能や IOB（入出力ブロック）内にある遅延エレメントを用いて調整できます（**図B**）．

● **PHY チップの役割**（写真 A の B）

- 後段 LSI とのパラレル・インターフェース PIPE
- 8b/10b 符号化
- シリアル-パラレル変換（SerDes）
- バッファ（FIFO）を備える
- PLL を備える
- シリアル信号からクロックを再生

　写真 B のような PHY チップは，物理層機能を実現します．PMA（Physical

写真B 2.5 Gbps シリアル信号を 125 MHz/250 MHz パラレル信号に変換する PHY チップの例

Media Attachment)層では，SerDes を含むアナログ・ブロックが内蔵されており，2.5 Gbps のシリアライズやデータからのクロック再生(CDR：Clock Data Recovery)機能などを実現します．また，PCS 層で 8b/10b 符号化/復号化や，レーン間の位相を補償するためのエラスティック・バッファなどが搭載されています．選択する PHY チップが持つドライブ機能により，PIPE 転送時の動作モードが決定され，上位層への転送周波数やビット幅が定義されます．

● PCI Express エッジ（写真 A の C）

- ・電解金メッキ端子
- ・2.5 Gbps シリアル・インターフェースを伝送する
- ・100 MHz リファレンス・クロックを伝送する
- ・$\overline{\text{PRSNT}}$，$\overline{\text{WAKE}}$ を伝送する
- ・3.3 V と 12 V の電源供給

ホスト・コンピュータ(ルート・コンプレックス・デバイス)との接続のための，電解金メッキ加工されたコネクタ端子です．図 C のように 2.5 Gbps の差動シリアル信号やエンドポイント・デバイスへの 100 MHz リファレンス・クロックが伝送されます．活線挿抜対応ピン($\overline{\text{PRSNT}}$)やローパワー・ステート(L2 状態)からの復帰用信号($\overline{\text{WAKE}}$)などもアサインされています．

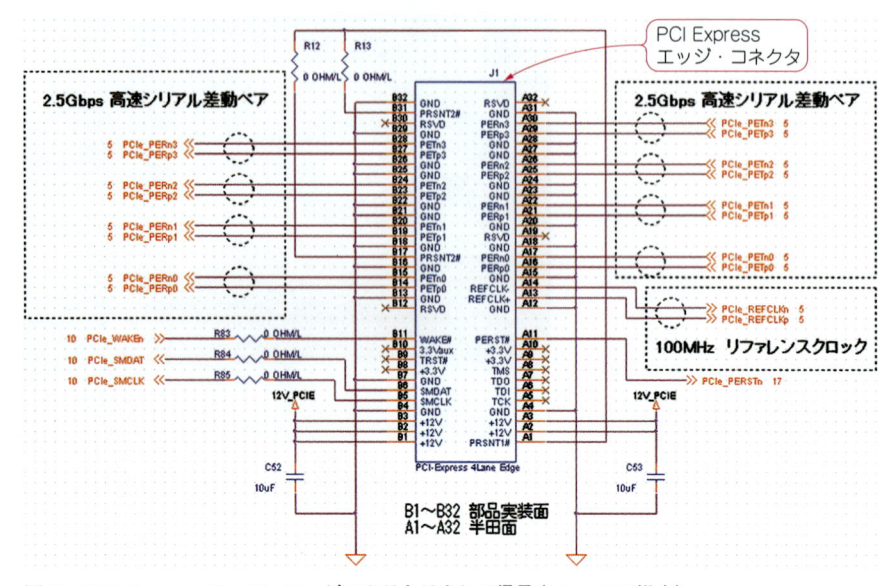

図C　PCI Express カード・エッジでやりとりされる信号（4レーンの場合）

● フォーム・ファクタ（写真AのD）

・アドイン・カード（CEM Specification）
・フル・サイズ：111.15 mm × 312 mm
・ロー・プロファイル：68.9 mm × 167.65 mm
・板厚：1.57 mm
・電力供給
　　＋3.3 V ± 9 %：最大 3 A
　　＋12 V ± 8 %：最大 5.5 A
　　＋3.3 V_{aux} ± 9 %：最大 375 mA
・実装面高さ規定：14.47 mm
・はんだ面高さ規定：2.67 mm

　PCI Express プロトコルには，58 以上のフォーム・ファクタが存在します．その中でも，**写真A**のようなアドイン・カードの場合，CEM Specification により各フォーム・ファクタが定義されています．特にオープン・システムで使用する場合，部品やケーブル，ボードの干渉を防止するためにはこの規定に準拠する必要があります．

● PHYチップと後段LSI間の125 MHz/250 MHz高速パラレル・インターフェースPIPE（写真AのE）

- 電気特性は図DのようなSSTL-II I/O規格
- パラレル信号は125 MHz/250 MHz動作
- ソース・シンクロナス通信でクロック信号を使う
- COMMAND/STATUSなど各種制御信号をやりとり
- 1レーンあたり8ビット/16ビットのデータを通信

図Eのように多くの高速パラレル信号を配線するので，パターン設計が難しくなります．

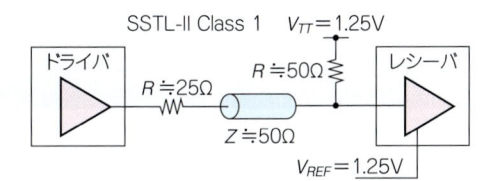

図D 電気特性にはSSTL-IIなどが使われる

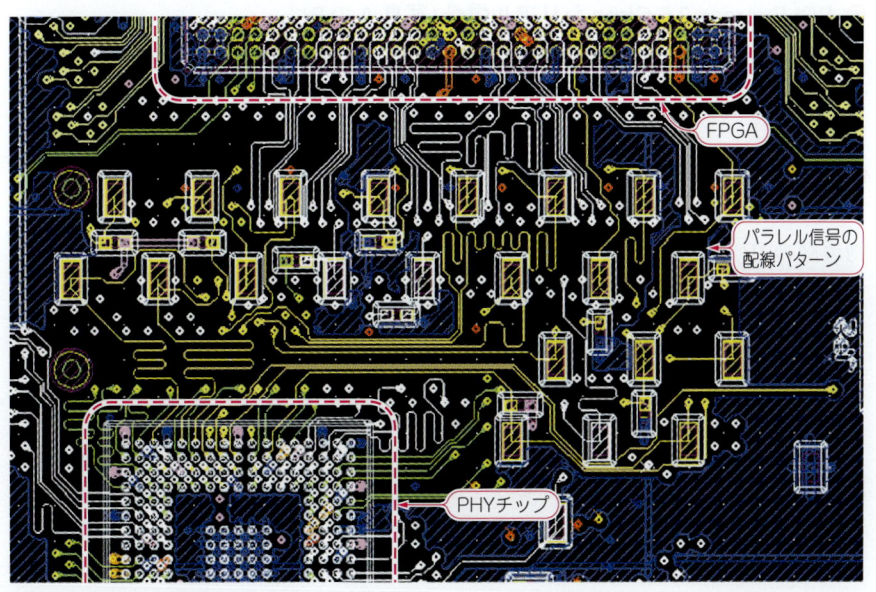

図E 制御信号も含めて1レーンあたり30本以上の配線が必要なのでパターン配線が難しい

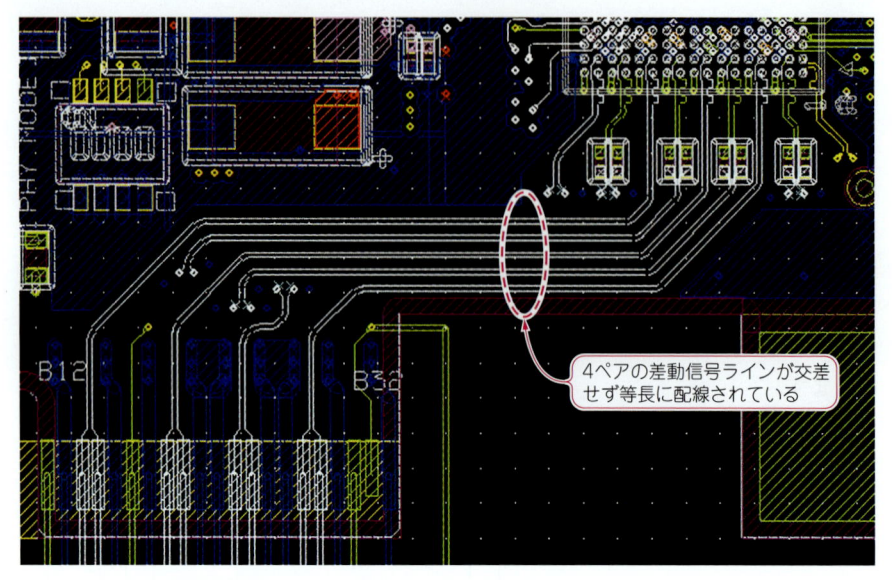

図F 4レーンの場合の配線パターンの例

（図中注記：4ペアの差動信号ラインが交差せず等長に配線されている）

● **PCI Express 2.5 Gbps シリアル信号（写真 A の F）**

　図 F のように PHY チップからエッジまで，できるだけ差動パターンを交差させず，ビア接続を少なくし，等長になるように配線します．

● **IP コアによる設計**

　PCI Express の設計において，FPGA や ASIC に搭載する IP コアには，主に物理層の IP コア（PHY チップ機能）と上位層の IP コア（エンドポイント・ブロック機能）が存在します．ザイリンクスの高性能 FPGA Virtex-5 LXT/SXT ファミリでは，PCI Express の PHY 機能として RocketIO GTP トランシーバを使用できます．エンドポイント・ブロック機能はハード・マクロで内蔵しています．

　2 チップのハードウェア構成の場合，ソフト IP コアを組み込めます．各 IP ベンダ（FPGA ベンダ，米国 NorthWest Logic 社や米国 PLD Applications 社）から PIPE インターフェースの種類（標準 PIPE，PXPIPE，TI-PIPE など）や FPGA の種類に最適化されたソフト IP コアが提供されています．

プロトコルの基本から基板設計, 機能実装まで

PCI Express 設計の基礎と応用

畑山 仁 編著

まえがき

　本書は，現在パソコンを中心に普及しているギガ・ビットのシリアル・インターフェースである PCI Express について，実際の事例を通して，規格やハードウェア設計技術を解説するものです．過去に Design Wave Magazine 誌(CQ 出版社)に掲載された記事を中心に再構成しています．これから PCI Express を採用した設計をされる方，またすでに採用していらしても，技術的により深く知りたい方にお役立ていただけることでしょう．また，PCI Express に限らず USB 3.0 のように PCI Express が影響を与えたインターフェースも多くあるので，参考になると思います．

　PCI Express は，PCI や AGP の置き換えとして 2002 年 7 月に PCI-SIG で規格化されました．今日ではパソコンやサーバのみならず，産業機器などの組み込み機器を中心に多く利用されています．

　PCI Express の Rev.1.0a/1.1 のビット・レートは 2.5 Gbps(ビット/秒)です．現在，Rev.2.0 の 5 Gbps 対応の製品も出回っており，2010 年 3 月現在，次世代の 8 Gbps の Rev.3.0 を策定中ですが，半導体などの入手性や現実面でのデータ帯域の必要性から現在は Rev.1.0a/1.1 の 2.5 Gbps が主流です．

　2.5 Gbps や 5 Gbps と聞くと，設計がとてもたいへんというイメージを持たれるかもしれません．確かに PCI Express では最低でも 2.5 Gbps という高速信号を伝送するため，特に基板設計上，注意すべき事項があります．ただし，設計の容易化も一つの目標として規格化されているので，恐れることはありません．その反面，たいへんさを吸収しなければならない半導体設計者の方々には頭が下がる思いです．でも，そのおかげで今日これだけ普及したといっても過言ではないでしょう．

　本書の出版の背景について触れさせていただきます．設計者の方々にとって，新しい規格の採用は規格の解説のみならず，設計事例などの紹介情報が必要です．規格解説のような本は入手できますが，設計にあたっての参考書籍は世界でもなかなか類がありません．CQ 出版社は，各分野の専門家の方々にお願いして，早い時期から PCI Express を記事として取り上げていました．私もその一人で，測定を通して，また本書の各章を執筆された業界のさまざまなリーダ的な方々との親交を通して，PCI Express という技術を理解してきました．そんなことから Design Wave Magazine 誌の特集企画に参加したこともあり，今回このような形

でまとめることになった次第です．その代わり，書籍化の話を最初にしていた言い出しっぺである私が監修という大役を引き受けることになりましたが….

　最後に，お忙しい中を更新作業に携わっていただいた各筆者の方々と，トランジスタ技術誌編集でお忙しい中を縫って編集にご尽力されたCQ出版社　上村　剛士氏に紙面を借りてお礼を申し上げます．

2010年3月　監修者　畑山 仁

CONTENTS

カラー・プレビュー **PCI Express アドイン・カード解体新書** … 口絵1
- ● FPGAの役割　● PHYチップの役割　● PCI Expressエッジ　● フォーム・ファクタ
- ● PHYチップと後段LSI間の125 MHz/250 MHz高速パラレル・インターフェース PIPE　● PCI Express 2.5 Gbpsシリアル信号　● IPコアによる設計

まえがき ……………………………………………………………………………… 3
初出一覧 ……………………………………………………………………………… 12

Prologue PCI Expressの時代がやってきた！ …………… 13
100枚もの画像をたった1秒で送ることができる高速シリアル・インターフェース

1　PCI Expressとは ………………………………………………………………… 13
　　● ほとんどのパソコンが装備している現代の標準バス・インターフェース
2　PCIから進化したPCI Express ………………………………………………… 15
　　● CPUから大量のデータを送るためのインターフェースを共通化して生まれたPCI
　　● 1秒で画像を100枚送れるPCI Express　● パソコンを機能拡張するには，もはやPCI Expressを避けては通れない
3　PCI Expressでできること ……………………………………………………… 19
　　● PCIバスの置き換え　● 高速データ転送
4　転送速度を選べる/基板設計が容易/PCIとソフトウェア互換 … …………… 21
5　作り込みやすくなってきたPCI Express ……………………………………… 23
6　USB 3.0はPCI Expressの物理層を採用 ……………………………………… 24
【コラム】データ転送のシリアル化が進む理由 …………………………………… 16

第1章　PCI Expressの基礎知識 ………………………………… 25
プロトコル構成やレジスタや物理層の動作などがしっかり分かる！

1-1　システム構成とプロトコル階層 ……………………………………………… 25
　　● 複数のレーンをまとめたものをリンクと呼ぶ　● ルート・コンプレックスの下にツリーを作るシステム構成　● プロトコル階層に応じて役割がある
1-2　トランザクション層の機能 …………………………………………………… 28
　　● TLPと呼ばれるパケットでデータの読み出しや書き込みを要求する　● TLPのパケット構成　● 受信バッファの空きを確認してから送受信を行うフロー制御
　　● ビット化けによるエラーを防ぐECRC　● 帯域の制御を行う仮想チャネル
1-3　データ・リンク層の機能 ……………………………………………………… 32

- ● TLPが確実にやりとりできるように番号を割り振ったりCRCを計算したりする
- ● パケットの構成

1-4 ソフトウェア層──従来PCIとの互換性を維持 ････････････････････････････････ 34
- ● コンフィグレーション・レジスタを256バイトから4Kバイトに拡張

1-5 物理層の技術･･ 36
- ● 論理サブブロックと電気サブブロックで高速シリアル・インターフェースを実現

1-6 物理層の電気サブブロック基本技術 ･･ 46

【コラム1-1】PCI Express策定の歴史 ･･･ 42
【コラム1-2】反射やノイズに配慮したクロック伝送の工夫 ･･･････････････････････ 51

第2章 伝送方式とプリント・パターン設計 ･････････････････ 53
物理現象を理解すれば高速差動伝送は怖くない！

2-1 当たり前になってきた高速シリアル信号････････････････････････････････････ 53
- ● PCI Expressは1レーンでPCIバス並みのデータ転送速度2.5 Gbpsを実現できる

2-2 マザーボード上の高速インターフェースの信号を考察する･･･････････････････ 56
- ● 高速シリアル伝送波形のいろいろ　● PCI Expressはディエンファシスで伝送エラーを減らす

2-3 プリント基板パターン設計のポイント ････････････････････････････････････ 60
- ● PCI Expressパターン設計の基本

2-4 Gen1（2.5 Gbps）とGen2（5 Gbps）の違い ････････････････････････････ 72
- ● Gen2ではディエンファシスの比率を大きくすることで高速化に対応　● Gen2では波形の測定ポイントを設けるために特に注意が必要

2-5 5 Gbps, Gen2基板の配線パターン設計 ････････････････････････････････････ 74
- ● 送信端と受信端にはビア・スタブなどのモニタ・ポイントを設けたい　● 波形モニタ用ビア・スタブの伝送信号波形への影響　● 差動パターンをペアで対称にしておくとスタブなどの影響が少ない　● ビア・スタブのそばにグラウンド・ビアを設けると表面電流の広がりが抑えられる　● ビア経由ではんだ面から部品面に抜ける場合のグラウンド・ビアの影響は少ない　● Gen2に使える配線パターンとモニタ用のパッド

【コラム2-1】ガラス繊維の編み方による信号劣化 ･････････････････････････････ 82

Appendix A アドイン・カードのピン配置と外形寸法 ･･････････ 83
誤挿入防止や取り付けのための工夫が分かる

A-1 コネクタのピン・アサイン ･･ 83
A-2 外形寸法や取り付けのしくみ ･･ 87
- ● アドイン・カードの外形寸法　● アドイン・カードを取り付けたときのクリアランスに注意する

第3章 PHYチップを使った基板設計 ……… 91
低コストのアドイン・カードで使う高速パラレル・インターフェースPIPE

- 3-1 PHYチップのメリットとデメリット ……… 92
  - ● メリット ● デメリット
- 3-2 標準インターフェースPIPEとは ……… 94
  - ● PHY専用チップとの通信インターフェース ● 電気特性は使用するPHYチップによって少しずつ異なる ● PHY専用チップのいろいろ
- 3-3 高速パラレル・インターフェースPIPEの基板設計 ……… 96
  - ● 配線長や遅延に対する制約はPIPEによって異なる ● 伝送線路解析ツールを使った配線設計
- 3-4 PCI ExpressソフトIPコアの実装例 ……… 99
- 3-5 PHYチップとPIPEの今後 ……… 101

第4章 アドイン・カードの電源設計 ……… 103
マルチ電源の回路設計と基板設計をマスタ！

- 4-1 要求される電源仕様 ……… 103
  - ● 高速トランシーバ内蔵FPGAの電源 ● 専用ソフトウェアを用いてFPGAの消費電力を見積もる ● スロットの最大消費電力に要注意！
- 4-2 電源仕様を満たし小型化できる電源デバイスを選ぶ ……… 107
  - ● RocketIO用電源：2段構成で消費電力を節約 ● FPGAコア用電源：スイッチング電源で小電流化 ● DDR2 SDRAM用電源：終端対応の電源ICで面積を節約 ● フェライト・ビーズによる電源ラインのノイズ対策
- 4-3 プリント・パターン設計 ……… 113
  - ● 高速トランシーバに供給する電源ライン ● 3端子コンデンサを利用してパスコンを17個から2個に削減！ ● DDR2用電源にベタ・パターンを使用する ● PCI Expressエッジの配線は表層のみを使用する ● 表層はBGAピン間1本，内層は2本で信号を引き出す
- 【コラム4-1】PCI Expressパワーアップ・シーケンス ……… 122

Appendix B FPGAで実現するDMA転送 ……… 125
CPUを介さず高速にデータをやりとりさせる

- B-1 ハード・マクロとソフト・マクロの回路使用率の違い ……… 125
- B-2 DMA転送速度の測定実験 ……… 127
- B-3 最大データ転送量の最適化設計 ……… 129

第5章 FPGA用IPコアの選び方 ……… 131
ソース公開の無償IPコアでよく分かる

5-1 PCI Expressのおさらい ……… 131
● 通信パケット処理の概要　● 通信の要 トランザクション層パケット　● レイテンシの小さいPIOと大容量の転送に適したDMA　● レイテンシを減らしスループットを向上するWrite Combining　● 典型的なハードウェア構成とIPコアの位置付け

5-2 IPコアの選定基準 ……… 139
● 必要なスループットの2倍のピーク性能を選ぶ　● トータルの開発コストを抑える設計を目指す

【コラム5-1】高価なロジアナを使わずにFPGAの実機動作を確認する方法 ……… 143

第6章 IPコアを使ったFPGA設計入門 ……… 147
無償IPコアですぐ試せる

6-1 転送速度の実測 ……… 147

6-2 転送速度を見積もる ……… 152
● PCI Express転送性能を定量的に見積もるためのモデル化　● 転送性能の理論値と実測値の差は5％以内　● 転送性能劣化の原因とトラブル・シューティング

6-3 x8サポート対象外のFPGAでx8を実現する技術 ……… 160
● 16 Gbpsを実現する並列CRC計算アルゴリズム　● 内蔵トランシーバをx8のPIPEに対応させる技術

【コラム6-1】ソース・コードを公開した無償のPCI Express IPコア ……… 148
【コラム6-2】PCI Express IPコア開発に要する時間 ……… 164

第7章 IPコアを使ったLSI設計事例 ……… 165
データ転送能力を最大限に取り出す

7-1 要求機能と性能の洗い出し ……… 165
● IPコアでPCI Express-ローカル・バスのブリッジLSIを設計する

7-2 PCI ExpressのIPコア選定 ……… 167
● MAC部のIPコアでボードの特徴が決まる　● トランザクション層の充実度がIPコア選択の決め手

7-3 PCI Express搭載LSI開発の注意点 ……… 169
● 高速転送にはバッファ・サイズを確保して遅延時間を抑えることが重要　● IPをスプリット・トランザクション型バスで接続する　● 動作周波数向上のためIPとの接続信号にフリップフロップを使う

7-4 FPGAによる実機評価 ……… 175

●ボードと実際のレーン数が違うと通信可能状態にならない ●バーチャル・チャネルを一つしか使わなくてもマッピングが必要 ●非同期のDMA転送において割り込みのバグを発見 ●FPGAで使用したソフトウェアが使えるようにASICを設計する ●コンプライアンス・テストで相互接続のお墨付きを得る

【コラム7-1】PCI Express-ローカル・バス・ブリッジLSIの特徴 ………………………… 180

第8章 信号品質の評価方法とコンプライアンス・テスト …… 183
ジッタやアイ・ダイヤグラムが分かる

8-1 要求される信号品質テスト項目 …………………………………… 183
●シリアル伝送はパラレル伝送と評価項目が異なる ●アイ・ダイヤグラム:信号の総合的な品質を評価する ●マスク・テスト:アイ・ダイヤグラムの許容度限界を同時に表示して確認する ●時間間隔エラー:高速シリアル・インターフェースのジッタ評価に使われる ●クロック・リカバリ:受信データを取り込むのに必要 ●PCI Expressの測定条件とクロック・リカバリ

8-2 送受信端の信号の仕様 …………………………………………… 194
●ジッタや損失が決められている ●シリコン開発者向けのトランスミッタ仕様 ●システム・ボードのコンプライアンス・テスト ●アドイン・カードのコンプライアンス・テスト ●シリコン開発者向けのレシーバ仕様

8-3 物理層コンプライアンス・テストの進め方 ……………………… 201
●コンプライアンス・テスト前にチェックリストで確認 ●物理層の信号品質テストの手順と必要な機材 ●信号品質テストに必要なソフトウェア ●測定項目 ●信号品質テストの進め方

8-4 開発段階で使う測定技術 ………………………………………… 209
●ジッタ解析によるデバッグ事例 ●スペクトラム拡散クロック(SSC)の評価事例

【コラム8-1】オシロスコープの周波数帯域 ……………………………………………… 190
【コラム8-2】ケーブル仕様とExpressCard …………………………………………… 201

第9章 ジッタ仕様と測定環境 ………………………………… 215
高速シリアル伝送で重要

9-1 ますます重要になるジッタ測定 …………………………………… 215
●クリーン・クロックの仕様と測定 ●リファレンス・クロックのジッタ仕様と測定 ●トランスミッタPLLのループ帯域幅とピークの仕様と評価 ●ジッタをランダム・ジッタとデタミニスティック・ジッタに分離して把握する ●ジッタとアイの幅のサンプル数を明記する

9-2 5 Gbpsで採用されたジッタ測定 ………………………………… 220
●高周波損失が大きいので振幅やディエンファシス量を増やした ●Rev.2.0(5 Gbps)の物理層電気テスト方法

9-3 オシロスコープの選び方 ……………………………………………… 223
● 要求されるアナログ性能：周波数帯域や立ち上がり時間 ● 要求されるディジタル性能：サンプリング速度やレコード長

9-4 プローブやケーブルの接続 ……………………………………………… 228
● SMAコネクタ環境における実際の接続方法 ● 回路内へのプロービング

Appendix C ジッタの特徴と測定原理 ……………………………… 235
ランダム・ジッタとデタミニスティック・ジッタ

C-1 ジッタの種類と特徴 ……………………………………………… 235
● 長時間測定するほど大きなジッタが発生する可能性があるランダム・ジッタ R_j
● デタミニスティック・ジッタ D_j の要素は複数ある ● トータル・ジッタ (T_j) はDual-Diracモデルで規定

C-2 ジッタ測定の原理 ……………………………………………… 238
● R_j と $D_{j(δ-δ)}$ が算出できるバスタブ曲線 ● BER の実測は時間がかかり過ぎる
● R_j と D_j の分離方法

第10章 ソフトウェアの階層構造とハードウェアとの関連付け …… 241
アドレス空間を割り当ててハードウェア情報を格納する

10-1 ソフトウェアの構成と役割 ……………………………………………… 241
● 接続されているハードウェアの機能を使えるようにする ● PCI Express ハードウェアを使用するために初期化を行う ● システム構成を動的に変化できるように階層構造になっている ● 各階層の基本的な役割 ● BIOSやバス・ドライバの理解が不可欠

10-2 CPUとハードウェアの関連付け ……………………………………… 247
● 接続したデバイスのアドレスが分からないとCPUからアクセスできない ● 自動的にデバイス認識してアドレス空間を割り当てるしくみ コンフィグレーション
● BIOSとバス・ドライバが特別な転送サイクルを使ってアドレスを割り当てる
● PCIとPCI Expressのコンフィグレーションの違い ● PCIコンフィグレーションに使うコマンド ● PCI Expressコンフィグレーションに使うパケット ● コンフィグレーションのためのデータ・アクセス手段 ● ベース・アドレス・レジスタを書き込むとアドレス空間の割り当てが完了する ● コンフィグレーション空間の内訳
● デバイスの種類や使えるコマンド情報などが格納されているPCIコンフィグレーション・ヘッダ ● PCI Expressデバイスに関係のあるPCIデバイス固有空間のレジスタ ● PCI Express拡張コンフィグレーション空間

第11章 PCI Express ソフトウェアの役割 ……………………… 271
各階層で用意されるインターフェースを整理する

- 11-1　BIOS：ハードウェアにアクセスするインターフェース …………… 271
  - ●パソコン起動時の初期化とハードウェアへのアクセスを行う　●PCI/PCI Express BIOSがサポートするインターフェース　●PCI Express拡張コンフィグレーション用に準備されたACPI BIOS　●ACPIの機能
- 11-2　バス・ドライバ：バス構成で使うデバイス・ドライバの一種 ………… 278
  - ●デバイス・ドライバがPCI/PCI Expressバスを使えるようにする　●OSによっては基本機能の一部として組み込んでいる　●コンフィグレーション用にアクセス・モードが用意されている　●PCI/PCI Expressバスのセットアップ　●デバイス・ドライバが使えるデータ構造体とインターフェース関数　●PCI Express用に拡張されたバス・ドライバの機能
- 11-3　デバイス・ドライバ：アプリケーションとの窓口 ……………………… 291
  - ●機能制御とバス・インターフェース制御が主な仕事　●登録と初期化が必要　●対応するハードウェアが認識されたときの起動処理　●ハードウェアが取り外されたときの終了処理　●CPUを介さないデータ転送時は物理アドレスにアクセスできる　●一時的に保存したキャッシュ・メモリ上のデータを正しく読み出す方法　●仕様で定義されたパワー・マネジメントを行う

第12章　ハードウェア接続時の初期化処理 …………………………… 303
レーン数や信号の極性などユーザの独自仕様に適応するための初期設定動作を理解する

- 12-1　通信経路を確立するまでに行うこと ………………………………… 303
  - ●対向デバイスを検出して初期化を開始する　●レーン数やビット・レートを調べてシリアル通信を同期する　●レーンの並び順を調べてリンク全体としての通信経路を確立する
- 12-2　リンクの初期化時に対向デバイスから送られるデータ列 …………… 305
  - ●TS1/TS2オーダード・セット：リンクのコンフィグレーション情報を含む　●EIEオーダード・セット：電気的アイドル状態から抜けて信号を受信し始めたことを検出する
- 12-3　手順その1：通信相手がいるかを確認するレシーバ検出 …………… 308
- 12-4　手順その2：通信経路の状態を調べるためのリンク・トレーニング詳細 … 309
  - ●ダウンストリーム・ポートx4，アップストリーム・ポートx4の場合　●レーン反転の場合1：ダウンストリーム・ポートが反転する場合　●レーン反転の場合2：アップストリーム・ポートが反転する場合　●ダウンストリーム・ポートがx4の1ポートまたはx2の2ポートとして使える場合　●2.5 Gbpsから5 Gbpsへの移行　●x8からx4への動的な移行

索引 ………………………………………………………………………… 321
参考・引用文献 …………………………………………………………… 326
著者紹介 …………………………………………………………………… 327

初出一覧

本書は，月刊「Design Wave Magazine」の2007年12月号特集や2006年1月号特集，解説記事を中心に加筆・再編集したものです．

● カラー・プレビュー
2007年12月号　特集1　第3章 PIPEのインターフェース設計徹底解剖

● プロローグ
2007年12月号　特集1　Prologue 今なぜPCI Expressなのか

● 第1章
2006年1月号　特集1　第2章　PCI Expressデバイス＆システム設計の基礎の基礎
2007年12月号　特集1　第1章 PCI Expressの基礎知識

● 第2章
2007年12月号　特集1　第2章 高速差動伝送の極意

● 第3章
2007年12月号　特集1　第3章 PIPEのインターフェース設計徹底解剖

● 第4章
2007年12月号　特集1　第4章 PCI Expressボードの電源設計と高速データ転送技術

● Appendix-B
2007年12月号　特集1　第4章 PCI Expressボードの電源設計と高速データ転送技術

● 第5章
2009年2月号　無償IPコアでよく分かるPCI ExpressのFPGA実装技術　～知っておきたいIPコア選択のキモ 編～

● 第6章
2009年3・4月合併号　無償IPコアでよく分かるPCI ExpressのFPGA実装技術　～知っておきたいIPコア実装のキモ 編～

● 第7章
2007年12月号　特集1　第5章 PCI Express搭載LSIの設計

● 第8章，第9章，Appendix-C
2004年6月号　コンプライアンス・テストを見据えたPCI Express測定ノウハウ（前編）
2004年7月号　コンプライアンス・テストを見据えたPCI Express測定ノウハウ（中編）
2004年9月号　コンプライアンス・テストを見据えたPCI Express測定ノウハウ（後編）
2005年10月号　続・コンプライアンス・テストを見据えたPCI Express測定ノウハウ

Prologue

PCI Expressの時代がやってきた！
―― 100枚もの画像をたった1秒で送ることができる高速シリアル・インターフェース

畑山 仁

PCI Expressは，転送速度5 Gbps（ギガ・ビット/秒）を実現する高速シリアル・バスです．プロトコルが複雑で，実装のコストが比較的高いという問題がありましたが，高速トランシーバ内蔵FPGAなどの低価格化が進み，実現しやすくなってきました．超高速通信規格USB 3.0 スーパスピード（5 Gbps）の物理層にもPCI Expressの物理層が流用されているこれからの必須の技術です．

ここでは，パソコン内部のバスなどに使われているPCI Expressとはどのようなものか，何ができるのか，使用するとどのようなメリットがあるのかを説明します．

1 PCI Expressとは

● ほとんどのパソコンが装備している現代の標準バス・インターフェース

装置を開発するときに，高性能で安価なパソコンが必要になることがあります．それには，汎用のパソコンになんらかのインターフェースを介して機能を拡張するボードを追加しなければなりません．図1に示すのは，パソコンに備えられているさまざまな接続インターフェースです．

チップやボード，機器間を接続するインターフェースをバスと呼びます．CPUには，メモリやI/Oなどがバス経由で接続されます．あるときはメモリ→CPU，またあるときはその逆にCPU→メモリ，さらにCPU→I/Oなど，互いに情報を交換するためにバスは図2のように時分割的に共用されます．

PCI Expressは，パソコンやサーバに必要な機能を備えたボードを追加するための内部バス・インターフェースの一つです．パソコンのインターフェースとしてよく耳にするUSBやイーサネット，シリアル，パラレルなどと比べると，より直接的にCPUやメモリと大容量のデータをやりとりできます．

このような用途には従来，PCIやPCI-Xといったバスが使われていましたが，

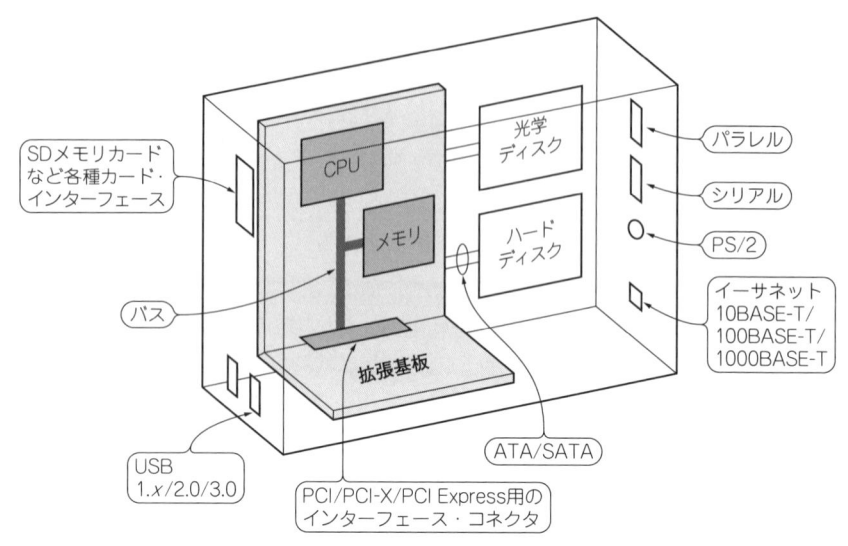

図1 パソコンには内部にも外部にもさまざまなインターフェースが備えられる

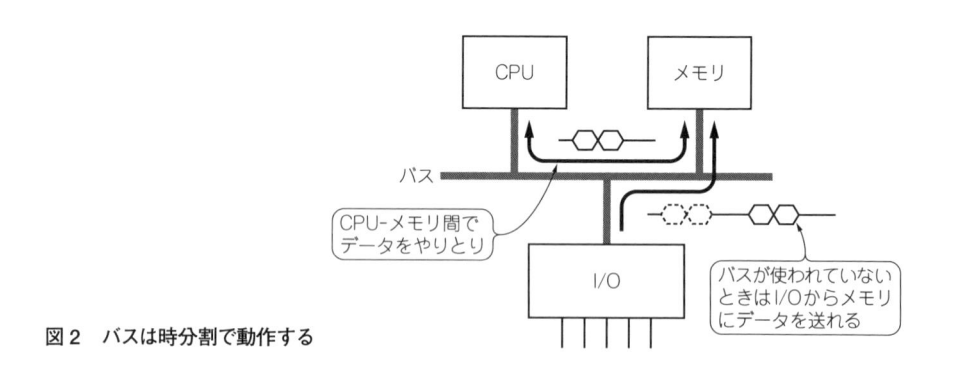

図2 バスは時分割で動作する

　PCIバスの置き換えと内部バスの統一を目指してPCI Expressが規格化されました．今日では**写真1**のように，ほとんどのパソコンがPCI Expressを搭載しています．
　さらに高機能コピー機やプリンタなどの事務機器，放送機器や医療機器，計測機器など，パソコンでなくても大容量のデータを転送する必要性がある画像処理用途を中心に特に広がりを見せています．

写真1 最近のマザーボードの例
インテル製デスクトップ・ボード DX58SO.

2 PCI から進化した PCI Express

● **CPU から大量のデータを送るためのインターフェースを共通化して生まれた PCI**

　そもそも組み込み機器内部のごく近距離のバスは，内部ロジック動作そのままのパラレル転送方式を採用していました．CPU のバスを例にすると，CPU 内部で扱われるデータの幅(CPU のビット数)と関係付けられます．4 ビット→8 ビット→16 ビット→32 ビット→…と CPU の処理能力の向上に伴ってバス幅も広くなっていきました(図3)．

　また，グラフィックスや動画が高解像度化(画素数の増加)したことなどにより，大量のデータを転送する必要性が出てきました．転送速度は 33 MHz → 66 MHz → 100 MHz → 133 MHz → 200 MHz → 333 MHz →…と高速になってきました．

　CPU の接続には独自のバスが使われていました．しかし基板を共通に利用したい場合は互換性が求められます．VME バスのように業界内で標準規格が制定

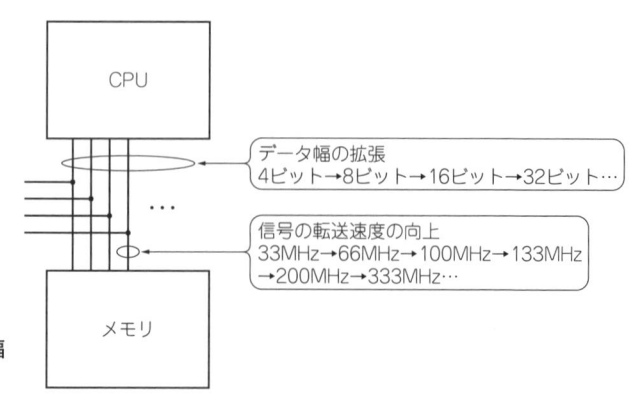

図3 CPUバスのビット幅拡張や転送速度の向上

（CPU — メモリ）
データ幅の拡張
4ビット→8ビット→16ビット→32ビット…

信号の転送速度の向上
33MHz→66MHz→100MHz→133MHz→200MHz→333MHz…

> **コラム** データ転送のシリアル化が進む理由

　単位時間にどの程度大量のデータを転送できるかを示す単位として，データ帯域幅があり，バイト/sで表現されます．パラレル転送方式におけるデータ帯域幅の拡大は，ビット幅の拡張＋高速化で達成されてきましたが，以下のような問題が顕在化してきました．

- 伝送路のスキューによる信号間タイミングのばらつきが顕著になり，セットアップ/ホールド時間を満たすことが難しくなった．
- 信号間のクロストークやグラウンド・バウンス（同時スイッチング・ノイズ）が増加し，品質の高い信号を伝送することが困難になった．
- 多数の信号をチップ外部と接続するためにLSIのピン数が増加し，大型パッケージが必要になった．
- 基板トレース数が増加し，もし通せない場合には層数を増やしての対処も必要になった．

　また，昔のパソコンを開けてみると，幅の広いフラット・ケーブルがCDドライブやハード・ディスク・ドライブなどのストレージ・デバイスの接続に使われています．これらのフラット・ケーブルは空気の流れを妨げ，冷却効果を小さくしていました．

　そこで注目されたのが，信号線数を大幅に減らすことのできる（基本は1本）シリアル転送技術です．転送レートの高速化は，データ帯域幅を拡大することで実現しています．

されるようになりました.

パソコンでも,最初に ISA というバスが登場し,その後 EISA や MCA などが登場し,PCI-SIG が規格を推進した PCI バスに統合されました.PCI バスの転送速度は 133 M バイト/s です.

いったん統合された PCI バスですが,用途によって PCI-X や AGP などの派生バスが生まれました.この中のいくつかのバスは今日でも利用されています.産業用途などで使用される CompactPCI も PCI バスの一つです.

● 1 秒で画像を 100 枚送れる PCI Express

主流になった PCI バスも,より広い I/O 帯域幅が要求されていました.これに応えるため,ISA,PCI に続く第 3 世代のバスがシリアル転送技術を採用した PCI Express です.

PCI Express では,転送速度 2.5 Gbps(ギガ・ビット/秒)の場合 1 レーン当たり 250 M バイト/秒でデータを転送できます.レーンとはデータ転送の単位で送信用,受信用の差動信号ペアで構成されます.これは例えば,2.5 M バイトの画像データ 100 枚分を 1 秒で双方向に転送できる速度です.現在では,1 レーン当たり 5 Gbps,最大 32 レーンまで選べるようになっています.これは 16 G バイト/s に相当します.さらに 2012 年からは 8 Gbps も選べます.

この結果,パソコン内部は今日では,メモリ・インターフェースを残し,PCI

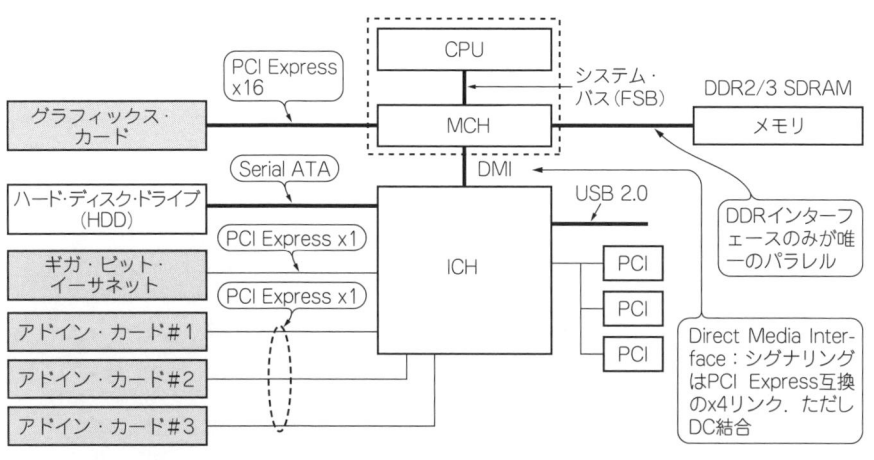

図4 現在の典型的なデスクトップ・パソコンの内部バス
メモリ・バス以外かなりの部分が PCI Express を中心としたシリアル・バスで実現されている.レガシなインターフェースとして PCI にも対応している.

(a) ISAバス

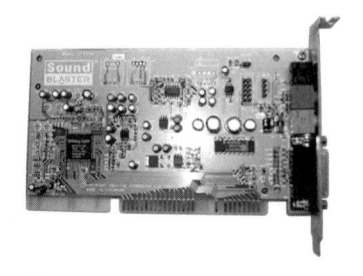

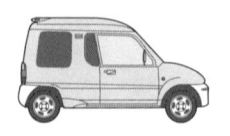

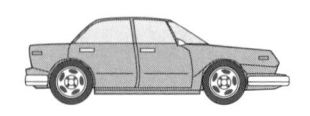

32ビット×33MHz＝133Mバイト/s

(b) PCIバス

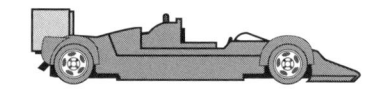

×1の場合：1ビット×2.5Gbps×符号化効率0.8＝250Mバイト/s
×16の場合：16ビット×2.5Gbps×0.8＝4Gバイト/s
×16, Gen2の場合：16ビット×5Gbps×0.8＝8Gバイト/s

(c) PCI Expressバス

図5　パソコン内部のインターフェース規格の推移
ISAの後，さまざまなインターフェースが登場し，「PCI」に統合された．再度目的に応じてさまざまなインターフェースに分かれた後，PCI Expressに統合された．

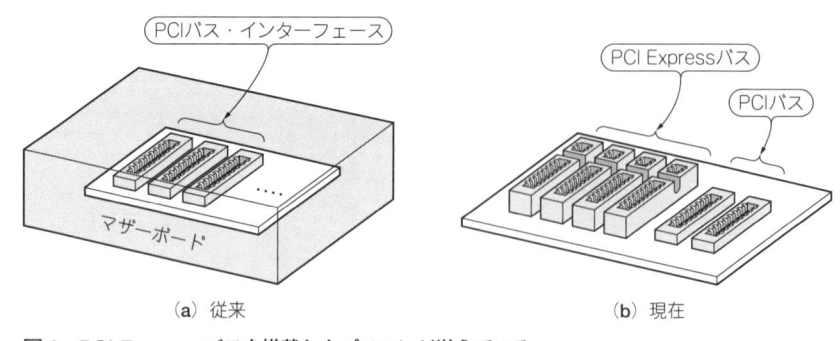

(a) 従来　　　　　　　　　　　　　　(b) 現在

図6　PCI Expressバスを搭載したパソコンが増えている

Expressで置き換えられました．図4に現在のパソコン内部のインターフェースを，図5にその推移を示します．

● パソコンを機能拡張するには，もはやPCI Expressを避けては通れない

パソコンのバスがPCIからPCI Expressに置き換わるにつれて，高速データ転送が要求される装置だけでなく，従来はPCIで間に合っていたような装置でもPCI Expressを使うしかなくなってきています．なぜなら，以前と比べてパソコンのPCIバスがほとんどなくなってきているからです．パソコンなどを使う装置を拡張するためには，PCI Expressは避けては通れなくなっています（図6）．

3 PCI Expressでできること

● PCIバスの置き換え

PCI Expressの主な狙いは，PCIバスの置き換えと高速なデータ転送を必要とするアプリケーションへの対応です．従来のPCIバスからの置き換えとしては，図7のような使い方が可能です．

- A-D変換ボードを拡張することで，製造・検査装置のデータ取得などに使える．

(a) A-D変換ボードでデータ取得

(b) D-A変換ボードでモータ制御

(c) I/Oボードでさまざまなデータ通信

(d) カメラ・インターフェース・ボードで画像データを取り込み

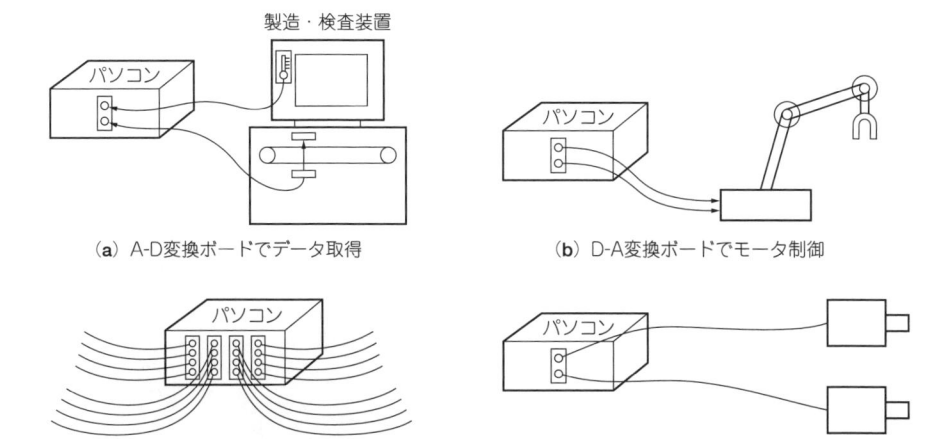

図7 PCIバスの置き換え用途の例

- D-A 変換ボードを拡張することで，アクチュエータの制御や検査装置の信号出力などに使える．
- I/O ボードを拡張することで，さまざまな機器を制御したり，データ通信を行ったりできる．
- カメラ・インターフェース搭載ボードを拡張することで，ライン・センサや監視カメラなどの画像をパソコンに取り込んで処理できる．

● 高速データ転送

これに加えて，1秒で画像を 100 枚以上送れる PCI Express ならではの高速データ転送を生かした用途として，図 8 のような使い方も可能です．

- HDMI（High-Definition Multimedia Interface）や DisplayPort などのインターフェースを備えた高性能のグラフィック・カードを拡張すれば，パソ

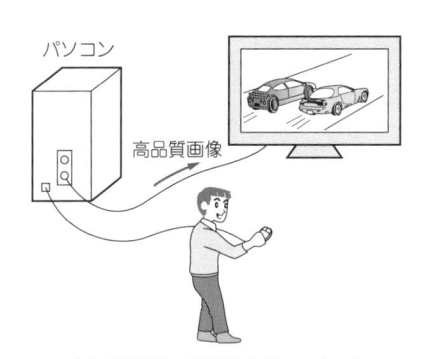

（a）薄型テレビでパソコン・ゲーム　　（b）たくさんの監視カメラで監視できる

図 8　PCI Express ならではの用途の例

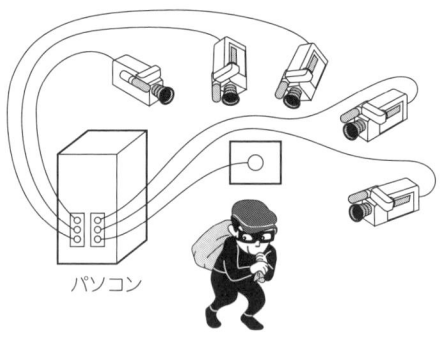

写真 2　PCI Express のカード・インターフェースである ExpressCard を使用した製品の例
ソニーの ExpressCard メモリ対応ビデオ・カメラ．

コン・ゲームなどを最新の薄型テレビなどに接続して楽しむことができる．
- 画像入力ボードを PCI Express で実現することにより，1枚のカードに接続できる監視カメラの台数を増やすことができ，より多くの場所を高精細な画像で同時に監視することができる．
- ハイビジョン・カムコーダなどの記録媒体として PCI Express のカード・インターフェースである ExpressCard を採用することで，ハイビジョン映像などの大容量データをより短時間でパソコンへ転送できる（**写真2**）．
- ボードのエッジ・インターフェースだけではなく，ケーブル仕様が用意されている．高速のバスを装置外に出すことができ，システム形状の自由度を高められるため，計測分野を中心に広がりを見せている．例えば，PCI Express-PCI ブリッジ・ボードを使用すると，レガシの PCI バスを使用した装置と，パソコンと装置本体を離した計測システムを構築できる．

4 転送速度を選べる/基板設計が容易/PCI とソフトウェア互換…

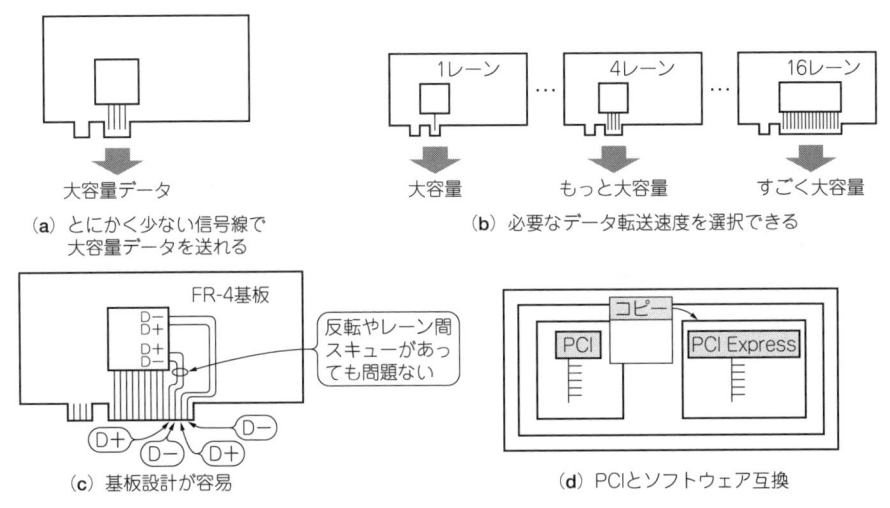

PCI Express を使うメリットを図9 に示します．

① とにかく少ない信号線で大容量データを転送できる高速シリアル伝送

前述のとおり，1レーン（差動信号2ペア）で最低でも 2.5 Gbps = 250 M バイト/秒のデータを双方向に転送できます．

(a) とにかく少ない信号線で大容量データを送れる

(b) 必要なデータ転送速度を選択できる

(c) 基板設計が容易

(d) PCIとソフトウェア互換

図9 PCI Express を使うメリット

② 必要なデータ帯域幅を選択できる

　レーン数を 1, 2, 4, 8, 12, 16 および 32 から選べます．これにより，自分の機器に必要なデータ転送速度を実現できます．また広いレーン数に対し，より少ないレーン数のデバイスを接続することや，さらに運用中でも消費電力を下げるためにレーン数を変更することも可能です．

③ 基板設計が容易になるように工夫されている

　一般的で安価なガラス・エポキシ基板(FR-4 基板)を使うことを前提に電気的な仕様が規格化されています．また，基板設計が容易になるように，差動信号の極性やレーン順序の反転およびレーン間スキューがあっても問題なく動作する仕様になっています(接続時に自動的に構成を合わせる)．

④ レガシな PCI とソフトウェア互換

　信号を伝送するための最下位である物理層は全く異なりますが，プロトコルの上位から見た場合，PCI 同様に使用できるようになっているので，ソフトウェア資産を継承できます．

⑤ 1 レーン当たりのデータ転送速度を 2.5 Gbps/5 Gbps から選べる

　5 Gbps のデバイスは 2.5 Gbps のデバイスに接続できます．さらに運用中でも 5 Gbps → 2.5 Gbps，あるいは 2.5 Gbps → 5 Gbps とデータ・レートを動的に変更可能です．特にデータ・レートを下げることは消費電力を下げる意味があります．

⑥ 使わないときは動作を止められるしくみが用意されている

　積極的に電力管理を行う(APSM：Active Power State Management)ので，しばらく PCI Express を使用しない場合には，回路の動作を部分的に止めることで消費電力を抑えられます．止め方には，単にデータ転送を休止する，PLL まで休止するなどいくつかのレベルがあります．

⑦ 活線挿抜可能なので常時 ON の装置に使える

　運用中でもボードを抜いたり挿したりできます．ただしシステムが対応している必要があります．

⑧ CRC でデータの信頼性を保証している

　データは一定単位で区切りまとめたパケットとして転送します．パケットには CRC(Cyclic Redundancy Code：巡回冗長コード)を付加し，データの信頼性を保証しています．

⑨ 動作を容易にテストできるしくみが用意されている

　AC 結合のため，レシーバの代わりに計測器を直接接続できることに加え，計測器を接続した場合，テスト用のパターンが自動的に繰り返し送信され続けるよ

うなしくみになっています.

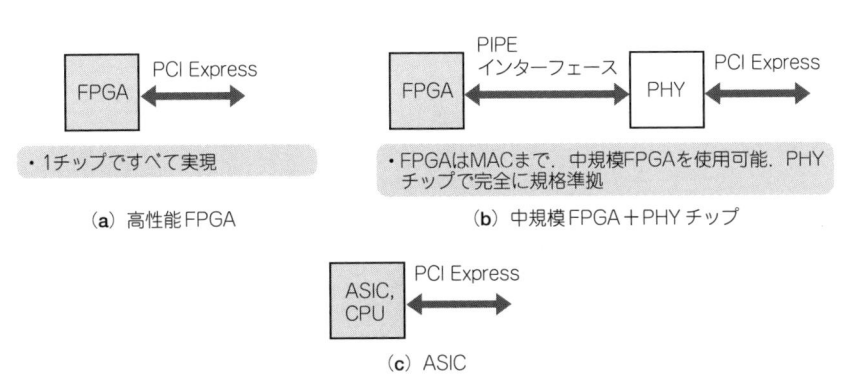

5 作り込みやすくなってきた PCI Express

　PCI Express はいわば高性能のスーパーカー(F1 マシーン)に誰でも乗れるようにした技術です．プロトコルは階層化されており，上位からは見えませんが，下位では複雑な機能が組み合わされて動作しています．そのため，以下のような注意点があります．
　① 高速シリアル信号を使用するために，PHY チップや高速 I/O を備えたチップなどのハードウェアが必要
　② ソフトウェアも含めて実装は高価になりがち
　③ 高速差動信号を伝送するための知識と基板設計に注意が必要
　しかし最近は事情が変わってきています．アルテラやザイリンクスなどの FPGA は，高性能品だけでなく低価格品までハードウェア・コアで PCI Express を標準搭載するようになりました．MAC 層(Media Access Control)と呼ばれる物理層の上の層までを中規模 FPGA で，物理層を専用 PHY チップと組み合わせて使う構成も可能です．さらに量産用途などで使用される ASIC では IP として PCI Express を準備しています．**図 10** のようにコストと目的に合わせての選択肢

(a) 高性能 FPGA
・1 チップですべて実現

(b) 中規模 FPGA＋PHY チップ
・FPGA は MAC まで．中規模 FPGA を使用可能．PHY チップで完全に規格準拠

(c) ASIC

図 10　PCI Express の実現方法
(a)の構成では 1 個の FPGA ですべて実現できる．(b)の構成では，PHY チップで物理層に対応し，中規模 FPGA で MAC 層まで対応する．(c)の構成では 1 個の ASIC ですべて実現できる．

がますます広がっています．また，ルネサス エレクトロニクスの SH-4 やフリースケール・セミコンダクタの Power QUICC など PCI Express を標準で装備しているプロセッサもあります．

今日では PCI Express を普及技術として使える環境が整っています．特に FPGA が PCI Express 採用へのハードルを下げ，普及を促進しています．

6　USB 3.0 は PCI Express の物理層を採用

　PCI Express の登場と普及は，ほかの規格へも大きな影響を与えています．

　USB はフラッシュ・デバイスの大容量化により，ファイル転送の高速化が要求されるようになりました．2008 年 11 月に制定された超高速通信規格 USB 3.0 スーパスピード（Super Speed）では，USB 2.0 ハイ・スピード（High Speed）の 480 Mbps から約 10 倍の PCI Express Rev.2.0 と同じデータ・レートの 5 Gbps が実現されることになりました．従来の USB に高速シリアル信号を追加し，1 本のケーブル内に共存させることで，上位互換性を実現しています．物理層は PCI Express Rev.2.0 のデバイス技術を流用できるよう，ほぼ同じ仕様となっています．

　また MAC 層と物理（PHY）層を接続するためのインターフェースも，インテルの PIPE（PHY Interface for the PCI Express Architecture）が PCI Express で事実上の標準バスとなっています．PIPE は Rev.3.0 で USB 3.0 と共通化が図られており，USB 3.0 でも事実上の MAC-PHY 間の標準バスとなっています．

　このようにパソコンの内部バスや USB 3.0 の物理層などに使われる PCI Express は，事実上の標準インターフェースといっても過言ではありません．本書では，この PCI Express の規格の概要やハードウェア設計などについて解説していきます．

第1章 PCI Express の基礎知識
── プロトコル構成やレジスタや物理層の動作などが
しっかり分かる！

野崎 原生/畑山 仁

　PCI Express のプロトコルは，物理層，データ・リンク層，トランザクション層などに別れた階層構造になっています．ここでは各階層の役割やパケット構造，物理層の動作などについて解説します．
　物理層では，高速シリアル・インターフェースを実現しやすいようにさまざまな工夫が施されています．

　本章では，次に示す PCI Express の持つさまざまなメリットがどのようにして実現されているのか，そのしくみを説明します．

- 1 レーンあたり 2.5 Gbps，5 Gbps のデータ・レートが選べる
- 1，2，4，8，12，16，32 レーンの帯域幅が選べる
- 送受信ともにシリアル伝送できる
- データの信頼性，電力管理，エラー・ロギング/レポートなどの機能
- レガシな PCI ソフトウェアと互換である
- ホット・プラグ/ホット・スワップ(活線挿抜)
- テストが容易である
- 安価な FR-4 基板を使える

1-1　システム構成とプロトコル階層

● 複数のレーンをまとめたものをリンクと呼ぶ

　PCI Express の各デバイスは，ほかのデバイスと接続するためのポートを備えています．ポートは，図 1-1 のような双方向通信を行うために，送受信の 1 組の差動ペアを単位とした「レーン」で構成されます(双対単方向伝送：デュアル・シンプレックス)．送信と受信が独立で，同時にデータ転送できます．

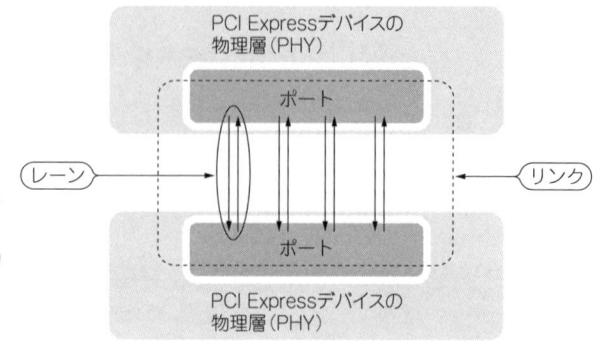

図1-1 PCI Expressのポート，レーン，リンクの関係
各レーンはそれぞれ送信用の差動信号と受信用の差動信号を持つ．レーンをまとめたものをリンクという．

　さらにデータ帯域幅を上げるために，複数のレーンに拡張可能です．レーンをまとめたものをリンクと呼び，x1, x2, x4, x8, x12, x16, x32リンクが規格化されています．ここでxは「バイ」と呼び，xNリンクとはN組のレーンで構成されていることを意味します．

　例えば現在，パソコン内部ではグラフィックス用にx16リンクが，外部I/O用にx1リンクが使われています．サーバではx8リンクが使用されています．なお，x2, x12, x32リンクはほとんど使われていません．

● ルート・コンプレックスの下にツリーを作るシステム構成

　PCI Expressのシステムを構成する要素として，図1-2のようにルート・コンプレックス，エンドポイント，スイッチ，ブリッジがあります．

① ルート・コンプレックス

　その名のとおり階層の根幹（Root）となるデバイスです．ルート・コンプレックスは一つ，あるいは複数のPCI Expressポートを持ちます．ホスト・ブリッジを内蔵し，CPUやメモリにも接続されます．

② エンドポイント

　I/OデバイスをPCI Expressではエンドポイントと呼びます．レガシ・エンドポイント，PCI Expressエンドポイント，ルート・コンプレックス・エンドポイントの3種類があります．

③ スイッチ

　PCI Expressポートを増やすためのデバイスです．

④ ブリッジ

　プロトコル変換を行うデバイスです．特にPCI Expressでブリッジというと，

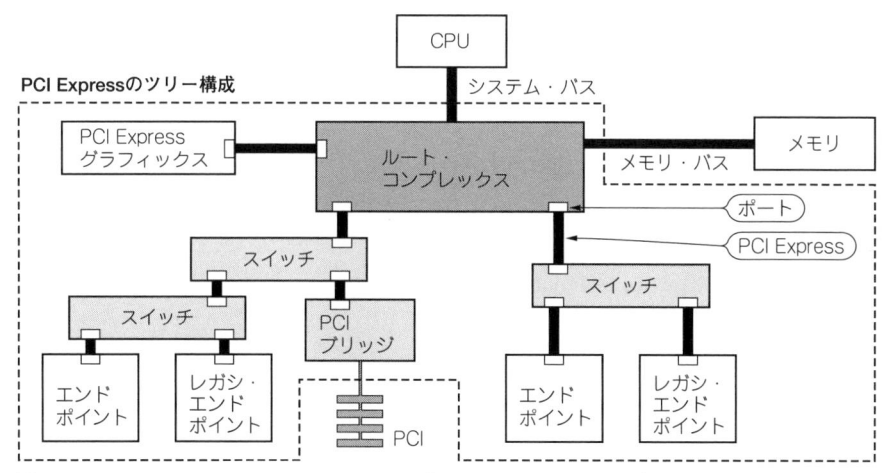

図1-2 PCI Expressにはスイッチやエンドポイント，ルート・コンプレックスなどの構成要素があり，ツリー構造をとる

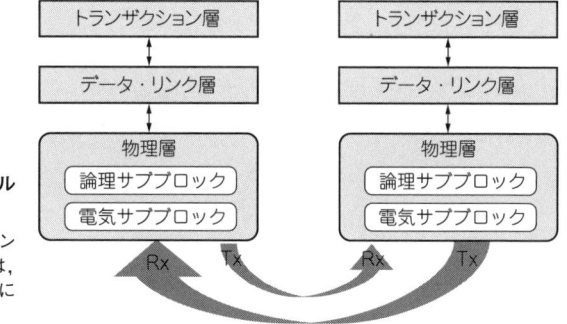

図1-3 PCI Expressのプロトコル階層
物理層の上にデータ・リンク層，トランザクション層が構成される．物理層は，論理サブブロックと電気サブブロックに分けられる．

PCI/PCI-Xを接続するためのデバイスを指すようです．

PCI Expressでは，これらのデバイスがPCIアーキテクチャとして，ルート・コンプレックスからのツリー構造をとります．

● プロトコル階層に応じて役割がある

PCI Expressのプロトコルは**図1-3**のように階層化された構成をとります．トランザクション層，データ・リンク層，物理層で構成されます．上位層で生成されたパケットは，**図1-4**のように下位層に移るとともに，必要な情報が付加されます．受信側では逆の処理を行い，必要なデータを取り出します．

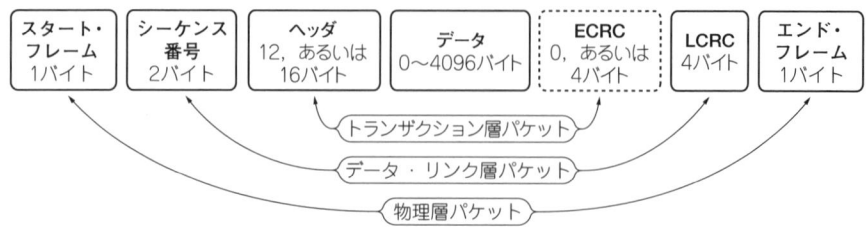

```
┌─────┐ ┌─────┐ ┌─────┐ ┌─────┐ ┌─────┐ ┌─────┐ ┌─────┐ ┌─────┐
│スタート│ │シーケンス│ │ ヘッダ │ │ データ │ │ ECRC │ │ LCRC │ │エンド・│
│フレーム│ │ 番号 │ │12,あるいは│ │0〜4096バイト│ │0,あるいは│ │ 4バイト │ │フレーム│
│ 1バイト │ │ 2バイト │ │ 16バイト │ │ │ │ 4バイト │ │ │ │ 1バイト │
└─────┘ └─────┘ └─────┘ └─────┘ └─────┘ └─────┘ └─────┘ └─────┘
```

図1-4 物理層で見た PCI Express のパケット
下位の層に移るとともに必要な情報が付加される．

1-2 トランザクション層の機能

● TLP と呼ばれるパケットでデータの読み出しや書き込みを要求する

トランザクション層は，トランザクション層パケット（TLP：Transaction Layer Packet）の構築と処理を行います．トランザクションとはデータの読み出しや書き込みなどを行うための一連の処理です．以下のような TLP があります．

- メモリ・リクエスト
  メモリに対する読み出し/書き込みを要求
- I/O リクエスト
  I/O に対する読み出し/書き込みを要求
- コンフィグレーション・リクエスト
  コンフィグレーション空間に対する読み出し/書き込みを要求
- コンプリーション
  リクエスト・パケットに対する応答（読み出しの場合にはデータが含まれる）
- メッセージ
  割り込みやパワー・マネジメント・リクエストなど

TLP 送信を調節するための制御（フロー制御，FC：Flow Control）を行うことも PCI Express の特徴です．受信側のバッファの空きを確認してから，データの転送を開始します．そのため各デバイスはデータ・リンク層を使用して，TLP のための FC クレジット・ステータスを，周期的に送信します．

レスポンスを要求するすべてのリクエストは，レスポンスを待たずに要求を発行するスプリット・トランザクションです．各リクエスト・パケットは，レスポンス側が正確に要求元を対応付けできるように，固有の識別情報を与えます．

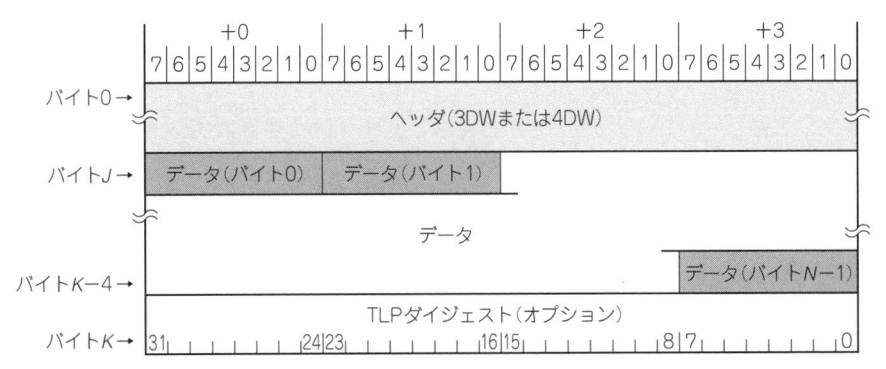

図1-5 トランザクション層のパケット（TLP）の構成
TLPはヘッダから始まり，（必要であれば）データ・ペイロード，オプションのTLPダイジェスト（ECRC）が続く．

● **TLPのパケット構成**

　TLPはヘッダから始まり，（必要であれば）データ・ペイロード，オプションのTLPダイジェストまたはECRC（End-to-end CRC）が続きます（**図1-5**）．ヘッダの長さはトランザクションの種類によって3DW（Double Word；1DW = 32ビットとする）または4DWとなります．

　データ・ペイロードは0バイト〜4096バイトに設定可能ということになっていますが，実際の最大値はデバイスごとに決まっています．そのため，初めにソフトウェアがすべてのデバイスのレジスタ（Max_Payload_Size_Supported）を読み，どのデバイスでもサポートできるサイズに制限するようにレジスタ（Max_Payload_Size）を設定します．データの後にはオプションで1DWのTLPダイ

表1-1 トランザクション層パケットTLPの分類

TLPの種類	ヘッダ長	データ・ペイロード
メモリ・リード・リクエスト	3DW（32ビット・アドレス） 4DW（64ビット・アドレス）	なし
メモリ・ライト・リクエスト	3DW（32ビット・アドレス） 4DW（64ビット・アドレス）	あり
I/Oリード・リクエスト	3DW	なし
I/Oライト・リクエスト	3DW	あり
コンフィグレーション・リード・リクエスト	3DW	なし
コンフィグレーション・ライト・リクエスト	3DW	あり
コンプリーション	3DW	なし（ライト） あり（リード）
メッセージ	4DW	なし/あり

ジェストを付加することができます．
　TLPは，トランザクションの種類や方向によって**表1-1**のように分類されます．
　メッセージは，PCI Expressで新しく追加されたトランザクションです．従来のPCIでは，割り込み，PME(Power Management Event)，エラーなどの送信にサイドバンド信号を使っていましたが，PCI Expressではメッセージを用います．
　図1-6のようにTLPヘッダの初めの1DWはすべてのトランザクションで共通の仕様になっていて，ヘッダ長，データ・ペイロードのあり/なしを示すフォーマット(Fmt)，トランザクション種別，データ・ペイロード長などからなります．ヘッダの2DW以降はトランザクションごとに仕様が決まっています．

● 受信バッファの空きを確認してから送受信を行うフロー制御
　PCI Expressではフロー制御といって，受信側に十分な空きがあるかどうかをチェックしてから送信を行います．リセット後にリンクが確立したとき，デバイスどうしが自分のバッファ・サイズをお互いに通知することによって，リンク先の受信バッファのサイズを知ります．また，受信側は受け取ったデータの処理が終わってバッファに空きができると，それを送信側へ通知します．なお，これらの通知は実際にはデータ・リンク層が行います．
　こうしたフロー制御はPCI Expressのオーダリング・ルールを守るため，ポステッド・リクエスト，ノンポステッド・リクエスト，コンプリーションで独立に制御されます．さらに，それぞれがヘッダとデータ・ペイロードで別々に制御されます．その結果，PCI Expressでは，PH(Posted Header)，PD(Posted Data)，NPH(Non Posted Header)，NPD(Non Posted Data)，CPLH(Completion Header)，CPLD(Completion Data)の六つのキュー(待ち行列)に対してフロー制御を行うことになります．

● ビット化けによるエラーを防ぐECRC
　PCI Expressにおけるデータ・インテグリティ(データ品質の確保)は，データ・リンク層のLCRC(Link CRC)で行われます．オプションでECRC(End-to-end CRC)をTLPダイジェストとしてトランザクション層で付加し，チェックすることもできます．例えば，通信経路にスイッチやブリッジなどのデバイスが入っており，それらのデバイスの内部でビット化けが起きたとしましょう．すると，デバイスからTLPが転送される際に，そのまちがったデータを基にデータ・リンク

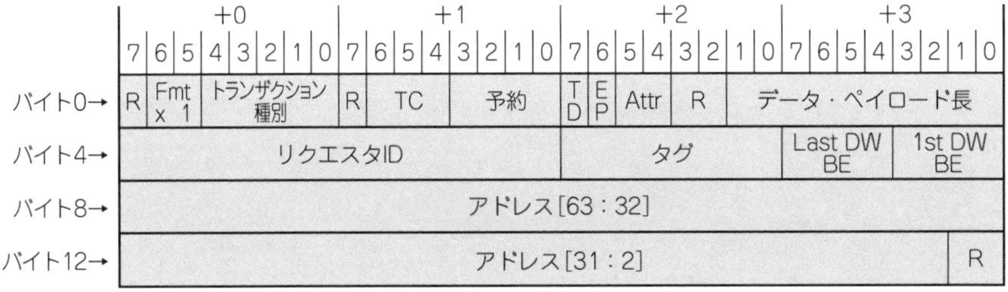

(a) メモリ・リクエストのTLPヘッダ

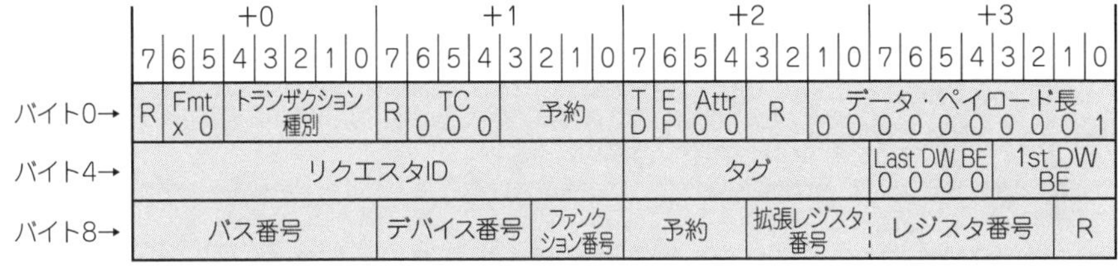

(b) コンフィグレーション・リクエストのTLPヘッダ

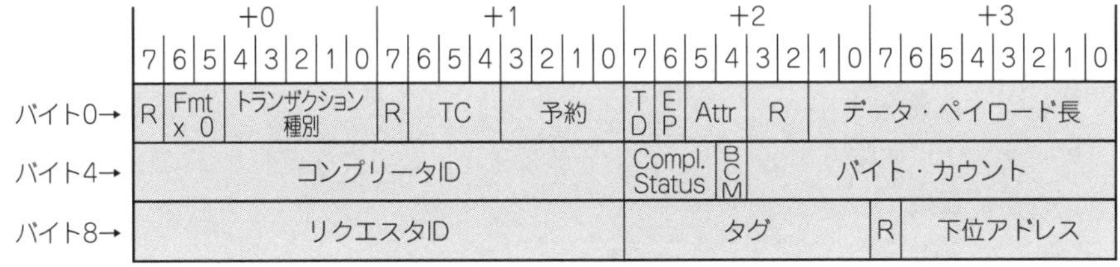

(c) コンプリーションのTLPヘッダ

R：予約
Fmt：フォーマット
TC：トラフィック・クラス
TD：TLPダイジェスト（ECRCが付与されていることを示す）
EP：デバイス内部のバッファでパリティ・エラーなどが発生してデータ品質に問題が発生した場合，意図的にCRCエラーとなるTLPを送るときにこのビットをセットする
Attr：アトリビュート
Last DW BE：ラストDWバイト・イネーブル
1st DW BE：ファーストDWバイト・イネーブル
Compl.Status：コンプリーション・ステータス
BCM (Byte Count Modified)：PCI-Xデバイスでは，コンプリーションのバイト・カウントに本来の値よりも小さい値をセットすることがあり，そのような場合にBCMビットがセットされる．

図1-6 トランザクションは違っても TLP ヘッダの最初の 4 バイトは共通

TLP ヘッダの最初の 1DW（バイト 0～バイト 3）は，すべてのトランザクションで共通の仕様になっている．例として，4DW（64 ビット・アドレス）のメモリ・リクエスト，3DW（32 ビット・アドレス）のコンフィグレーション・リクエストとコンプリーションの TLP ヘッダを示す．

1-2 トランザクション層の機能

層でLCRCを付加するため，受信側ではエラーを検出できなくなります．

こうした問題を防ぐためにECRCを利用します．ECRCは，データ・リンク層ではTLPの一部として扱われます．途中経路にあるデバイスによって再計算されることがないので，データの送信元で付加されたCRCがそのまま最終的にデータを受信するデバイスまで届けられます．

● 帯域の制御を行う仮想チャネル

PCI Expressにはオプションとして，一つのポートに仮想的な複数のチャネルを設定し，チャネルごとに帯域を割り当てて帯域制御(QoSやアイソクロナス転送)を行う仮想チャネル(VC：Virtual Channel)という仕様があります．

1-3 データ・リンク層の機能

● TLPが確実にやりとりできるように番号を割り振ったりCRCを計算したりする

データ・リンク層の主要な役割は，リンク上の二つのデバイス間でTLPを確実に交換するためのメカニズムを提供することです．この役割を果たすために，データ・リンク層はリンクを管理し，エラー検知およびエラー訂正によってデータの品質を維持します．

データ・リンク層の送信側は，トランザクション層によって組み立てられたTLPに対し，12ビットのTLPシーケンス番号と32ビットのCRC(LCRC)を計算・付加し，送信用物理層に渡します(図1-7)．受信側のデータ・リンク層は，受信したTLPの完全性をチェックし，トランザクション層にそれらを引き渡します．

データ・リンク層が情報を正確に受信できた場合には，ACKを返します．TLPエラーが検出され，受信を失敗した場合にはNAKを返し，TLPの再送を要求

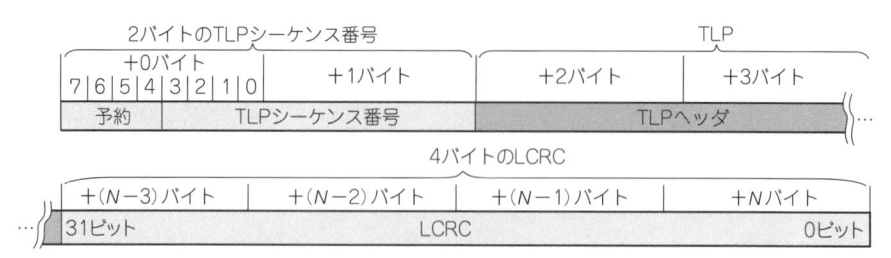

図1-7 データ・リンク層ではTLPにシーケンス番号とCRCを付加する
データ・リンク層ではデータの品質保持のために，12ビットのTLPシーケンス番号および32ビットのCRC(LCRC)を計算し，付加する．

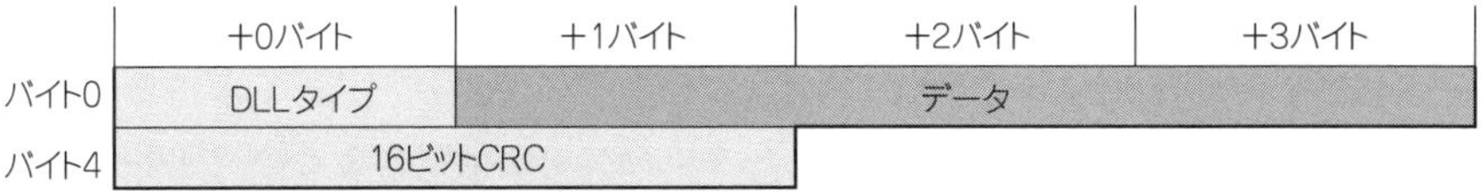

	+0バイト	+1バイト	+2バイト	+3バイト
バイト0	DLLタイプ	データ		
バイト4	16ビットCRC			

図1-8 データ・リンク層のパケット(DLLP)の構成
データ・リンク層で生成するDLLPの構造を示す.DLLPは,ACK/NAKやフロー制御などのリンク管理に用いる.

します.

　データ・リンク層は,さらにリンク管理のために,**図1-8**に示す構造を持つデータ・リンク層パケット(DLLP:Data Link Layer Packet)の送受信も行います.DLLPには,次に示す情報があります.

- ACK/NAK:アクノリッジ,再送要求
- Init FC1/Init FC2:トランザクション層で行うフロー制御に必要な情報を送信
- パワー・マネジメント関連

● パケットの構成

　送信側のデータ・リンク層では,通信途中にパケットの消失が起きたことを検出できるように,すべてのTLPにシーケンス番号と呼ばれる12ビットの番号を付与します.また,このシーケンス番号とTLPを合わせたものに対して32ビットのCRCを計算し,それをLCRCとしてパケットの末尾に付加します.

　受信側のデータ・リンク層では,シーケンス番号が直前に受け取ったパケットと続き番号になっているか,CRCエラーがないかどうかをチェックします.チェックの結果,問題がなければ,ACK DLLPを送信側へ返送します.もし問題があれば,NAK DLLPを送ってTLPの再送を要求します.なおACK応答は,データ・リンク層がTLPを正しく受け取れたことを示すだけで,そのTLPに含まれるコマンドやデータが正しく処理されたかどうかとは無関係です.

　ACKおよびNAK DLLPは,TLPごとに返送する必要はなく,複数のTLPに対する応答をまとめて返送することが許可されています.例えば,シーケンス番号n,$n+1$,$n+2$,$n+3$の四つのTLPを受信した場合,ACKを返すときに$n+3$を指定すれば,$n+3$までのTLPを正しく受け取ったことを意味します.あるいは,NAKとして$n+1$を返送すると,$n+1$までのTLPの再送を要求することになります.なおこの場合は,送信側は$n+1$のTLPを送った後に$n+2$

と $n+3$ の TLP から転送を再開します．つまり，NAK で $n+3$ を指定した場合と同じです．これは，デバイス内部のバッファ管理をシーケンシャル処理だけで済むように簡易化し，複雑なランダム・アクセスを不要にするためです．

また送信側は TLP を送った後，一定時間たっても ACK または NAK が返ってこなかった場合も TLP を再送します．これらの再送処理は最大 4 回まで行われます．4 回行った後，それでも送信が成功しなかった場合，データ・リンク層は物理層へリンクの再トレーニングを要求します．

1-4　ソフトウェア層——従来 PCI との互換性を維持

トランザクション層の上位にはソフトウェア層があります．PCI Express に追加された機能を用いなければ，基本的に従来の PCI/PCI-X のソフトウェアをそのまま利用できます．そうでない場合はなんらかの変更が必要になります．

以下に，PCI Express のソフトウェア層にかかわる仕様について説明します．

● コンフィグレーション・レジスタを 256 バイトから 4K バイトに拡張

PCI Express ではコンフィグレーション空間が拡張されました．これに伴い，従来は 256 バイトだったレジスタ空間が 4096 バイトに拡張されました．拡張されたレジスタ空間において，先頭の 256 バイトの領域を「互換領域」，残りの領域を「拡張領域」と呼びます．

従来の CF8h/CFCh の I/O ポートを使ったコンフィグレーション・アクセス方法では，互換領域にのみアクセス可能です．拡張領域も含めてアクセスするためには，PCI Express で新しく定義されたメモリ・マップト・コンフィグレーション・アクセスを用いる必要があります．このためのメモリ空間をどこへアサインするかは，システムやチップセットの仕様で自由に決められます．OS やドライバは，PCI ファームウェア仕様で定められた API（Application Programming Interface）を使って，このメモリ空間のアドレスを取得します．

PCI Express デバイスは，"PCI Express 機能レジスタ（capability registers）"を互換領域に必ず備えられなければなりません（図 1-9）．PCI Express 2.0 ではデバイス，リンク，スロットそれぞれの機能，コントロール，ステータス・レジスタの 2 番目が追加され，コンプリーション・タイムアウトの値を設定したり，5 Gbps で追加になったリンクの制御などを行ったりできるようになりました．

一方，オプションとして拡張 PCI Express 機能レジスタと呼ばれるものもあ

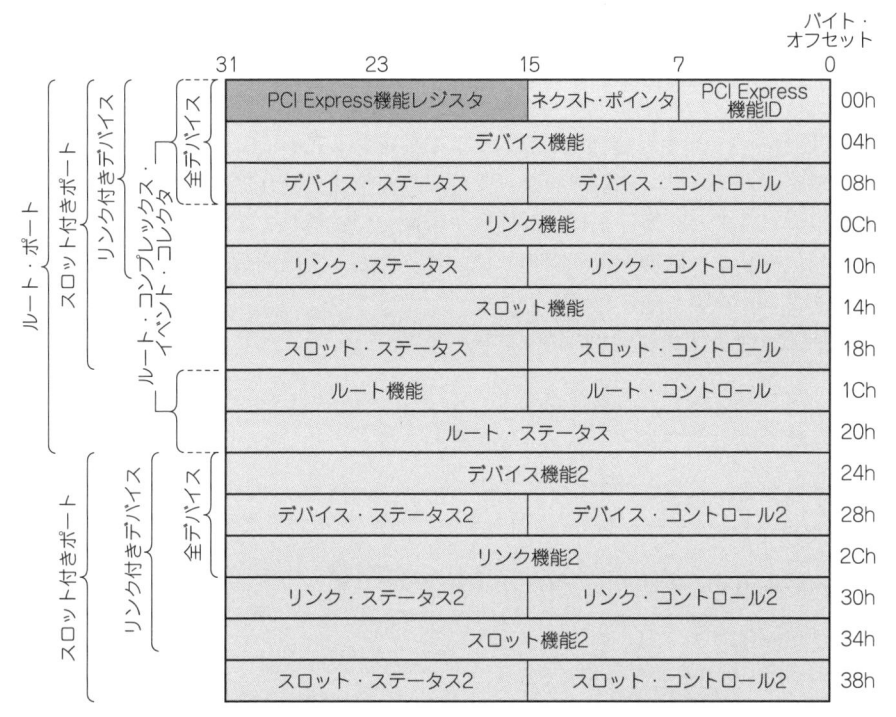

図1-9 PCI Express デバイスが持つコンフィグレーション・レジスタの構成
PCI Express デバイスは，PCI Express 機能レジスタと呼ばれるレジスタを互換領域にかならず持つ．

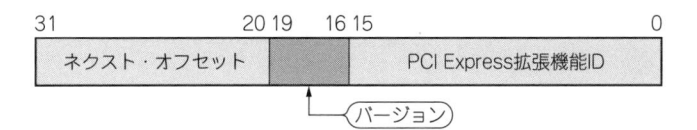

図1-10 拡張 PCI Express 機能レジスタのヘッダ
リンクの最初のレジスタは 100h に置かれ，そこからはネクスト・オフセットで次のレジスタへリンクされる．

ります．これらは拡張領域に置かれ，各レジスタは**図1-10**に示すようなヘッダで必ず始まらなければなりません．リンクの一番初めのレジスタは100hに置かれます．そこからはネクスト・オフセットで次のレジスタへリンクされます．拡張PCI Express機能レジスタには，詳細なエラー情報を格納するアドバンスト・エラー・レポート機能や，仮想チャネルを制御するための仮想チャネル機能などがあります．

1-4 ソフトウェア層——従来PCIとの互換性を維持 35

1-5 物理層の技術

● 論理サブブロックと電気サブブロックで高速シリアル・インターフェースを実現

物理層は，データ・リンク層から受け取った情報をシリアル化し，リンクの受信側のデバイスと互換性を持つ周波数や帯域幅で送信します．物理層は，次に示す符号化やリンク制御を行う論理サブブロックと，実際の信号の送受信を行う電気サブブロックの二つに分けられます．

以下に論理サブブロックの役割を挙げます．

- インターフェースの初期化
- リンク幅およびレーン・マッピングのネゴシエーション
- リンク・パワー・マネジメント
- リセット/ホット・プラグ・コントロールとステータス

加えて電気サブブロックとして，以下の機能を備えます．

- フレーミング
- 8b/10b の符号化・復号化
- スクランブル/デスクランブル
- 多重化されたクロックとデータの再生
- シンボルの送信
- 受信側でのバッファリング
- レーン間デスキュー

電気サブブロックについては詳細を次節で解説しますが，まずは物理層全体の役割や機能について説明します．

PCI Express は，以下に挙げるような高速シリアル・インターフェースに共通の技術を使用しています．PCI Express トランスミッタとレシーバの物理層の回路ブロックを図 1-11 と図 1-12 に示します．以下にそれぞれの回路ブロックの機能を解説します．

① 8b/10b 符号化

GHz を超えるような高速信号においては，データ・パターンに依存して(高周波成分の)振幅が減少し，シンボル間干渉(ISI：Inter-Symbol Interference)が生

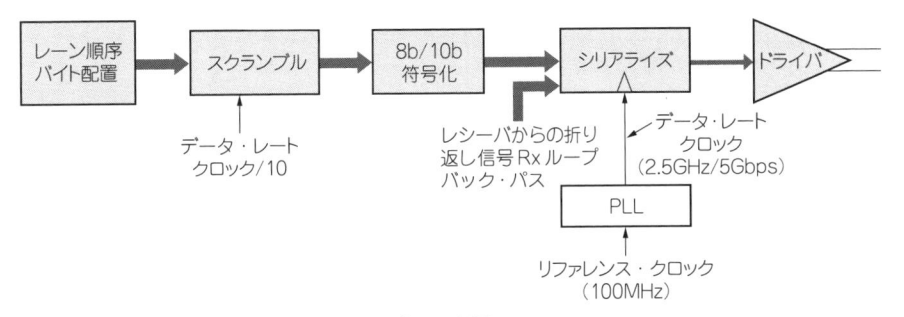

図1-11 PCI Express トランスミッタのブロック図
各レーンへのバイト・データの配置を決めたあとの送信処理のブロック図を示す．スクランブルをかけたあと，8b/10b 符号化を行いシリアライズして差動で出力する．

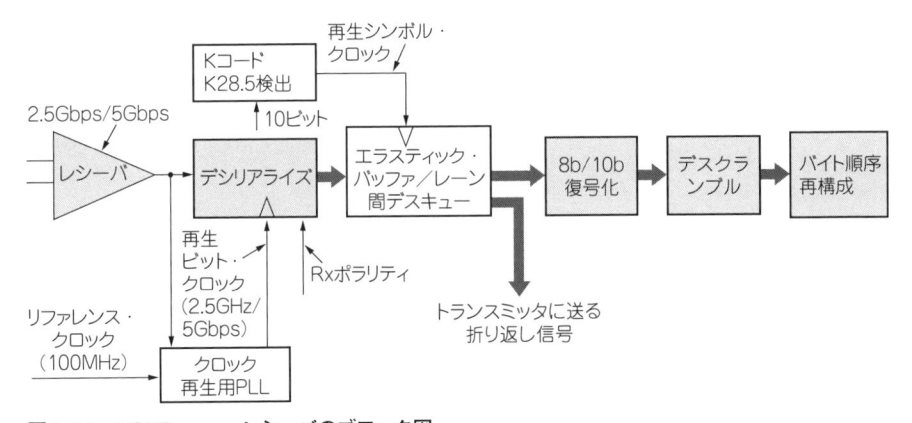

図1-12 PCI Express レシーバのブロック図
各レーンの受信処理のブロック図を示す．送信処理とは逆に，デシリアライズしたあと，バッファなどを用いてレーン間のスキューを調整する．8b/10b 復号化を行いデスクランブルしたあとに，バイト順に並べてデータを再生する．なおレーン間デスキュー処理をどこで行うかはデザインに依存する．

じます．シンボル間干渉を低減させるために，8b/10b 符号化と後述のディエンファシスが併用されます．

　8b/10b 符号化は，DC（直流）成分の抑制とクロック・タイミング抽出を目的としています．8ビット・データを，'1' または '0' の連続を最大5サイクルに抑えた10ビット・パターンに変換します（**図1-13**）．10ビット・パターンには**表1-2**に示すように，データ256種類とパケットの先頭や終了などを示す制御符号（Kコード）16種類が含まれます．

　短期間に信号変化が必ず含まれることで，受信側でクロックを再生しやすくな

1-5 物理層の技術

シンボル	データ	abcdei fghj出力	
		rd−	rd+
D0.0	00h	100111 0100	011000 1011
D1.0	01h	011101 0100	100010 1011
D2.0	02h	101101 0100	010010 1011
D3.0	03h	110001 1011	110001 0100
…	…	…	…
K28.0	−	001111 0100	110000 1011
K28.3	−	001111 0011	110000 1100
K28.5	−	001111 1010	110000 1010

(a) 8ビット・データ用のDコードと制御用のKコードを使う回路の動作

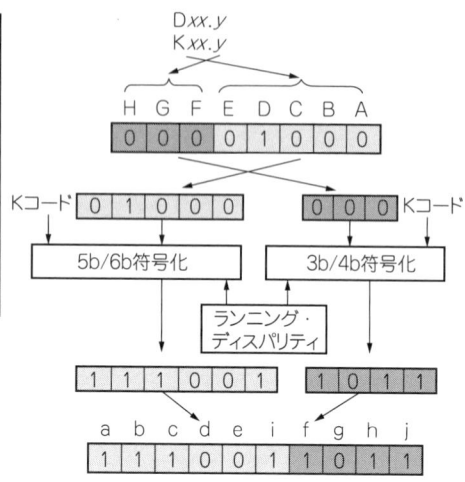

(b) 各ビットに対する処理の例

図1-13 図1-11に示す8b/10b符号化

8ビット(1バイト)のデータのうち、前3ビットと後5ビットを入れ替えて、それぞれ1ビットずつ加え、符号化する。8ビット・データから生成される256種類の10ビット・データに加え、Kコードと呼ばれる制御用の符号も利用する。

表1-2 制御用の10ビット符号(Kコード)

例えば、受信側でのシンボルの切り出しはK28.5というKコードを基準にしている。そのため、一定間隔でK28.5を送信する必要がある。

Kコード	シンボル	名 前	内 容
K28.5	COM	Comma	レーン、リンクの初期化と管理に使用
K27.7	STP	Start of TLP	TLPの始まりを示す
K28.2	SDP	Start of DLLP	DLLPの始まりを示す
K29.7	END	End	TLPとDLLPの終わりを示す
K30.7	EDB	EnD Bad	送信途中でエラーが発生したTLPでENDの代わりに使用
K23.7	PAD	Pad	フレーミング時やリンク幅でのパディングとレーン順序のネゴシエーションで使用
K28.0	SKP	Skip	二つのポート間でのビット・レート差を補償するために使用
K28.1	FTS	Fast Training Sequence	L0sからL0に復帰するために使用(パワー・マネジメント)
K28.3	IDL	Idle	EIOS (Electrical Idle Ordered Set)で使用
K28.7	EIE	Electrical Idle Exit	EIEOS (Electrical Idle Exit Ordered Set)で使用(2.5Gbps以上のデータ・レート)

ります．加えて，前に送り出されたパターンの '1' と '0' の数を見て，送り出しパターンの '1' と '0' を反転するディスパリティを行うことで，電位が一定になるようにバランスをとり，自動利得制御や情報の欠落を生じにくくします．ただし，8ビット・データを10ビットにするので，実際のデータ・レートは，物理層のデータ転送レートに対して20％小さくなります．

② レーン間デスキュー

PCI Express はレーン間のスキューに対する制約が緩いので，レーン間で等長配線を行う必要がありません．

送信側では以下のスキューが許容されています．

 2.5 Gbps：500 ps + 2UI (800 ps)
 5 Gbps ：500 ps + 4UI (1.6 ns)

受信側では，より大きなスキューが許容されています．

 2.5 Gbps：20 ns
 5 Gbps ：8 ns

スキューは，受信側の各レーンに備えた FIFO で吸収します（デスキュー）．

③ フレーミング

データ・リンク層から引き渡されたパケット（DLLP や TLP）には，パケット先頭の目印として，Kコードの SDP (Start of DLLP) か STP (Start of TLP) が付加されます．また末尾には双方とも END が付加されます．

このフレーミング処理が行われた後，レーン構成に応じて各シンボルがレーンに割り当てられます．ビットは図1-14のように，ビット a で始まり，ビット j で終わるよう，一つのレーン上に配置されます．複数のレーンを持つリンクでは，最後のレーンまでバイト・データが順次配置された後，レーン0から同じように配置されます．

レーン数によっては，END の前に PAD（データ長を合わせるためのデータ）が挿入されることもあります．図1-15(a)には1レーンの，図1-15(b)には4レー

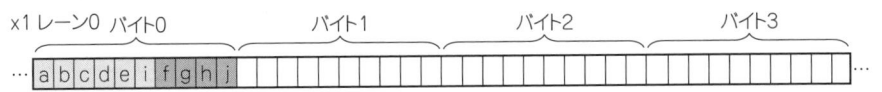

図1-14 10ビット符号のパケット上の配置
1レーン(x1)の場合のビット配置を示す．複数レーンの場合もバイト・データのビット配置は同じである．

(a) 1レーン

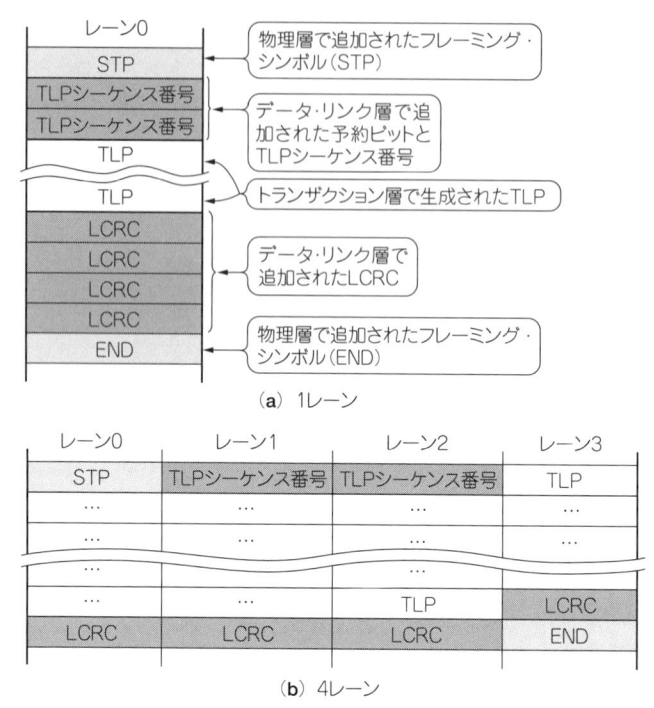

(b) 4レーン

図1-15 TLPのフレーミング処理の例
(b)の場合は，レーン0→レーン1→レーン2→レーン3の順にバイト・データを割り当てる．場合によっては，PAD（データ長を合わせるためのデータ）を追加してレーン3にENDがくるように調整する．

ンの場合のTLPのフレーミングを示します．

④ スクランブル/デスクランブル

　同じデータが続いた際に，周波数軸上でエネルギーが特定の周波数成分に集中することを避けるため，8b/10b符号化の前にデータをスクランブルします．線形フィードバック・シフト・レジスタ（LFSR）の値とXORをとることで実現できます．LFSRの生成多項式は$G(x) = x^{16} + x^5 + x^4 + x^3 + 1$です．受信側では，8b/10b復号化の後に同じLFSRの値とデータとのXORをとることによりデスクランブルします（**図1-16**）．

　LFSRはCOMシンボルを送信または受信することによってFFFFhに初期化され，これによって送信側と受信側のスクランブラ/デスクランブラの同期をとります．LFSRは基本的にはDシンボル（データ符号）かKシンボル（制御用符号）

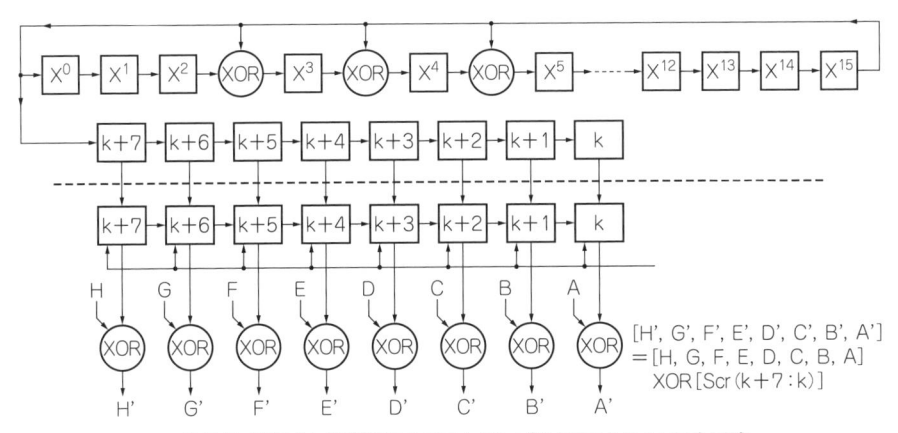

図 1-16 8b/10b 符号化(復号化)の後段にあるスクランブル(デスクランブル)回路

[H', G', F', E', D', C', B', A']
= [H, G, F, E, D, C, B, A] XOR [Scr(k+7:k)]

表 1-3 制御用符号(K シンボル)はスクランブルを行わない

	送信側			受信側		
データ値	シンボル	LFSR生成値	データ値	シンボル	LFSR生成値	データ値	シンボル
−	K28.5	FF	1BC	K28.5	FF	1BC	K28.5
−	K28.0	FF	13C	K28.0	17	13C	K28.0
−	K28.0	FF	13C	K28.0	17	13C	K28.0
−	K28.0	FF	13C	K28.0	17	13C	K28.0
00	D0.0	FF	FF	D31.7	FF	00	D0.0
00	D0.0	17	17	D23.0	17	00	D0.0
00	D0.0	C0	C0	D0.6	C0	00	D0.0
00	D0.0	14	14	D20.0	14	00	D0.0
00	D0.0	B2	B2	D18.5	B2	00	D0.0
00	D0.0	02	02	D2.0	02	00	D0.0
00	D0.0	82	82	D2.4	82	00	D0.0
00	D0.0	72	72	D18.3	72	00	D0.0
00	D0.0	6E	6E	D14.3	6E	00	D0.0
00	D0.0	28	28	D8.1	28	00	D0.0

- COMを使い送信側と受信側を同期(LFSRをリセット) −:初期値はFFh
- SKP(K28.0)ではレジスタ値を保持
- スクランブル開始
- COMとSKP以外のKコードではレジスタは動作. ただしKコードはスクランブルされない
- 送信データ / スクランブル値 / デスクランブル値 / 受信データ

かを問わず,1 シンボル送受信するごとにシフト動作を行いますが,例外として Skip と呼ばれる制御用 K コード(SKP)の場合はシフトを行いません.これは後述するエラスティック・バッファによって SKP シンボルの挿抜が行われ,送信側と受信側で SKP の数が違うことがあり得るため,SKP で LFSR をシフトして

しまうとスクランブラ/デスクランブラの同期がずれるためです．

また，レジスタ値とデータとのXORは**表1-3**のように，Dシンボルに対してのみ行われます．Kシンボルは各種オーダード・セットやパケットの境界を示すシンボルなので，これをスクランブルしてしまうとまったく区別がつかなくなるためです．

⑤ レーン順序と差動信号の極性

図1-17のように基板トレースの引き方を単純化できるよう，送信・受信間でレーン順序を変更できます．加えて差動信号の極性もレーンごとに反転でき，配線パターンが交差することを防げます．

■ コラム1-1　　PCI Express策定の歴史

PCI Expressは2002年7月に最初の規格Rev.1.0（2.5 Gbps）が制定されました．当初国内では話題になることも少なく，この新しい技術の測定ソリューションを提供する立場の筆者らとしては，その普及を懸念しました．しかし，インテルがPCI Expressを搭載した最初のチップセットである「Express Chipset」を出荷し，同チップセットが搭載されたマザーボードが出回り始めて状況が一変しました．今日ではパソコンやサーバのほとんどがPCI Expressを搭載しています．

2006年末から2007年にかけては，データ転送レートを5 Gbpsに速めたRev.2.0とケーブル仕様（2.5 Gbps）が制定されるなどの活発な動きがありました．Rev.2.0

表1-A　PCI Expressの規格の推移

時　期	出来事
2002年 7月	Base/CEM Specification Rev.1.0
2003年 4月	Base/CEM Specification Rev.1.0a
2004年12月	Gen2 5Gbps 採用決定
2005年 3月	Base/CEM Specification Rev.1.1
2006年12月	Rev.1.1 コンプライアンス・テスト開始
2006年12月	Base Specification Rev.2.0
2007年 1月	External Cabling Rev.1.0
2007年 2月	Rev.2.0 コンプライアンスFYI[注]テスト開始
2007年 4月	CEM Rev.2.0
2007年 8月	Gen3（Rev.3.0）8Gbps 採用決定

注：For Your Information（参考）

そのため，リンク確立時には接続状態の確認が必要です．リンク幅，レーン割り当て，極性，そのほかを設定するために，図1-18のようなTS1やTS2というトレーニング・シーケンスと呼ばれる制御コマンドを発行します．

⑥ オーダード・セット

オーダード・セットはデータ列です．物理層の制御には，トレーニング・シーケンス以外にも，一連のKコードが挿入されるSKIP，EIOS (Electrical Idle Ordered Set)，FTSといったオーダード・セットがあります．また，PCI Express 2.0ではEIEOS (Electrical Idle Exit Ordered Set)が新しく追加されました．

を搭載したパソコンも販売され，グラフィック・カードから広がりを見せています．さらに2007年8月には，次の世代Gen.3 (Rev.3.0)のデータ転送レートを8 Gbpsに決定しました．**表1-A**に今日までのPCI Expressの主な規格の発表時期をまとめます．

PCI Expressは，もともとパソコン/サーバ用として規格化されたバス・インターフェースです．パソコンに採用される標準技術はスケール・メリットがあり，部品価格の低下や入手性，技術サポートなどの恩恵にあやかれます．パソコンの技術がパソコン以外の分野へ広がりを見せるのは，過去にPCIの例があり，同じような状況です．また物理層はPCI Expressに準拠しながらも，**表1-B**のようにさまざまな標準規格団体からさまざまなフォーム・ファクタが登場しています．

表1-B　PCI Expressを支援する規格団体と代表的なフォーム・ファクタ

規格団体	フォーム・ファクタ
PCI-SIG	アドイン・カード
	Mini-Card
	ワイヤレス・フォーム・ファクタ
	Expressモジュール（サーバI/Oモジュール）
	ケーブル
PCMCIA	ExpressCard
PICMG	COM Express
VITA	XMC

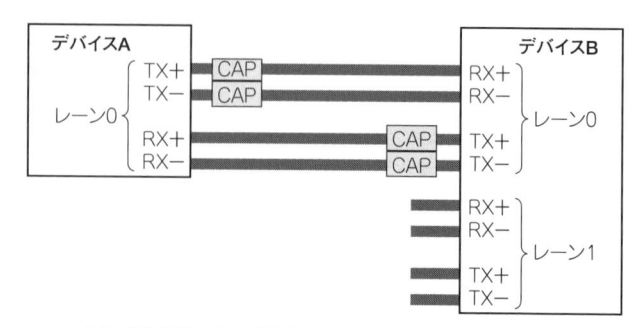

(a) 差動極性の入れ替えはないが，リンク数が異なる場合

図1-17 レーン数やレーン順序，差動信号の極性が送信側，受信側で異なっても通信できる

(b)のように，デバイス間で接続するレーンが異なっても，問題なく受信できる必要がある．同じように差動信号の極性が入れ替わっていても受信できる必要がある．これにより，基板設計が容易になる．CAPはAC結合用のキャパシタの意味．

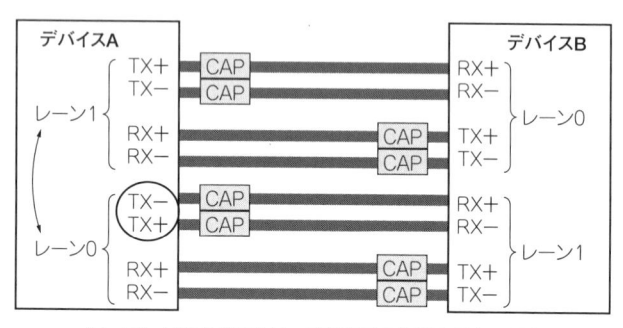

(b) リンク順序が異なり，差動記号の極性も異なる場合

レーン順序が判定できる（lane ordering）

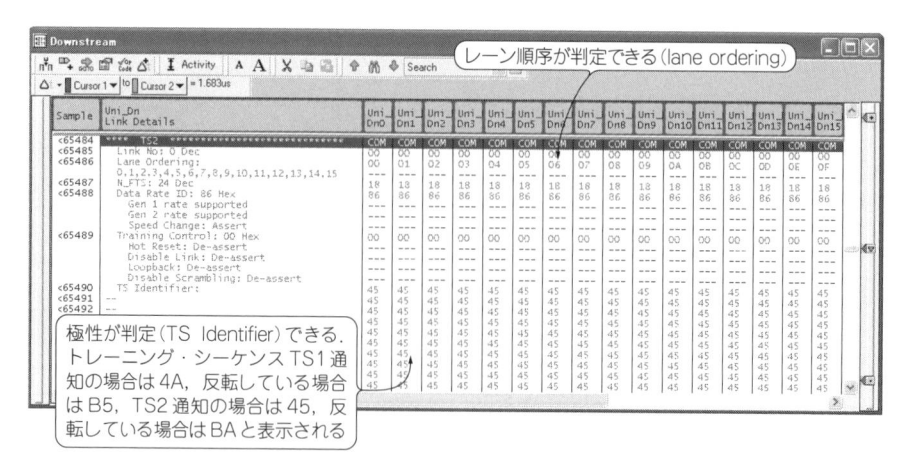

極性が判定（TS Identifier）できる．トレーニング・シーケンスTS1通知の場合は4A，反転している場合はB5，TS2通知の場合は45，反転している場合はBAと表示される

図1-18 リンク確立時に通信速度や接続状態を確認するための通知

米国Tektronix社のロジック・アナライザ（TLA7000シリーズ）のPCI Expressサポートを用いて，x16リンクから取り込んだデータを表示した．トレーニング・シーケンス中にレーン順序の判定と信号極性の判定を行っていることが分かる．

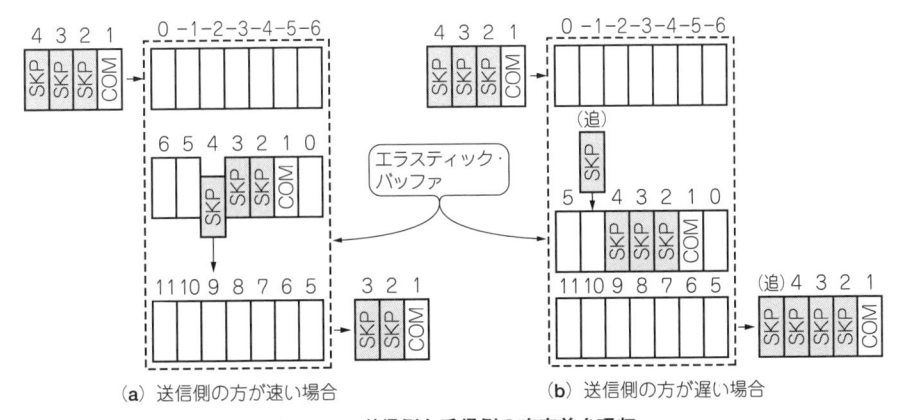

図 1-19 エラスティック・バッファで送信側と受信側の速度差を吸収
送信側のほうが速いときには，(a)のように受信側はSKPシンボルを間引き，逆に送信側が遅い場合は，(b)のように余分にSKPシンボルを挿入することで速度差を吸収している．

⑦ エラスティック・バッファ

図1-11 と **図1-12** に示すリンクの両端のデバイスで使われるリファレンス・クロックには，最大±300 ppmの周波数偏差が許容されています．このため，受信側よりも送信側のクロックのほうが速い，もしくはその逆が起こり得ます．この周波数偏差による送信側と受信側の間の速度差を吸収するため，エラスティック・バッファと呼ばれるFIFOメモリが用いられます（**図1-19**）．

送信側は最低1180シンボル，最高1538シンボルごとに1回，COMシンボル（**表1-2**を参照）の後に3個のSKPシンボルが続くSKIPオーダード・セットを送信データに挿入します．受信側ではSKIPオーダード・セットを含むすべての受信データをエラスティック・バッファにいったん格納します．そして，COMシンボルの後に続くSKPシンボルの数を1～5個に調整することによって，送信側と受信側の間の速度差を調整します．送信側の方が速いときは，受信側はSKPシンボルを間引き，逆に送信側が遅いときは余分にSKPシンボルを挿入することで速度差を吸収しているわけです．

⑧ コンプライアンス・パターン

PCI Expressでは，測定器に出力を直接終端すると起動時に物理層で検知し，**図1-20**のようなコンプライアンス・パターンを繰り返し自動発生する必要があります．これにより，電気的仕様のテストを容易にしています．

シンボル	K28.5−	D21.5	D28.5+	D10.2
現在のディスパリティ	0	1	1	0
ビット・パターン	0011111010	1010101010	1100000101	0101010101

```
0 0 1 1 1 1 1 0 1 0 1 0 1 0 1 0 1 0 1 0 1 1 0 0 0 0 0 1 0 1 0 1 0 1 0 1 0 1 0 1
```

|　　K28.5−　　|　　D21.5　　|　　K28.5+　　|　　D10.2　　|

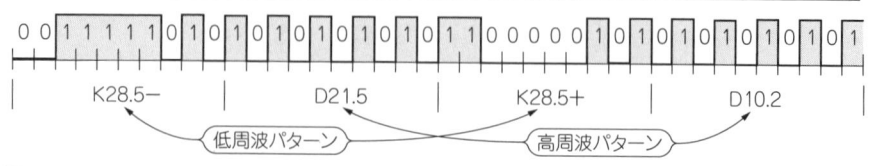

（低周波パターン）　　　　　　（高周波パターン）

図1-20　PCI Express のコンプライアンス・パターン

コンプライアンス・パターンは，8b/10b 符号の中で一番低周波のパターン（5 ビットの継続）と一番高周波のパターン（'1' と '0' の 1 ビットごとの繰り返し）を含む 4 シンボル（合計 40 ビット）で構成されている．

1-6　物理層の電気サブブロック基本技術

　電気サブブロックは，実際にポート間を物理的に接続します．PCI Express は以下に挙げるような高速シリアル・インターフェースに共通な技術を使用しています．**図1-21**に PCI Express の物理層回路ブロック図を，**図1-22**に物理層信号の仕様（Base Specification）を示します．

① 小振幅と差動伝送

　PCI Express の物理層は，ほかの高速シリアル・インターフェースと同じように，小振幅かつ差動で伝送します．差動伝送には以下の特徴があります．
　（1）コモン・モード・ノイズに対する耐性が高い．
　（2）信号レベルがシングルエンドの半分のレベルで済むため消費電力を低く抑えられる．
　（3）互いに電磁界を打ち消し合うため，EMI（Electro-Magnetic Interference）を抑制できる．

　ただし，差動信号間にスキューがあると，逆に EMI が増加したり，立ち上がりがなまったりします．そのため，差動トレース間のスキューはできる限り抑える必要があります．

　またオフセット電圧がずれると，プラス方向（'0' → '1'）とマイナス方向（'1' → '0'）が対象でなくなったり，パルスのデューティ比が変わったりします．ただし PCI Express では AC 結合（伝送路に直列にコンデンサを入れて DC 成分をカットする方式）のため，オフセット電圧は 0 V です．

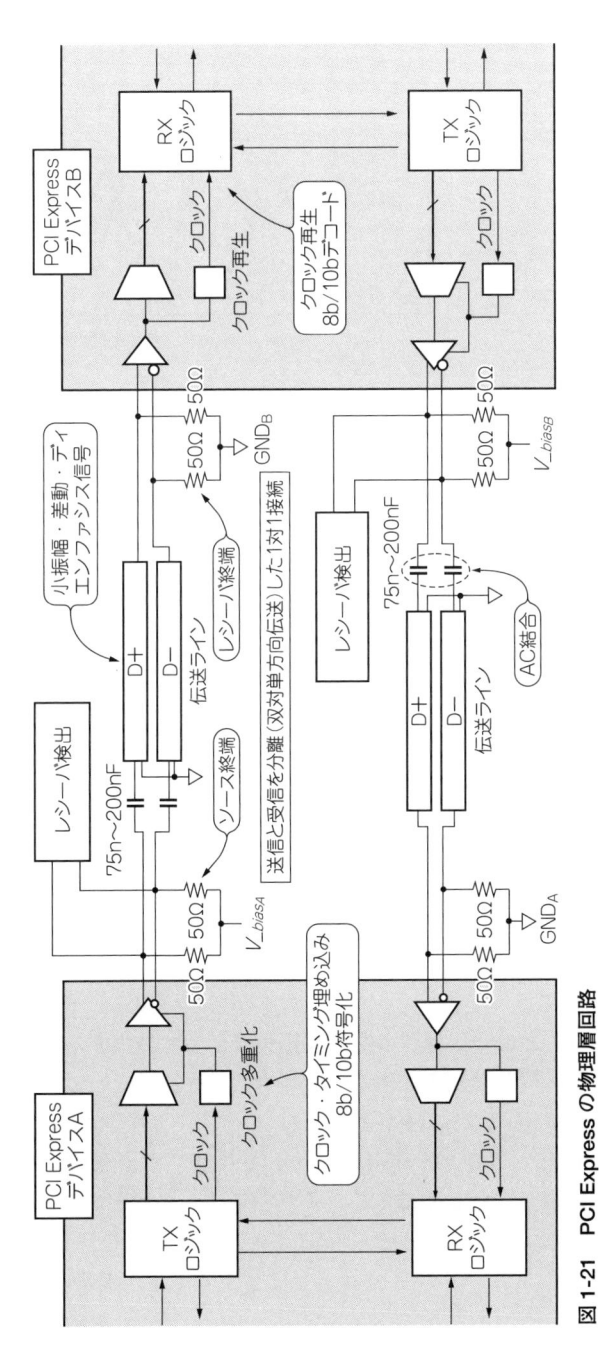

図 1-21 PCI Express の物理層回路
伝送路も含めたデバイス間の1レーンの回路ブロックを示す。送信と受信の回路ブロックを分離した1対1接続になっている。

1-6 物理層の電気サブブロック基本技術

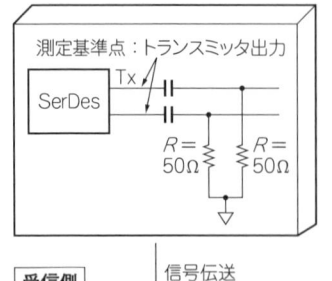

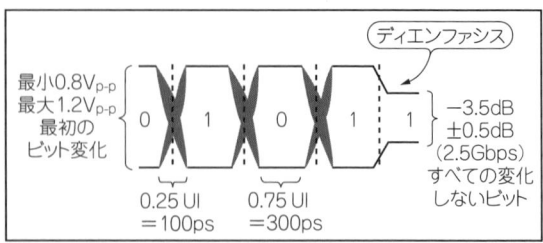

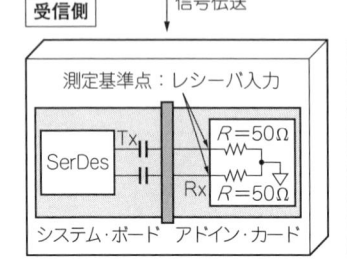

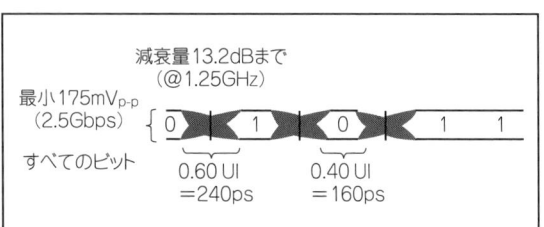

図1-22 物理層の特徴その1…小振幅/差動伝送
2.5 Gbps の場合の PCI Express の送信側と受信側の電気的仕様を示す．1 UI (Unit Interval) = 400 ps (2.5 Gbps)．

② 1対1接続

一般的なバスの概念は，信号伝送路に複数のデバイスが接続されます．信号の高速化に伴い，信号の反射や劣化の原因となるスタブ（T分岐）を信号伝送路に設けないように，デバイス間を1対1で接続します．信号を分岐させる必要がある場合は，スイッチを経由します．

③ ディエンファシス

ディエンファシスとは，伝送路の高周波損失によって発生するシンボル間干渉を低減するために，同じビットが継続した場合，2番目以降のビットの振幅を下げることをいいます（**図1-23**，**図1-24**）．

継続した同じビットのことを非遷移ビットと呼びます．遷移ビットと非遷移ビットでは信号振幅が変わるので，それぞれ測定する必要があります．2.5 Gbps で−3.5 dB，5 Gbps では−3.5 dB と−6 dB が使用されます（±0.5 dB）．−3.5 dB では信号レベルが 2/3 に，−6 dB では 1/2 に下がります．実際の波形を**図1-25**に示します．

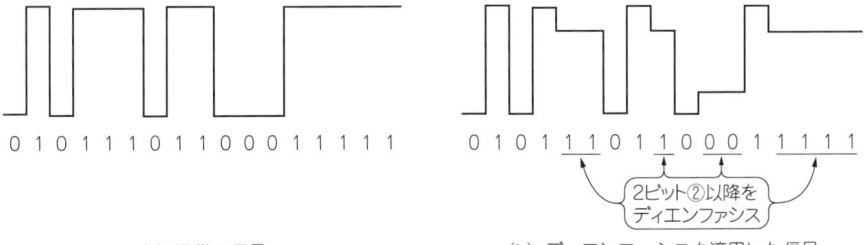

(a) 通常の信号   (b) ディエンファシスを適用した信号

2ビット②以降を
ディエンファシス

図1-23　物理層の特徴その2…シンボル間干渉を小さくするディエンファシス
高周波に対し損失がある伝送路においては、周波数が高いパターンは、(a)のように信号レベルが上がりきらない。そのため、パターンによってスレッショルド・レベルを横切るタイミングがずれ、ジッタを生じる。同じパターンが連続した場合(周波数が低い)、(b)のように2ビット目以降の信号レベルを下げておくと、双方のパターンのレベル差が縮まり、ジッタが低減する。

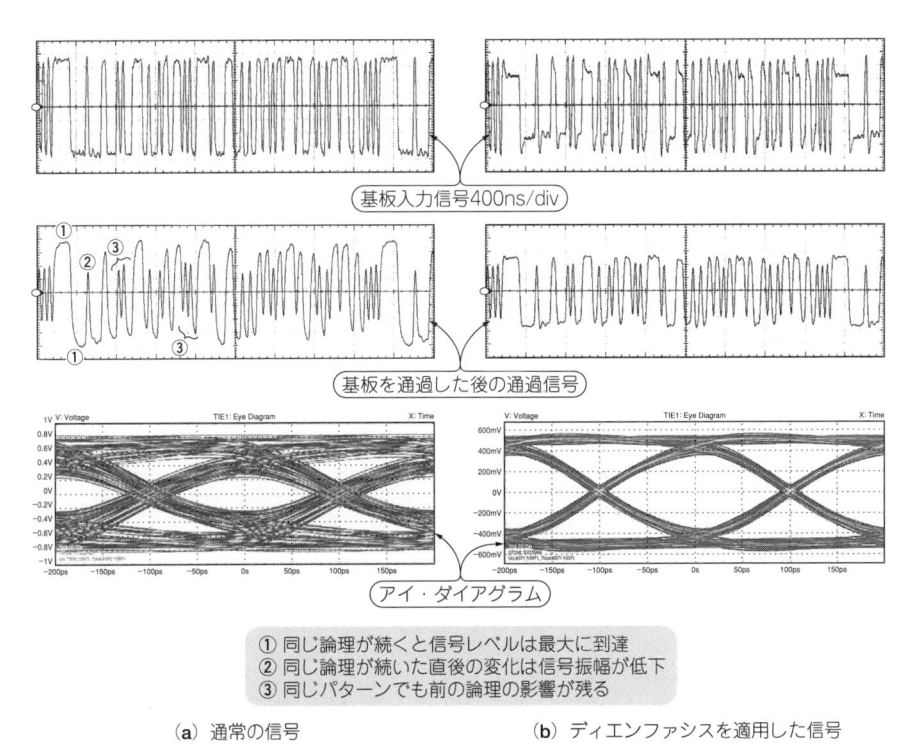

基板入力信号400ns/div

基板を通過した後の通過信号

アイ・ダイアグラム

① 同じ論理が続くと信号レベルは最大に到達
② 同じ論理が続いた直後の変化は信号振幅が低下
③ 同じパターンでも前の論理の影響が残る

(a) 通常の信号   (b) ディエンファシスを適用した信号

図1-24　ディエンファシスを適用してジッタを低減させた波形の例

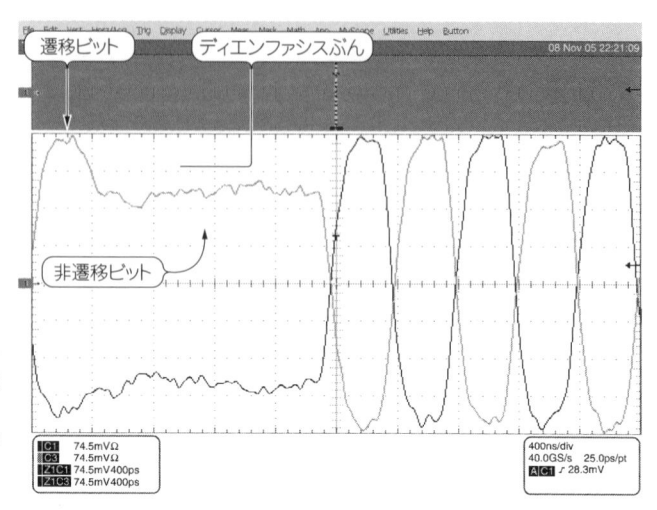

図1-25 ディエンファシスを適用した実際のPCI Expressの信号
2.5 Gbpsの場合の-3.5 dBのディエンファシスを行ったPCI Expressの信号.

(図中ラベル: 遷移ビット, ディエンファシスぶん, 非遷移ビット)

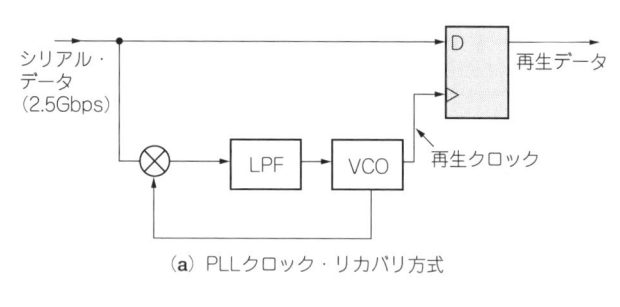

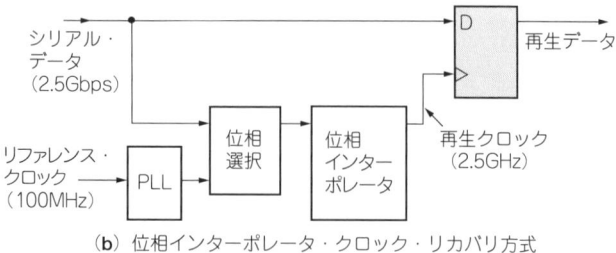

図1-26 クロック再生(CDR)回路
リファレンス・クロックを供給する場合,(b)を用いる.

(a) PLLクロック・リカバリ方式

(b) 位相インターポレータ・クロック・リカバリ方式

④ クロック再生(CDR)

PCI Expressでは送信側で8b/10bのクロック・タイミングに合わせてデータを送信します.受信側ではクロック再生(CDR:Clock Data Recovery)回路で受信したデータの中からクロックを再生し,再生されたクロックでデータを取り出

> **コラム 1-2　反射やノイズに配慮したクロック伝送の工夫**
>
> 　PCI Express では，送信側でクロックのタイミングでデータを埋め込んで転送し，受信側で CDR（Clock Data Recovery）回路を使いクロックを再生します．この再生されたクロックでデータを再生するというクロック埋め込み（Embedded Clock）方式を採用すると，クロックとデータ間のスキュー問題を解消できます．
>
> 　なお，ディスプレイの外部接続用インターフェースである DVI（Digital Visual Interface）や HDMI のようにクロックを並走させる方式（Forward Clock）もあります．これらの方式では，EMI（Electro-Magnetic Interface）の増加などを考慮して，周波数分割されたクロックを転送し，受信側では逆にてい倍する方式を採用しています．
>
> 　また多数のチップでバスを共用する方式では，信号の高速化，特に立ち上がり時間の高速化に伴い，バスからチップへの配線が枝分かれします．このため，反射の影響で波形が乱れ，正しく情報を伝達するのが困難になります．
>
> 　そのため，チップ間をポイント・ツー・ポイントで接続し，波形が乱れないようにしています．ほかのデバイスへデータを転送させるためには，データを一定単位で区切りまとめてパケット化することにより，クロスバー・スイッチで経路を動的に選択できるようにします．送り先はパケットのヘッダ部分に宛て先の情報を含めることで判断されます．

します．図 1-26 にクロック再生回路を示します．

　送信側と受信側の周波数差が±300 ppm 以下であれば，エラスティック・バッファがずれを吸収します．一方，EMI 低減のためにスペクトラム拡散クロック SSC（Spread Spectrum Clock）を使用する場合，リファレンス・クロック（100 MHz）をシステム・ボードから供給します（コモン・クロック）．

　外部クロック供給は Rev.1.0a ではオプションという形で位置づけられていました．Rev.1.1 よりシステム・ボードのコンプライアンス・テストの必須項目となり，さらに Rev.2.0 では PCI Express の基本的な仕様書である Base Specification に含まれるようになりました．そのため，システム・ボードではリファレンス・クロックを供給できるようにしておく必要があります．

第2章 伝送方式とプリント・パターン設計
―― 物理現象を理解すれば高速差動伝送は怖くない！

志田 晟

PCI Expressは第1世代（Gen1）で2.5 Gbps（ギガ・ビット/秒），第2世代（Gen2）で5 Gbps（Gen2）という高速な信号伝送を行います．このため，基板設計の際に気をつけなければならないポイントがいくつかあります．

本稿ではPCI Expressの高速差動シリアル信号の回路設計や基板設計，測定を適切に行うために理解しておきたい，差動パターンやグラウンド・パターン，ビア，スルー・ホールなどの配線・配置方法を，シミュレーションなどを交えて分かりやすく解説します．

ほかの一般的な高速差動シリアル信号の伝送を理解するうえでも役立ちます．

2-1 当たり前になってきた高速シリアル信号

● PCI Expressは1レーンでPCIバス並みのデータ転送速度2.5 Gbpsを実現できる

写真2-1はパソコンのメイン・ボードの一例です．長さの異なる五つのコネクタはPCI Expressバスの拡張基板用コネクタです．短く3個見えるコネクタは1レーン（x1），長いものは16レーン（x16），一番右は4レーン（x4）です．一方，写真2-1に示した2個のコネクタは従来バスであるPCIの拡張コネクタです．PCI Expressは，PCIバス並みのデータ帯域幅を1レーンで実現する2.5 Gbps，5 Gbpsといったデータ転送速度があり，基板設計には注意が必要です．ここで図2-1のように，データ・レートと周波数は意味が異なるので注意が必要です．写真2-2にメイン・ボードと接続できる16レーン対応のグラフィックス・カードの例を示します．高速シリアル信号が最短で配線されていることが分かります．

図2-2はPCI Expressの1レーン分の簡単なブロック図です．送受信それぞれ差動の1対の線路で1レーンが構成されています．図2-3（a）はメイン・ボード

上を流れる PCI のクロック波形と PCI Express の信号波形，**図 2-3**(**b**)は PCI Express 信号の拡大波形です．PCI Express が PCI よりも随分高速になったことが分かると思います．

写真 2-1 パソコンのメイン・ボード上の PCI Express コネクタ

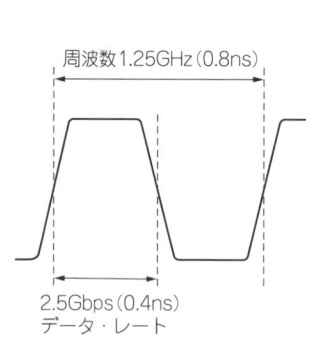

図 2-1 データ・レートは周波数の 2 倍

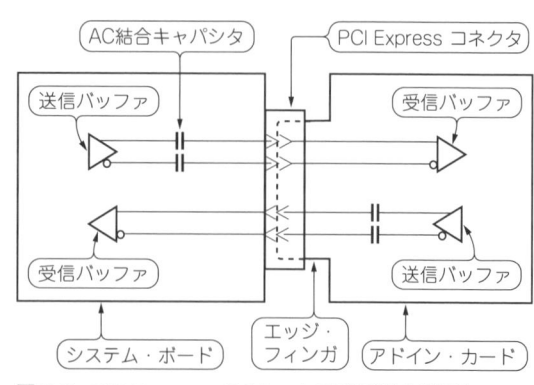

図 2-2 PCI Express の 1 レーンで送受信する信号
差動の送受信で構成．電源などは省略している．

54　第 2 章　伝送方式とプリント・パターン設計

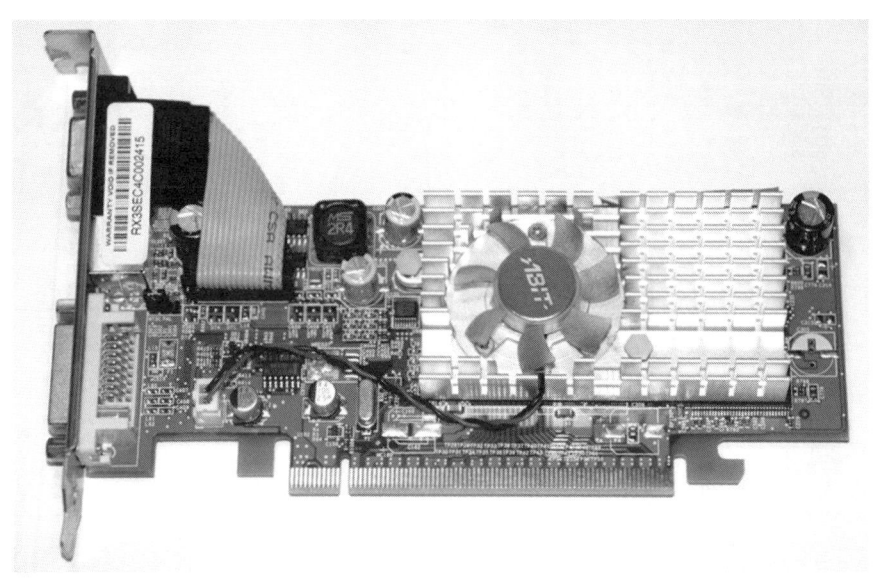

(a) グラフィックス・カード

(b) PCI Express 16レーンの信号パターン

写真 2-2　PCI Express グラフィックス・カードの外観
PCI Express の 16 レーンは 4 G バイト/s でデータを送れる．高速グラフィックス・カードは PCI Express の 16 レーンを用いることが普通になってきている．中央部分に 16 対のパターンが上下に走っていることが分かる．

2-1　当たり前になってきた高速シリアル信号　55

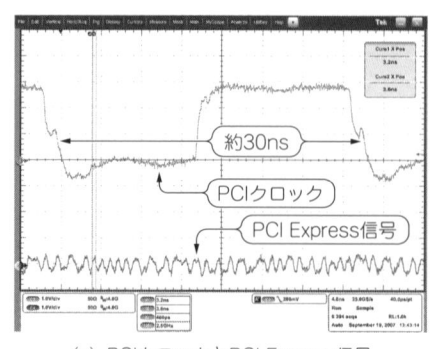

(a) PCIクロックとPCI Express信号 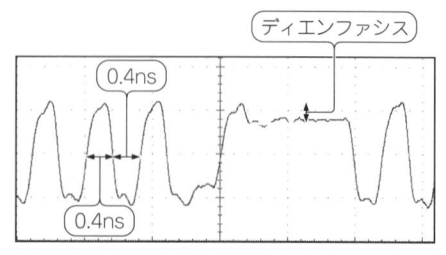　　（b) PCI Express信号の高周波の減衰による波形の乱れを抑えるディエンファシス

図 2-3　PCI Express の信号波形は高速で小振幅
(a)の上の波形が従来の PCI のバス・クロック，下が PCI Express の信号波形．PCI クロックの周期は約 30 ns（33 MHz）と読み取れる．(b) は 0.4 ns で 1 ビットを送っている．PCI Express の伝送速度は，$1/(0.4 \times 10^{-9}) = 2.5 \times 10^9 = 2.5$ Gbps と分かる．

2-2　マザーボード上の高速インターフェースの信号を考察する

　このメイン・ボードにはほかにも USB（480 Mbps），Serial ATA（3 Gbps），HDMI（High-definition Multimedia Interface）など，高速シリアル伝送のいろいろなインターフェースも備えています．写真 2-3（a）は HDMI のコネクタを，写真 2-3（b）は Serial ATA（3 Gbps）のコネクタとケーブルを示します．パラレル伝送としては DDR（Double Data Rate）2 メモリを搭載しています．
　このように高速シリアル差動伝送はいたるところで採用されている技術です．

● 高速シリアル伝送波形のいろいろ
　メイン・ボード上には PCI Express 以外にもさまざまな高速インターフェースが用意されています．例えば HDMI は最近，地上デジタル放送のハイビジョン表示機器などに使われているディジタルのビデオ信号とオーディオ信号の伝送規格です．信号伝送方式はパソコンの液晶モニタなどに画像を伝送する規格である DVI（Digital Visual Interface）と同じ TMDS（Transition Minimized Differential Signaling）という方式が使われています．PCI Express を含めた代表的な高速シリアル差動信号の基本回路を図 2-4 に示します．
　図 2-5（a）はメイン・ボード上の PCI バスと HDMI 信号を同時に見たもので，図 2-5（b）は HDMI 信号の拡大波形です．それぞれ伝送速度が異なります．（a）

(a) HDMI　　　　　　　　　　(b) Serial ATA（3.0Gbps）のコネクタとケーブル

写真 2-3　パソコン用メイン・ボード上のコネクタ

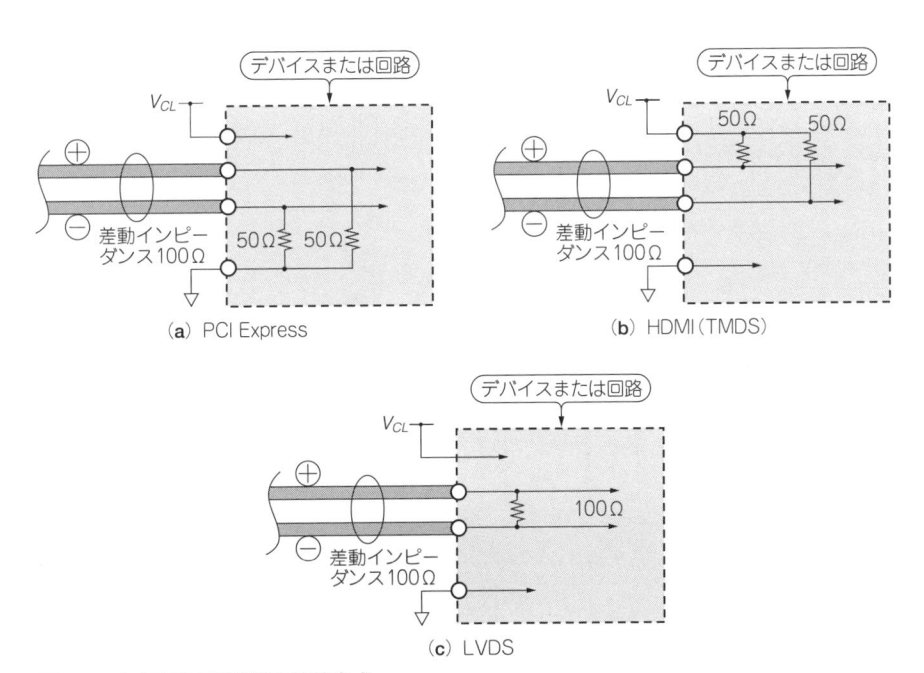

(a) PCI Express　　　　　　　(b) HDMI（TMDS）

(c) LVDS

図 2-4　主な高速伝送規格の終端方式

を見ると，HDMI 信号の中心電圧は約 2 V です．これは線路の終端側において電源（3.3 V）につながる終端抵抗でプルアップされているためです．また**図 2-6**は，同じメイン・ボード上の Serial ATA 信号の波形（3 Gbps）です．

2-2　マザーボード上の高速インターフェースの信号を考察する　57

このメイン・ボードは AMD (Advanced Micro Devices) 社の CPU を使っているため，CPU 周辺のバスに HyperTransport という高速差動伝送が使われています．図 2-7 に HyperTransport の波形 (2 Gbps) を示します．

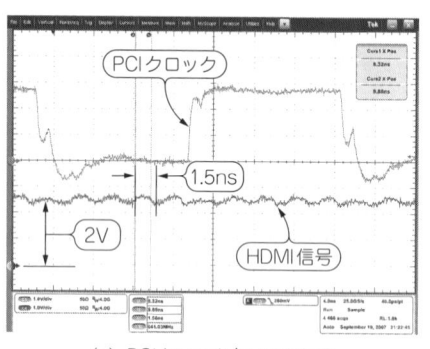

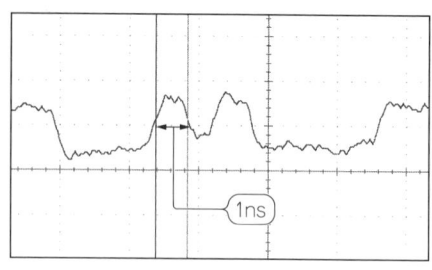

(a) PCI クロックと HDMI 信号

(b) HDMI 信号の拡大波形

図 2-5　パソコンのメイン・ボード上の高速伝送波形
(a) はカーソル間は 1.5 ns なのでデータ転送速度は約 640 Mbps．(b) はカーソル間が 1 ns なので 1 Gbps のデータが送られている．

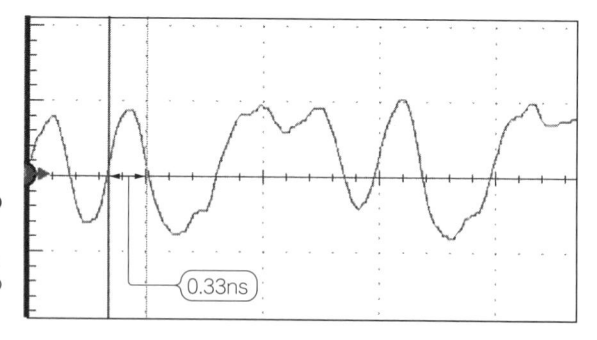

図 2-6　Serial ATA (3 Gbps) の波形
データの最も狭い間隔が 0.33 ns とカーソルから読み取れ，3 Gbps の信号と分かる．

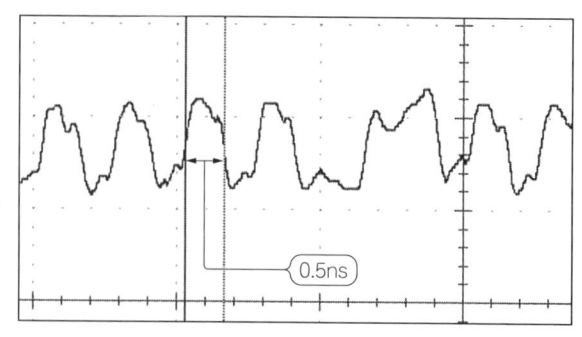

図 2-7　HyperTransport (2 Gbps) の波形
信号幅が 0.5 ns なので，本ボードでは伝送速度が 2 Gbps であることが分かる．

なお，このHyperTransportはCPUにじかにつながっているシステム動作上重要なバスです．最新の差動プローブを使用して波形を測定しましたが，システムがハングアップすることがありました．プローブをメイン・ボードなどの高速信号線に取り付ける場合は，測定器メーカの指示に従って慎重に行う必要があります．メイン・ボードの動作中の波形測定は，重要なデータが入ったパソコンなどを使わず，あくまで"評価・実験"として行うべきです．

● PCI Expressはディエンファシスで伝送エラーを減らす

　PCI Expressの信号は，図2-2で分かるように，2本の線を対にした差動伝送で送られています．PCI Expressの拡大波形［図2-3(b)］を見ると1，0，1，0と変化している部分とデータが連続している部分で信号の振幅が異なっています．これはディエンファシスと呼ばれ，図2-8に示すように，同じデータが続く場合は2ビット目以降の振幅を30％程度(3.5 dB)小さくします．

　高速データ伝送では伝送線路の損失などが原因で，立ち上がりと立ち下がり部分がなまります．それを補うために，信号が変化する部分の振幅をあらかじめ大きくして伝送します．一般には，立ち上がり部分の振幅を通常レベルより大きくするため，プリエンファシス(強調)と呼びます．PCI Expressでは，立ち上がりと立ち下がり以外の部分の振幅を下げてアイ・パターンを開かせるため，ディエンファシスと呼びます．プリエンファシスは通常のIC出力を増強する必要がありますが，ディエンファシスは通常のIC回路で比較的容易に実現できます．

　写真2-2(a)を見ると16対すべてのパターンにコンデンサが直列に入っています．これらは図2-2に示した送信(Tx)信号のパターンで，コンデンサによってDCカットされています．この場合50ΩでグラウンドにDCカットされているので，DC 0 Vを中心に波形がプラスとマイナスに振れます．図2-3(a)の波形は0 Vに対して±0.2 Vで振れています．

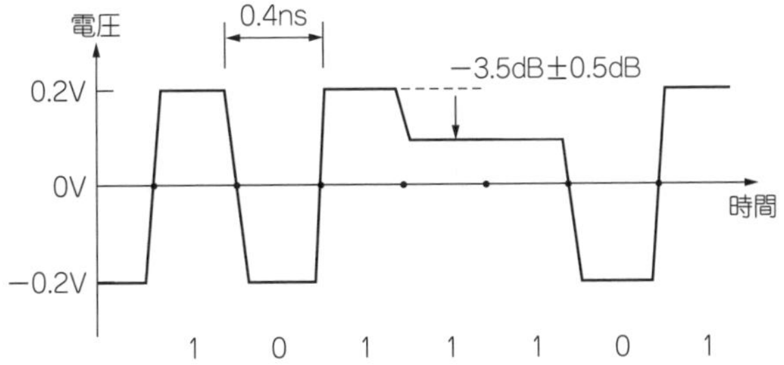

図2-8 PCI Expressはディエンファシスでアイ・パターンを開かせる
同じ論理が続く場合は振幅をGen1の場合で3.5 dB小さくする．

通常はPCI Expressの受信側のコモン・モード電圧などにより中心が0Vになるとは限りません．

今回の波形測定には，リアルタイム帯域20 GHzのオシロスコープ(テクトロニクス製DSA72004)を使用しました．

2-3 プリント基板パターン設計のポイント

● PCI Expressパターン設計の基本

写真2-4はPCI Expressアドイン・カード(拡張ボード)用適合試験治具(CBB：Compliance Base Board)の配線パターンの一部で，アドイン・カードを差すコネクタの裏側部分にあたります．この適合試験治具CBBはコンプライアンス・テストなどに利用します．この配線パターンは，いわばPCI Express配線パターンのお手本といってよいでしょう．これらのPCI Expressの配線パターンに求められるポイントを以下に示しました．

1) 2本で1ペアの差動パターンで配線
2) パターンの曲がり個所を45°で曲げる
3) フィンガ部分では差動パターンを隣り合うピンに接続
4) ピン接続部などで差動パターンが分かれる場合，各線の長さを同じにする．
5) 差動パターンに直列に入るコンデンサを並べて配置
6) 差動パターンにビアを極力使わない．ビアを使う場合は並べて配置
7) 差動パターンは内層がグラウンド層の上を配線する(アドイン・カードは強制)
8) カード・エッジのフィンガ部の内層は不要

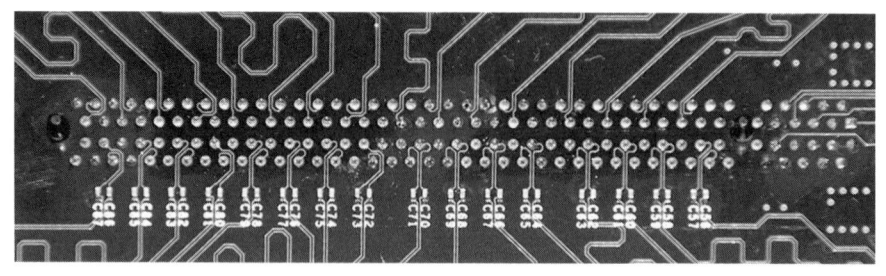

写真2-4 PCI Expressの配線パターンの例(適合テスト用基板CBB)

これら八つのポイントは PCI Express の信号パターン設計に要求される内容の一部です．PCI Express の規格に適合するパターン設計は仕様[1]に従い，ガイドライン[16]に沿う必要があります．上記ポイントについての考察を次に示します．

これらは PCI Express に限らず，信号の伝送レートが数百 Mbps〜数 Gbps の高速差動信号のパターン設計にも参考になる内容です．

① 差動信号の影響はパターン幅の倍程度に収まる

図 2-9 は PCI Express で標準的に想定している FR-4（ガラス・エポキシ）の 4 層基板の断面です（4 層基板でこの寸法でない場合でも規格適合と認められる）．パターン幅が 0.13 mm と，一般の 4 層基板のパターンに比べてかなり細くなっていますが，差動線路は 2 本で一つの信号を送ります．実質一つの信号で 0.4 mm 程度の幅を使うことになります．

図 2-10 は，電磁界解析で図 2-9 の断面の差動パターンに差動信号パルスを通したときに，基板の参照面を通る電流の範囲を解析した結果で，図 2-11 は図 2-10 の解析結果の断面に沿った電流の強度を表したものです．この図から分かるように，参照面上の電流は差動パターン幅の 3 倍程度に収まっています．PCI-SIG のガイドラインでは，図 2-12 のようなペア線の間は 0.5 mm 以上とるように推奨しています．

PCI Express のガイドラインでは，内層の電源やグラウンドなどのベタ面で信号線に隣接している面を参照面と呼んでいます．本書でもベタ面を参照面と呼ぶことにします．

3 次元電磁界解析には CST 社の「CST MICROSTRIPES」注2-1 を使用しています．

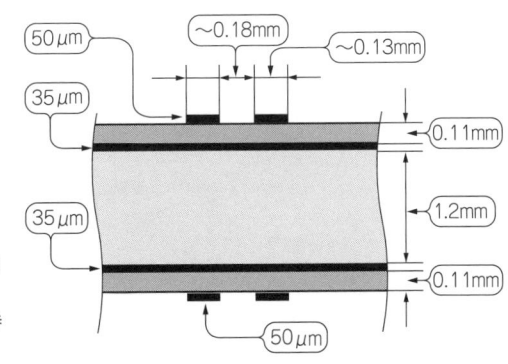

図 2-9 PCI Express の推奨マイクロストリップ差動パターンのサイズ
比誘電率 $\varepsilon_r=4.2$ の 4 層基板（FR-4）使用時の標準的な寸法．レジストは示していない．

注 2-1：国内問い合わせ先は（株）エーイーティー
http://www.aetjapan.com/

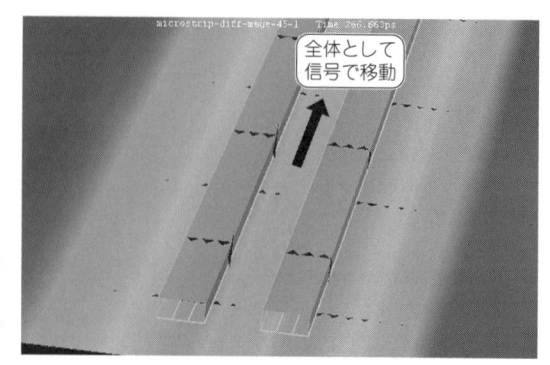

図 2-10 差動パターン下の参照面の電流分布
マイクロストリップ差動パターンは白線で表示.

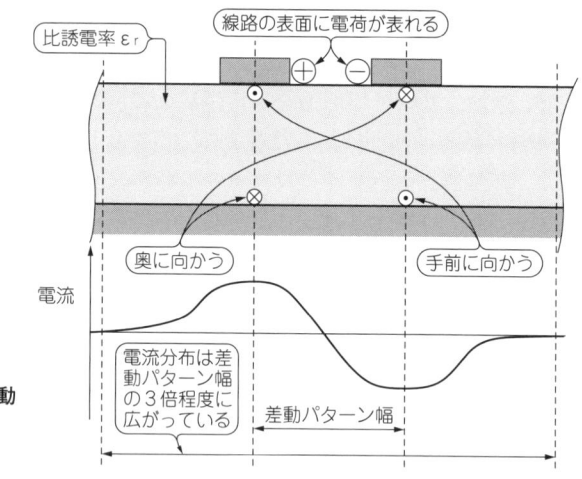

図 2-11 マイクロストリップ差動パターン電流分布
参照面上の電流の強さ.

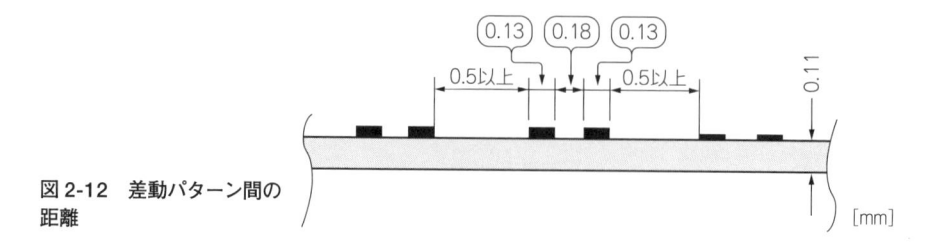

図 2-12 差動パターン間の距離

② 45°曲げと 90°曲げの差はあまりない

　写真 2-4 から分かるように，PCI Express パターン設計のガイドライン[16]には，パターンを 45°で曲げ，90°で曲げないように書かれています．実際にはコ

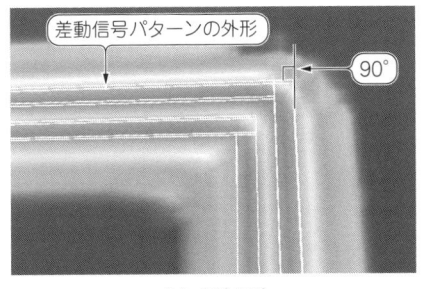

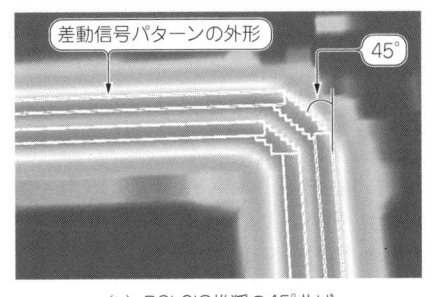

(a) 90°曲げ   (b) PCI-SIG推奨の45°曲げ

図 2-13 配線パターンの 90°曲げと 45°曲げで参照プレーン上の電流分布に大差はない
白線は参照面上に配置されている差動パターンの輪郭を示す.

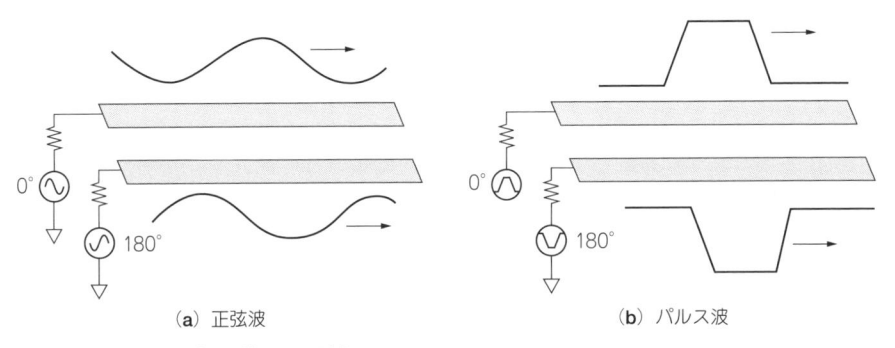

(a) 正弦波   (b) パルス波

図 2-14 正弦波とパルス波による励起
(a)より(b)の解析の方が反射などの現象が現実に近くて理解しやすい.

ネクタやスルー・ホールなど 90°になる個所もあるので,それだけで波形が大きく崩れるわけではないと思われます.

電磁界解析で,**図 2-9** の差動パターンの 45°曲げと 90°曲げの差を見てみました.パルス幅が約 0.4 ns(2.5 Gbps 相当)の単発波形を印加したとき,90°曲げは先端部にまで参照面の電流が進まず,45°曲げと同じような電流分布になっています(**図 2-13**).

この解析は一般に行われている,特定の周波数(例えば 1 GHz)の正弦波を線路に連続的に加えたときの様子ではありません[**図 2-14(a)**].PCI Express Gen1 のパルス幅相当の電圧波形を線路に加えて時間経過を解析しています[**図 2-14(b)**].

この解析では波形が乱れると,時間の経過に伴って強い電流が一部反対側に戻ってくる(反射が起きる)ので,現象を直感的に理解できます.

図 2-15 は曲がり部分にパルスが達したときの参照面上の電流分布です．動画で見れば反射成分がすぐ分かるのですが，この部分ではほとんど反射は生じていません．

③ 差動信号は表裏ではなく隣同士に並べる

エッジ・コネクタに差動パターンを接続する場合，図 2-16 のような基板の表裏でなく，隣り合うフィンガ（接触用めっきパターン）に接続します．

差動信号がペアになる導体の近くに並んでいる場合，電気信号のほとんどが線路間の空間を進んでいきます．エッジのフィンガ部分もできるだけ並べたままにすると，スムーズに信号を伝送できます．

④ 差動ペアの長さに差が出ないように配線する

IC ピンやコネクタへの接続部などでは差動パターンのペアがどうしても離れてしまう場合があります．この範囲をブレークアウト・エリア（Breakout Area）と呼んでいます．ブレークアウト・エリアでは，ペアになる差動パターンの長さに差が出ないように注意する必要があります．

写真 2-4 のように差動パターンの配線方向とピンとの位置関係から，いろいろなパターンの引き方があります（図 2-17）．

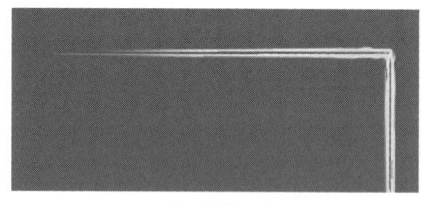

(a) 90°曲げ 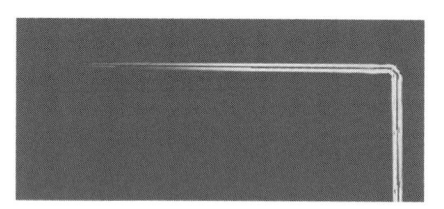 (b) 45°曲げ

図 2-15　曲げ部分での反射
(a)と(b)に大きな差は見られない．

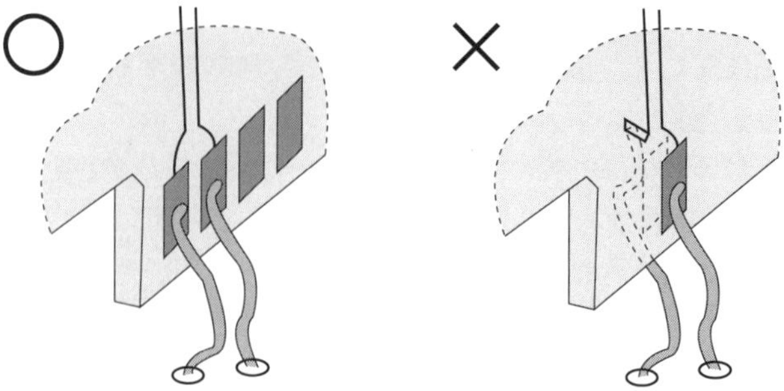

図 2-16　エッジ・フィンガへの差動パターンの配線は隣り合わせのほうが信号をスムーズに伝送できる

⑤ 差動ペアでは直列コンデンサを並べて配置

写真 2-4 のように差動パターンの途中で DC 成分をカットする AC 結合コンデンサなどを入れる場合は，図 2-18 で示すように並べて配置します．

⑥ 差動ペアではビアを並べて配置

GHz を超える差動信号を扱うにはビアは安易に使うべきではありません．PCI Express のガイドラインではアドイン・カードの差動信号線路のビア数制限を以下のように推奨しています．

- Tx（送信）用差動線路は 4 個まで
- Rx（受信）用差動線路は 2 個まで

差動ビアは，AC 結合コンデンサと同じように線路の進行方向に直角に並べて配置するように推奨されています（図 2-19）．ビア付近の形状によって信号の通り方がどのように異なるかを解析しました．解析は，実際の様子と異なる可能性がありますが，高速信号伝送のイメージをつかむには役に立つと思います．

図 2-20 (a) はビアが並んでいる場合，(b) はビア位置をずらした場合の解析モ

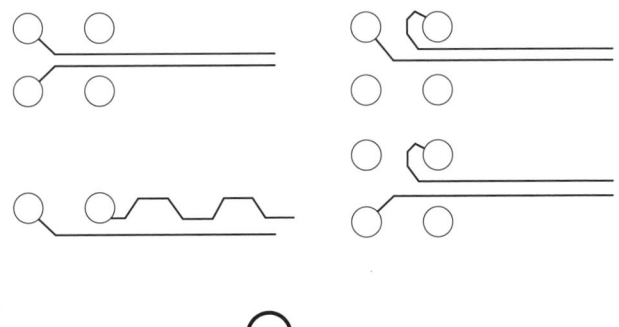

図 2-17 差動ペアが分断される個所のパターン配線は長さに差が出ないようにする

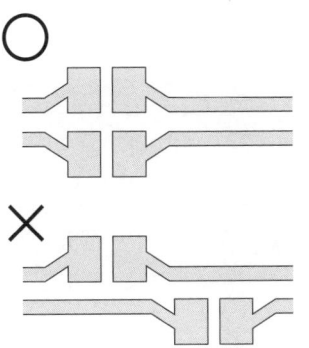

図 2-18 AC 結合コンデンサの配線パターンは差動ペア間でずらさないほうがよい

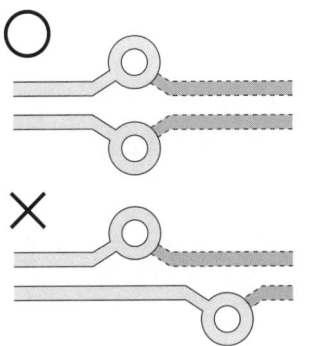

図 2-19 差動パターンのビアの推奨配置

2-3 プリント基板パターン設計のポイント

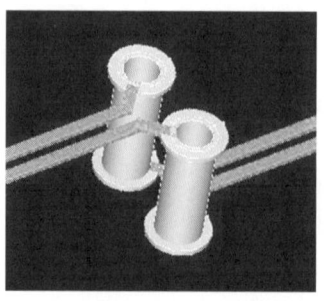

図 2-20　ビアの解析モデル

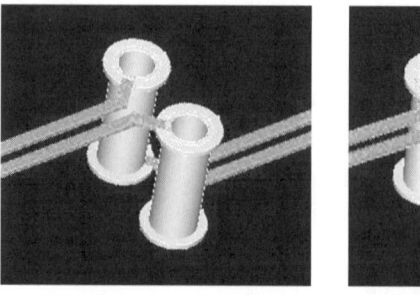

（a）差動ビアを並べた場合

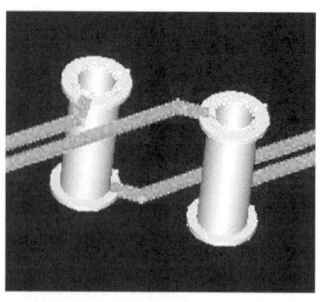

（b）差動ビアの位置をずらした場合

（a）差動ビアを並べた場合

（b）差動ビアの位置をずらした場合

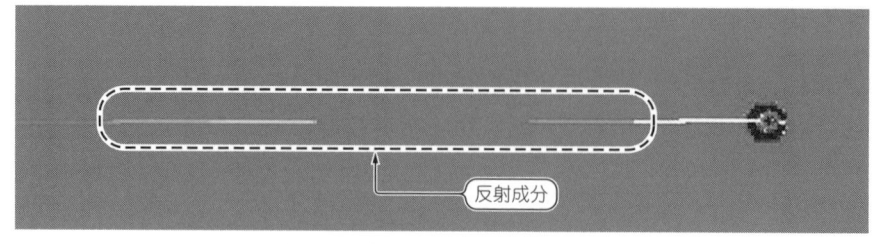

（c）シングルエンド配線のビアの場合

図 2-21　差動信号伝送では多少ビアをずらしても電流はほとんど反射しない
(a)と(b)には電流の反射成分がほとんど見られない．

66　第 2 章　伝送方式とプリント・パターン設計

デルです.実際にはグラウンド層と電源層がありますが,示していません.基板の層構造は図2-9の寸法です.パッド径は 0.6 mm,穴径は 0.35 mm です.電源層とグラウンド層はビア付近において,スルー・ホールとコンデンサなどで結合していません.

正弦波でなくパルス波を印加して解析しています.図2-21(a)は図2-20(a)の,図2-21(b)は図2-20(b)の一定時間経過後の表面電流です.動画でないので分かりにくいですが,差動ビア部分から戻ってくる電流は両方ともそれほど多くは見られません.

比較のために,シングルエンド配線の場合,ビアからの反射成分がどのように違うか解析してみました[図2-21(c)].見えている電流はビア部分から戻ってきた成分です.このようにシングルエンドのビアでは差動ビアより反射が大きくなります.

ビアの部分を詳しく解析します.図2-22(a)は差動ビアの,(b)はシングルエンドのビアの表面電流強度分布です.差動ビアの側面(内側)に電流が強く流れているのに対して,シングルエンドのビアの電流は強くありません.

この点を確かめるため磁界分布を比較します.図2-23(a)は差動ビア,図2-23(b)はシングルエンドのビアです.差動ビア間には磁界が強く表れているのに対して,シングルエンドでは弱くなっています.

一様な伝送線路では,線路付近の磁界の強さが表面電流と関連します.磁界が連続的に強く出れば電流もスムーズに流れています.差動信号線では主に線間を電流が流れるため,ビア部分で反射が起きにくいと考えられます.

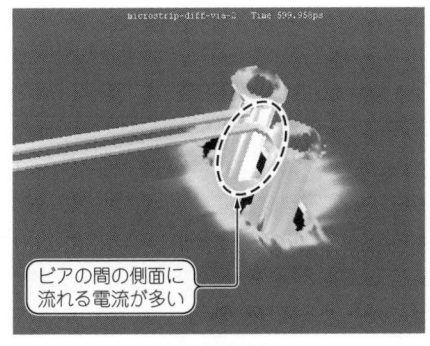

(a) 差動ビア　　　　　　　　(b) シングルエンド・ビア

ビアの間の側面に流れる電流が多い

図2-22 ビア内層の電流の様子

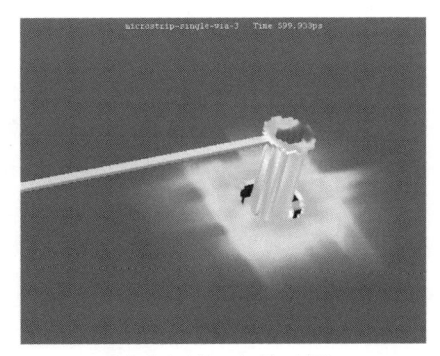

(a) 差動ビア　　　　　　　　　　(b) シングルエンド・ビア

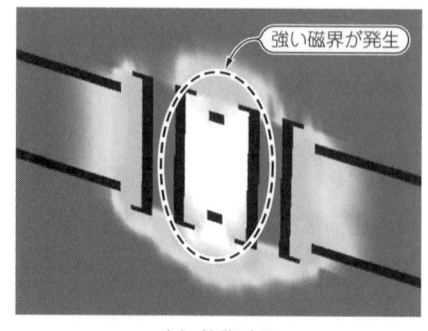

図 2-23　差動信号では主に線間を電流が流れる(磁界が強く出る)ためビアでの反射は起きにくい

　電源層とグラウンド層では，信号が通りにくかったり，波形が乱れたり周囲に干渉したりする恐れがあります．基本的には信号ビアの近くで電源層とグラウンド層をコンデンサなどで結合しておく方がよいでしょう．
⑦　差動信号では参照面をそれほど気にする必要はない
　PCI Expressでは，メイン・ボード側は電源層の上に差動データ信号の配線を許していますが，アドイン・カードはグラウンド層の上にしか配線を許していません．この点について検討しました．
　図 2-4 では高速差動ディジタル伝送の主な方式を示しました．それぞれの方式を終端抵抗の位置で分類しました．
- 信号-グラウンド間：PCI Express
- 信号-電源間：TMDS(HDMIやDVI)
- 差動信号間：LVDS

　IC内部の構造は一般に公開されていないので，類推で簡易モデルを作成して解析しました．図 2-24(a)の右側はIC内部，左側はピンと外部の基板パターンを示します．差動信号線路の両側が終端抵抗がつながっている電源，あるいはグラウンドのピンです．終端抵抗のつながる電源，あるいはグラウンドが差動信号線路パターンの直下の参照面と異なっています．図 2-24(b)は図 2-24(a)の構造でシングルエンド線路の場合を示します．
　図 2-25 は図 2-24 のモデルにパルス波を加えたときの解析結果です．(a)は差動線路の場合で参照面と終端抵抗の接続先が異なる場合ですが，反射はほとんど見えません．(b)は同様の構造でシングルエンドの場合です．参照面と終端抵抗の接続先が同じ面の場合は，差動線路，シングルエンド線路ともに反射が見られ

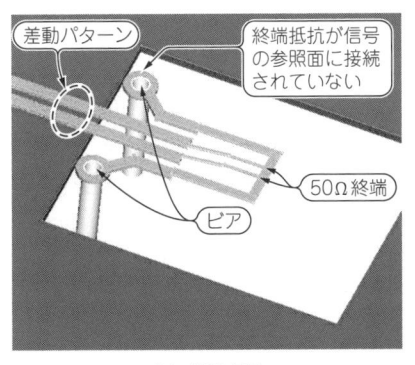

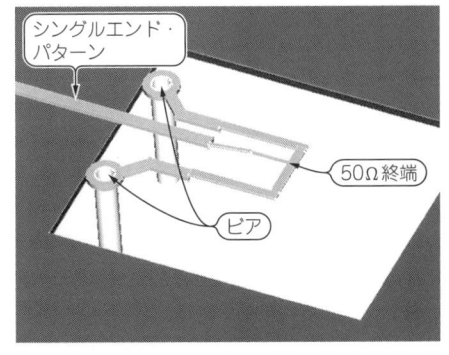

(a) 差動信号　　　　　　　　　　　　(b) シングルエンド信号

図 2-24　参照層が終端抵抗の参照層と異なる場合のエッジ部の解析モデル

(a) 差動

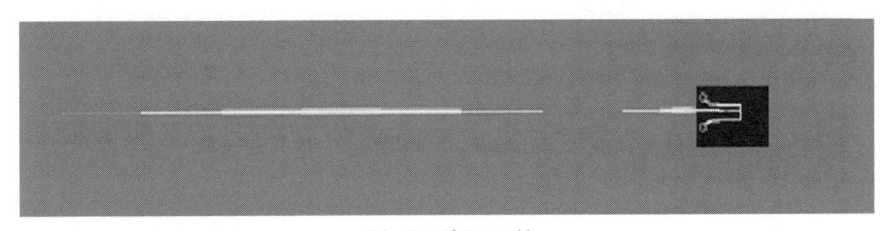

(b) シングルエンド

図 2-25　参照面と終端抵抗の接続先が異なる場合のエッジ部による信号反射の電流分布
差動信号では終端の参照面を気にする必要はあまりない.

ませんでした.
　この解析をすべてに当てはめるわけにはいきませんが，差動線路を使う場合はシングルエンドに比べて参照面をどれにするかをそれほど気にする必要はないかもしれません．PCI Express の，特に Gen1 では設計ガイドラインはそれなりに余裕をもっているという話もあるようです．ただ，今後の Gen2 や Gen3 を考えるとガイドラインはそれなりに守っておく方がよいと思われます．

2-3　プリント基板パターン設計のポイント　**69**

⑧ フィンガの先まで内層を延ばすと反射が多くなる

　PCI Express の基板設計仕様でアドイン・カードのエッジ部の内層を残さないように規定されています（図 2-26）．この点について考察してみました．

　写真 2-5 は PCI Express 規格に適合した 1 レーン（x1）のアドイン・カードの例です．このカードのエッジの部分を拡大して透かしてみたものが写真 2-6（a）です．内層パターンがこの部分にありません．一方，写真 2-6（b）は類似のカードですが，エッジ部分を透かしてみると内層ベタ層がフィンガの先まで伸びてい

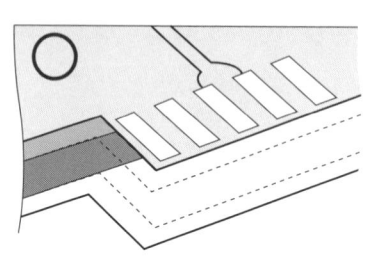

図 2-26　カード・エッジの構造
エッジ部の内層の参照面パターンをはずすこと．

PCI Express エッジ．
内層パターンをはずす
必要がある

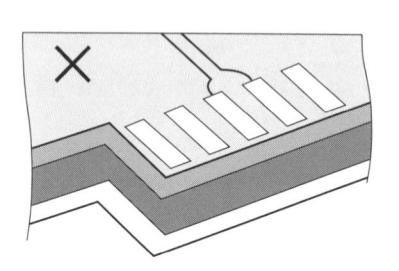

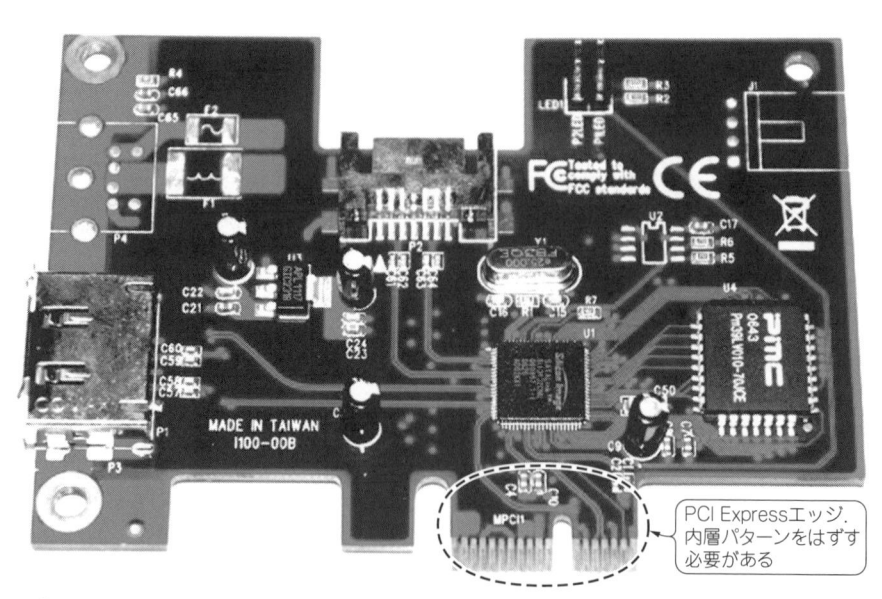

写真 2-5　Serial ATA 入出力用 PCI Express アドイン・カードの例

70　第 2 章　伝送方式とプリント・パターン設計

て，PCI Express の規格に適合していません．

図 2-27 (a) は差動信号パターンのフィンガの両側を内層のグラウンドにつないで，内層をフィンガの先まで延ばした解析モデルです．(b) は内層をフィンガの手前で切ったモデルです．

フィンガ部に内層がある場合の解析結果は，反射が大きく出ました．一方，内層がない場合の解析結果は，反射成分があまり出ませんでした．

図 2-28 (a) はエッジ・フィンガ部に内層があるボードの，(b) は正規の内層があるボードの波形です．正規ボードの方が，波形が乱れていないことが分かります．

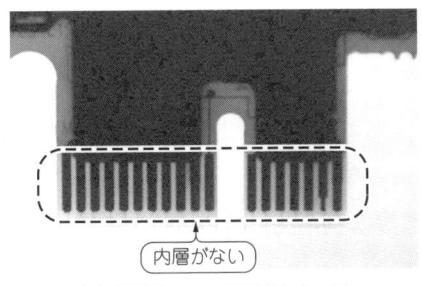

(a) PCI Express規格適合カード　　　　(b) PCI Express規格非適合カード

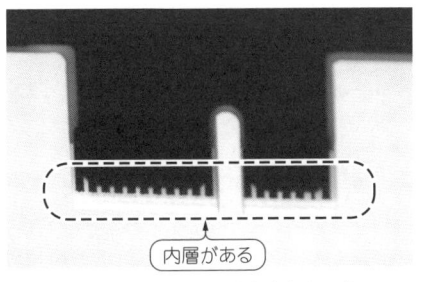

写真 2-6　PCI Express アドイン・カードのエッジ部分
(a) は内層ベタ層を配置しない．(b) は内層ベタ層が配置されており適合品でない．

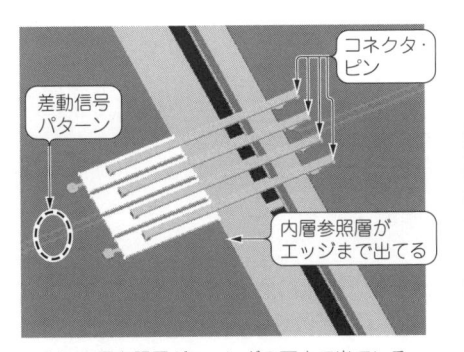

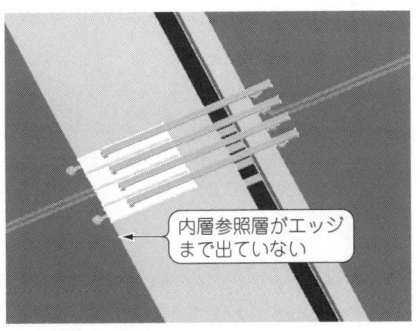

(a) 内層参照層がフィンガの下まで出ている　　(b) 内層参照層がフィンガの下にない
　　（PCI Express非適合）　　　　　　　　　　　（PCI Express適合）

図 2-27　内層参照層の影響を調べる解析モデル
この図では見せていないが，実際には表面パターンと内層間に 0.11 mm のガラス・エポキシ層がある．

2-3　プリント基板パターン設計のポイント　71

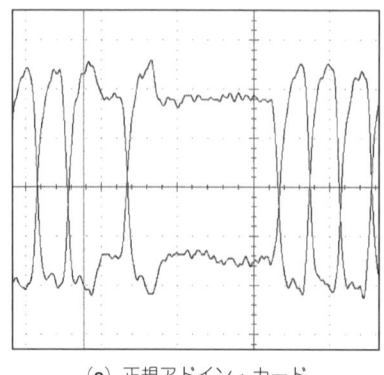

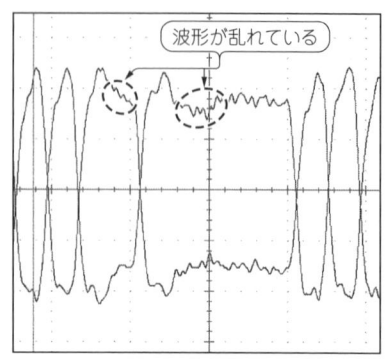

(a) 正規アドイン・カード　　　　　　(b) エッジ・フィンガ下に内層がある，非適合ボード

図 2-28　内層参照層の実波形への影響
PCI Express エッジ内層の参照層をはずした方が波形の乱れが少ない．

2-4　Gen1（2.5 Gbps）と Gen2（5 Gbps）の違い

● Gen2 ではディエンファシスの比率を大きくすることで高速化に対応

　PCI Express は，第 1 世代の Gen1（転送速度 2.5 Gbps）から第 2 世代の Gen2（転送速度 5 Gbps）へと，より高速になっています．Gen2 では，同じレベルが続くときに振幅に変化をもたせるディエンファシスの比率をさらに大きく設定できるようになっているほか，高速化に対応するために仕様が変更，追加されています（詳しくは PCI Express Gen2 の仕様[4]を参照）．

　図 2-29 は Gen1 と Gen2 それぞれの信号が約 30 cm の差動線路を通った後の波形です．差動インピーダンス 100 Ω の差動信号のペア線を二つの 50 Ω のシングルエンド線路に分け，同軸コネクタを経由してオシロスコープの 50 Ω 入力に同軸ケーブルでつないで，帯域 13 GHz に設定して観測しています（**図 2-30**）．

　図 2-30 の（a）と（b）を比べると，Gen1（UI = 0.4 ns）と Gen2（UI = 0.2 ns）で信号の振幅がかなり小さくなっていることが分かります．

● Gen2 では波形の測定ポイントを設けるためには特に注意が必要

　実際の回路では，**図 2-31** に示すように IC 内部にレシーバ側 50 Ω 終端などの内部回路が存在します．この回路は Gen2 の仕様で規定されたレシーバ IC 入力のリターン・ロス仕様に合わせて筆者が作成したものです．

　この回路を PSpice でシミュレーションしたものが **図 2-32** です．差動線路間

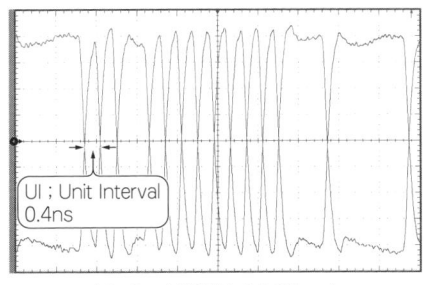

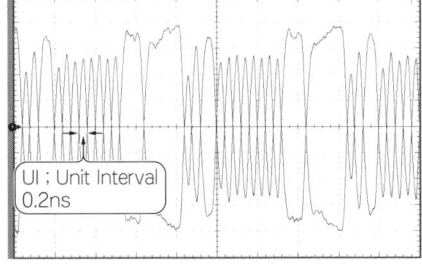

(a) Gen1（転送速度2.5Gbps）　　　　(b) Gen2（転送速度5Gbps）

図 2-29　PCI Express Gen2 では転送速度が速くなり，振幅が小さくなった（1 ns/div，40 mV/div）

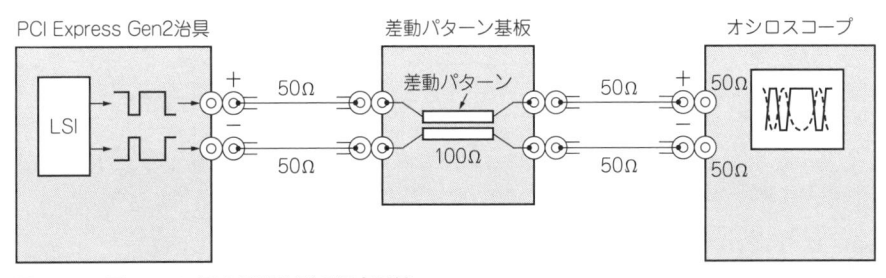

図 2-30　図 2-29 に示す差動波形の測定環境

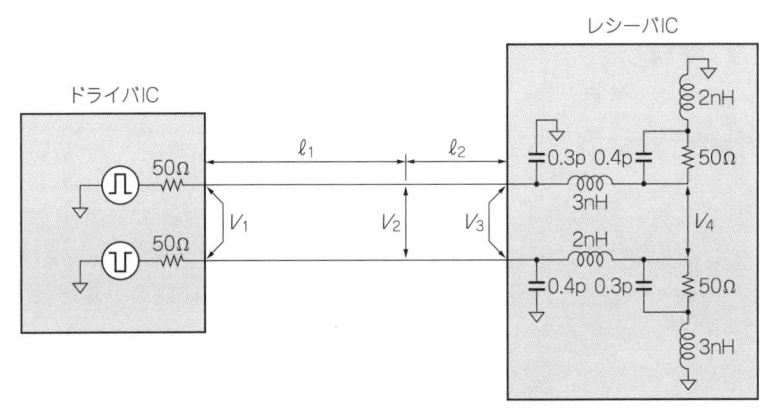

図 2-31　Gen2 信号の伝送波形をシミュレーションで調べる

の差動成分のみを取り出した波形を計算しています．波形は一番下がドライバ出力の台形波形（V_1）です．そのほかは上から図 2-31 で示した V_2，V_3，V_4 と並びます．V_4 がレシーバ検出信号となります．

2-4　Gen1（2.5 Gbps）と Gen2（5 Gbps）の違い　　73

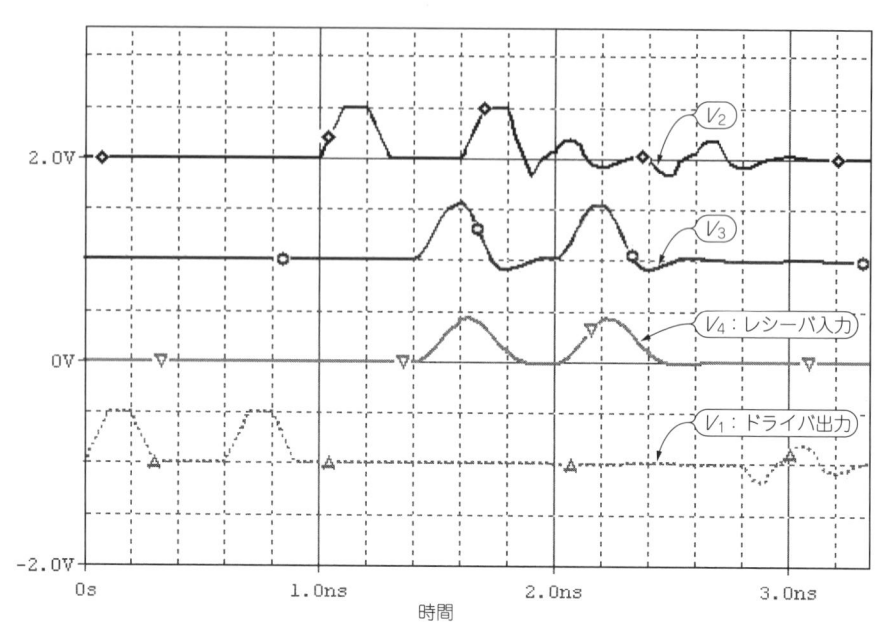

図 2-32 図 2-31 のモデルの反射による影響を PSpice でシミュレーションした例

　V_4 の波形はある程度なまっていますが，それなりにきれいです．ところが線路途中の V_2 はレシーバ内部の回路により反射された成分が現れていることが分かります．通常の信号波形は連続して送られてくるので，V_2 の点ではドライバから送られてくる波形とレシーバから反射してくる波形が重なって乱れた波形となります．

　PCI Express などの回路適合試験で波形（アイ・パターンなど）を確認するときは，冶具などから 50 Ω 同軸ケーブルで信号を取り出してオシロスコープで観測します．しかし動作確認などのため，基板のパターン途中で波形を見る点を設けることが一般には必要となります．その場合，IC の内部回路による反射の影響で波形が乱れる可能性があります．また，パターンを設計する場合は差動線路のビアなどの影響を検討するなど，ポイントがいくつかあります．

2-5　5 Gbps，Gen2 基板の配線パターン設計

● 送信端と受信端にはビア・スタブなどのモニタ・ポイントを設けたい
　ここまで Gen1 のパターン設計時のポイントを説明してきましたが，Gen2 の

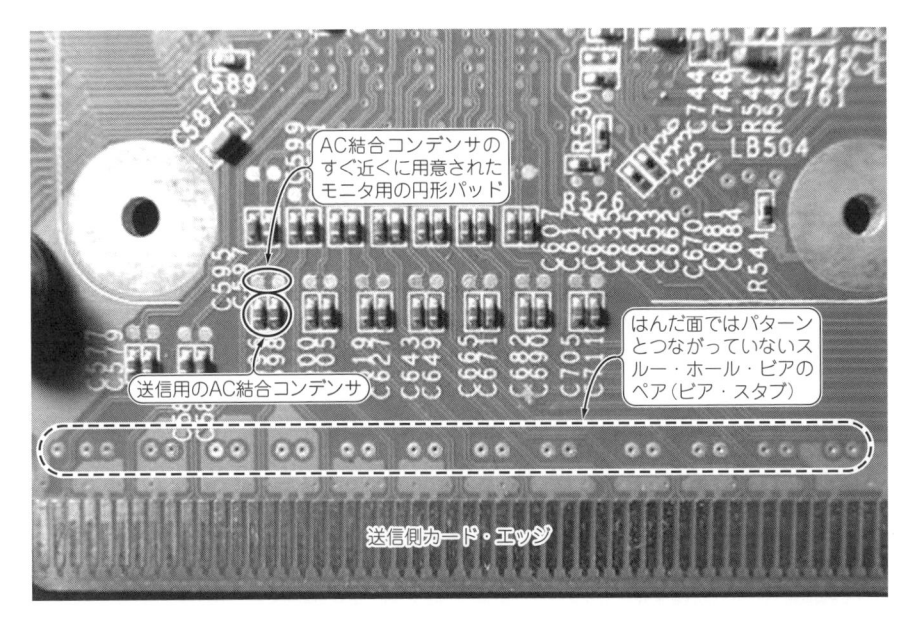

(a) はんだ面

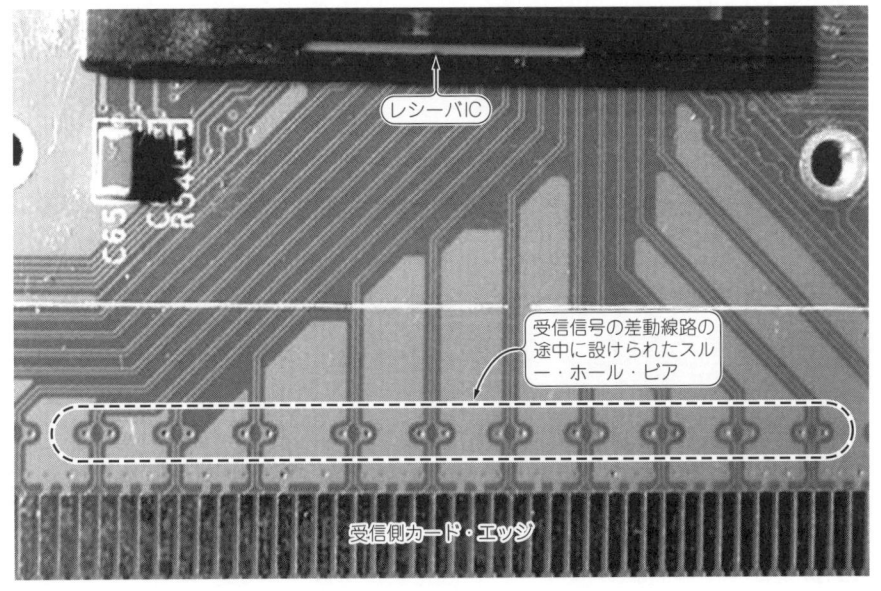

- AC結合コンデンサのすぐ近くに用意されたモニタ用の円形パッド
- 送信用のAC結合コンデンサ
- はんだ面ではパターンとつながっていないスルー・ホール・ビアのペア(ビア・スタブ)
- 送信側カード・エッジ

(b) 部品面

- レシーバIC
- 受信信号の差動線路の途中に設けられたスルー・ホール・ビア
- 受信側カード・エッジ

写真 2-7 アドイン・カードの差動信号パターンの例

パターン設計の場合でも基本的にそのまま適用できます．
　写真2-7(a)はx16のPCI Expressアドイン・カードの例で，はんだ面（送信信号を配線している）側の一部を示したものです．下の方にカード・エッジ・コネクタが見えますが，その少し上にはんだ面ではパターンとつながっていないスルー・ホール・ビアが並んでいます．これは，写真2-7(b)を見ると分かりますが，同じ基板の部品面（受信信号を配線している）側で，差動線路の途中に設けたビアです．このように，一方が線路につながって他方が浮いているビアを，以下ビア・スタブと呼びます．このビア・スタブは，一方の面から送信と受信の両方の波形をチェックできるようにするために用意されたと考えられます．
　後で示すように，ビア・スタブで反対側に信号のテスト・ポイントを設ける方法は，Gen2(5 Gbps)では伝送波形が乱れる可能性があります．
　一方，写真2-7(a)で差動線路の途中にペアでチップ・コンデンサが並んでいるその少し上に円形のランドが並んでいます．この円形ランドはIC出力とコンデンサの間に置かれており，部品面側にビアなどは見られません．
　図2-33(a)は写真2-7の円形ランドの形状を詳しく3次元(3D)で示したものです．ビアを伴わない円盤状のパッドで円形の部分はレジストを外しています．図2-33(b)のようにパッドの位置をずらせて間隔を広くとり，プローブなどのピッチに合わせたものも見受けられます．このように位置をずらせる方法はPCI Expressのパターン設計，特に5 Gbps以上では推奨されません．

● 波形モニタ用ビア・スタブの伝送信号波形への影響
　図2-34(a)は，差動線路の途中にビア・スタブを設けてパターンと反対側からプローブで波形を確認できるようにする部分を3Dで詳しく示したものです．ま

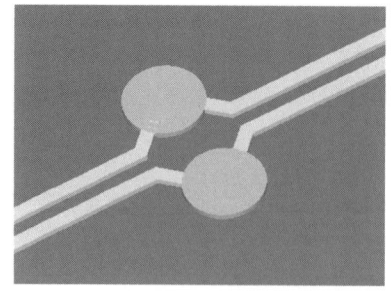

　（a）推奨される配置（対称に並んでいる）　　　　（b）推奨されない配置（位置がずれている）
図2-33　テスト・ポイント用の円形パッド

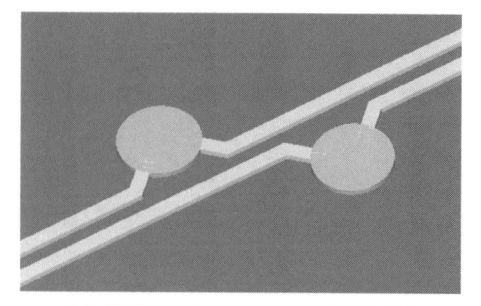

た(b)は，差動信号線路の途中の片方にビア・スタブで取り出した場合です．図 2-34 それぞれについて電磁界シミュレーションを行いました．シミュレーション条件はサイズが 20 mm 角の 4 層 FR-4 基板で，コア層の厚みは 1 mm です．周囲にビアを並べてベタ層に接続することで，共振によって Gen2 信号の動作解析に影響が起きるのを防ぎました．

　片方にビア・スタブを設けた場合の電磁界シミュレーション結果を，図 2-35 に示します．この場合は図 2-14 (a) のように，線路にサイン波を連続的に加えた状態のシミュレーションを行います．

　図 2-35 (a) では差動パターンの表面電流強度がペア間で少し異なっており，ビア・スタブによる影響が出ています．さらに図 2-35 (b) から，8.4 GHz の信号は

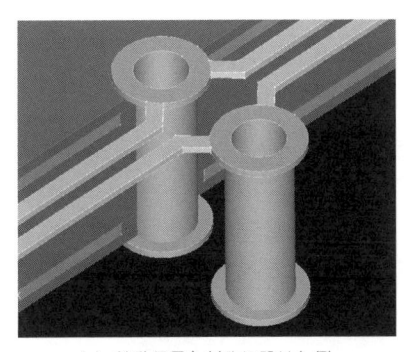

　(a) 差動信号と対称に設けた例　　　　　　(b) 片方のみに設けた例

図 2-34　ビア・スタブの伝送信号への影響をシミュレーションで調べる

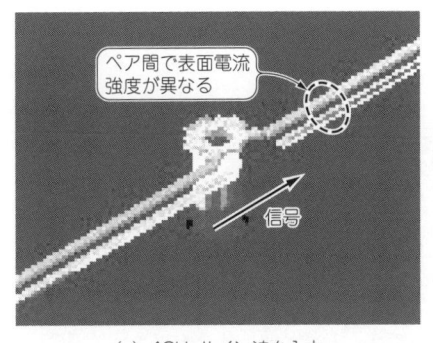

　(a) 4GHzサイン波を入力　　　　　　(b) 8.4GHzサイン波を入力

図 2-35　差動信号の片方にビア・スタブを設けると表面電流の分布が乱れる
信号の印加条件については図 2-14 を参照．

2-5　5 Gbps，Gen2 基板の配線パターン設計　77

ビアから先に信号が進んでいないことを示します．これは，基板のサイズや差動線路の長さ，ビア・スタブの位置によって 8.44 GHz で共振が起きていたことが原因です．ビア・スタブは一方にしか設けていないにもかかわらず，このような現象が起きます．

　Gen2（5 Gbps）の基本信号は 2.5 GHz なので，8.4 GHz の現象は関係ないのではと思いがちです．しかし，基本波の 3 倍波までにこのような共振現象が起きると波形に影響が出ることがあります．

● 差動パターンをペアで対称にしておくとスタブなどの影響が少ない

　図 2-36 はビア・スタブが並んだ図 2-34（a）の場合のシミュレーション結果です．8 GHz でも差動線路のペアで電流強度が同じように分布していて，ビア・スタブによる影響が少ないことが分かります．このことから，差動線路の途中にビア・スタブなどを設ける場合は，ペアにしておくと伝送信号波形に影響が出にくいことが分かります．結果は割愛しますが，図 2-33 の場合でも円形パッドを並べた（a）の方が，差動信号への影響が少なくなります．

● ビア・スタブのそばにグラウンド・ビアを設けると表面電流の広がりが抑えられる

　次にビア・スタブのそばにグラウンド・ビアを設けた場合の効果についてシミュレーションします．ここでグラウンド・ビアとはベタ層をつなぐビアを指します．また簡単にするため，ベタ層は 2 層ともグラウンドとしています．ビア・スタブの中心とグラウンド・ビアの中心の間は 1.25 mm です．なお基板のサイズは線路方向を 10 mm としています．ベタ層や線路長による共振周波数をより高くして影響が出にくいようにするためです．

　シミュレーション結果を図 2-37 に示します．グラウンド・ビアがないとベタ

差動ペア間で表面電流分布にほとんど差がない

図 2-36　差動信号にビアが並んでいると 8.4 GHz サイン波を加えてもシミュレーションでは伝送波形に影響がない

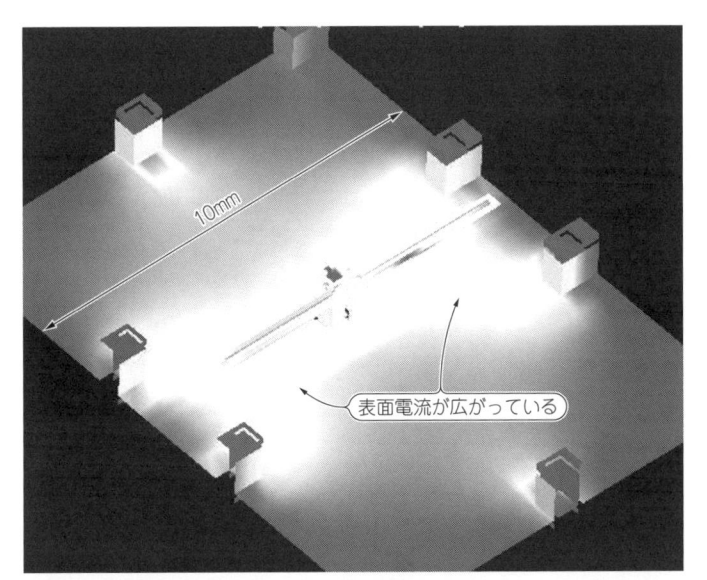

(a) グラウンド・ピアが直近にない場合

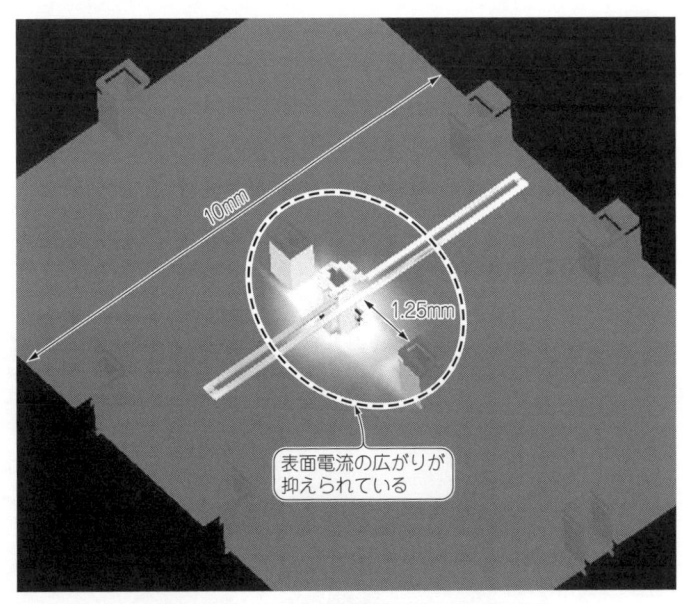

(b) グラウンド・ピアが直近(1.25mm)にある場合

図 2-37 シミュレーションによるグラウンド層の表面電流分布
差動ビアの近くにグラウンド・ピアがあると電流分布の広がりを抑えられる．

内層内部全体で共振が起きていることが分かります．一方，グラウンド・ビアがあるとグラウンド・ビアの部分に内層の電流が制限されることが分かります．

● ビア経由ではんだ面から部品面に抜ける場合のグラウンド・ビアの影響は少ない

ビアを経由して差動パターンがはんだ面から部品面に抜ける場合に，ビアの近傍にグラウンド・ビアを設けたときの影響を評価してみました（図 2-38）．グラウンド・ビアはスルー・ホール・ビアのセンタから 1.25 mm の位置に設けています．内層は両方ともグラウンドとしています．

シミュレーション結果を図 2-39 に示します．この結果から，グラウンド・ビアがなくても大きな問題は出ていないといえます．しかし PCI 推進団体は，グラウンド・ビアをスルー・ホールの直近に置くよう推奨しています．これは実際に基板では簡単な差動ペア線路があるだけでなく，いろいろな信号が基板内部を貫通するので，図 2-37（a）に示したように，それらの成分が基板内層に侵入しているのが普通です．差動スルー・ホールの両側にグラウンド・ビアを設けておくことで，信号波形の品質を保とうとするものと考えられます．

● Gen2 に使える配線パターンとモニタ用のパッド

図 2-40 は以上の検討の結果をまとめて数 Gbps の差動伝送（PCI Express の

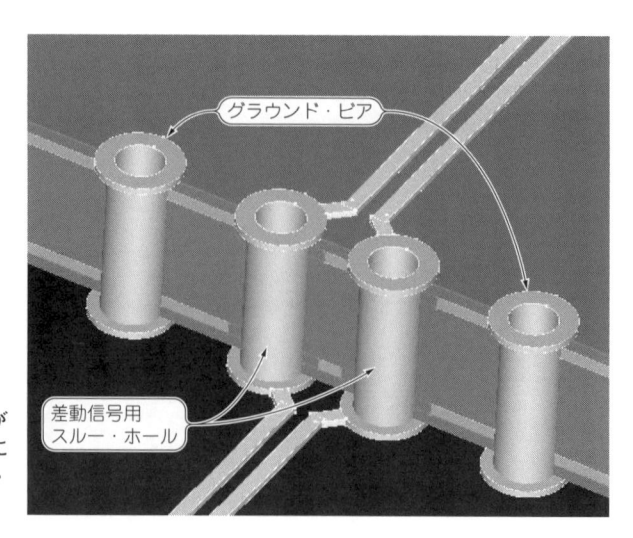

図 2-38 グラウンド・ビアが近くにあるときの伝送信号に対する差動信号用スルー・ホールの影響を調べる

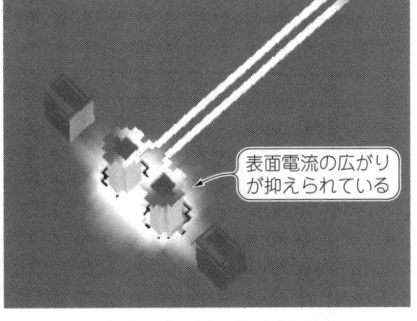

(a) 直近にグラウンド・ピアがない (b) 直近にグラウンド・ピアがある

図 2-39 差動パターンがはんだ面から部品面に抜ける場合のグラウンド層の表面電流(8 GHz サイン波入力)
直近にグラウンド・ピアがなくても影響は少ない．

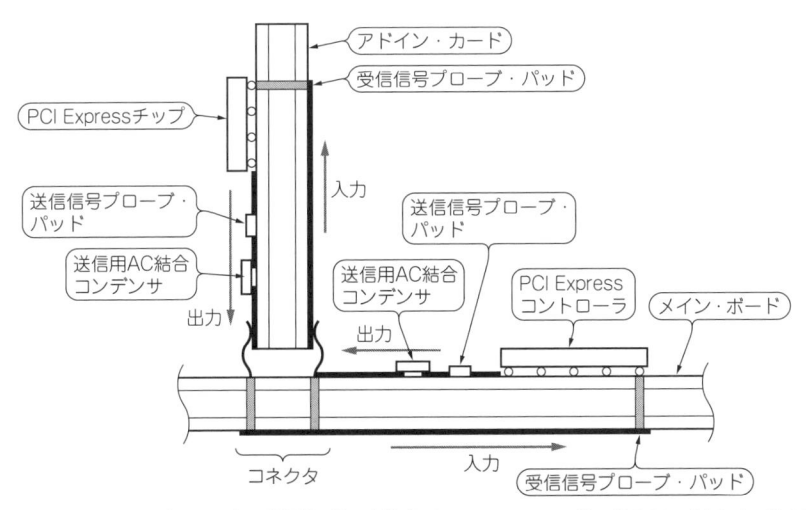

図 2-40 Gen2(5 Gbps)の信号伝送にも使える PCI Express ボードのモニタ用パッドの例

Gen2 クラス)の基板上で波形チェックするパッドの例を示します．ビア・スタブは設けず，出力(TX)のパッドは IC 出力直近に円形のパッドを使用します．入力側(RX)は IC 直近でできれば信号が通過するスルー・ホール・ビアをパッドとして兼用，あるいはビアでなく円形パッドを適用することがよいといえます．

コラム 2-1　ガラス繊維の編み方による信号劣化

　Gen2 クラスの差動回路のパターン設計では，差動ペア間の信号伝達時間のずれ（スキュー）が非常に小さい必要があります．図 2-A は FR-4 基板の表面層付近の断面を示したものです．FR-4 基板の絶縁層内部はガラス繊維を織った布とエポキシ樹脂でできています．差動パターンの一方の下にガラス繊維が来ると誘電率にむらが生じ，差動のペア間で信号伝送時間に差が出てくることになります．このような効果があることを理解して基板設計する必要があります．

　線路は通常 X 方向あるいは Y 方向に沿って配線されますが，ガラス繊維も X-Y 方向に走っています．このため差動ペアを斜めに配線するなどの方法がとられることもあります．

　なお，ガラス繊維のピッチを変えてこのような効果が出にくいようにする工夫もされてきています．高速差動信号基板を作成する際に基板メーカと相談しておくとよいと思います．

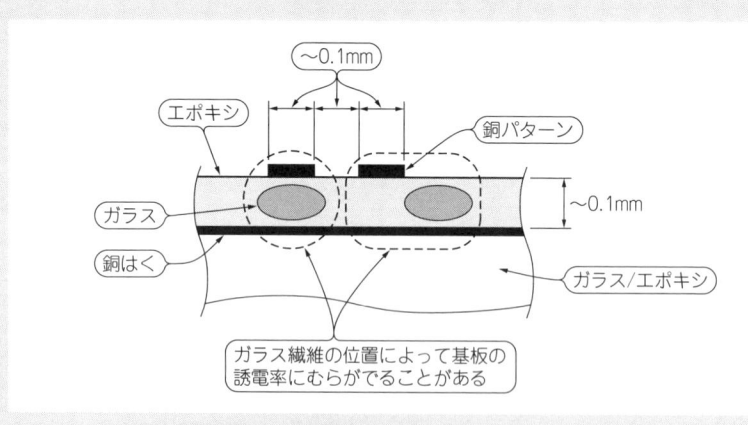

図 2-A　ガラス繊維の位置による誘電率の変化

Appendix A

アドイン・カードのピン配置と外形寸法
―― 誤挿入防止や取り付けのための工夫が分かる

志田 晟

PCI Express は，x1 から x16 までのレーン数に対応できるように，共通の電源部分とレーン数によって異なる差動信号部分に分けてピンが割り当てられています．アドイン・カードの外形寸法なども決められています．PCI Express と PCI が混在する場合もあるので，誤挿入しないような工夫もほどこされています．
ここではアドイン・カードに要求される仕様について紹介します．

A-1 コネクタのピン・アサイン

PCI Express は送受信の 1 セットを 1 レーンと呼びます．1，4，8，16 レーン（x1，x4，x8，x16 と略記．x1，x4 などと発音される）が規格化されています．
写真 A-1 はパソコンのマザーボードのアドイン・カード用コネクタ部分です．
右の二つが従来の PCI アドイン・カード用コネクタで，それ以外は PCI Express アドイン・カード用コネクタです．左から 2 列目は x16（通常グラフィック・カードに使われる）に，左から 4 列目は x4 に，それ以外は x1 に対応したコネクタです．
表 A-1 はアドイン・カードの x1，x4，x8，x16 のコネクタのピン・アサイン表です．ピン番号 1～11 は x1～x16 に共通で，主に電源供給の部分です．**写真 A-1** の PCI Express コネクタで手前の部分に共通の区切りがありますが，この区切りの手前の部分が相当します．
ピン番号 12 以降が主に差動信号伝送部分です．サイド A 側に送信（トランスミッタ），サイド B 側に受信（レシーバ）信号がまとめられています．この送信と受信はマザーボード（システム・ボード）側から見たときの送受信となっています．
図 A-1 はマザーボード側のコネクタの例です．
また，x16 などの大きいバス幅のコネクタに x1 や x4 などの，よりレーン数が

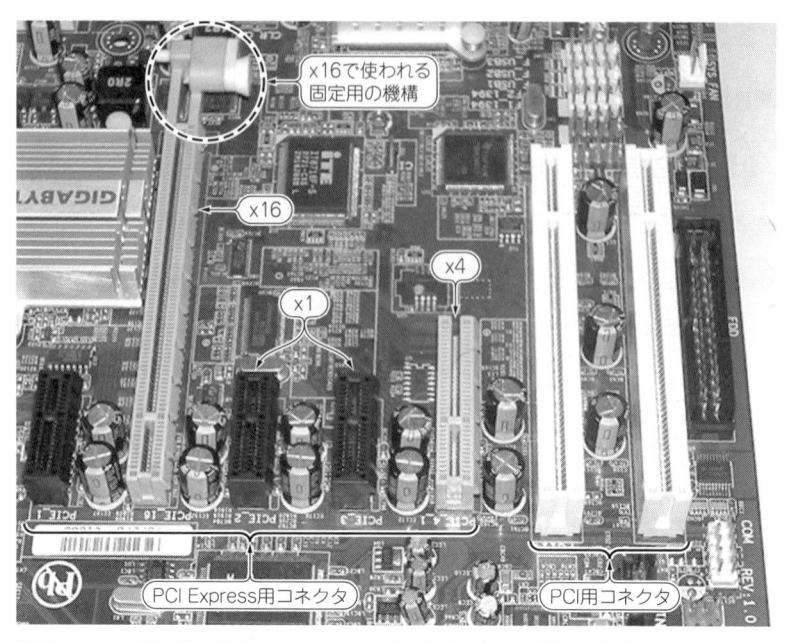

写真 A-1　マザーボードの PCI Express 用コネクタと PCI 用コネクタ

表 A-1[(1)]　PCI Express のピン・アサイン
濃いグレーの信号は補助信号.

(a) 共通部分

ピン番号	サイド B		サイド A	
	名　称	説　明	名　称	説　明
1	+12 V	12 V 電源	PRSNT1	ホット・プラグ検出
2	+12 V	12 V 電源	+12 V	12 V 電源
3	+12 V	12 V 電源	+12 V	12 V 電源
4	GND	グラウンド	GND	グラウンド
5	SMCLK	SMBus (システム・マネジメント・バス) クロック	JTAG2	TCK (テスト・クロック), JTAG クロック入力
6	SMDAT	SMBus (システム・マネジメント・バス) データ	JTAG3	TDI (テスト・データ入力)
7	GND	グラウンド	JTAG4	TDO (テスト・データ出力)
8	+3.3 V	3.3 V 電源	JTAG5	TMS (テスト・モード・セレクト)
9	JTAG1	TRST (テスト・リセット) JTAG リセット	+3.3 V	3.3 V 電源
10	3.3 Vaux	3.3 V 補助電源	+3.3 V	3.3 V 電源
11	WAKE	リンク再アクティブ信号	PERST	基本リセット

84　Appendix A　アドイン・カードのピン配置と外形寸法

表 A-1[(1)] PCI Express のピン・アサイン（つづき）
（b）x1〜x16 で異なる差動信号部分

ピン番号	サイド B		サイド A		
	名称	説明	名称	説明	
	メカニカル・キー				
12	RSVD	Reserved	GND	グラウンド	
13	GND	グラウンド	REFCLK+	リファレンス・クロック（差動ペア）	
14	PETp0	レーン0トランスミッタ差動ペア	REFCLK-		
15	PETn0		GND	グラウンド	x1
16	GND	グラウンド	PERp0	レーン0レシーバ差動ペア	
17	PRSNT2	ホット・プラグ検出	PERn0		
18	GND	グラウンド	GND	グラウンド	
19	PETp1	レーン1トランスミッタ差動ペア	RSVD	Reserved	
20	PETn1		GND	グラウンド	
21	GND	グラウンド	PERp1	レーン1レシーバ差動ペア	
22	GND	グラウンド	PERn1		x4
23	PETp2	レーン2トランスミッタ差動ペア	GND	グラウンド	
24	PETn2		GND	グラウンド	
25	GND	グラウンド	PERp2	レーン2レシーバ差動ペア	
26	GND	グラウンド	PERn2		
27	PETp3	レーン3トランスミッタ差動ペア	GND	グラウンド	
28	PETn3		GND	グラウンド	
29	GND	グラウンド	PERp3	レーン3レシーバ差動ペア	
30	RSVD	Reserved	PERn3		
31	PRSNT2	ホット・プラグ検出	GND	グラウンド	x8
32	GND	グラウンド	RSVD	Reserved	
33	PETp4	レーン4トランスミッタ差動ペア	RSVD	Reserved	
34	PETn4		GND	グラウンド	
35	GND	グラウンド	PERp4	レーン4レシーバ差動ペア	
36	GND	グラウンド	PERn4		
37	PETp5	レーン5トランスミッタ差動ペア	GND	グラウンド	
38	PETn5		GND	グラウンド	
39	GND	グラウンド	PERp5	レーン5レシーバ差動ペア	
40	GND	グラウンド	PERn5		
41	PETp6	レーン6トランスミッタ差動ペア	GND	グラウンド	
42	PETn6		GND	グラウンド	
43	GND	グラウンド	PERp6	レーン6レシーバ差動ペア	
44	GND	グラウンド	PERn6		
45	PETp7	レーン7トランスミッタ差動ペア	GND	グラウンド	
46	PETn7		GND	グラウンド	
47	GND	グラウンド	PERp7	レーン7レシーバ差動ペア	x16
48	PRSNT2	ホット・プラグ検出	PERn7		
49	GND	グラウンド	GND	グラウンド	

表 A-1[(1)]　PCI Express のピン・アサイン（つづき）

ピン番号	サイド B		サイド A		
	名　称	説　明	名　称	説　明	
50	PETp8	レーン 8 トランスミッタ差動ペア	RSVD	Reserved	
51	PETn8		GND	グラウンド	
52	GND	グラウンド	PERp8	レーン 8 レシーバ差動ペア	
53	GND	グラウンド	PERn8		
54	PETp9	レーン 9 トランスミッタ差動ペア	GND	グラウンド	x16
55	PETn9		GND	グラウンド	
56	GND	グラウンド	PERp9	レーン 9 レシーバ差動ペア	
57	GND	グラウンド	PERn9		
58	PETp10	レーン 10 トランスミッタ差動ペア	GND	グラウンド	
59	PETn10		GND	グラウンド	
60	GND	グラウンド	PERp10	レーン 10 レシーバ差動ペア	
61	GND	グラウンド	PERn10		
62	PETp11	レーン 11 トランスミッタ差動ペア	GND	グラウンド	
63	PETn11		GND	グラウンド	
64	GND	グラウンド	PERp11	レーン 11 レシーバ差動ペア	
65	GND	グラウンド	PERn11		
66	PETp12	レーン 12 トランスミッタ差動ペア	GND	グラウンド	
67	PETn12		GND	グラウンド	
68	GND	グラウンド	PERp12	レーン 12 レシーバ差動ペア	
69	GND	グラウンド	PERn12		
70	PETp13	レーン 13 トランスミッタ差動ペア	GND	グラウンド	
71	PETn13		GND	グラウンド	
72	GND	グラウンド	PERp13	レーン 13 レシーバ差動ペア	
73	GND	グラウンド	PERn13		
74	PETp14	レーン 14 トランスミッタ差動ペア	GND	グラウンド	
75	PETn14		GND	グラウンド	
76	GND	グラウンド	PERp14	レーン 14 レシーバ差動ペア	
77	GND	グラウンド	PERn14		
78	PETp15	レーン 15 トランスミッタ差動ペア	GND	グラウンド	
79	PETn15		GND	グラウンド	
80	GND	グラウンド	PERp15	レーン 15 レシーバ差動ペア	
81	PRSNT2	ホット・プラグ検出	PERn15		
82	RSVD	Reserved	GND	グラウンド	

図 A-1　PCI Express x1 コネクタ
（マザーボード側）

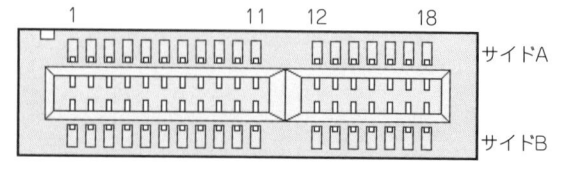

少ないボードを装着しても正常に動作することが要求されています．立ち上げ時などに各コネクタに何レーンのカードが付いているかを判断して，少ないチャネルに応じて通信することで対応しています．

A-2　外形寸法や取り付けのしくみ

● アドイン・カードの外形寸法

　図 A-2 は PCI Express アドイン・カードの外形寸法を示したものです．

　PCI Express アドイン・カードは PCI アドイン・カードと同様に基板端に端子を設けたカード・エッジ・コネクタを持ちます．基板の厚みは PCI アドイン・カードと同様に約 1.6（1.57 ± 0.13）mm です．基板の高さも PCI アドイン・カードと同様に標準と（111.15 mm 以下）ロー・プロファイル（68.90 mm 以下）の 2 種類があります．

　基板の幅（奥行き）は最大 312 mm 以下，ただし x1，x4，x8 についてはアドイン・カードの消費電力が 10 W 以下の場合に 167.75 mm 以下となっています．ロー・プロファイルのアドイン・カードでは最大の幅が 167.65 mm です．なお，すべての PC が 312 mm のカードに対応しているわけではないことから，標準高さのカードであっても 241.3 mm（9.5 インチ）以下に収めることが仕様書で推奨されています．

　図 A-2 で基板の左端からカード・エッジ・コネクタの共通部分（主に電源）までの 52.15 mm は各チャネルとも必要になっています．カード・エッジ部分のメッキ端子のピッチは 1.00 mm です．

　①の出っ張りは，誤って PCI コネクタに挿入できないようにするためのものです．実際のアドイン・カードの①の部分は PCI のコネクタのふちに来るようになっていて，物理的に干渉するので PCI コネクタに挿せません（**写真 A-2**）．

　また，①の部分は誤ってコネクタにこの部分が挿入された場合にショートなどのトラブルを防ぐことが目的なので，金属パターンやレジスト（はんだマスク）を付けないように決められています．

　カード左端の 2 個の穴はアドイン・カードをケースに固定するために，ブラケット金具を取り付けるためのものです．実際はこの取り付け穴位置に従わずに，独自の方法でブラケットをカードに取り付けている場合も見受けられます．

　写真 A-3 は x16 のグラフィックス・カードの一部です．カード・エッジ・コネクタの右側にホッケーのスティックのような形状の出っ張りがあります．これ

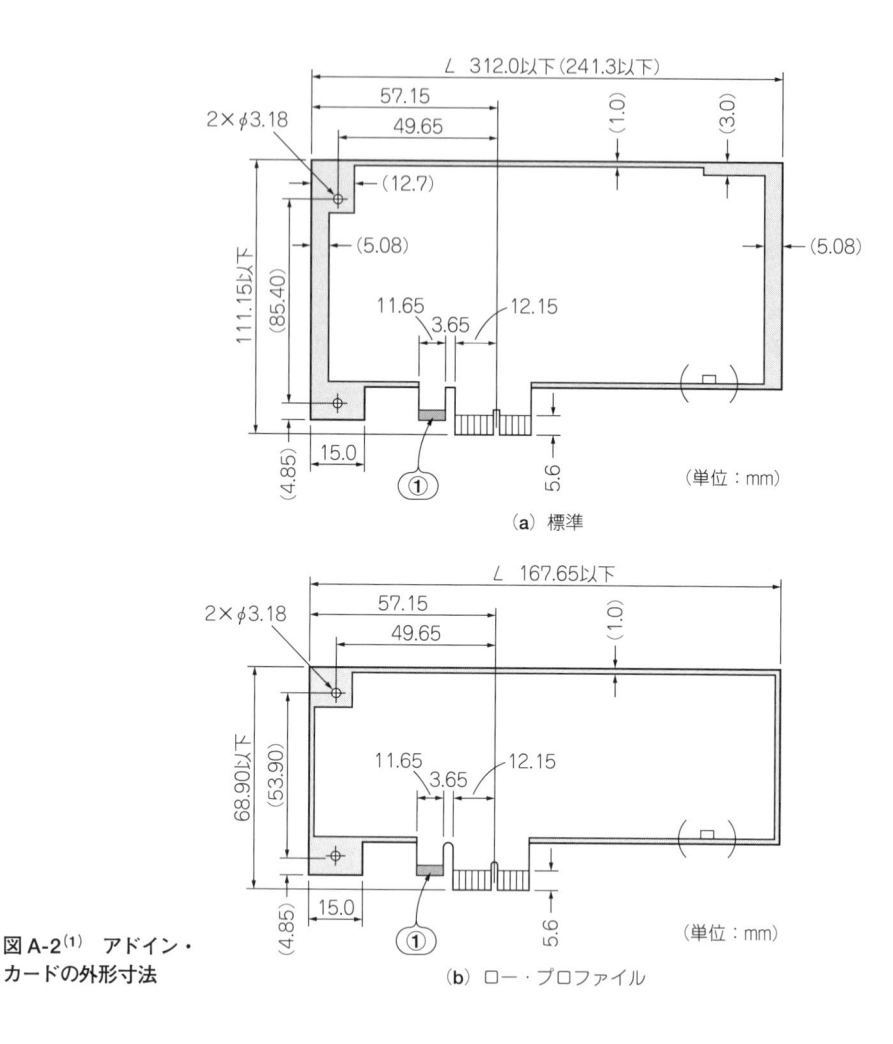

図 A-2(1) アドイン・カードの外形寸法

(a) 標準

(b) ロー・プロファイル

は使用中にカードが緩んで接触不良を起こしたり抜けたりしないように固定するためのものです．グラフィックス・カードは大きなフィンやファンなどを付けていることが多いため固定できるように共通仕様を定めています．これはロー・プロファイルのグラフィックス・カードにも設ける必要があります．

　この出っ張り部分を利用して，固定する機構がマザーボード側のコネクタあるいはマザーボード(システム・ボード)上にコネクタと独立して部品で準備されます．**写真 A-1** で左から2列目の x16 コネクタの奥に付いている部分がこの機構

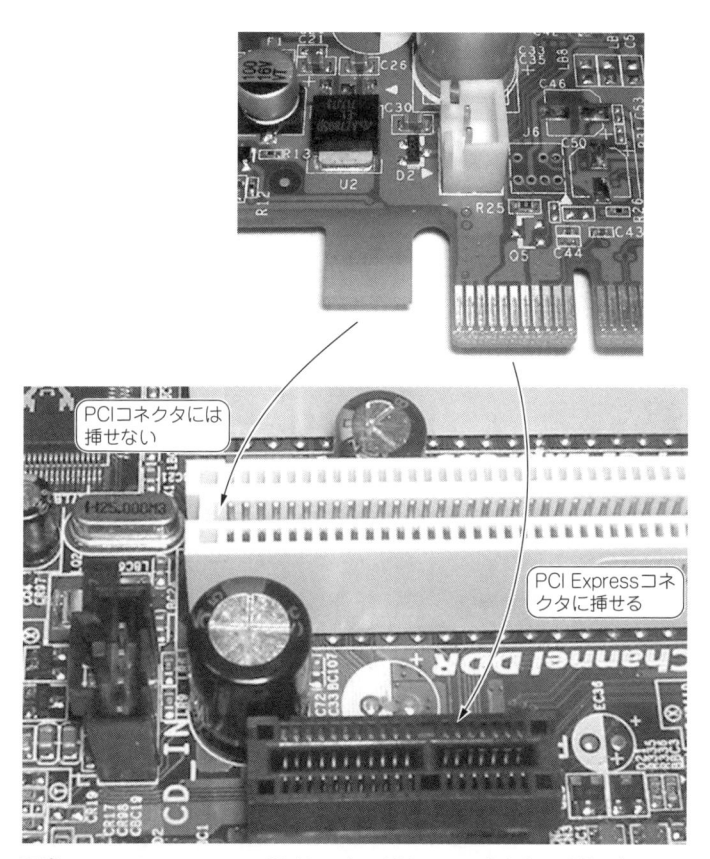

写真 A-2　PCI Express アドイン・カードは PCI コネクタには挿せない

> PCIコネクタには挿せない

> PCI Expressコネクタに挿せる

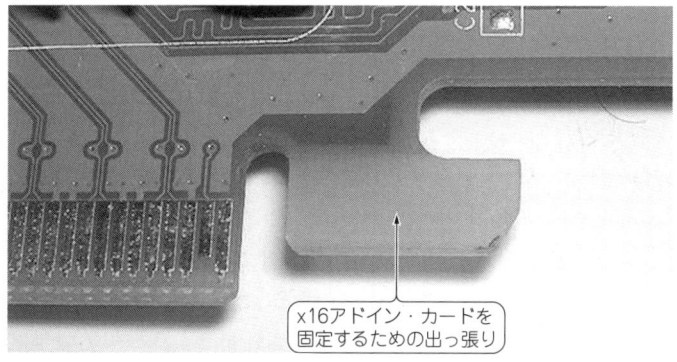

写真 A-3　x16 のアドイン・カードには固定できるようなしくみが用意されている

> x16アドイン・カードを固定するための出っ張り

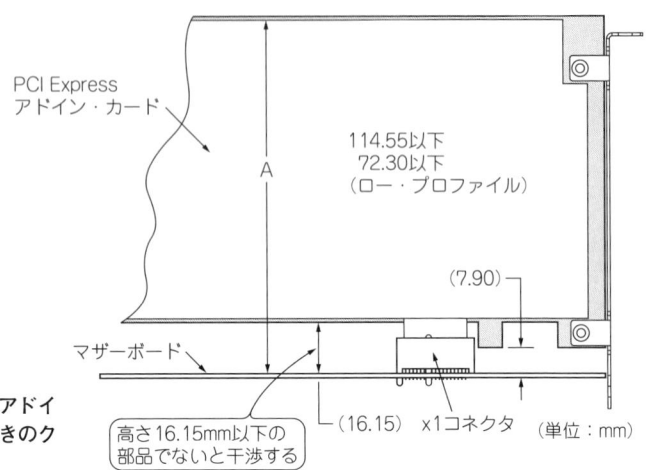

図 A-3 マザーボードにアドイン・カードを装着したときのクリアランス

に該当します．機構の構造はメーカに任されており，さまざまな形状のものが出回っています．また，この出っ張りの部分も金属のパターンやレジストを配置しないように決められています．

● アドイン・カードを取り付けたときのクリアランスに注意する

図 A-3 にマザーボード（システム・ボード）にカードを装着したときのマザーボード側のクリアランスを示します．アドイン・カードが装着される部分のボード上には図 A-3 の高さ以上の部品を配置できません．詳しくは仕様を確認してください．

PCI Express アドイン・カードの最大電力量は通常のカードは 10 W までですが，グラフィックス・カードでは最大 75 W となっています．マザーボードからカード・エッジ・コネクタ経由では電流が不足するので，別途カードに直接コネクタを設けてそこから供給します．

そのように電力を増やしたグラフィックス・カードでは放熱が大きな問題となります．グラフィックス・カードで消費電力が大きい場合，通常ファンが搭載されて LSI につながる放熱フィンを強制空冷します．このフィンから排気された熱風が，ファンの取り入れ口側に戻らないように配置する必要があります．アドイン・カード単体ではカードの下側と右側に排気するように規格で推奨されています．

第3章 PHY チップを使った基板設計
―― 低コストのアドイン・カードで使う高速パラレル・インターフェース PIPE

福田 光治

　ギガ・ビット・クラスの高速シリアル通信を行う PCI Express を実現するためには，何種類かの回路構成があります．低コストのアドイン・カードでは，PCI Express シリアル信号の物理層処理を行い，パラレル変換して後段の LSI（FPGA など）に渡す PHY チップがよく使われます．PHY チップと LSI の間のインターフェースを PIPE（PHY Interface for the PCI Express Architecture）といいます．

　PIPE では 100 MHz 以上の高速パラレル信号がやりとりされるので，伝送線路を意識して基板を設計する必要があります．本章では，PIPE の特徴や PHY チップを使った基板（口絵 1 ～口絵 8 参照）の設計例を紹介します．

　組み込みシステムや産業機器の分野では，PCI Express インターフェースを備えた製品の開発が数多く進められています．特に x1/x4 リンクのアドイン・カードなど，安価で低消費電力なシステムで採用されるエンドポイント製品（**表 3-1**）は，物理層の処理を行って高速シリアル信号をパラレルに変換する PHY チップと物理層より上位層の処理を行う FPGA などを用いた 2 チップ構成で実現できます．

　PHY チップを使わない場合は，高速トランシーバ内蔵 FPGA や ASIC を使用して 1 チップで構成します．

表 3-1 PCI Express の接続ツリーの構成要素
x1/x4 リンクのアドイン・カードなどの安価で低消費電力なエンドポイントは，PHY チップと FPGA を用いた 2 チップ構成で実現する場合が多い．

項　目	概　要
ルート・コンプレックス	I/O 構造の最上位階層デバイス．CPU やメモリ・サブシステムを I/O として接続
スイッチ	複数の PCI Express ポートを接続し，ポート間でのルーティングやレイテンシ管理を行うデバイス
ブリッジ	レガシ PCI システムへの接続など，デバイス相互接続性を確立
エンドポイント	タイプ 00h コンフィグレーション空間ヘッダをもつデバイス．末端のモジュールとしてルート・コンプレックスやスイッチに接続される

3-1 PHYチップのメリットとデメリット

　PCI Expressインターフェースを PHY チップで実現する場合，2.5 Gbps のシリアル・インターフェースと PHY チップのパラレル・インターフェースである PIPE（PHY Interface for the PCI Express Architecture）という2種類を確立する必要があります（図3-1，図3-2）．PIPE は，PHY 専用チップとバックエンド回路（FPGAなど）とを接続するクロック同期のパラレル・インターフェースです．このように多数の高速信号を扱うシステムにおいては，設計ノウハウや開発コスト，

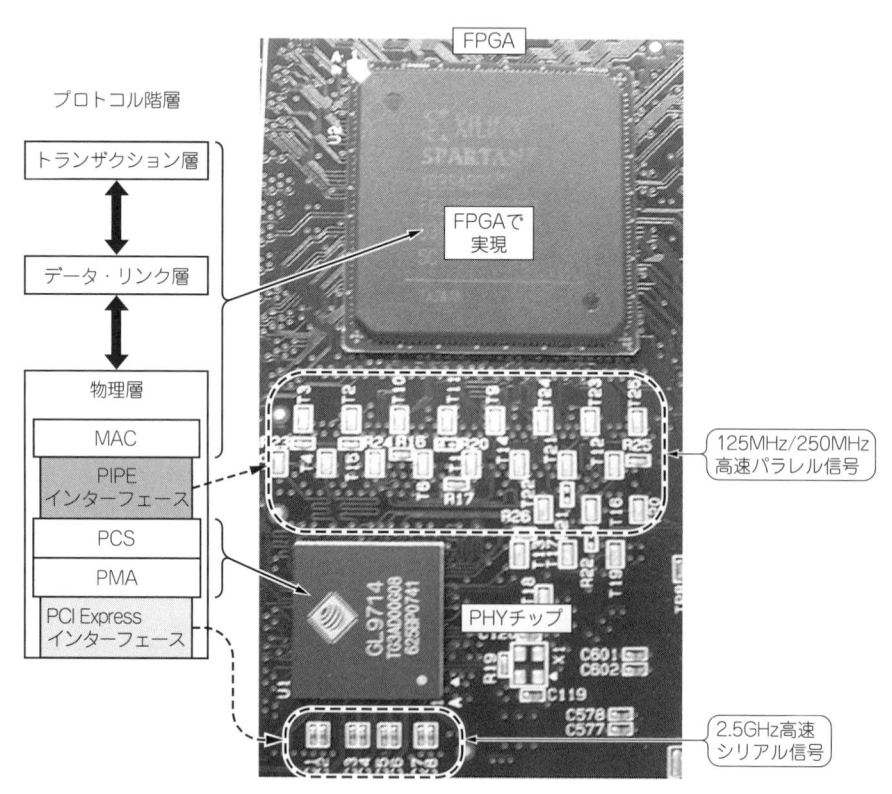

図3-1　PCI Express のエンドポイントを PHY チップで実現するには高速パラレル・インターフェース PIPE が必要
PCI Express の3層構造のうち PHY で実現する部分とそれより上の上位層を表す．PHY チップと FPGA との間の配線グループが PIPE となる．

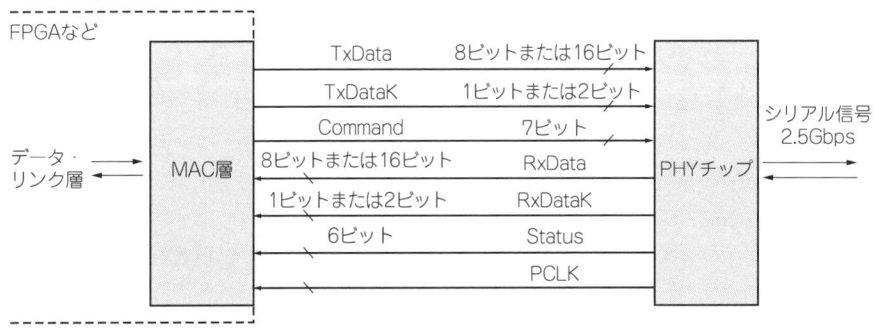

(a) PIPEでやりとりする信号

信号名	ビット幅	方向	概要	周波数
TxDATA	8または16	入力	PHYデバイスへのパラレル・データ入力	125MHzまたは250MHz
RxDATA	8または16	出力	PHYデバイスからのパラレル・データ出力	125MHzまたは250MHz
TxDATAK	1または2	入力	TXDATAがデータなのかコントロール信号なのかを示す入力	125MHzまたは250MHz
RxDATAK	1または2	出力	RXDATAがデータなのかコントロール信号なのかを示す出力	125MHzまたは250MHz
COMMAND	7	入力	PHYへの動作コマンド制御用入力 (TxDetectRx/Loopback, TxElecIdle, TxCompliance, RxPolarity, Reset#, PowerDown[1:0])	―
STATUS	6	出力	PHYからのステータス通知用出力 (RxValid, PhyStatus, RxElecIdle, RxStatus[2:0])	―
PCLK	1	出力	同期パラレル信号のクロック出力（立ち上がり同期）	125MHzまたは250MHz

(b) 各信号の特徴

図 3-2　PIPE の信号
PHY チップと MAC 層間に接続される PIPE 信号を表す．PIPE はデータ信号，コマンド信号，ステータス信号，クロックに大別できる．

消費電力などさまざまな問題が存在します．高速トランシーバ内蔵 FPGA を使った場合と比べて，実際に 2 チップで構成した場合のメリットとデメリットを次に記します．

● メリット
- ASSP（Application Specific Standard Product）なので消費電力を小さくできる
- 上位層（MAC/トランザクション/データ・リンク）デバイスを幅広く選択可能
- ビーコン（Beacon）や周波数拡散型クロックなど PCI Express 規格専用の機能に対応可能

- 1レーンあたり20ドル程度のコストで実現可能．例えば，FPGA＋PHYでは10ドル/レーン，FPGAのみでは20ドル/レーン
- 標準インターフェースであるPIPEを用いることにより，上位層デバイスをFPGAからASIC(Application Specific Integrated Circuit)へシームレスに移行可能

● デメリット
- パラレル・インターフェースの設計が難しいこと(ネット数の増加)と部品点数の増加
- 電源系統の増加
- 実装面積の増大(1チップ構成と比べて2チップ構成の方が必要な面積が大きい)

 2チップ構成では，FPGAの規模やI/Oピンの数に幅広い選択肢があります．必要なインターフェースや実現するアプリケーションに柔軟に対応できます．その反面，1チップの場合には必要ないPIPEによって基板面積が増大し，パターン設計が難しくなります．

3-2　標準インターフェースPIPEとは

● PHY専用チップとの通信インターフェース

 PIPEとは，図3-1で示したように，PCS(Physical Coding Sublayer)の機能を搭載したPHYチップと，MAC層(Media Access Control Layer)機能を搭載したFPGAやASICの間を接続するための標準インターフェースです．使用される信号の電気特性はいくつかありますが，やりとりするステータスやコマンドなどが定められています．PIPEが規定されたことにより，基本的にはエンドポイント・デバイスを開発するASICベンダやMAC層のIP(Intellectual Property)コアを提供するIPコア・ベンダなどは共通した伝送プロトコルのもとで開発できます．またFPGAからASICへの移行や，FPGAのデバイス変更などをシームレスに行えます．

● 電気特性は使用するPHYチップによって少しずつ異なる

 PIPEの伝送は，データがクロックに同期したソース・シンクロナス転送方式を用います．PIPEには大別して四つの信号グループ(データ信号，コマンド信号，ステータス信号，クロック信号)が存在します．各信号を図3-2に示します．
 実はPIPE信号には，電気特性が定義されていません．PHYチップやASICな

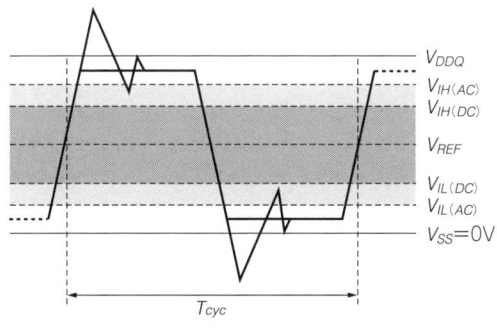

(a) 電圧パラメータの定義

項 目	パラメータ	最 小	標 準	最 大	単位
V_{DD}	電源電圧	V_{DDQ}	—	N/A	V
V_{DDQ}	出力電源電圧	2.3	2.5	2.7	V
V_{REF}	入力リファレンス電圧	1.15	1.25	1.35	V
V_{TT}	終端電源	$V_{REF}-0.04$	V_{REF}	$V_{REF}+0.04$	V
$V_{IH(DC)}$	入力"H"電圧(DC)	$V_{REF}+0.18$	—	$V_{DDQ}+0.3$	V
$V_{IL(DC)}$	入力"L"電圧(DC)	−0.3	—	$V_{REF}-0.18$	V
$V_{IH(AC)}$	入力"H"電圧(AC)	$V_{REF}+0.35$	—	—	V
$V_{IL(AC)}$	入力"L"電圧(AC)	—	—	$V_{REF}-0.35$	V
T_{cyc125}注	125MHzクロック・サイクル時間	7.98	8	8.02	ns
T_{cyc250}注	250MHzクロック・サイクル時間	3.99	4	4.01	ns

注:Genesys Logic社 GL9714の場合

(b) 電圧パラメータの範囲とクロック・サイクル時間

図3-3 PIPEでよく使われる電気的なI/O規格SSTL-IIの特性[12]
入力電圧レベルや振幅の規定などの一覧.製品によって特性が変わる場合もあるため,伝送線路解析や接続するデバイスとの電気的適合性を検証する際に確認が必要.

どによって使用する電気的なI/O規格は変わってきます.一般的には図3-3に示す2.5V電源電圧ベースのSSTL-II Class I規格(DDR SDRAMインターフェースと同じ)が用いられます.SSTL-18や1.5V/1.8Vベースのインターフェースを用いる製品もあります.

● PHY専用チップのいろいろ

以下に各ベンダが供給するPHYチップの特徴について紹介します(表3-2).

① GL9711/GL9714

台湾Genesys Logic社のGL9711/9714は,8ビットの動作モードでもPCLKの周波数を125MHzに抑え,DDR転送を用いて帯域を確保していることが特徴

表 3-2 さまざまな PHY チップと PIPE の仕様 [9][10][11]

名　称		PIPE	PXPIPE	TI-PIPE
対応する PHY チップ		Genesys Logic 製 GL9711/GL9714	NXP セミコンダクタ製 PX1011A/PX1012A	テキサス・インスツルメンツ製 XIO1100
同期クロック		1 本の PCLK を用いてすべてのデータをクロッキング	PHY からの RXCLK (PCLK) 出力 PHY への TXCLK 入力	PHY からの RXCLK (PCLK) 出力 PHY への TXCLK 入力
転送モード	8 ビット・モード	125 MHz DDR (PCLK 両エッジを用いた動作) 250 MHz SDR	250 MHz SDR (RXCLK/TXCLK の立ち上がり同期)	125 MHz DDR (RX_CLK/TX_CLK の両エッジを用いた動作)
	16 ビット・モード	125 MHz SDR (PCLK の立ち上がり同期)	—	125 MHz SDR (RX_CLK/TX_CLK の立ち上がり同期)
I/O 規格		2.5 V ベース SSTL-II Class1	2.5 V ベース SSTL-II Class1	1.5 V または 1.8 V (V_{DD_IO} 供給電圧によって変更)

です．動作モードを 3 種類の中から選択でき，最大で×4 リンクを確立できます．PIPE の入出力信号は規格の定義に準拠しています．

② **PX1011A/PX1012A**

NXP セミコンダクターズの PX1011A/PX1012A は，TX/RX にそれぞれ同期クロックを採用しており，MAC 層デバイスとのタイミング調整が容易です．8 ビット・モードの動作のみをサポートしているため，ピン数が少なく小型パッケージを実現しているのが特徴です．

③ **XIO1100**

テキサス・インスツルメンツの XLO1100 は，GL9711/GL9714 と同じように DDR 転送を用いることで帯域を確保しているのが特徴です．また，PX1011A/PX1012A と同じように入出力に異なるクロックを用いています．電源電圧の変更により I/O 規格として 1.5 V または 1.8 V のインターフェースを利用可能です．

3-3　高速パラレル・インターフェース PIPE の基板設計

● **配線長や遅延に対する制約は PIPE によって異なる**

前述したように，高速パラレル・インターフェース PIPE には規格化された電気的特性はありません．従って使用する PHY チップと FPGA/ASIC の I/O 規格に準じた設計をする必要があります．DDR メモリ・インターフェースに代表されるように，高速ディジタル・インターフェースを設計する際は，事前のトポロジ検討と配線仕様の策定が信号品質やタイミング確保のために重要です．

① 標準 PIPE インターフェース
- PCLK 同期の TX データ・グループおよび RX データ・グループは等長等遅延配線とする．

② PXPIPE および TI-PIPE
- TX データ・グループを等長等遅延配線とする．
- RX データ・グループを等長等遅延配線とする．
- TX グループと RX グループの間の配線長規定はない．

③ SSTL-II I-O 規格の伝送線路設計
- SSTL-II I-O 規格を用いる場合は出力端にシリーズ抵抗を，終端にプルアップ抵抗を挿入する．
    シリーズ抵抗値＝配線の特性インピーダンス－ドライバの出力インピーダンス
            ＝約 25 Ω

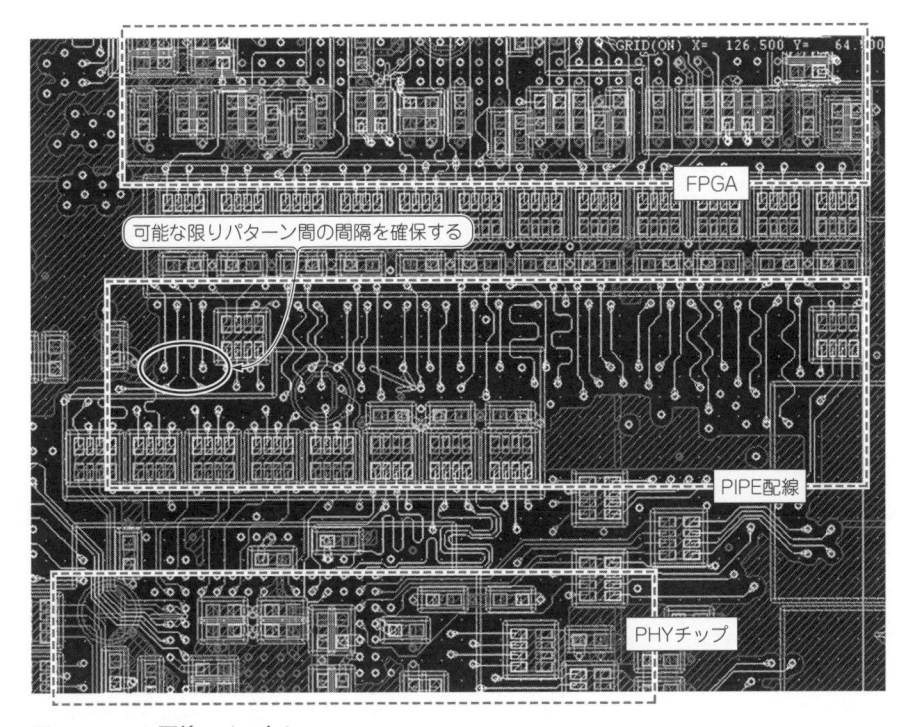

図 3-4 PIPE 配線レイアウト
実際の配線は層構成や基板サイズなどにより変化するが，配線間の間隔などはクロストークを抑制するためには重要である．

プルアップ抵抗値＝特性インピーダンス＝約 50 Ω

ただし，伝送線路解析ツールを用いてトポロジを検討し，シミュレーションで最適な値を決める必要があります．

④ クロストークと同時スイッチング・ノイズ

PIPE には 8 ビット動作モードと 16 ビット動作モードがあります．8 ビット動作モードは周波数 250 MHz で制御信号も含めて 1 レーンあたり 32 本の信号を使用します．16 ビット動作モードは周波数 125 MHz で，1 レーンあたり 50 本の信号を使用します．さらに等長等遅延配線指定をした場合，PHY チップと上位層デバイス間には PIPE 配線が集中します．BGA（Ball Grid Array）パッケージの LSI 間のレイアウトが重要になります（図 3-4）．

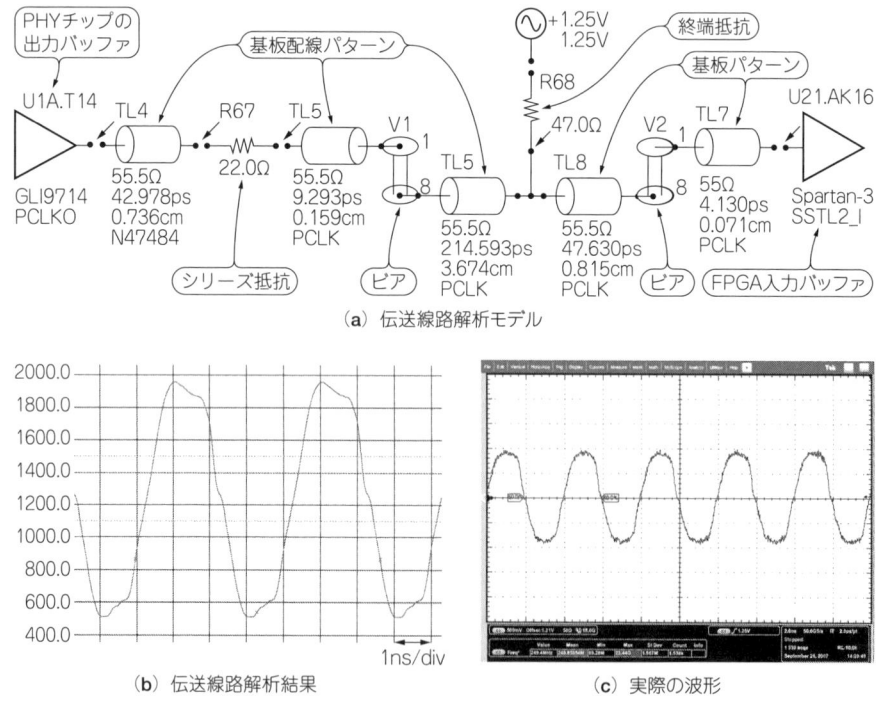

(a) 伝送線路解析モデル

(b) 伝送線路解析結果

(c) 実際の波形

図 3-5　伝送線路解析を使って配線パターンを設計すると正しい波形が伝送できる

(a) は PIPE 信号の配線トポロジを等価回路で表現している．(b) は IBIS モデルを用いた伝送線路解析結果で，250 MHz の信号を伝送した場合の受信端波形のシミュレーション結果になる．(c) は (a) で示した配線トポロジで実際に設計した基板における観測波形で，シミュレーション結果と近い．ドライブ IO は SSTL-II Class1 規格になる．

PIPEバスの配線を等長にするために，配線経路が蛇行状にならざるを得ない個所がいくつか発生します．ほかの信号との干渉や，PIPEバス内での同時遷移によるスイッチング・ノイズを低減するためには，配線同士の間隔の確保やシールド配線，ガード・グラウンドの設置などを考慮に入れてピン配置や部品配置を検討する必要があります．

● 伝送線路解析ツールを使った配線設計

次に伝送線路解析ツールを用いたPIPEのトポロジ策定と波形シミュレーション結果を，実基板での波形結果と比較して解説します．

図3-5(b)はトポロジ検討を実施したブロックと250 MHzでクロック・パターンを伝送したときの受信端でのポスト・シミュレーション結果です．立ち上がりが若干鈍っていてリンギングが観測できますが，受信デバイスのDC特性(V_{IH}, V_{IL})を超えない範囲なので問題ありません．

次に図3-5(c)で実際の基板での実測波形を確認します．立ち上がりエッジと立ち下がりエッジの挙動は，ほぼ等価と見ることができます．

これら，トポロジ検討結果やポスト・シミュレーション結果を回路設計やアートワーク設計にフィードバックすることにより，実基板の信号品質に関するリスクを低減できます．受信端デバイスの電気的特性へのトレラント(相互接続性)を事前に確認できます．

3-4 PCI Express ソフトIPコアの実装例

PCI Expressのプロトコル処理を行うHDL記述のID(Intelectual Property)コア(ソフトIPコア)は，各社から提供されています．例としてPLD Applications社が提供するソフトIPコアを紹介します．図3-6に示す専用のGUIツールを用いて，PCI Expressの各層の設定に必要なパラメータを任意に入力することでIPコアの設計を行います．自作のFPGAデザインとポート名などを合わせるために必要なIPコアの最上位ラッパ・ファイルを生成できます．

この最上位のラッパはリスト3-1のように，IPコアの各パラメータ情報やポートの宣言，IPコアのインスタンスなどが表記されたソース・ファイルになります．このラッパ・ファイルを用いてFPGAに組み込むほかの回路を接続します．ザイリンクスのFPGAを用いる場合は，統合設計ツールである「ISE」を用いて論理合成や配置配線を行います．

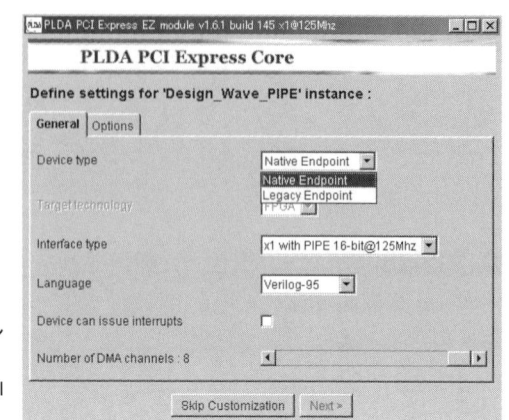

図3-6 ソフトIPコア設計用GUIツールの例
IPコアの各パラメータの設定や特性を，GUIを用いて設定・設計することが可能．

リスト3-1 ラッパ・ファイルのソース・コード例
IPコアのラッパ・ファイルの記述．GUIによって設計した情報がすべて確認できる．

```
// PARAM: PRV_DEV_TYPE 0
// PARAM: PRV_TARGET_TECHNO 1
// PARAM: PRV_INTERFACE_TYPE 1
// PARAM: PRV_LANGUAGE 1
// PARAM: PRV_STR_LANGUAGE 'Verilog-95'
// PARAM: PRV_NB_DMA 8
// PARAM: PRV_DMA_CPL_TO 20
```
ソフトIPコアの各パラメータ宣言

```
module Design_Wave_PIPE (
    clk,
    rstn,
    srst,
    npor,
    test_mode,
    rstn_out,
```
FPGAデザインとの接続用IPモジュールのポート宣言

```
    core_inst (
        .clk (clk),
        .rstn (rstn),
        .srst (srst),
        .npor (npor),
        .test_mode (test_mode),
        .rstn_out (rstn_out),
        .npor_out (npor_out),
```
ソフトIPコアのインスタンス

　ソフトIPコアの生成や設計は，前述したように専用のGUIや上位階層のラッパ・ファイルをカスタマイズすることにより設計できます．
　PIPEインターフェースのピン配置やタイミング制約などは，すべてISEを用いて設定します．ピン配置についてはISEの機能のPACE（Pinput and Area Constraints Editor）を用いて，PHYチップとの相関関係を確認しながら設定す

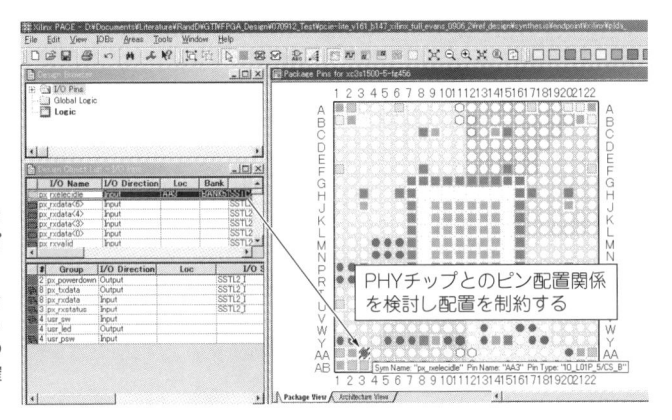

図 3-7 PACE を用いた ザイリンクス FPGA のピン配置ツール例
BGA のピン配置を確認しながらピンの位置を決定することが可能．PHY チップのピン位置との位置関係を確認しながら設定する．

る手法が，視覚的にも分かりやすく有効です（図 3-7）．

ユーザ制約を設定することにより，論理合成/テクノロジ・マッピング/配置配線の各プロセスに最適なインプリメンテーションを行えます．

3-5 PHY チップと PIPE の今後

PCI-SIG は，5.0 Gbps のシリアル通信を行う PCI Express Generation2（Gen2）を規格化しています．Gen2 の PIPE については，PHY Interface for the PCI Express Architecture Draft Version 2.0 がすでに規定されており，2009 年 12 月現在は Gen3 対応のための PIPE を策定しています．

Gen2 の PIPE は，転送周波数が 500 MHz（5 Gbps シリアル・リンクの場合の，PIPE 8 ビット・モード動作）という非常に高速なインターフェースが定義されています．また，上位互換性を保持するため，2.5 Gbps と 5 Gbps のレート・コントロール・ポートや，ディエンファシス・レベルの選択ポート，シリアル信号の差動振幅のコントロール・ポートなど**表 3-3** に示す信号が追加されています．PCI Express Gen2 システムにおいても，2 チップ構成による低消費電力・低コストのソリューションはさまざまな分野で必要になります．

PCI Express を採用したシステム設計では，どうしても 2.5 Gbps の高速シリアル・インターフェースに目が向いてしまいます．しかし，この多ビットのソース・シンクロナス通信を行う PIPE インターフェースの設計にも配慮が必要です．

PCI Express の規格団体である PCI-SIG の規格認定試験では，PIPE の仕様や

表3-3 Gen2対応 PIPE (PIPE2)で追加されたコマンド信号[4]

信号名	ビット幅	方向	概　要
Rate	1	入力	リンク信号の周波数を制御
TxDeemph	1	入力	De-Emphasis レベルの制御
TxMargin[2:0]	3	入力	シリアル信号の出力電圧レベルを制御
TxSwing	1	入力	シリアル信号の出力振幅を制御

動作を確認することはありません．しかし，MAC層で検知された予測できないような誤動作の多くは，PIPEの高速パラレル・インターフェースのタイミング・エラーやビット落ちなどが原因です．

　FPGAの遅延エレメントや位相シフトなどの機能を用いてタイミング問題を改善することも可能です．しかし，信号品質の改善や次回の設計へフィードバックするために，本稿で示したPIPEの概要を理解したうえで配線仕様を考慮し，伝送線路解析を行うというアプローチが必要です．

第4章 アドイン・カードの電源設計
—— マルチ電源の回路設計と基板設計をマスタ！

鈴木 正人／今井 淳

　PCI Express インターフェースを持つアドイン・カードは，CPU や FPGA などの LSI を使って設計します．一つのデバイスに複数の電源電圧を供給しなければならないものもあり，カード上の電源は複雑になる傾向があります．

　例えば，高速トランシーバを内蔵した FPGA を用いると，PCI Express のすべての機能を 1 チップで実現できる代わりに，コア，I/O，高速トランシーバ用に少なくとも 3 種類の電源が必要になります．またデータをバッファリングするために DDR メモリなどを使う場合は，さらに別の電源が必要になってきます．

　そこで本章では，高速トランシーバ内蔵 FPGA を搭載した x8 PCI Express アドイン・カードを例にとり，マルチ電源の電源回路設計や基板設計の考え方を解説します．

4-1 要求される電源仕様

● 高速トランシーバ内蔵 FPGA の電源

　FPGA 搭載 PCI Express アドイン・カードを例にどのような電源が必要になるか考えてみましょう．本アドイン・カードの特徴を**写真 4-1** に示します．

　このカードは，ザイリンクスの FPGA Virtex-5 LXT/SXT シリーズ「XC5VLX110T」を搭載しています．GHz クラスの高速トランシーバ(RocketIO)を内蔵しており，PCI Express や DDR2 メモリ，光モジュールなどへの高速伝送を評価できます．またイーサネットやデバッガ専用 MICTOR コネクタなどのインターフェースも備えています．

　電源 IC の選定方法や使用方法について説明していきます．この基板では，以下のような電源デバイスなどを搭載しています．

- FPGA の高速トランシーバ(RocketIO)用の電源デバイス(**写真 4-1** の①)
- 基板外形寸法(CEM Specification)の要求を満たすための部品実装効率が

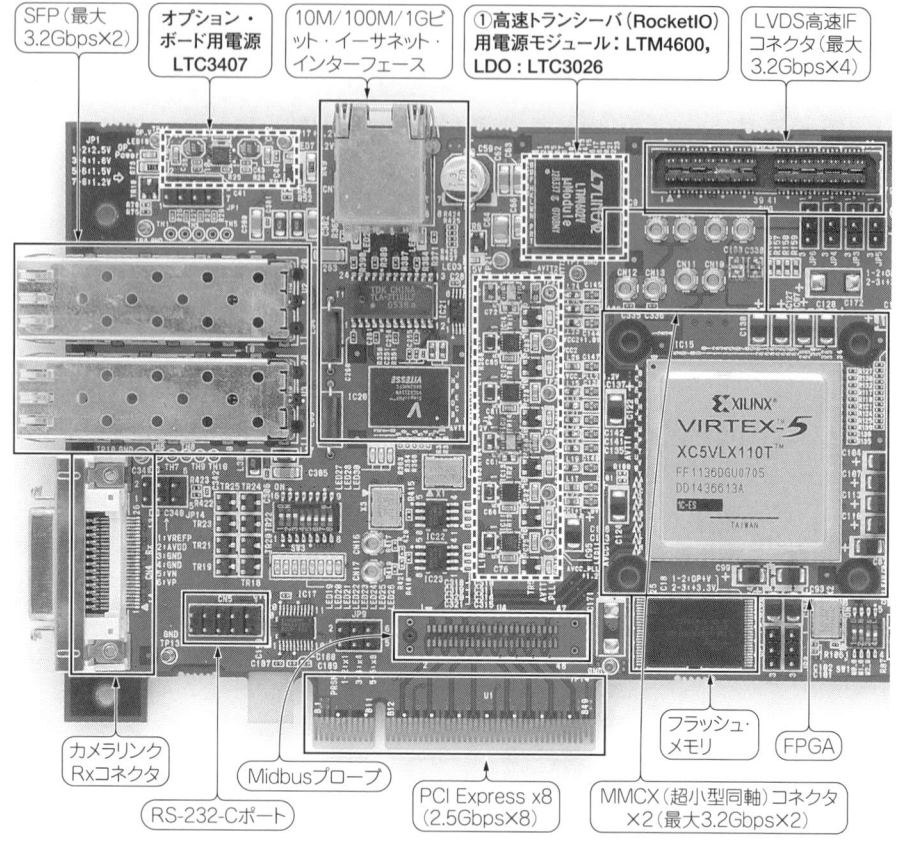

写真4-1 PCI Express アドイン・カードの特徴と使用している電源デバイス

開発したPCI Expressアドイン・カードはザイリンクスVirtex-5 LXT/SXTシリーズのFPGAを搭載し、PCI ExpressやDDR2メモリ、光モジュールなどへの高速伝送が評価できる。高速トランシーバを使用し高速シリアル・インターフェースを実現するためFPGAに供給する電源設計が重要となる。

　　　高い3出力スイッチング・レギュレータ(**写真4-1の②**)
- DDR2 SDRAMの終端に対応した2出力電源(**写真4-1の③**)
- DC-DCコンバータの1次側入力(12V)に発生するスイッチング・ノイズを低減するためのフェライト・ビーズ(**写真4-1の④**)

▶ コアや高速トランシーバ用の電源を用意する必要がある

FPGAに内蔵された高速トランシーバ「RocketIO」には高精度な電源が必要です。

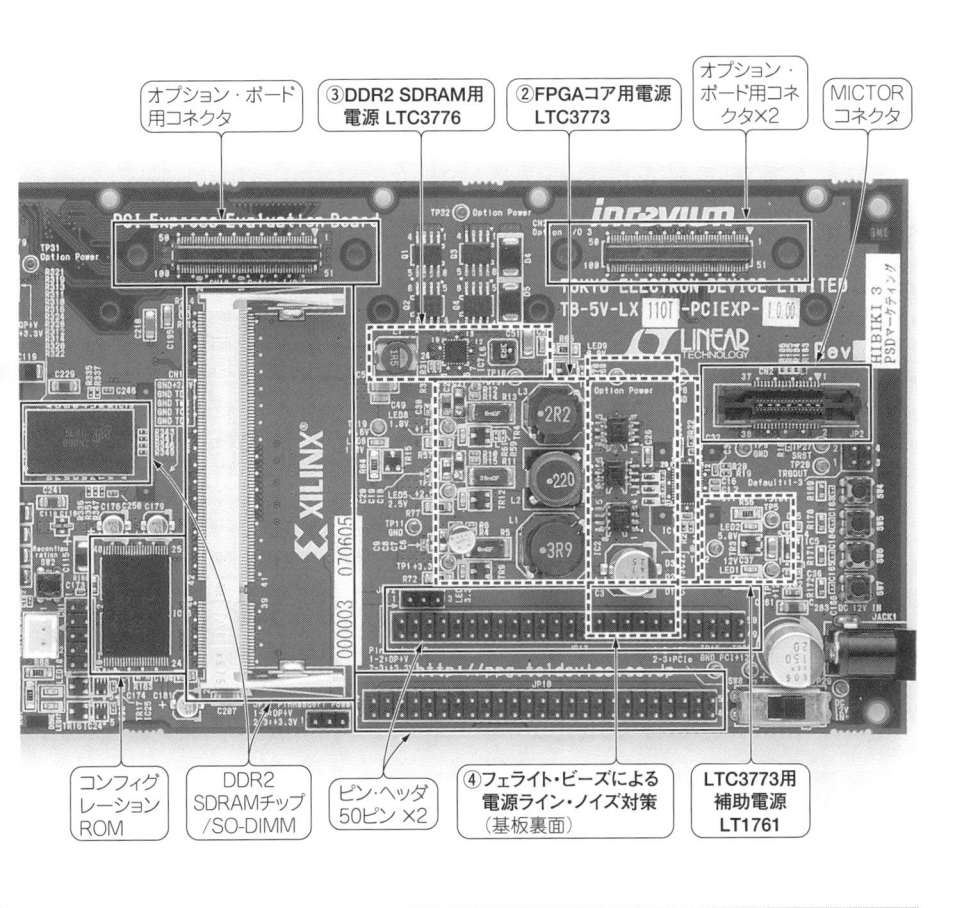

オプション・ボード用コネクタ ③DDR2 SDRAM用電源 LTC3776 ②FPGAコア用電源 LTC3773 オプション・ボード用コネクタ×2 MICTORコネクタ

コンフィグレーションROM　DDR2 SDRAMチップ/SO-DIMM　ピン・ヘッダ50ピン×2　④フェライト・ビーズによる電源ライン・ノイズ対策（基板裏面）　LTC3773用補助電源 LT1761

● 専用ソフトウェアを用いて FPGA の消費電力を見積もる

　電源仕様を決定するために，基板上の主な部品の消費電力を求める必要があります．本アドイン・カードの設計において最も重要な FPGA (Virtex-5) の消費電力の見積もりには，ザイリンクスのソフトウェア「XPower Estimator」を使用しました．以下に示すパラメータを入力すると，デザインの消費電力を早い段階で見積もれます．

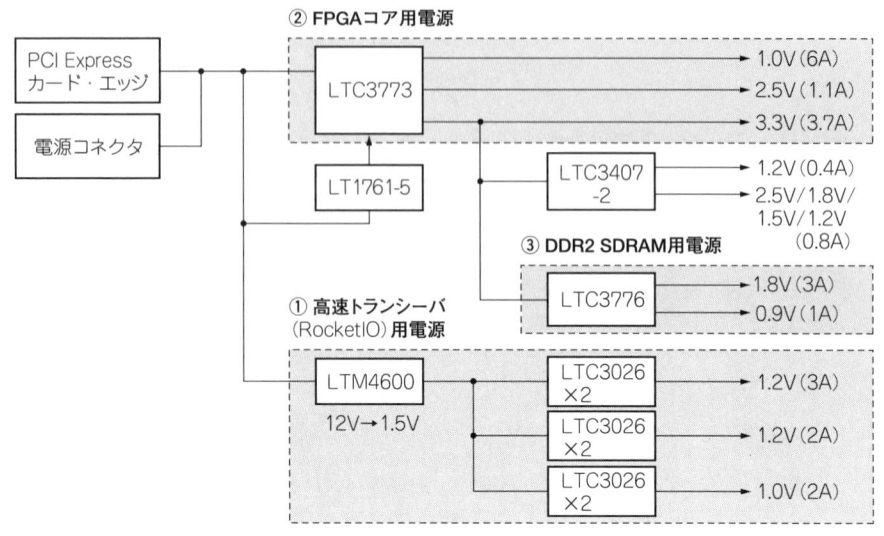

図 4-1　PCI Express アドイン・カードの電源仕様
ザイリンクス FPGA「XC5VLX110T」をターゲットにし，ロジック・リソース使用率 93 %，RocketIO 使用率 100 %で PCI Express x8 (2.5 Gbps)，SFP x2 (3.2 Gbps)，MMCX x2 (3.2 Gbps)，Samtec LVDS 高速インターフェース・コネクタ (3.2 Gbps)，DDR2 (333 MHz)，ソフト CPU コア MicroBraze (100 MHz) などを想定した．

- 回路規模(ロジック・セルとフリップフロップの数)
- 動作周波数
- トグル・レート
- 専用機能ブロックの使用数
- 温度条件

このボードには XC5VLX110T が搭載されているので，それをターゲットにし，以下に示す動作条件を想定して消費電力を見積もりました．

- ロジック・リソース使用率 93 %
- 高速トランシーバ(RocketIO)使用率 100 %
  PCI Express x8 (2.5 Gbps)，SFP x2 (3.2 Gbps)，MMCX x2 (3.2 Gbps)，Samtec LVDS 高速インターフェース・コネクタ (3.2 Gbps)
- DDR2 メモリ 333 MHz
- ソフト CPU コア (MicroBraze) 100 MHz

表 4-1 スロットの最大消費電流は用途によって異なる

PCI Express アドイン・カードに供給できるスロットの最大消費電力は用途によって異なる．例えばデスクトップ用 x1 コネクタでは 12 V (0.5 A) 以上，サーバ用 x1，x4，x8，x16 では 12 V (2.1 A) 以上になる．

最大消費電流 電源電圧	デスクトップ用 x1 コネクタ 10W	サーバ用 x1, x4, x8, x16 25W	グラフィックス用 x16 コネクタ 75W
3.3V ± 9％	3A	3A	3A
12V ± 8％	0.5A	2.1A	3.3A
3.3Vaux ± 9％	375mA	375mA	375mA

結果は図 4-1 のようになりました．PCI Express ボード設計で特に重要な，① FPGA の高速トランシーバ用電源，② FPGA コア用電源，③ DDR2 メモリ用電源に着目し，詳細を説明します．

● スロットの最大消費電力に要注意！

表 4-1 のように PCI Express アドイン・カードに供給できるスロットの最大消費電力は用途によって異なります．例えばデスクトップ用 x1 コネクタでは，12 V (0.5 A) 以上，サーバ用 x1，x4，x8，x16 では 12 V (2.1 A) 以上です．

本ボードはサーバをターゲットにしました．すべてのファンクションをフルに動作させた場合，ワーストケースで消費電力が 12 V (3.3 A) となり，12 V (2.1 A) を超えてしまいます．

システムを設計する際は消費電力を見積もったうえで，使用するスロットの消費電力に注意してください．

4-2 電源仕様を満たし小型化できる電源デバイスを選ぶ

アドイン・カードは基板外形寸法 (CEM Specification) を満たす必要があります．そのため，少しでも実装スペースが小さくなるように FPGA と DDR2 SDRAM の電源部品を選定しました．

● RocketIO 用電源：2 段構成で消費電力を節約

PCI Express を実現するためには，RocketIO の電源が一番重要です．以下のような注意点があります．

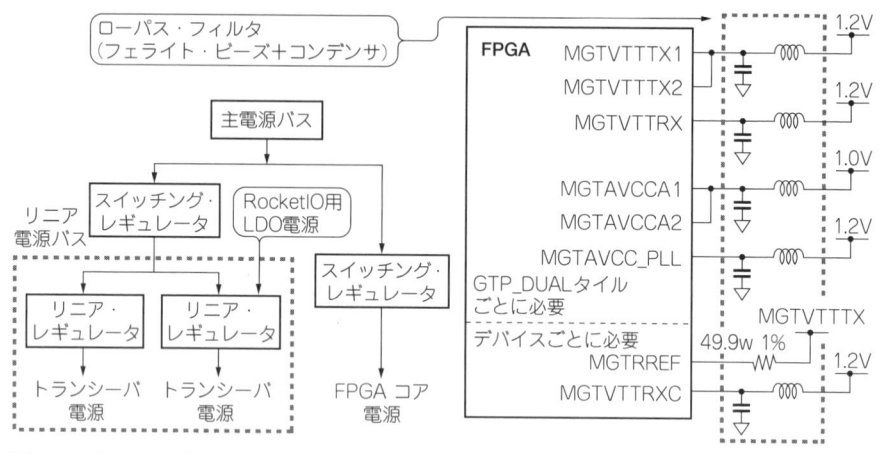

図4-2 高速トランシーバ設計における注意点
FPGA搭載アドイン・カードでは高速トランシーバ（RocketIO）用電源が一番重要となる．リプル・ノイズを除去するためLDOリニア・レギュレータを用いる．高速トランシーバ回路ブロック（GTP_DUAL タイル）ごとに電源ピン近傍にローパス・フィルタを接続する必要がある．

- 信号品質の維持や安定動作のため，ボード上のノイズから遮断する必要がある
- 前述の理由からリプル・ノイズを除去するためにLDO（Low Dropout）リニア・レギュレータを使う必要がある
- 高速トランシーバ（RocketIO）ブロック（GTP_DUAL という）ごとに電源ピン近傍にローパス・フィルタを接続する必要がある（**図4-2**）

リニア・レギュレータは，負荷電流が一定なら消費電力が V_{in} と V_{out} の電圧差に比例しますから，供給電圧の12V入力を大きく降下させて直接1.2Vや1.0Vを生成すると，大きな熱が発生します．そこで，12Vからスイッチング・レギュレータにより1.5Vを生成し，1.5Vからリニア・レギュレータを使って1.2Vと1.0Vを生成する構成としました．

12Vから1.5Vを生成する電源デバイスとして，リニアテクノロジーのLTM4602（6A）とLTM4600（10A）の検討を進めました．両者はピン互換なので，今後，上位互換のFPGAに移行した場合にRocketIOに十分な電流を供給することもできます．今回はあらかじめ10A品のLTM4600を選定しました．LTM4600はスイッチング・レギュレータで，MOSFETやインダクタを内蔵したDC-DCコンバータ・モジュールです．

図4-3 高速トランシーバ用電源の構成
210μV$_{RMS}$と低ノイズのLDOリニア・レギュレータ「LTC3026」を採用した.バイアス用にチップ・インダクタは必要だが,3mm×3mmと小型で,低容量のセラミック・コンデンサを使えるので実装面積を小さくできる.

```
            全7.3A
LTM4600 ─┬─ LTC3026×2 ── 1.2V (3168mA)   高速トランシーバ
12V→1.5V  │                                (RocketIO)
          ├─ LTC3026×2 ── 1.2V (1920mA)
          └─ LTC3026×2 ── 1.0V (2048mA)
```

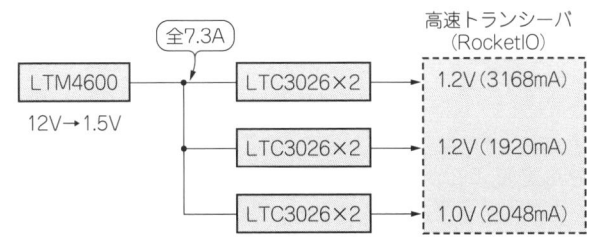

　LDOリニア・レギュレータは,210μV$_{RMS}$と低ノイズなリニアテクノロジーのLTC3026です.LTC3026は,バイアス用のチップ・インダクタが必要です(5V電源があればインダクタは不要).しかし,ICの外形寸法が3mm×3mmと小型なことに加え,入出力コンデンサにも低容量のチップ・セラミック・コンデンサを利用できます.実装面積を小さくできるため選定しました.**図4-3**に示すのは高速トランシーバ用電源の構成です.

● FPGAコア用電源:スイッチング電源で小電流化

　図4-2に示すFPGAボードの中で最も消費電流が大きいのは,FPGAのコア電源とI/O電源です.電源仕様は,12Vを入力して1.0V,2.5V,3.3Vの3種類を出力する必要があります.前述したLTM4600なども候補になりますが,コストと実装面積を考慮して多出力スイッチング・レギュレータIC LTC3773(リニアテクノロジー)を選定しました.

　多出力ICを選択する場合は,3フェーズ動作のICにする必要があります.3フェーズ動作の利点を**図4-4**に示します.

　3フェーズ動作を行うスイッチング・レギュレータの出力は,それぞれ120°位相がずれてスイッチングします.このため,電流パルスが重なり合うオーバラップ時間が大幅に短縮されます.1フェーズに比べ,平均の入力電流が大幅(30～70%)に減少します.消費電流が少なくなると,安価なバッテリやヒューズ,コンデンサを使用でき,大きなメリットとなります.

　入力耐圧12Vで,3出力20A程度まで供給でき,出力間のトラッキング制御が可能なLTC3773を選定しました(**図4-5**).

● DDR2 SDRAM用電源:終端対応の電源ICで面積を節約

　DDR2 SDRAMの駆動電圧は1.8Vです.また,DDR2メモリのI/Oインターフェースであるsstl18-I/IIの終端電圧は0.9Vです(終端用に1.8Vの1/2の

0.9Vが必要).

これらの2電源を2デバイスで供給する方法もあります．ここでは実装面積をできるだけ小さくするために，DDR (Double Data Rate)/QDR (Quad Data Rate)メモリの終端に対応した2フェーズの2出力電源LTC3776 (リニアテクノロジー)を選定しました (図4-6)．

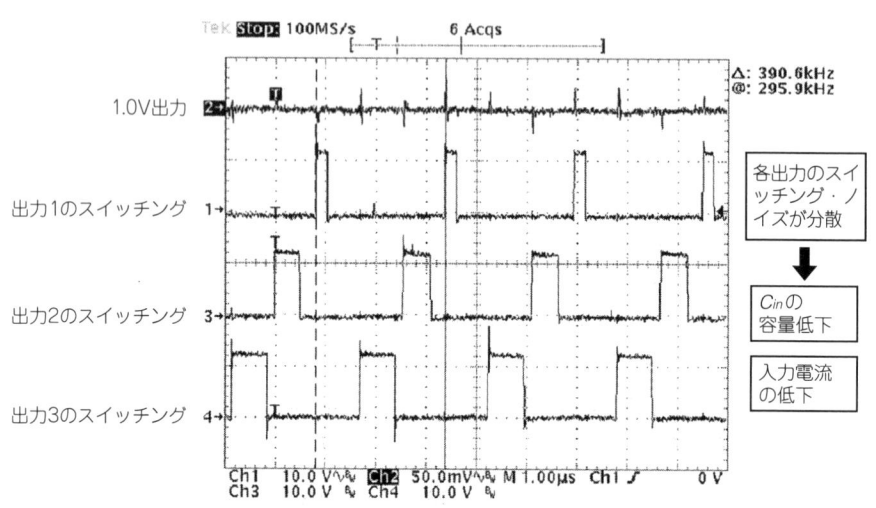

図4-4 3フェーズ動作の強みを発揮

3フェーズ動作では，3出力スイッチング・レギュレータの三つのチャネルは，120°位相がずれて動作する．1フェーズ動作に比べ，平均入力電流が大幅 (30〜70％) に減少する．

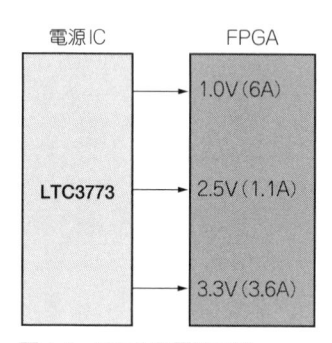

図4-5 FPGA用電源の例

3出力20Aまで供給できる，12V入力耐圧のLTC3773を選択した．出力間のトラッキング制御が可能であるため，3電源のシーケンス制御も容易．

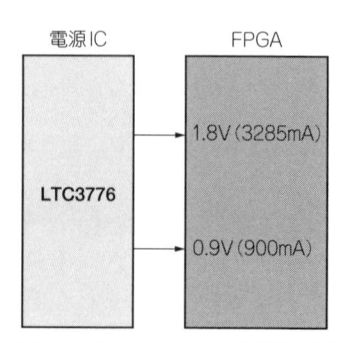

図4-6 DDR2 SDRAM用電源の例

DDR2メモリの終端用に1.8Vの1/2の0.9Vを出力する必要がある．基板の実装面積に一番のポイントを置き，DDR/QDRメモリ終端アプリケーション向けの2出力が可能なLTC3776を選定した．

本ICは小型(4 mm×4 mm)のQFNパッケージです．実装面積を小さくできる点が選定の決め手となりました．

● フェライト・ビーズによる電源ラインのノイズ対策

　PCI Expressアドイン・カードは，エッジから12 V電源が入力されています．図4-7のように，ボードの右側に配置した各電源デバイスに12 V電源パターンを引き回す必要があります(ボード左側はPCIブラケット部分からケーブルなどが接続されるため，コネクタなどが配置されている)．

　ここでは，DC-DCコンバータの12 V入力(1次側)に現れるスイッチング・ノイズを低減するため，フェライト・ビーズ BLM18SG121TN1(村田製作所)を用いました．次のような特徴があり，電源ラインのノイズ対策に使えます．

- 大電流が供給でき，直流抵抗が小さい
- 外部電極のはんだ耐熱性に優れている

　写真4-2と図4-8のように，スイッチング・レギュレータIC(LTC3773)の12 V入力にフェライト・ビーズを追加した場合の対策結果を図4-9に示します．観測したのは12 V電源ラインに重畳されているスイッチング・ノイズです．

　フェライト・ビーズによって2.43 V_{P-P} のスイッチング・ノイズが440 mV_{P-P} まで低減することが分かります．

　このようにDC-DCコンバータの1次側入力に現れるスイッチング・ノイズの低減には，フェライト・ビーズが有効です．

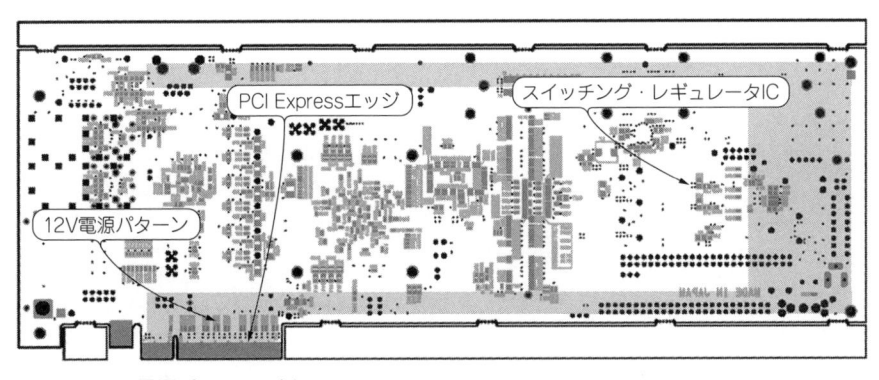

図4-7 12 V電源パターンの例
PCI Express基板はエッジから12 V電源が入力されるので，ボードの右側部分に配置した電源デバイスに12 V電源パターンを引き回すことが多い．ボード左側は各種外部インターフェースのコネクタなどを配置した．

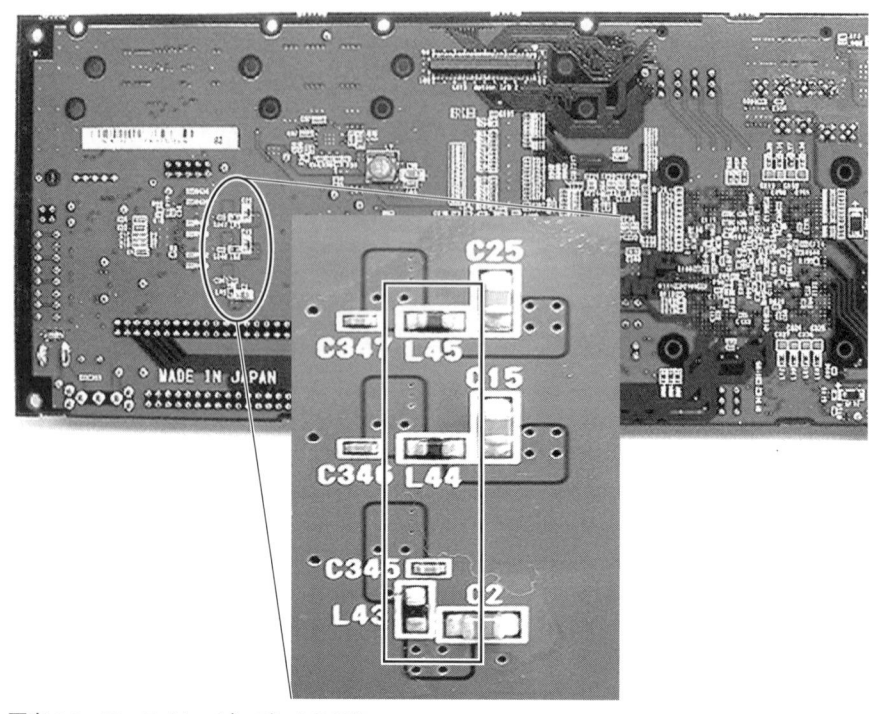

写真 4-2　フェライト・ビーズによる対策
ボード右側に配置されている DC-DC コンバータの 1 次側入力 (12 V) に現れるスイッチング・ノイズを低減するため，フェライト・ビーズ BLM18SG121TN1 (村田製作所) を用いてノイズ対策を行った．

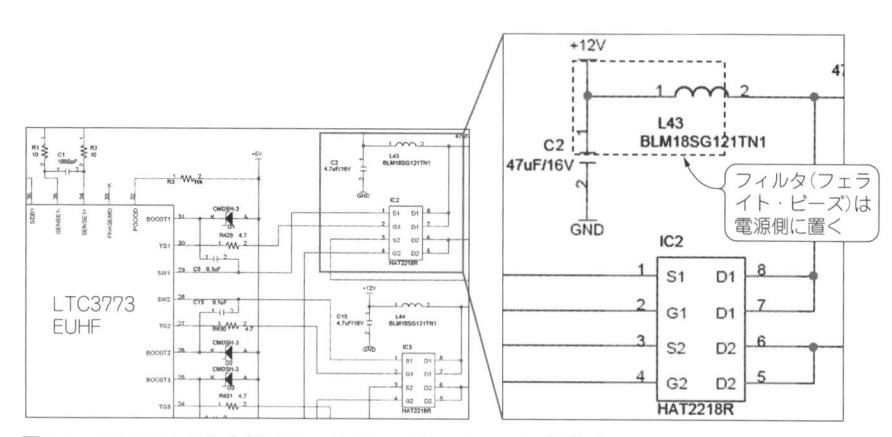

図 4-8　LTC3773 の入力側はフェライト・ビーズでノイズ対策する
DC-DC コンバータの 1 次入力側にフェライト・ビーズ BLM18SG121TN1 を実装しノイズ対策を行った．

112　第 4 章　アドイン・カードの電源設計

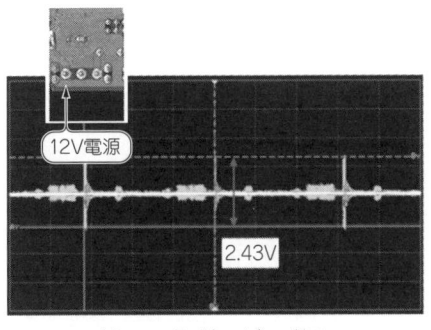

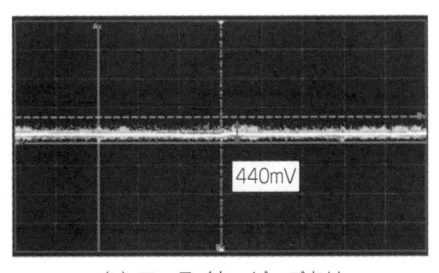

(a) フェライト・ビーズなし　　　　　　(b) フェライト・ビーズあり

図 4-9　12 V 電源ラインにフェライト・ビーズを追加するノイズ対策の効果
フェライト・ビーズによって，(a) に示す 2.43 V_{P-P} のスイッチング・ノイズが (b) に示す 440 mV_{P-P} まで低減した．

4-3　プリント・パターン設計

　PCI Express をはじめとする高速シリアル・インターフェースは，基板設計によって実際のデータ転送性能に差が出てきます．FPGA（ここではザイリンクス Virtex-5 LXT/SXT）の各電源のパターン作成方法や PCI Express のピン・アサイン方法などについて説明します．

● 高速トランシーバに供給する電源ライン
① 電源の種類とプリント・パターン
　高速トランシーバは，**表 4-2** に示すような電源が必要です．ここではそれらを，1.2 V と 1.0 V の 2 電源を 3 種類の電源プレーンに分けています．FPGA における高速トランシーバ電源のパターン作成例を，**図 4-10** に示します．
　Virtex-5 は従来の FPGA と比べ，FPGA の左側部分に高速トランシーバ電源が集まって配置されています．そこで高速トランシーバ（RocketIO）回路ブロック（GTP_DUAL）ごとに電源パターンを三つに分けています．A は 1.0 V，B は 1.2 V，C は 1.2 V の電源パターンになります．
② ローパス・フィルタを追加する
　高速トランシーバ電源は RocketIO 回路ブロック（GTP_DUAL）ごとに必要です．ザイリンクスは，GTP_DUAL ごとにフェライト・ビーズとコンデンサによるローパス・フィルタを構成することを推奨しています．

表 4-2 高速トランシーバ（RocketIO）用電源の種類

Virtex-5 の RocketIO には，1.2 V（MGTAVCC_PLL，MGTVTT_TX，MGTVTT_RX，MGTVTT_RXC），1.0 V（MGTAVCC）の 2 電源が必要になる．

RocketIO 専用ピン	電源電圧 [V]	説　明
MGTAVCC	1.0	GTP_DUAL タイルのアナログ電源
MGTAVCC_PLL	1.2	PLL と REFCLK 分配用電源
MGTVTTRX		Rx 回路と終端用電源
MGTVTTTX		Tx 回路と終端用電源
MGTVTTRXC		レジスタ・キャリブレーション用電源（デバイスにつき 1 ピン）

図 4-10　FPGA の RocketIO 電源のピン配置は複雑に分かれている

従来の FPGA と比べ Virtex-5 は，BGA パッケージの左側部分に RocketIO 電源が集まって配置されており，GTP_DUAL タイルごとに電源が分かれている．A は MGTAVCC 1.0V，B は MGT VCC_PLL 1.2V，C は MGTVTT_TXRX 1.2V の電源を示す．

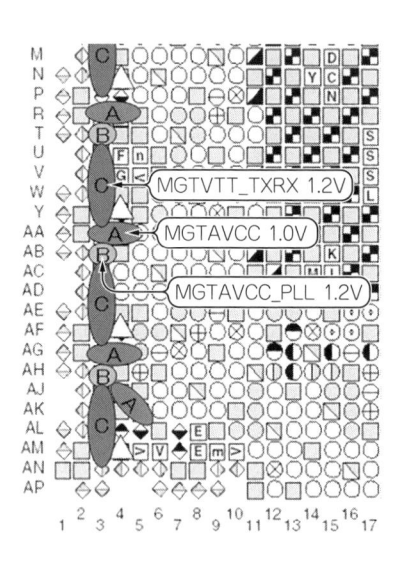

　コンデンサとして高周波特性に優れた 3 端子コンデンサ NFM18PC224R0J3（村田製作所）とフェライト・ビーズ BLM18EG221SN1（村田製作所）を使いました．2 個の高速トランシーバ・ブロックに対して 1 個のローパス・フィルタを構成できるので，部品の実装点数を減らせます．
　また高速トランシーバ電源から発生したすべてのノイズが 3 端子コンデンサを通過することになり，ノイズ対策を効果的に行えます（図 4-11）．
　3 端子コンデンサは ESL（等価直列インダクタンス）が低いことが特徴です．その性能を生かすには，基板上のパターンの ESL を低くする必要があります．図 4-12 と以下に 3 端子コンデンサを使用した基板設計のポイントを説明します．

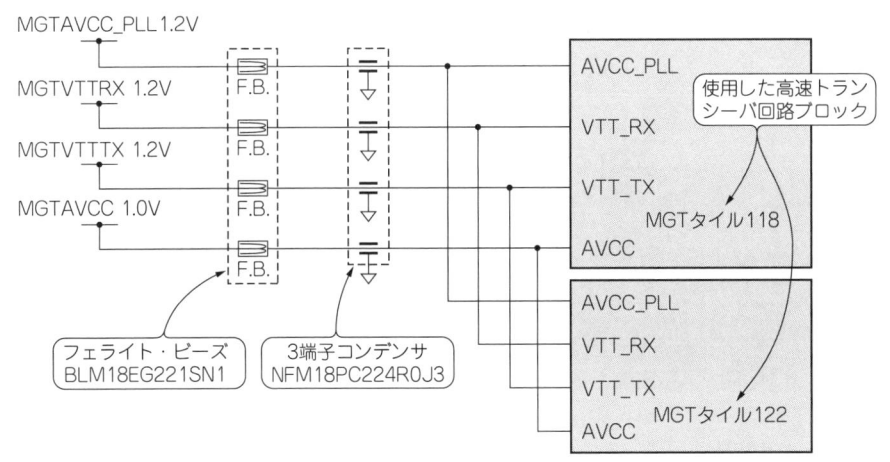

図4-11 高速トランシーバ電源のローパス・フィルタの構成
本ボードでは，コンデンサとして高周波特性に優れた3端子コンデンサNFM18PC224R0J3（村田製作所）とフェライト・ビーズBLM18EG221SN1（村田製作所）を用いてローパス・フィルタを構成した．

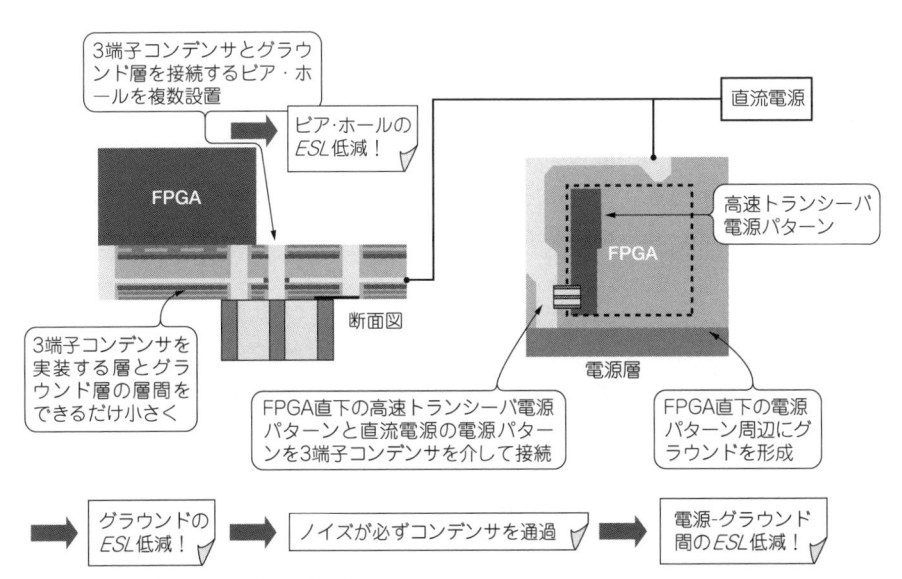

図4-12 3端子コンデンサのレイアウト
3端子コンデンサは*ESL*（等価直列インダクタンス）が低いことが特徴である．その性能を生かすには基板上のパターンの*ESL*を低くすることでより効果的にノイズ対策が行える．3端子を使用した基板設計のポイントを示す．村田製作所提供．

4-3 プリント・パターン設計

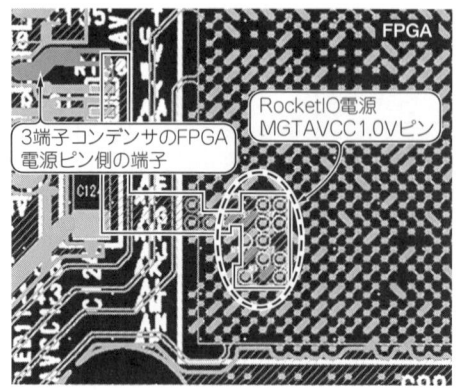

(a) MGTAVCC1.0V用パターン 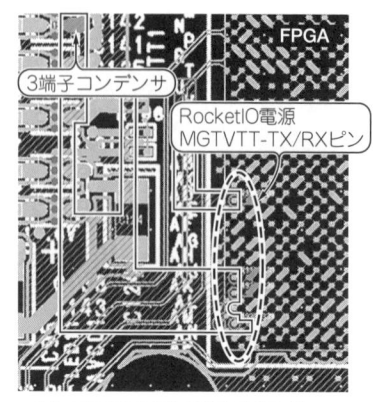　　　　　　(b) MGTVTT-TX/RX1.2V用パターン

図4-13　RocketIO用電源パターンは3端子コンデンサとFPGAの配線が重要
高速トランシーバ回路ブロック（GTP_DUALタイル）二つごとに，FPGA直下のRocketIO電源パターンとMGT用直流電源の電源パターンを，3端子コンデンサを介して直列に接続している．各RocketIO電源ピンと3端子コンデンサとの接続パターンを示す．アイカ工業提供．

- グラウンドのビア・ホールを複数設置するとビア・ホールの ESL 低減に効果的
- 表層とグラウンドの層間の距離をできるだけ小さくする（グラウンドのビア・ホールの長さを短くする）と ESL 低減に効果的
- FPGA直下の高速トランシーバ電源パターン周辺をグラウンド・パターンによって分離するとFPGA側で発生したノイズの閉じ込め効果がある

実際のレイアウトを図4-13に示します．

● 3端子コンデンサを利用してパスコンを17個から2個に削減！

　本ボードでは，FPGAのコア電源（1.0 V）を安定供給する必要があります．そのためにはパスコンの設置がたいへん重要です．ザイリンクスのVirtex-5 PCB Designer's Guideにはパスコンの必要個所や使用個数について記載されています．

　本資料を参照した場合，例えばVirtex-5のXC5VLX110T FF1136では，コア電源用のパスコンとして0.22 μFが17個必要です．

　本ボードの設計では，FPGAのコア電源端子がパッケージの真ん中に集まって配置されていることに着目しました．FPGA直下のコア電源パターンと直流電源の間に3端子コンデンサを介すことにより，効率的にノイズ対策を行えました．図4-14のように0.22 μFのパスコンを17個から2個に削減できました．

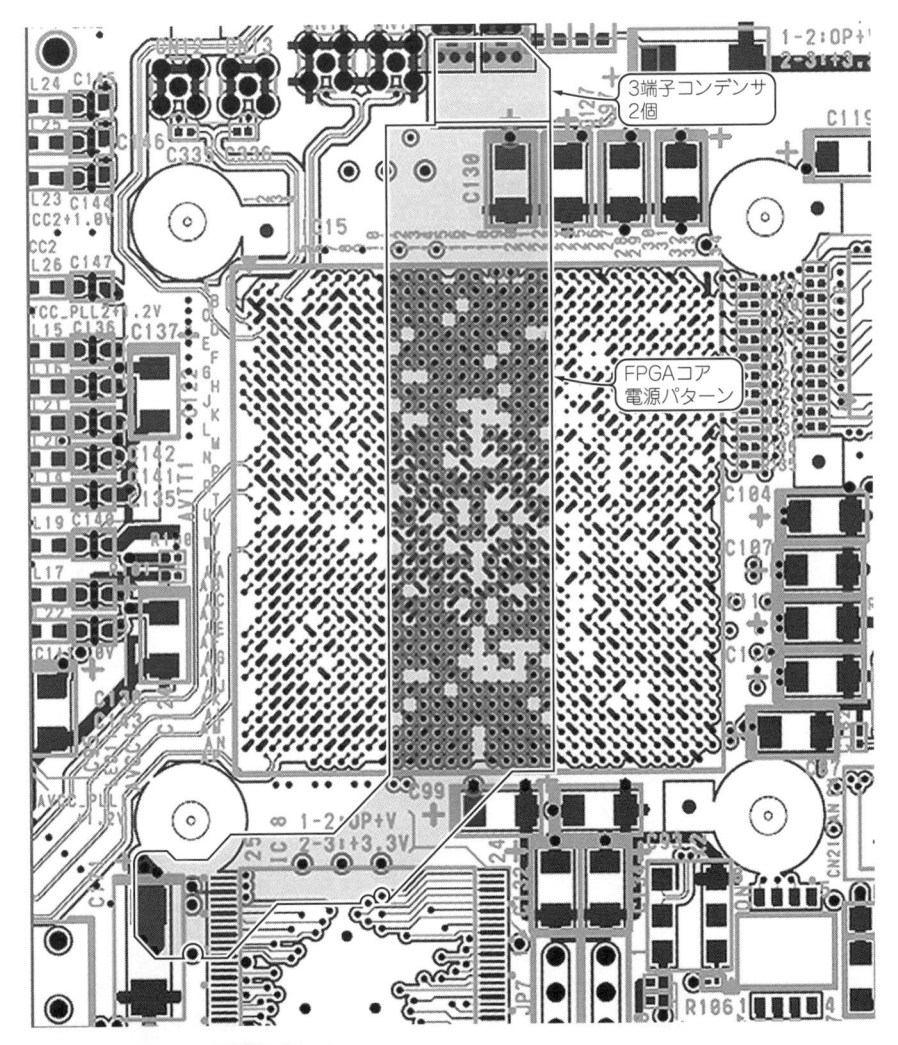

図 4-14　FPGA コア用電源パターン
コア電源が FPGA の真ん中に集まって配置されていることに着目した．FPGA 直下のコア電源パターンと直流電源の間に 3 端子コンデンサを介すことにより，0.22 μF のパスコンを 17 個から 2 個に削減できた．アイカ工業提供．

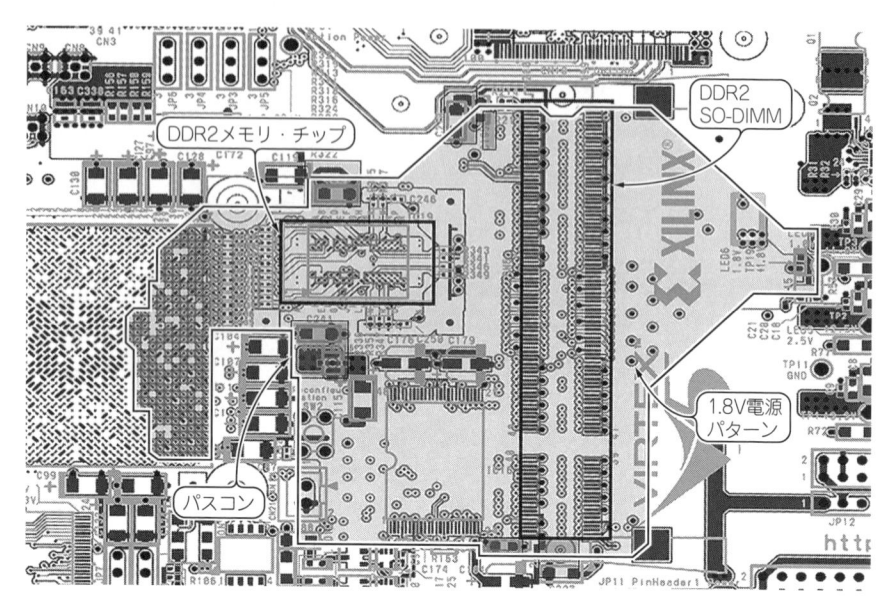

図 4-15　DDR2 メモリ用電源パターン
FPGA-DDR2 メモリ間の等長配線で膨らんだパターンを覆うように DDR2 部を全面ベタにした．1.8 V の V_{tt} 電源には負荷（ノイズ源）近傍にパスコンを配置した．アイカ工業提供．

● DDR2 用電源にベタ・パターンを使用する

　ここでは本ボードの DDR2 SDRAM 用電源パターンについて解説します．

　本書で使用した FPGA の真ん中のバンクは，コンフィグレーション/クロック入力が中心の I/O です．そこで，それは DDR2 メモリ・インターフェースとしては使用せず，チップの右側バンクを使用しました．

　DDR2 メモリのデータ・バス DQ や DS の等長配線は，形状やサイズ，ほかの部品との位置から厳しく，実装面積が大きくなります．本ボードでは図 4-15 のように，FPGA-DDR2 メモリ間の等長配線で膨らんだパターンを覆うように，DDR2 メモリ部を全面ベタにしました．1.8 V の V_{tt} 電源には負荷（ノイズ源）近傍にパスコンを配置しました．

● PCI Express エッジの配線は表層のみを使用する

　Virtex-5 には PCI Express エンドポイント・ブロックが内蔵されており，その中には，リンクの初期化時に自動的に極性を反転させる回路が含まれています．差動信号の Tx の＋側を Rx の＋側に，－側を－側につなげる必要はありません．

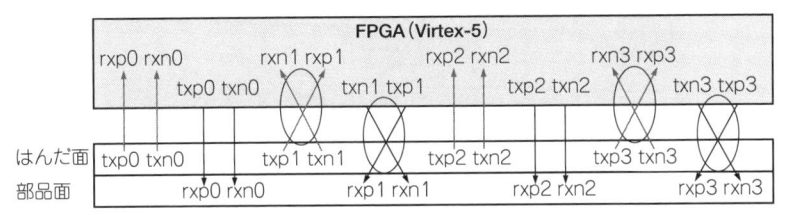

図 4-16　FPGA (Virtex-5) による PCI Express ピン・アサイン
リンクの初期化時に Rx 側が対応するので, (a) のように Tx の+側を Rx の+側に, 一側は一側につなげる必要はない. 本ボードでは, クロス配線を避けるため (b) のように直接接続した.

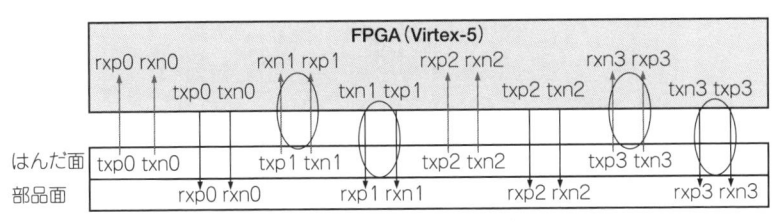

本評価ボードでは, クロス配線を避けるため図 4-16 のように接続しています.

このボードでは, 部品実装効率を上げて, スタブが短くなるように 8 ペアの PCI Express 差動信号を何層かに分けて配線しました.

PCI Express エッジ - Midbus プローブ (PCI Express の測定に使えるプローブ) 間において, 高速トランシーバの入力信号はすべて L1 (部品実装面) に配線しました. Midbus プローブ - FPGA 間は, L1 に 4 ペア, L10 に 3 ペア, L12 に 1 ペア配線しました〔図 4-17 (a)〕.

同様に PCI Express エッジ - Midbus プローブ間において, 高速トランシーバ出力ピンはすべて L12 (はんだ面) に配線しました. Midbus プローブ - FPGA は, L12 に 4 ペア, L3 に 4 ペア配線しました〔図 4-17 (b)〕.

差動配線のスペックを次に示します.

> 差動インピーダンス：100 Ω
> 最大配線長：83.0 mm
> 最小配線長：47.3 mm
> Tx レーン間スキュー：33.0 mm
> Rx レーン間スキュー：33.3 mm
> 最大ペア内スキュー：0.085 mm

4-3　プリント・パターン設計　**119**

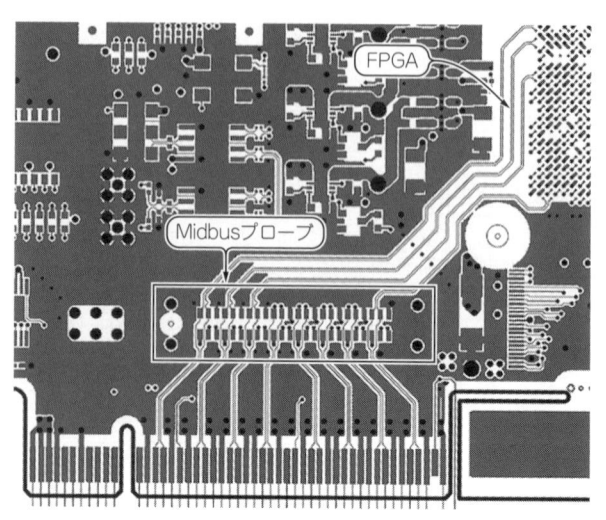

(a) 部品面

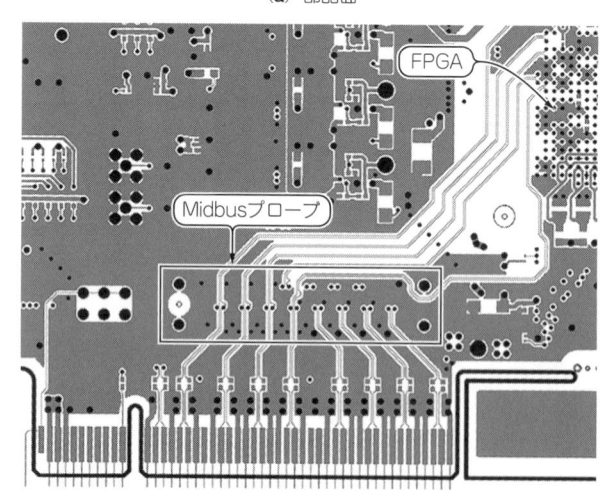

(b) はんだ面

図 4-17　エッジから FPGA までの差動配線の例
部品実装効率の向上とスタブが短くなるように PCI Express 配線層を何層かに分けた．FPGA から見たとき高速トランシーバ(RocketIO)入力ピンが部品実装面側の PCI Express エッジ〜 Midbus プローブ間 8 ペアは(a)のように L1 に配線した．同様に RocketIO 出力ピンがはんだ面側の PCI Express エッジ〜 Midbus プローブ間 8 ペアは(b)のようにはんだ面(L12)に配線した．

● 表層は BGA ピン間 1 本，内層は 2 本で信号を引き出す

　Virtex-5 には，ボール・ピッチが 1.00 mm で完全にアレイ状に配置されたフ

表 4-3　BGA の配線引き出しに必要な層数の目安

1 mm ピッチ BGA パッケージの配線引き出しに必要な層数の目安を示す．例えば，1136 ピンの FPGA では 10 列の信号を配線するのに最低 8 層以上必要となる．アイカ工業提供．

BGA ピン数	256	676	1156	1521
配　列	16×16	26×26	34×34	39×39
引き出し配列	6 列	8 列	10 列	14 列
BGA ピン間 1 本	4 層	6 層	8 層	12 層
BGA ピン間 2 本	2 層	3 層	4 層	6 層

（a）部品面　　　　　　（b）内層

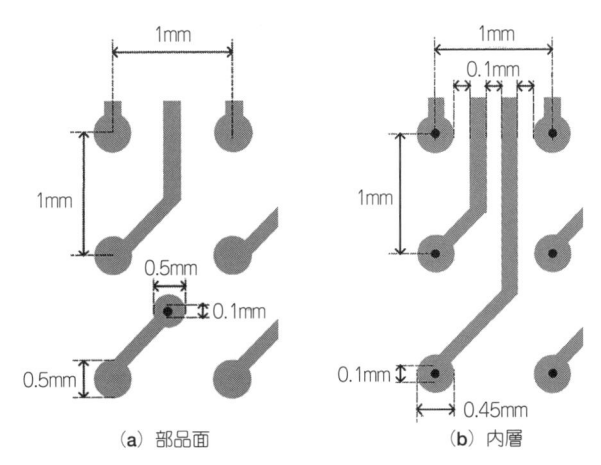

図 4-18　BGA パッケージの配線の例

部品面ではピン 1 本で引き出し，内層ではピン 2 本で引き出している．本来，1 列目，2 列目までは部品面側（L1 層）だけで引き出せるが，本ボードでは高速インターフェース部分など差動配線が多いため，スルー・ホールでほかの層へ切り返して配線した．アイカ工業提供．

リップ・チップ BGA パッケージが用意されています．ボード上でこれらの LSI を効率良く配線することは設計者にとって非常に困難です．そこで高速インターフェース部分の配線を優先し，配線に必要な層数を最適化しました．

　1 mm ピッチ BGA の配線引き出しに必要な層数の目安を**表 4-3**に示します．例えば 1136 ピンのパッケージを用いる場合，10 列の信号を配線するのに最低 8 層必要です．本ボードでは PCI Express/SFP/MMCX コネクタ，DDR2 メモリなどの配線も含め，トータル 12 層になりました．

　L1（部品面）では**図 4-18**のように，BGA ピン間に配線 1 本で，内層ではピン間に配線 2 本で引き出しています．

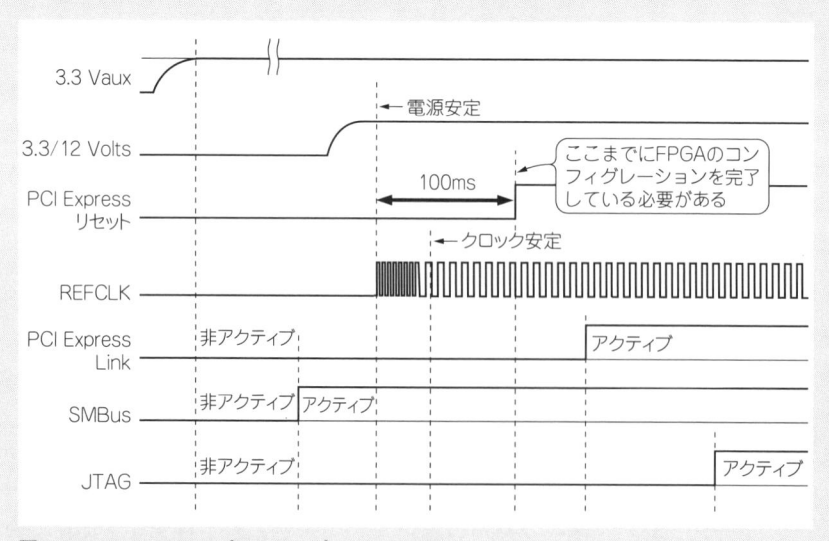

コラム 4-1　PCI Express パワーアップ・シーケンス

　FPGA を使用した PCI Express ボードの設計では，コンフィグレーション ROM から FPGA にデータをロードする時間に制約があります．PCI Express 規格では，システムの電源立ち上がりから PCI Express リセットが解除されるまで 100 ms 以上となっています（図 4-A）．PCI Express リセットが解除される前に，FPGA のコンフィグレーションが完了しなければなりません．

　例えば，XC5VLX110T を例にとった場合を説明します．コンフィグレーション・モードが Master Select MAP（8 ビット）の場合，標準 CCLK に対する出力周波数偏差は ±50 ％となっています（表 4-A）．

　よって計算上では，コンフィグレーション・レートを 27 MHz に設定した場合，CCLK の周波数は最小で 13.5 MHz，最大で 40.5 MHz になります．

　筆者らは実際にデル製のパソコン PRECISION 670 を使用し，本ボードの CCLK の周波数，コンフィグレーション時間を測定しました（写真 4-A）．

① CCLK のコンフィグレーション・レートを 27 MHz に設定した場合，CCLK の

図 4-A　PCI Express パワーアップ・シーケンス
FPGA を使用した PCI Express 設計では，PROM から FPGA にデータをロードする時間に制約がある．PCI Express 規格では，パソコンの電源立ち上がりから PCI Express リセットが解除されるまで 100 ms 以上となっている．PCI Express リセットが解除される前に，FPGA のコンフィグレーションが完了している必要がある．

周波数は 31.3 MHz で，コンフィグレーション ROM から FPGA にデータをロードする時間は 150 ms となりました（図 4-B）．
② コンフィグレーション・レートを 49MHz に設定した場合，CCLK の周波数は 31.3 MHz で，FPGA にロードする時間は 94 ms となりました（図 4-C）．

ロード時間には，パワー ON リセットの時間も含みます．

FPGA の規模が大きくなればコンフィグレーション・ビットの総数も増えます．システムを設計する場合は，FPGA のコンフィグレーション時間に注意し，PCI Express の規格を準拠するように，FPGA にロードする時間を 100 ms 以内にする必要があります．

表 4-A　FPGA のコンフィグレーション・レートの例（XC5VLX110T）

コンフィグレーション・モードが Master Select MAP（8 ビット）の場合，標準 CCLK に対する出力周波数偏差は±50 % である．CCLK のコンフィグレーション・レートを 27 MHz に設定した場合，CCLK の周波数は計算上，最小で 13.5 MHz，最大で 40.5 MHz になる．

コンフィグレーション・レート [MHz]	最低周波数 [MHz]	最高周波数 [MHz]
2	1	3
17	8.5	25.5
27	13.5	40.5
35	17.5	52.5
49	24.5	73.5
60	30	90

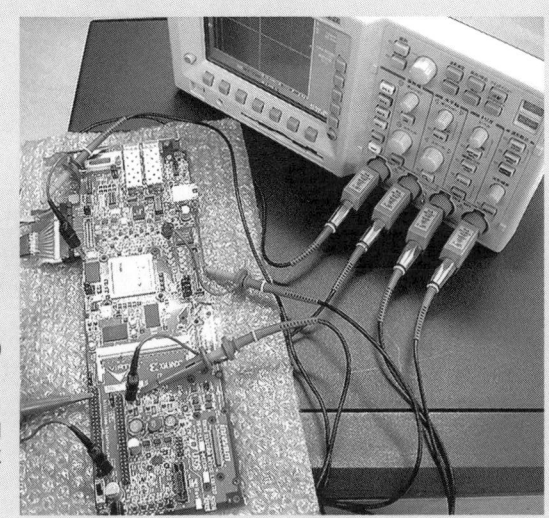

写真 4-A　PRECISION 670 での実測検証時のようす

筆者らは実際にデルのパソコン PRECISION 670 を使用し，開発したボードの CCLK の周波数とコンフィグレーション時間を測定した．

4-3　プリント・パターン設計

コラム 4-1（つづき）

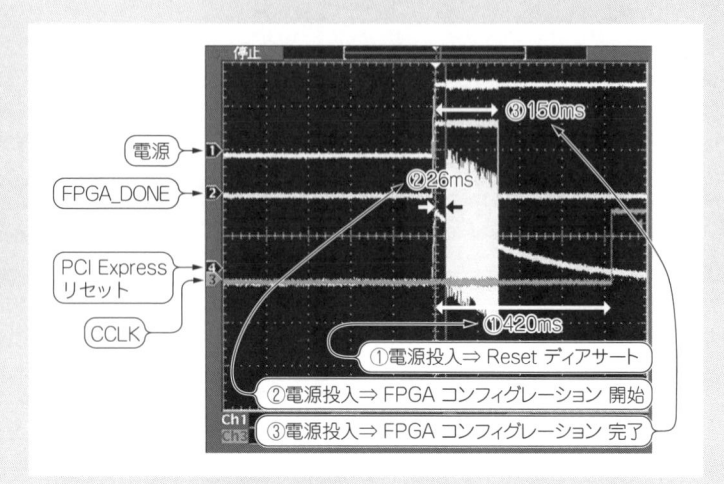

図 4-B　PRECISION 670 の実測値（コンフィグレーション・レート 27 MHz）
デルの PRECISION 670 で測定した結果，パソコンの電源立ち上がりから PCI Express Reset が解除されるまで 420 ms となった．コンフィグレーション・レートを 27 MHz に設定した場合，ロード時間は 150 ms となった．

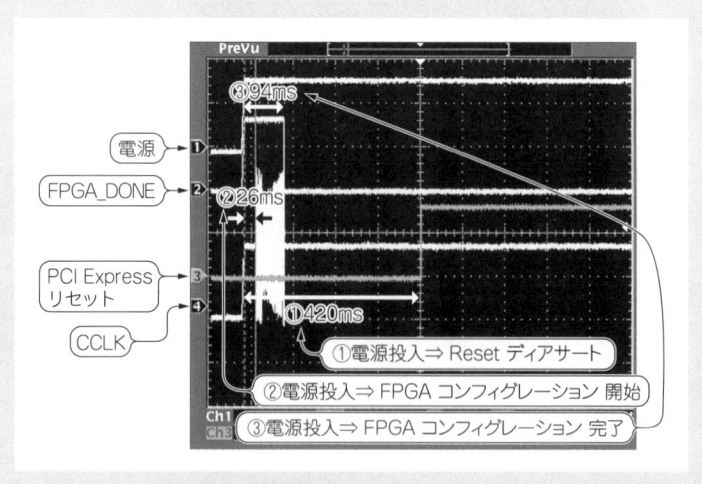

図 4-C　PRECISION 670 の実測値（コンフィグレーション・レート 49 MHz）
コンフィグレーション・レートを 49 MHz に設定すると，CCLK の周波数は 31.3 MHz，ロードする時間は 94 ms となり，100 ms 以内にコンフィグレーションできる．

Appendix B FPGA で実現する DMA 転送
―― CPU を介さず高速にデータをやりとりさせる

鈴木 正人/今井 淳

PCI Express において広帯域の転送を行う場合，CPU などを介さずにメモリ間で直接データをやりとりする DMA（Direct Memory Access）が必須です．

第 4 章で紹介したボードを例にとり，FPGA を用いた PCI Express の DMA 転送実現例を紹介します．

▒ B-1　ハード・マクロとソフト・マクロの回路使用率の違い

ここでは，第 4 章で電源設計を解説したボードで実現した DMA 転送回路（サンプル・デザイン）について紹介します．FPGA にはザイリンクスの XC5VLX50T

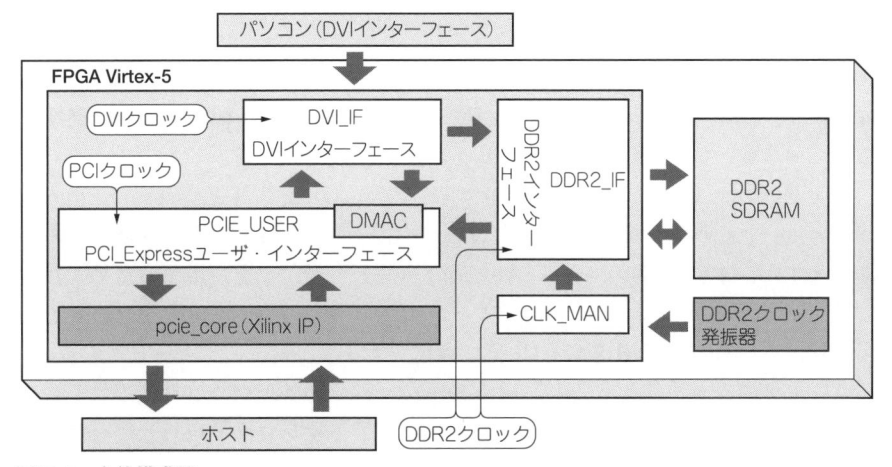

図 B-1　全体構成図
DMA 転送を行ったサンプル・デザインの全体構成を示す．ザイリンクスの IP コア LogiCORE PCI Express エンドポイント Block Plus を使用して PCI Express を実現している．IP コアのユーザ・インターフェース部分にて DMA コントローラ（DMAC）を構成している．

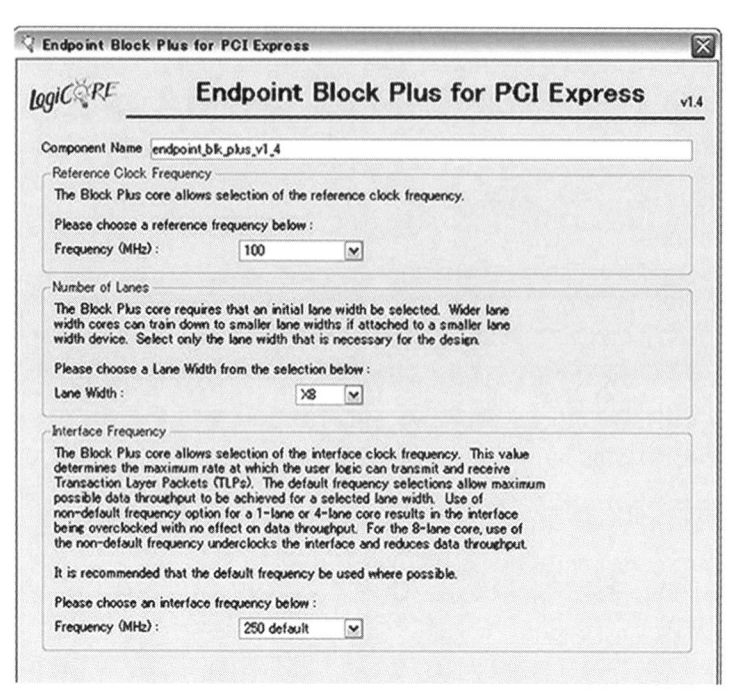

図 B-2 ツールによる IP コアの設定
ザイリンクスの IP コアは IP コア生成ツール CoreGenerator の GUI から設定および生成を行う．

を使っています．DMA 転送を行うためのサンプル・デザインは，DVI 入力した画像を DDR2 メモリでバッファし，PCI Express で DMA 転送する回路構成になっています．DMA 転送回路は図 B-1 の PCIE_USER で構成しています．

PCI Express はザイリンクスの IP コア「LogiCORE PCI Express Endpoint Block plus」を使用して実現します．LogiCORE には有償のものと無償のものがありますが，本書では FPGA（Virtex-5）のハード・マクロを使用するため，無償で使用できます．CoreGenerator というザイリンクスの IP コア生成ツールを使用すれば，マクロを図 B-2 の GUI 上で設定できます．

ハード・マクロを使用すると，PCI Express 部分の論理ブロック使用量が少なくなるというメリットがあります．例えばソフト・マクロを使用した場合にはおよそ 5000 スライスなのに対して，ハード・マクロの場合は 1000 スライス程度です（図 B-3）．XC5VLX50T の場合，サンプル・デザインのスライス使用率は 43％と，ソフト・マクロを使用した場合と比べて少なくてすみます．

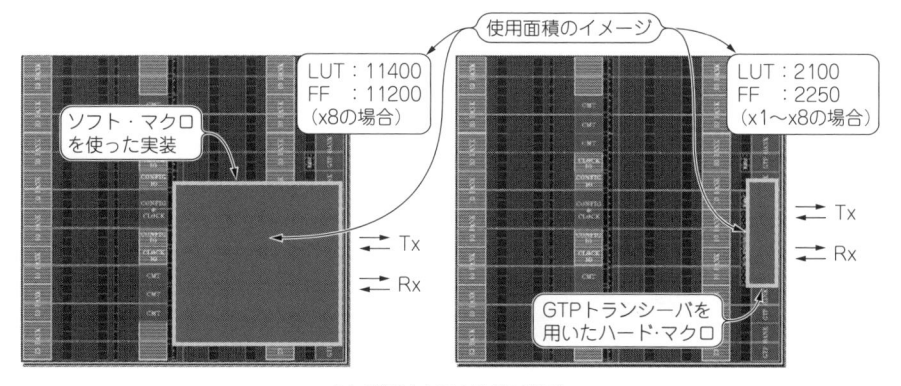

(a) FPGA上で占めるエリア

デバイス	スライス	BlockRAM	BUFG	GTP_DUAL	PLL_ADV	PCIE_
XC5VLX50T	3144/7200 (43%)	25/60 (41%)	7/32 (21%)	4/6 (66%)	1/6 (16%)	1/1 (100%)
XC5VLX110T	3286/17280 (19%)	25/148 (16%)	7/32 (21%)	4/8 (50%)	1/6 (16%)	1/1 (100%)

(b) リソースの使用率

図 B-3 ソフト・マクロとハード・マクロのリソース使用率の違い
ソフト・マクロとハード・マクロを使用したときのリソース使用率の例を示す．ソフト・マクロに比べてハード・マクロではFPGA内のデバイス使用率を抑えられる．

B-2 DMA転送速度の測定実験

　サンプル・デザインでは，エンドポイント側から連続してメモリを書き込むDMA転送を実現しています．手順は以下のとおりです．
　(1) 1ライン分のデータの保存を完了したらDMA転送をスタート
　(2) データ転送の間にもう一つのDPRAMにデータを保存(**図 B-4**)
　1回のDMAにおいて1フレームのデータ転送を行っており，1フレームのデータ量を最大ペイロード・サイズで分割して転送しています．
　サンプル・デザインとデルのパソコンXPS 710を使った場合の転送速度は，x1で約200 Mbps，x4で約780 Mbps，x8で約1300 Mbpsと算出されました(**表B-1**)．転送速度の算出には筆者らが作成した専用のソフトウェアを使用しました(**図 B-5**)．
　転送速度は接続先のシステムに依存する部分があります．設計を始める前にアドイン・カードと接続先のシステムを使って転送速度の目安を確認することも良いのではないでしょうか．

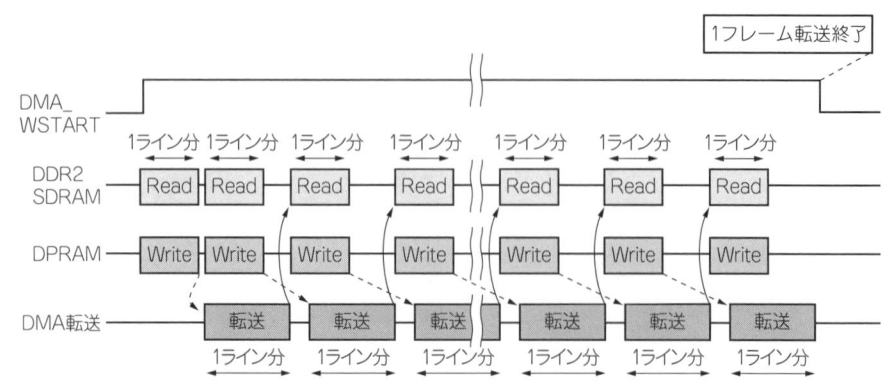

図 B-4　DMA 転送アクセス・フロー
サンプル・デザインでのDMA転送のアクセス・フローを示す．1回のDMAにおいて1フレームの画像を転送する．1ラインずつDPRAMにバッファし，PCI Expressで転送している．

表 B-1　サンプル・デザインでの転送速度(デルXPS 710 にて評価)

画像サイズ	レーン数	フレーム・レート [フレーム/s]	転送レート [Mbps]
QVGA	×1	690	207
(320×240	×4	2570	775
ピクセル)	×8	4200	1282
VGA	×1	173	208
(640×480	×4	664	798
ピクセル)	×8	1080	1324
XGA	×1	67	209
(1024×768	×4	262	806
ピクセル)	×8	430	1328

　転送速度の計算にはDDR2にデータをバッファする時間も含まれています．DDR2へのリード・コマンド発行からデータ出力までの時間は，画像サイズやレーン数に依存しません．オーバヘッドとなる割合が1DMA転送にかかる時間によって変わります．

　図B-6に転送速度計算のイメージを記しました．データ転送を行っている時間をデータC＞データB＞データAとすると，データCに比べデータAの方がDDR2のリード・レイテンシが転送時間に占める割合が大きくなります．データCの方が，転送効率が良いといえます．

　本書のサンプル・デザインは，3種類の画像サイズを選択できる(1回のDMAによる転送データ量が変化する)ため，DMA転送を開始してからDDR2のリー

図 B-5 アプリケーション・ソフトウェア起動画面
サンプル・デザイン評価用のアプリケーションを示す．アプリケーションGUI上で，転送速度，フレーム・レート，転送画像を確認できる．

図 B-6 転送速度計算イメージ
1回のDMAで考えた際，SDRAMのリード・レイテンシなど転送データに依存しない部分は，1回のDMAにかかる時間が短いほど転送速度に影響を与える．

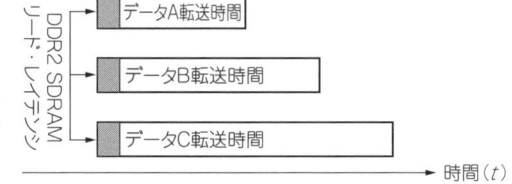

ドを開始します．転送データ量が一定であればDMA転送の開始前からDDR2のバッファを行い，転送効率を上げられます．

B-3 最大データ転送量の最適化設計

　トランシーバは，最大ペイロード・サイズ（Max Payload Size，最大データ転送量）を超えるデータ量のTLP（Transaction Layer Protocol）を生成してはいけません．レシーバは，設定された値と同じサイズのデータ量（TLPあたり）を処理する必要があります．規格上設定可能なデータ量は128～4096バイトです．
　ただし実際の転送の際の最大ペイロード・サイズは，エンドポイントのみで決定するわけではありません．接続相手の最大ペイロード・サイズにも影響されます．
　転送時の最大ペイロード・サイズがどのように決定されるのか，一例を示します．エンドポイントの最大ペイロード・サイズが4096バイトで，接続相手（チッ

表 B-2 チップセットが持つ最大ペイロード・サイズの例

チップセット	最大ペイロード・サイズ [バイト]
Intel E7525	256
Intel 955X Express	128
Intel 975X Express	128
Intel 3000	128
Intel 5000p	256

表 B-3 転送速度とペイロード・サイズの関係(×4)

ペイロード・サイズ [バイト]	転送レート [Mbps]	理論値との比
32	569	56.90％
64	706	70.60％
128	792	79.20％

プセット)の最大ペイロード・サイズが128バイトの場合，転送時の最大ペイロード・サイズは128バイトになります(小さい方の最大ペイロード・サイズが採用される)．

エンドポイントの最大ペイロード・サイズと転送時の最大ペイロード・サイズは以下に記されています．

- エンドポイントの最大ペイロード・サイズ：Device Capabilities Register [2：0]（Base Specification 7.8.3）
- 転送時の最大ペイロード・サイズ：Device Control Register [7：5]（Base Specification 7.8.4）

Device Control Register [7：5]の値はPCIコンフィグレーション後に決定します．

表 B-2 にチップセットが持つ最大ペイロード・サイズの例を示します．現在，パソコンに搭載されているチップセットの最大ペイロード・サイズは，128バイトと256バイトの2種類です(インテルの場合．AMDは512バイトもある)．エンドポイントとしては，512バイトの最大ペイロード・サイズを持っていれば十分だといえます．

TLPのペイロードとして128バイト，64バイト，32バイトの3種類のサイズでDMA転送を行った結果を**表 B-3** に示します．x4で，すべて同じ条件で測定しています．ペイロードのサイズが小さいほど転送速度が低くなっていることが確認できます．

この結果から，広帯域の転送を行うためには，一つのTLPに許容される最大のペイロードを乗せることが好ましいと分かります．

第5章 FPGA用IPコアの選び方
── ソース公開の無償IPコアでよく分かる

川井 敦

PCI Expressのインターフェース回路は複雑で大規模となることが多いので，FPGAやASICを設計する際にはIP（Intellectual Property）コアと呼ばれる回路ブロックを利用することがよくあります．IPコアは各ベンダが提供します．

本章では，PCI ExpressのIPコアを適切に選んでFPGAに実装し，性能を最大限に生かすために押さえておくべき知識を解説します．これからPCI Expressインターフェースを備えた機器を開発しようと考えているエンジニアはもちろん，IPコアを設計する側の立場にあるエンジニアにも再確認してもらいたい内容です．

CQ出版社ウェブ・ページ（http://www.cqpub.co.jp/）から本書関連データとしてダウンロードできる無償IPコア（第6章コラム6-1参照）のソース・コードを参照しながら本稿を読むと，より深い理解が得られます．

5-1 PCI Expressのおさらい

PCI ExpressはPCIやPCI-Xの後継として近年急速に普及したインターフェース規格です．PCI Expressのインターフェース回路は複雑かつ大規模となることが多いため，インターフェース回路をゼロから自作することはあまりありません．ベンダが提供するIPコアと呼ばれる回路ブロックをFPGAやASICに実装したり，ブリッジ・チップを使ったりすることが一般的です．

しかしPCI Express規格のIPコアの設計には大きな自由度があります．各ベンダが提供するIPコアにはそれぞれ特徴があり，またそれぞれのIPコアにはユーザ（PCI Expressを備えた機器の設計者）が設定すべき多くのパラメータが存在します．どのIPコアを選択するか，パラメータにどのような値を設定するかは，開発期間，通信性能，回路資源の消費量などに大きな影響を与えます．

従って用途に合ったIPコアを選択し，場合によってはIPコアだけでなくブリッ

ジ・チップの採用も検討し，適切なパラメータ設定を行うために，PCI Express プロトコルと IP コアの基本構成を押さえておく必要があります．

● 通信パケット処理の概要
▶ 3種類のパケット
　PCI Express 規格では，パケットのやりとりによってデータの送受信を行い，3 種類のパケットが定義されています．その三つとは，通信すべきデータ自体を運ぶ TLP (Transaction Layer Packet)，TLP の送達確認など補助的役割を担う DLLP (Data Link Layer Packet)，電力管理や位相調整などの低レベルな処理を行うための PLP (Physical Layer Packet, Ordered Set と呼ばれることもある) です．IP コアのユーザは，ほとんどの場合 TLP のみを意識していれば十分です．DLLP や PLP は IP コアが適切に処理してくれると考えてよいと思います．

▶ 受信処理
　受信処理の概要を，図 5-1 に示します(送信の場合は図 5-1 の処理を逆方向に行う)．
　PCI Express の通信経路を「リンク」と呼びます．リンクはいくつかの「レーン」で構成され，レーンは差動型の高速シリアル信号で構成されます．動作周波数は従来の規格 Gen1 では 2.5 Gbps，2008 年初頭から普及し始めた Gen2 (PCI Express 2.0) では 5.0 Gbps です．以降では特にことわりのない限り Gen1 を前提に解説します．
　リンクの受信端ではまず，各レーンに届いた高速シリアル信号をレーン単位でビット・レートが 250 MHz の 8 ビットないし 125 MHz の 16 ビット・パラレル信号へ変換します．次にすべてのレーンを束ね(バイト・アンストライピング)，1 本の通信経路(リンク)とします．最後にこの通信経路上を流れるパケットを抽出・解釈し，その内容に応じた処理を行います．それぞれの処理は，PCI Express 規格の定める各プロトコル階層が分担します(図 5-2)．

● 通信の要　トランザクション層パケット
　前項で「PCI Express におけるデータの送受信は，実質的には TLP のやりとりである」と説明しました．それでは，デバイスが受信した TLP は，インターフェース回路内部ではどのように処理されるのでしょうか．図 5-3 にその流れを示します．各処理の内容を以下に示します．
① 2.5 GHz で各レーンに届いた高速シリアル信号を，レーン単位で，250 MHz の

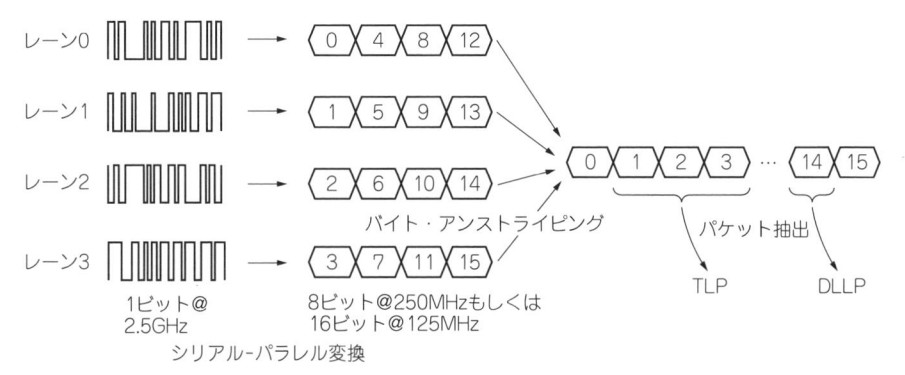

図 5-1 受信処理の概要
インターフェース回路は受信した高速シリアル信号をレーンごとに1、あるいは2バイトのパラレル信号に変換する．その後すべてのレーンを束ねて1本の通信経路とし（バイト・アンストライピング），その経路内を流れるパケットを抽出・解釈する．

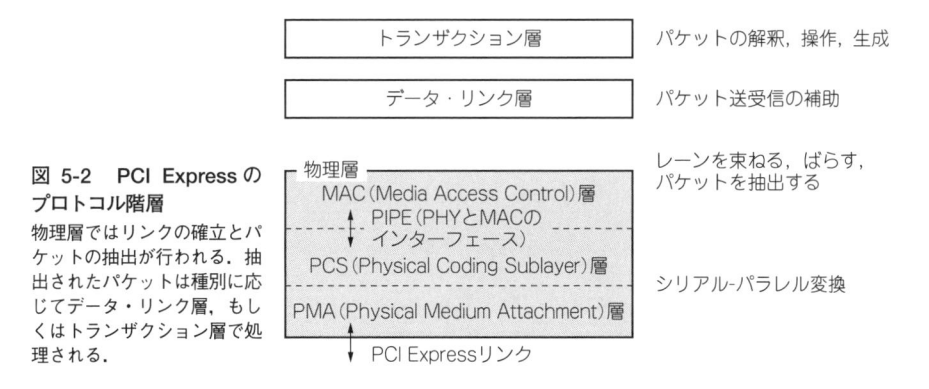

図 5-2 PCI Express のプロトコル階層
物理層ではリンクの確立とパケットの抽出が行われる．抽出されたパケットは種別に応じてデータ・リンク層，もしくはトランザクション層で処理される．

パラレル信号へ変換します．周波数を10分の1に落とせば信号幅は10ビットとなるはずですが，8ビット-10ビット変換(8b/10b変換)されているので，8ビットのデータとして復元されます．一見冗長な10ビットの信号は，シリアル信号中に埋め込まれているクロック信号や，制御コード(Kコード)の復元に必要です．この部分の処理は高速に動作するアナログ回路を含むため，ソフトIPコアでは扱えません．FPGA内蔵のトランシーバや外付けのPHYチップなど，専用の回路で行います．この回路はSerDes (Serialization/Deserialization) と呼ばれることもあります．

② 高速シリアル信号はスクランブルされているため，これを元の信号に復元します(デスクランブル)．なおスクランブルは，ノイズ放射対策です．EMI (Electro-

Magnetic Interference)が特定周波数に集中することを避ける目的で行われます．
③ 高速シリアル信号はレーンごとに独立しているので，位相差（レーン間スキュー）が生じる可能性があります．これを吸収し，すべてのレーンの位相をそろえます．

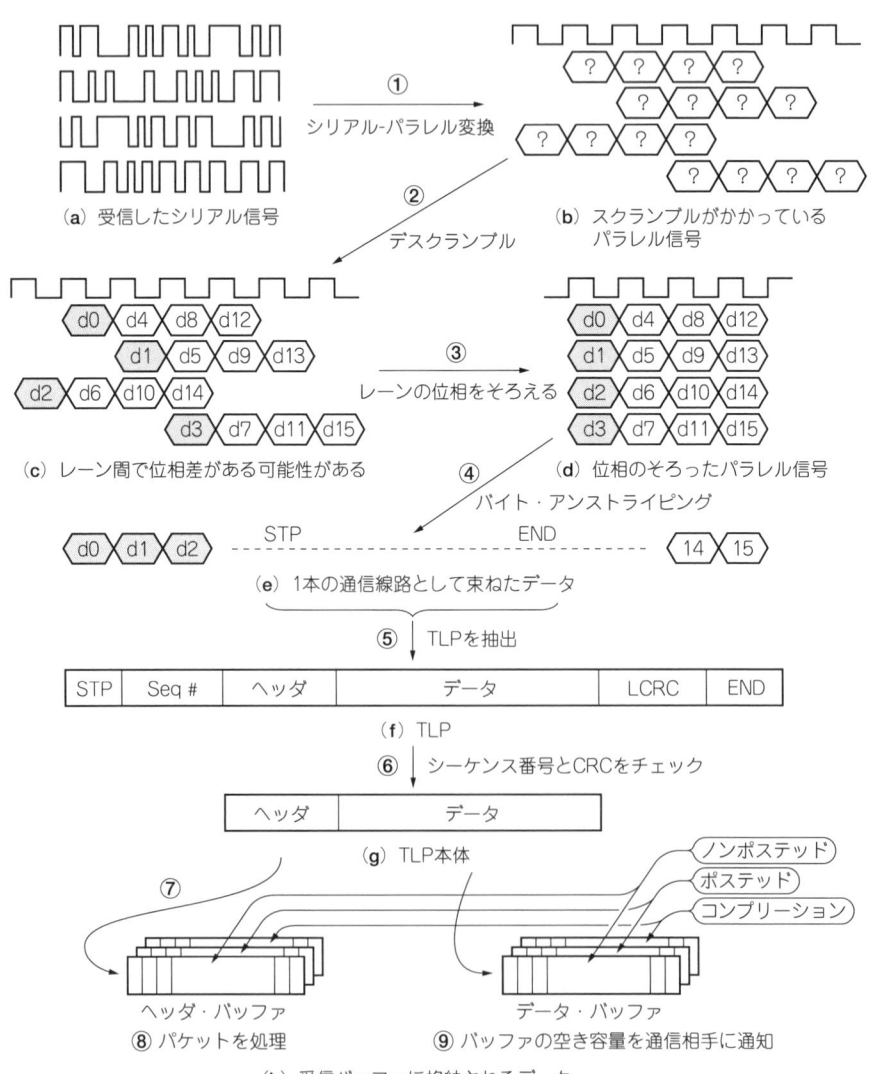

(a) 受信したシリアル信号
① シリアル-パラレル変換
(b) スクランブルがかかっているパラレル信号
② デスクランブル
(c) レーン間で位相差がある可能性がある
③ レーンの位相をそろえる
(d) 位相のそろったパラレル信号
④ バイト・アンストライピング
(e) 1本の通信線路として束ねたデータ
⑤ TLPを抽出
(f) TLP
⑥ シーケンス番号とCRCをチェック
(g) TLP本体
⑦
⑧ パケットを処理
⑨ バッファの空き容量を通信相手に通知
ヘッダ・バッファ
データ・バッファ
ノンポステッド
ポステッド
コンプリーション
(h) 受信バッファに格納されるデータ

図 5-3　受信した TLP の処理

④ 以降はすべてのレーンを 1 本の通信経路に束ねたものとして扱います(バイト・アンストライピング).
⑤ 通信経路上の信号から TLP の先頭と末端を意味するシンボルを識別し,TLP として抽出します.
⑥ 送信側が TLP に付加したシーケンス番号(各 TLP に固有の通し番号)と CRC をチェックし,これらが正しければ TLP 本体を受領します.誤りがあった場合には破棄し,エラー処理を行います.
⑦ TLP をそのヘッダに書かれた種別(表 5-1)に応じて 3 通りに分類し,それぞれ別個の受信用バッファへ格納します.ヘッダとデータはそれぞれ別のバッファへ格納するので,計 6 個の受信バッファが必要です.
⑧ 受信バッファから TLP を取り出します.そのヘッダ情報を基に TLP の種別(表 5-1,表 5-2)を判定し,種別に応じた処理を行います.例えばメモリ・ライト TLP であれば,TLP のデータ部分をユーザ回路へ出力します.ヘッダ部分にエンコードされているアドレス情報やバイト・イネーブル情報も同時に出力します.メモリ・リード TLP であれば,ユーザ回路に対してデータ要求信号をアサー

表 5-1　TLP の転送方向に関する分類
TLP は転送要求と要求への返信との 2 種類に分けられる.転送要求は,さらに返信の要・不要によって 2 種類に分類される.

種　類	内　容
ポステッド	返信を必要とする転送の要求 例) メモリ・リード要求
ノンポステッド	返信を必要としない転送の要求 例) メモリ・ライト要求
コンプリーション	ポステッド TLP に対する返信 例) メモリ・リード要求で読み出したデータの返信

表 5-2　TLP のアドレス空間に関する分類
TLP には 4 種類のアドレス空間が定義されている.実質的なデータ転送はメモリ空間上で行われ,ほかの三つの空間は補助的な役割を担う.

アドレス空間	用　途
メモリ空間	通常のデータ通信
コンフィグレーション空間	通信パラメータの設定,通信ステータスの通知 例) レーン幅の設定,TLP 受信エラーの通知
I/O 空間	I/O 空間上のデータ通信.後方互換性のために用意されている
メッセージ空間	PCI や PCI-X では専用線を使って行っていた通信 例) 割り込み要求

トします．

⑨ 適当なタイミングで，受信バッファの空き状況を送信側の PCI Express デバイスへ通知します(通知にはフロー制御用の DLLP を使用)．送信側のデバイスは，受信側のバッファに十分な空きがあることを確認できるまで，次の TLP の送信を見合わせます．どのようなタイミングで通知を行うかについては PCI Express の規格が目安を与えていますが，詳細は IP コア設計者の裁量に任されています．通知が遅れると，受信バッファに空きがあるにも関わらず送信側が無駄に待ち続けてしまいます．反対に通知をあまりに頻繁に行うと，通知自体がリンクの帯域を消費してしまいます．この部分の実装は IP コア設計者の腕の見せどころです．

②～④の処理を行うには，通信相手との間でリンク幅や各レーンの識別番号，極性などの情報を交換しておく必要があります．この情報交換の手続きはリンク・トレーニングと呼ばれ，PCI Express リンクを確立するための初期化フェーズで実行されます．

● レイテンシの小さい PIO と大容量の転送に適した DMA

パソコンと周辺機器(PCI Express デバイス)の通信は，どちらがトランザクションを開始するかによって，データ転送方式が次の二つに分類されます．

- パソコンがトランザクションを開始する転送方式 PIO (Programmed Input/Output)
- 周辺機器がトランザクションを開始する転送方式 DMA (Direct Memory Access)

これらと read/write を組み合わせると，PIO write，PIO read，DMA write，DMA read という計 4 通りのトランザクションが考えられます(図 5-4)．インターフェース回路はこれら 4 通りのトランザクションに対応する必要があります．

PIO write と DMA read はいずれもパソコンから周辺機器方向へのデータ送信ですから，どちらか片方だけに対応すれば良いように思えます．PIO read と DMA write も同様です．しかし実際には，PIO と DMA それぞれに利点と欠点があるため(表 5-3)，両方に対応しなくてはならない場合が多々あります．

PIO 転送は CPU がチップセットに対してじかに命令を発行するため，トランザクション開始までのレイテンシが小さいという利点があります．コマンドの送信やレジスタ値の読み出しなど，データ長の短い転送に向いています．しかし大きなデータの転送には向きません．たいていの CPU は，データ長の短い転送命令しか発行できないため(例えばインテルの Core 2 や Xeon では 16 バイト)，大

```
(a) PIO Write 転送          (c) DMA Read 転送
(b) PIO Read 転送           (d) DMA Write 転送
```

PIO：パソコンがトランザクションを開始する
DMA：PCI Expressデバイスがトランザクションを開始する

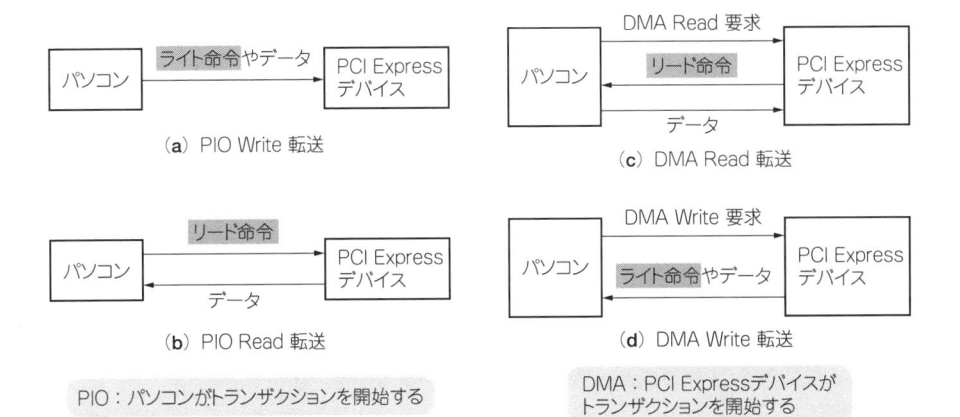

図 5-4　PIO 転送と DMA 転送
PIO 転送ではパソコンが通信を開始する．DMA 転送ではパソコンが PCI Express デバイスへ転送開始要求を送り，デバイスが実際の通信を開始する．

表 5-3　転送方式 PIO と DMA の特徴
PIO はデータ長の短い転送，DMA は長い転送に向いている．CPU が Write Combining 機能を持っていれば，PIO write の欠点をある程度補える．

項　目	レイテンシ	スループット
PIO	短い	低い
DMA	長い	高い
Write Combining された PIO write	短い	高い

量のデータを送信する場合には，データ長の短い TLP を多数送出する必要があります．そのため TLP ヘッダのオーバヘッドの影響で，スループットが低下します．

　DMA 転送では，まず CPU が周辺機器に対して（PIO を用いて）転送要求を行い，次にその要求を受けた周辺機器内の DMA コントローラが実際の転送命令を発行します．このためトランザクション開始までのレイテンシは PIO よりも大きく，データ長の短い転送には向きません．その代わり，大きなデータの転送には適しています．DMA コントローラはペイロード長の長い TLP を発行できるため，TLP ヘッダのオーバヘッドによるスループットの低下を抑えられます．またパソコンの CPU は転送を制御する必要がないため，転送中にほかの作業を行えるという利点もあります．

図 5-5
Write Combining とは
データ長の短い複数の write 命令を一つの write 命令にまとめあげる機構．TLP のオーバヘッド（斜線部）が減り，スループットが向上する．

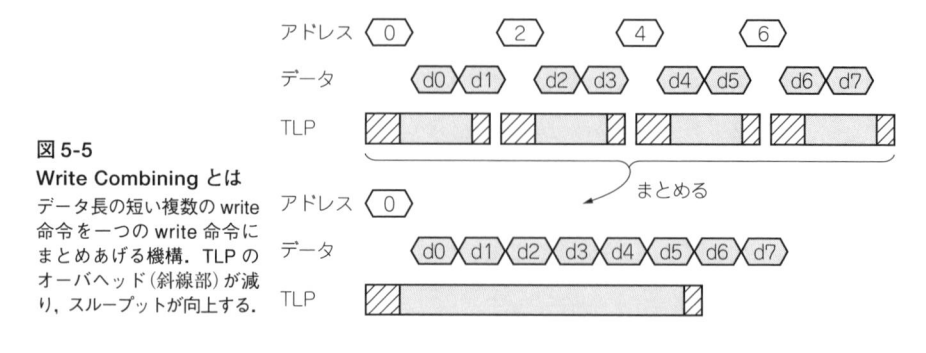

● **レイテンシを減らしスループットを向上する Write Combining**

CPU によっては，PIO write 転送の欠点を補うための Write Combining という機構を持っているものがあります．これは図 5-5 のようにデータ長の短い複数の write 命令を結合し，一つの write 命令にまとめあげる機構です．これを用いると，レイテンシが小さいうえにスループットの高いトランザクションを実現できます．Write Combining を使うと，PIO write でも DMA read に近いスループットが得られます．

例えばインテルの Core 2 や Xeon では，連続アドレスに対する 16 バイト単位の write 命令 4 個を，一つの 64 バイト write 命令にまとめることが可能です．実のところ，現在出回っているほとんどのパソコンでは，DMA read よりも Write Combining を使った PIO write の方が高いスループットが得られます．

ただし Write Combining を使うと PIO write の書き込み順序が保証されなくなるため，受信側（つまり IP コア）にそのような書き込みを適切に扱う機構が必要になります．

● **典型的なハードウェア構成と IP コアの位置付け**

FPGA を用いた PCI Express インターフェースの典型的なハードウェア構成には，図 5-6 の 4 種類があります．

(a) の構成では PCI Express 関連の処理はすべてブリッジ・チップ内で行うため，FPGA 内部の設計が簡単になります．リンク幅 x4 以下のインターフェースとして有力な選択肢です．ただしこの構成では，基板上にブリッジ・チップと FPGA の間をつなぐパラレル信号線が這い回るので，リンク幅が増えると基板実装が困難になります．実際，x8 以上のリンク幅を持つブリッジ・チップを提供しているベンダは 2009 年 1 月現在見当たりません．

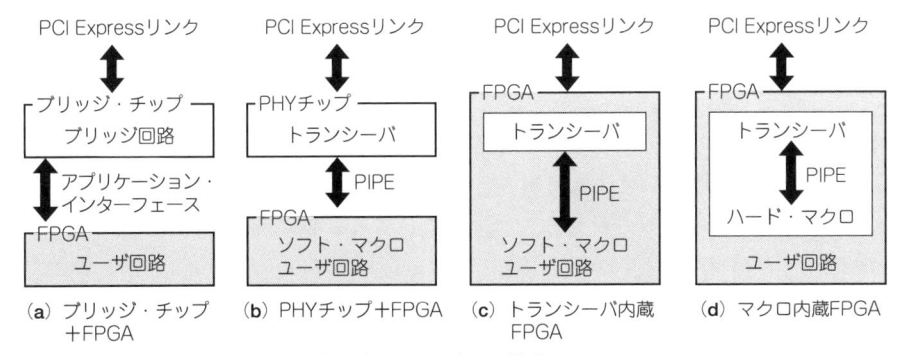

図 5-6　**PCI Express を実現する典型的なハードウェア構成**
(a) より (b), (b) より (c), (c) より (d) の方が, より多くの処理を FPGA の内部で行う. リンク幅 x8 以上では (c) と (d) が現実的.

　(b) の構成では PCS (Physical Coding Sublayer) 層以下を専用の PHY チップで処理します. (c) は PHY チップの代わりに FPGA 内蔵のトランシーバを用います. いずれも MAC 層から上位はソフト・マクロ (IP コア) で処理します. (b) の構成にはトランシーバを内蔵していない安価な FPGA を利用できる利点がありますが, 広いリンク幅が必要な場合には (a) と同様の問題が生じます. (c) の構成ではトランシーバを内蔵したいくぶん高価な FPGA が必要ですが, パラレル線をチップの外に出さずに扱えます. リンク幅 x8 以上では (c) の構成か, 次に述べる (d) の構成が現実的です.

　(d) は MAC (Media Access Control) 層から上位の階層も FPGA 内蔵のハード・マクロで実現する構成です. FPGA 内の回路消費を低く抑えられ, リンク幅の問題もありません. 一番の問題は価格でしょう. いずれの FPGA ベンダも, ハード・マクロを内蔵しているのはハイエンド製品のみです. また, ハード・マクロであるがゆえ, 不要な機能やリソースがあってもそれを無効化してユーザ回路に流用することはできません. 機能要件に対してオーバスペックなデバイスしか選択肢がないという状況も起こり得ます.

5-2　IP コアの選定基準

　IP コアの基本的な動作を押さえられたら, 設計の検討に入ります. 最適なハードウェア構成や最適な IP コアは開発要件によって決まるので, 設計を始める前に必要な機能と性能の洗い出しをしっかり行うことが重要です. さまざまな

要件があると思いますが，つきつめればそれらは転送速度，開発コスト，それ以外の要件の三つに分類できます．

● 必要なスループットの2倍のピーク性能を選ぶ

最も重要な要件は転送速度に関するものです．もし「インターフェースをPCIからPCI Expressに乗り換えられさえすればよく，転送速度は低くて構わない」というのであれば，設計をあれこれと検討する必要はあまりありません．おそらくリンク幅x1のブリッジ・チップを使った設計が，開発コストを考えると最適な解になるでしょう．

さて，転送速度に関して最適なIPコアを選定するには，まず必要なスループットからリンク幅とリビジョンを決めます（**表5-4**）．よほどのことがない限り，実効性能はピーク性能の60～80％程度になります．従って必要なスループットの2倍のピーク性能を持つ構成を選んでおけば十分でしょう．次に転送データ量と転送方向に基づいて，転送方式を決めます（**表5-3**）．最後に，フロー制御DLLPのレイテンシの小さいもの，フロー制御バッファを大きくとれるもの，そして最大ペイロード長（Max Payload Size）を256バイト以上に設定できるものを選択します．

最大ペイロード長とは，一つのTLPが転送できる最大のデータのことです．ペイロード長の長いTLPほどヘッダのオーバヘッドを小さく抑えられます．その代わり大きな送受信バッファが必要となるため，必要な回路資源が大きくなります．実際の通信には，自体と通信相手のサポートする最大ペイロード長のうち，小さい方が使われます．規格上は最小128バイト，最大4096バイトのペイロードが認められていますが，現時点ではほとんどのパソコンのチップセットが128バイト，ないし256バイトの最大ペイロード長しかサポートしていません．IPコアにそれよりも大きな最大ペイロード長を設定しても，回路資源の無駄使いになってしまいます．

表5-4 ピーク性能
（Gバイト/s，双方向）

リンク幅	リビジョン	
	Gen 1	Gen 2
x1	0.5	1
x4	2	4
x8	4	8
x16	8	16

● トータルの開発コストを抑える設計を目指す

転送速度の要件を満たす範囲で，開発コストを最小に抑えるのが最適な設計です．ここでいう開発コストは，経費だけでなく開発期間や人的コストを含む総合的なコストを指します．以下では IP コアの特徴のうち，開発コストへの影響が大きいと考えられるものについて説明します．また表 5-5 に，各ベンダの IP コアの特徴を示します．

① アプリケーション・インターフェースの仕様

開発期間には IP コアのアプリケーション側インターフェースの仕様が非常に大きく影響します．現状出回っている IP コアのインターフェースには二つのタイプが存在します．一つは read/write 制御線とデータ線からなるインターフェースです．このタイプはメモリに対するのと同様の方法でアクセスが可能で，仕様の理解も比較的容易です．もう一つは，生の TLP を直接読み書きするタイプのインターフェースです．このタイプにアクセスする回路を設計するのはかなり困難です．PCI Express のトランザクション層に関する知識が必要で，仕様の理解だけでも相当な時間を要します．メモリ型のインターフェースに比べてきめ細かな転送制御を行えるという利点があるといえばありますが，あまりお勧めできません．

② DMA と Write Combining への対応

DMA 転送や Write Combining が必要な場合には，IP コアがこれらをサポー

表 5-5 IP コアの特徴比較 (2009 年 1 月現在)

ベンダ	リンク幅とリビジョン	DMA 機能	Write Combining	アプリケーション・インターフェース	ソース	PCI Express 規格準拠の状況
K&F Computing Research[1]	Gen2 x8	有	対応	メモリ	公開	不完全
インベンチュア[2]	Gen2 x16	有	非対応	メモリ	非公開	完全
PLDA 社	Gen1 x8	有	非対応	メモリ[4]	非公開	完全
PLDA 社	Gen2 x4	有	非対応	メモリ[4]	非公開	完全
Northwest Logic 社	Gen2 x8	有	非対応	メモリ	非公開	完全
CAST 社	Gen1 x4	有	非対応	メモリ	非公開	完全
アルテラ[3]	Gen2 x8	無	非対応	TLP	非公開	完全
ザイリンクス	Gen1 x8	無	非対応	TLP	非公開	完全

[1] CQ 出版社のウェブ・ページからダウンロードできるバージョンは Gen1 のみに対応．
[2] FPGA への対応状況は未確認．
[3] Gen2 はアルテラ Stratix Ⅳ ハード・マクロ専用．ソフト・マクロでの対応は x8 Gen1 まで．
[4] 一部 TLP を直接扱う必要がある．

トしているかどうかも，開発コストに大きな影響を与えます．サポートしていない場合には，エンジニア自身がそれらの制御回路を実装するか，別途 IP コアを購入しなくてはなりません．

③ ドキュメントの充実度

ドキュメントやサンプル回路の充実度も開発期間に影響を与える要素です．特に実機で動作するサンプル回路のソース・コードが提供されていると，それをベースに少しずつ改変を加えていくという方法で開発を進められるので重宝します．ドキュメントはウェブ上で公開されている場合が多いので，各ベンダを事前に比較検討しておくとよいでしょう．

④ 価格

開発費用については，価格が安い IP コアを選ぶに越したことはありませんが，コア単体の価格だけではなく，最終的に必要なトータル・コストを見越した選択が必要です．必要な機能をサポートしていないコアを選択してしまうと，自身でその機能を実装するための開発期間か，あるいは別途 IP コアを購入するための費用が発生します．開発コストを抑えるためにハード・マクロ内蔵の高価な FPGA を用いるよりも，開発コストが多少かかっても低価格の FPGA を選択して量産単価を抑えた方が最終的には安上がりという場合も考えられます．

⑤ ソース・コードの有無

IP コアのソース・コードを閲覧可能であれば，開発やチューニングの効率が飛躍的に向上します．例えば不具合が発生した場合に，コア内部のステート・マシンを自由に観測できれば，原因の切り分けが容易です．コア内部の不要な回路を無効化して回路資源を確保するといった使い方も可能です．実際問題として，ソース・コードを閲覧可能なライセンスを購入できない場合もありますが，もし購入のチャンスがあれば，多少高価でも検討に値します．

⑥ そのほかの要件

転送速度や開発コスト以外に考えられる要件としては，例えば回路資源の消費を低く抑えたい，PCI Express 規格への完全準拠が必須，PCI Express 規格のオプショナルな機能，例えばバーチャル・チャネルや拡張エラー通知が必要，などがあります．いずれの場合も要件を満たさない IP コアを購入してしまうと取り返しがつきません．購入前の入念な検討が必要です．

コラム 5-1　高価なロジアナを使わずに FPGA の実機動作を確認する方法

● FPGA の内部信号を観測できる簡易ロジック・アナライザ SignalTap II

　PCI Express などの高速インターフェースの開発にあたってぜひ準備しておきたいのが，通信を観測する手段です．PCI Express リンク上の通信は IP コアが適切に制御してくれるはずなので，理屈上は IP コアのユーザがわざわざそれを観測する必要はありません．しかし実際には，観測することによって「今，リンク上で何が起きているのか」を正確に理解できるため，デバッグや動作検証，チューニングにおいて極めて有用です．

　PCI Express の 2.5 GHz（Gen2 では 5.0 GHz）高速シリアル・リンクを観測するには高価なプロトコル・アナライザが必要です．しかしパラレル信号に変換された後の PIPE（PHY Interface for the PCI Express Architecture）部分だけを観測できればよいと割り切るならば，安価なロジック・アナライザを利用できます．特に最近は，いくつかのベンダが FPGA 開発環境に統合された JTAG ベースの埋め込み型ロジック・アナライザを提供しています．これらを使用すれば，事実上無償か非常に少ない追加費用で（つまり基板上への観測タップの追加や，専用の観測機器の購入なしに）トランザクションの観測が可能になります．以下では例として，アルテラの FPGA 開発環境 Quartus II に統合された，埋め込み型ロジック・アナライザ「SignalTap II」を用いる方法を紹介します．

● SignalTap II の基本的な使い方

　SignalTap II を使うと，FPGA 内部の信号を観測できます．FPGA とのデータの送受信はすべて JTAG 経由で行います．観測信号を取り込むためのメモリ，観測対象の回路からメモリへの配線，観測開始や終了を制御するロジック，トリガを検知するためのロジックは，FPGA 内にあらかじめ埋め込んでおきます．トリガなどの制御信号は，パソコン上のソフトウェアから JTAG 経由で伝達されます．メモリに取り込まれた観測データも，やはり JTAG 経由でパソコンへ回収されます（図 5-A）．

　観測する信号の選択やトリガ条件の設定は，パソコン上の GUI を通して行います．Quartus II の［Assignments］-［Settings...］メニューから［SignalTap II Logic Analyzer］を選択し，SignalTap II を有効にした状態で，［Tools］-［SignalTap II Logic Analyzer］メニューを選択すると，SetUp 画面が開きます．この画面で設定を行います．

コラム 5-1（つづき）

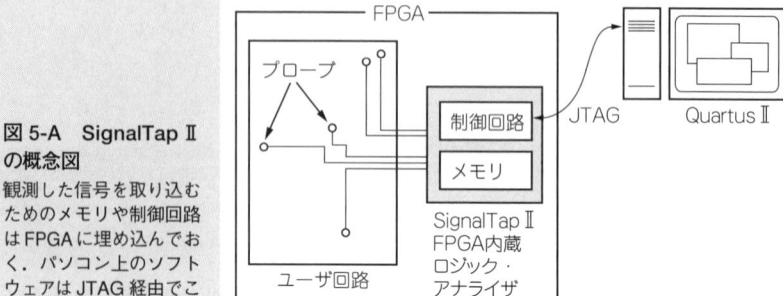

図 5-A　SignalTap II の概念図
観測した信号を取り込むためのメモリや制御回路は FPGA に埋め込んでおく．パソコン上のソフトウェアは JTAG 経由でこれらにアクセスする．

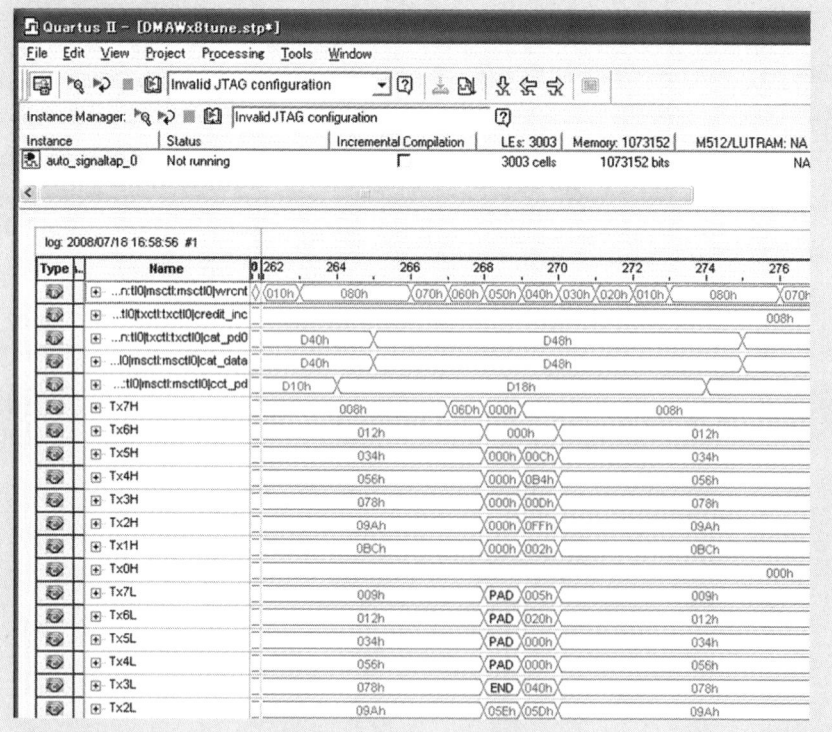

図 5-B　SignalTap II の Data 画面
取り込んだ波形を表示する．

設定はSignalTap IIファイル（拡張子.stp）に保存されます．設定後に合成を行うと，SignalTap II用のモジュールが埋め込まれた回路が生成されます．観測結果は一般的なロジック・アナライザの場合と同様に，タイミング波形として画面に出力されます（図5-B）．

● PCI Express トランザクションの観測

SignalTap IIを用いればPIPEの任意の信号を観測できますが，そのまま観測しても通信内容を理解することは困難です．PCI Expressリンク上を流れる信号はスクランブルされているうえに〔図5-3 ②〕，受信側ではさらにレーン間に位相差を持つかもしれないからです〔図5-3 ③〕．

もちろんIPコア内部ではデスクランブル処理やデスキュー処理を行っているので，これらの処理が済んだ信号を観測できれば何ら問題はありません（図5-Cの点線で示した経路）．しかし，これらの内部信号にユーザがアクセスできるIPコア（つまりソース・コードが開示されているIPコア）は多くありません．たい

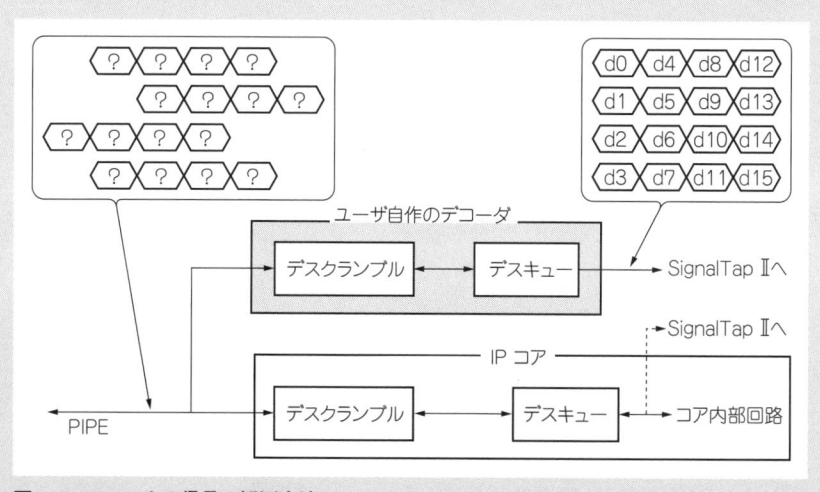

図5-C　PIPE上の信号の観測方法
PIPE上の信号はスクランブルされており，レーン間の位相差もあるため，そのまま観測しても内容を理解できない．自作のデコード回路を通してから観測する．ただしIPコアのソース・コードにアクセスできる場合には，コア内部でデコードされた信号を観測できるので（破線で示した経路），デコード回路の自作は不要．

5-2　IPコアの選定基準　145

コラム 5-1（つづき）

ていの場合，ユーザがアクセスできるのは PIPE 部分だけです．そのような場合には，デスクランブルやデスキュー処理を行うデコード回路をユーザが自前で用意する必要があります．

デコード回路の作成方法については誌面の都合上説明を省略しますが，デスクランブル，デスキューの回路記述が CQ 出版社のウェブ・ページからダウンロードできる無償 IP コア（第 6 章コラム 6-1 参照）の VHDL ソース・コード中に含まれているので参考にしてください．デスクランブル処理は phymac.vhd ファイル内にあるエンティティ scrambler で記述しています（スクランブルとデスクランブルは完全に同じ回路で行える）．デスキュー処理は同ファイル内の deskew で記述しています．両処理のアルゴリズムについては関連書籍をあたってください．

以上で PCI Express トランザクションを観測できるようになりました．観測波形の可読性をさらに高めるために，ニーモニックを定義しておくことをお勧めします．つまり信号線の特定の値に対して，値の意味を表す識別名をつけるのです．例えば，データ線 8 ビットと，それが制御コードであるかどうかを示す 1 ビットを合わせた計 9 ビットに対して，対応する K コードのシンボル名を定義しておけば，観測波形の意味を理解しやすくなります．図 5-B の波形を詳しく見ると，ユーザ定義によるニーモニック（K コード）が随所に表示されていることが分かります．この工夫のおかげで波形中に表れる TLP を識別しやすくなっています．

第6章

IPコアを使ったFPGA設計入門
── 無償IPコアですぐ試せる
川井 敦

本稿ではFPGAにPCI ExpressのIPコア(Intellectual Property)を実装し，転送性能を最大限に引き出す方法について解説します．CQ出版社のウェブ・ページからダウンロード可能な，筆者が開発したソース・コード公開の無償IPコアを用いた性能実測例を紹介します．

6-1 転送速度の実測

本章では，転送性能を最大限に引き出す方法について解説します．IP(Intellectual Property)コアを実装した回路を用いて転送性能を測定します．

PCI Express転送性能の測定には，CQ出版社のウェブ・ページからダウンロードできる，K&F Computing Research(以下，KFCR)の無償IPコア「GPCIe」を

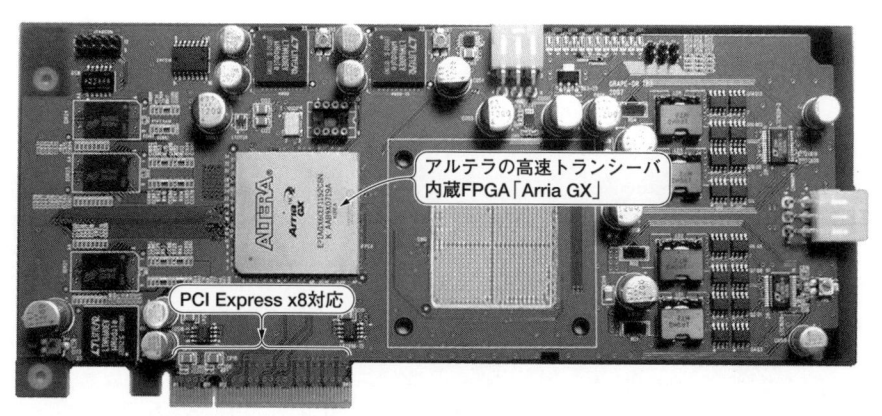

写真6-1 性能測定に使用したPCI Express(x8)評価ボードの外観
K&F Computing Research製．比較的低価格な高速トランシーバ内蔵FPGA(アルテラArria GX)と外部メモリ(DRAM)を搭載．Arria GXでリンク幅x8をサポートする唯一のボード(2009年1月筆者調べ)．

使用します(コラム6-1).IPコアを実装するハードウェアには同社のx8対応評価ボードを使用します(**写真6-1**).

この評価ボードは,高速トランシーバを内蔵したアルテラのFPGA「Arria GX(EP1AGX60EF1152)」を1個搭載しています.高速トランシーバを内蔵したFPGAの中ではArria GXは比較的低価格で,アルテラではこれをミッドレンジFPGAと位置付けています.Stratix II GXの廉価版と考えてよいでしょう.アルテラ

コラム6-1　ソース・コードを公開した無償のPCI Express IPコア

CQ出版社のウェブ・ページからは,本書の関連データとして,K&F Computing Researchが提供するPCI Expressの無償IPコア「GPCIe」(バージョン0.8)をダウンロードできます.

CQ出版社のウェブ・ページ

http://www.cqpub.co.jp/

PCI Express規格に完全には準拠していませんが,VHDLの全ソース・コードを公開しているので,設計の参考になると思います.特徴や使用方法,利用許諾について以下に示します.

● 特徴
- オープン・ソースのPCI Express Gen1対応無償IPコアです.回路はすべてVHDLで記述されています.
- アルテラFPGA「Arria GX」上で最大8レーンに対応します.「Stratix II GX」にも対応しています.アルテラのそのほかのFPGA(Cyclone IIなど)とPHYチップとの組み合わせでも動作するように意図して設計されていますが,動作確認は行っていません.
- DMA機能を実装しています.
- Write CombingされたPIO writeトランザクション(つまり到着順序が保証されていない複数のメモリ・ライトTLPによる連続アドレスへの書き込み)を扱えます.
- リンク幅,バッファ・サイズほか各種のパラメータをgeneric文で設定できます.
- Linux上で動作するデバイス・ドライバと制御ライブラリが同梱されています.
- PCI Express規格に完全には準拠していません.規格で定められた必須機能

ではリンク幅 x8 レーンの動作は Stratix II GX（および Stratix IV）でのみ保証しており，Arria GX に関しては x4 までしか保証していません．しかし後述のように，本 IP コアでは技術上の工夫によって x8 での動作を実現しています．

FPGA 内部には，IP コアのほかに性能測定のためのメモリを実装します．ボード上には DRAM が搭載されていますが，あえて使用しません．これは DRAM インターフェースの転送性能が測定結果に影響を与えることを避けるためです．評のうち一部に未実装のものがあります．未実装の機能は主としてエラーの検出・報告・回復処理，電力管理，PCI Express コンプライアンス・テストに関するものです．

● 使用方法

ダウンロード・データに含まれる readme.txt ファイルに利用法の概要があります．IP コアの詳細説明は doc/userguide-j.pdf をご覧ください．最新情報（動作確認のとれたチップセット，エラッタ，修正パッチなど）は下記の(株)K＆F Computing Research のウェブ・サイトで確認できます．

● 利用許諾

PCI コンフィグレーション・レジスタに設定するベンダ ID として 1B1Ah（PCI-SIG により K＆F Computing Research へ割り当てられた値）を使用すること，成果物の販売または公表時には GPCIe の使用を明らかにすることが主要な利用条件です．詳細はダウンロード・データに含まれる 00license-j ファイルを確認してください．

利用地域は原則として日本国内に限ります．日本国外での利用，ベンダ ID を変更しての利用，未実装機能の実装，Linux 以外の OS への対応，記事中で紹介されている簡易プロトコル・アナライザの配布，最新版（バージョン 1.1）や Gen2 対応版の入手方法などについては，以下に問い合わせてください．

(株)K＆F Computing Research
http://www.kfcr.jp/
support@kfcr.jp

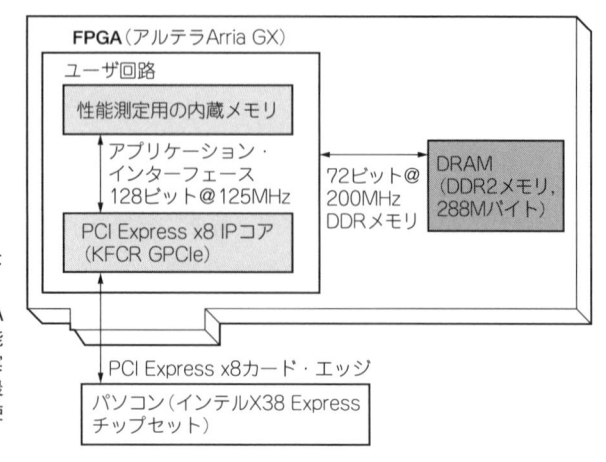

図6-1 性能測定に使用したハードウェアの構成
評価ボードに搭載されているFPGA内に，PCI Express IPコアと性能測定用のメモリ(FPGA内蔵)を実装した．ボード上の外部メモリ(濃い灰色部分)は本章の実測では未使用．

価ボードを接続するホスト・パソコンとしては，CPUにインテルのCore2 Quad (Q6600，2.4GHz動作)，チップセットに同社のX38 Expressを搭載したパソコンを使用します．測定用システム全体の構成は図6-1のようになります．

このシステムを用いた転送性能の測定結果を図6-2に示します．PIO read/write，DMA read/writeの計4種類のデータ転送方式を用いて，10バイトから64Kバイトまでの転送データ・サイズについて得られた転送性能をプロットしています．図6-2の(a)，(c)は上り方向(評価ボードからパソコン)の，(b)，(d)は下り方向(パソコンから評価ボード)の結果です．(a)，(b)はリンク幅x4，(c)，(d)はx8による結果です．実線が実際に得られた測定値，破線は次節で説明する理論見積もりです．図6-2の結果から，以下が読み取れます

① 転送するデータのサイズにかかわらず，上り方向の転送ではPIO read転送よりもDMA write転送が，下り方向ではDMA read転送よりもPIO write転送が高い性能を示しています．PIO read転送はそもそも高いスループットを期待されていない，ステータス・レジスタの読み出しなどに使用する転送方式ですから，こちらについては妥当な結果といえます．一方，DMA read転送に関しては少々意外な結果となりました．DMA転送は転送開始までのレイテンシが大きいため，データ・サイズの小さいところでの性能は期待できません．しかし，データ・サイズが大きいところでのスループットは，PIO writeを上回ってほしいところです．そうなっていないのは，詳細は後述しますが，基本的にはパソコンの

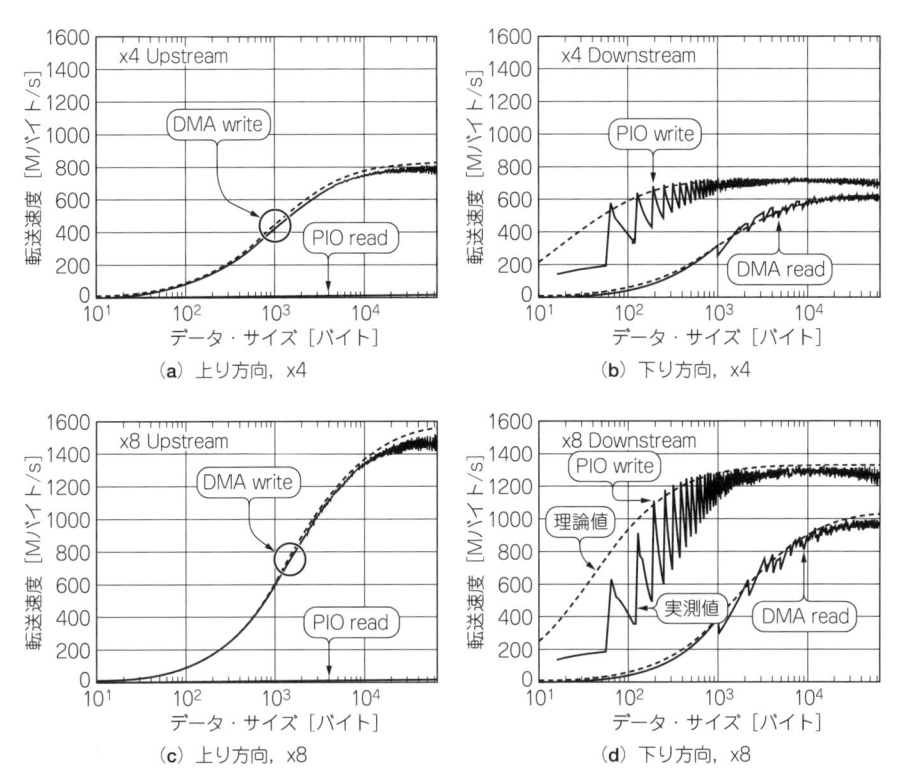

図 6-2 評価ボードを使った転送性能測定の結果
転送するデータのサイズに対して，得られた実効性能をプロットした．下り方向はパソコンから評価ボードへの，上り方向は評価ボードからパソコンへの転送．実線のデータは実測値，破線のデータは理論見積もり．

チップセットに原因があります．

② PIO write 転送の性能が振動しているのは，Core2 プロセッサの Write Combining が 64 バイト単位で行われるためです．Write Combining はデータ長の短い複数の write 命令を結合し，一つの write 命令にまとめあげる機構です．Core2 の場合，64 バイトごとにまとめられるため，64 バイトに満たない半端なデータは転送効率が落ちます．その影響がグラフの振動として見えています．

③ PIO write 転送の場合，データ・サイズが 1 K バイトもあれば，転送開始のレイテンシの影響は無視できることが分かります．DMA 転送についてはデータ・サイズ 10 K バイト程度まで影響が残っています．

6-2 転送速度を見積もる

● PCI Express 転送性能を定量的に見積もるためのモデル化

測定で得られた転送性能は，IP コアが本来持っている能力を十分に発揮した，妥当な結果なのでしょうか．妥当でないならばチューニングによって性能を向上できるかもしれません．逆に，もしすでに妥当な性能が得られているならば，それ以上のチューニングに開発時間を割くのは無駄ということになります．

得られた性能の妥当性を検討するには，性能の理論的な上限を知ることが必要です．転送速度の理論的上限値を知ることはまた，動作検証にも役立ちます．一見正しく動作しているように見える回路でも，実効性能が理論値に達していない場合には，何らかの不具合を生じている可能性があるからです．転送エラーによって TLP の再送が頻発しているにもかかわらず，ごくまれに偶然転送が成功し，その結果通信に問題がないように見えてしまっている場合などがその例です．

PCI Express リンクのピーク性能は，リンク幅とリビジョンが決まれば，**表6-1** のように定まります．しかしこの値は，TLP のヘッダによるオーバヘッドや通信開始に要するレイテンシなどをすべて無視した場合の性能限界であり，実効性能の指標とするにはあまりに大ざっぱです．ここでは理論性能をもう少し詳細に見積もってみましょう．

実効性能が**表 6-1** のピーク性能（G バイト/s）から低下する主要な原因には，以下が考えられます．

(a) TLP はデータ本体だけでなく，各プロトコル層で使用されるヘッダやフッタを含んでいます（**図 6-3**）．従って TLP の転送に必要なクロック・サイクル（C_{tlp}）は，ヘッダやフッタのオーバヘッド（C_{hdr}）の分だけ，データ本体の転送に必要なサイクル（C_{data}）よりも大きくなります．

(b) レジスタ・アクセスなどといったごく短いデータ転送を除くほとんどの転送は，複数の TLP に分割されます（**図 6-4**）．各 TLP の運ぶデータのサイズ（ペイロード長）は，最大ペイロード長以下に制限されます．チップセットの設計によっては，パソコンから送出されるデータは最大ペイロード長に満たない TLP に分割されてしまう場合もあります．さらに，IP コアやユーザ回路の設計によっては，TLP と TLP の間にアイドル・サイクルが挿入される場合があります．このオーバヘッドを C_{idle} とします．

(c) DMA write 転送と DMA read 転送の場合にはさらに，CPU が転送要求を

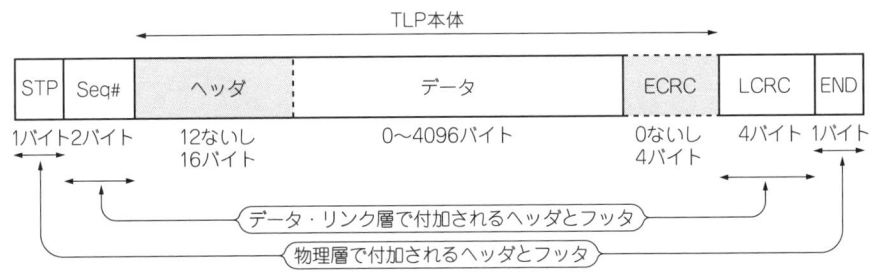

図 6-3　トランザクション層パケット TLP の構造

表 6-1　ピーク性能（G バイト/s，双方向）

リンク幅	リビジョン	
	Gen 1	Gen 2
x1	0.5	1
x4	2	4
x8	4	8
x16	8	16

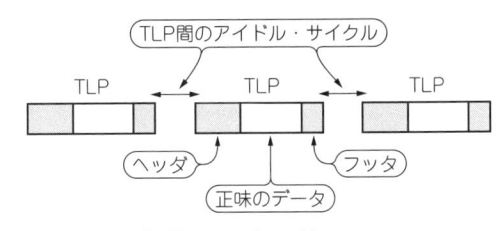

図 6-4　PIO 転送のオーバヘッド
TLP のヘッダ，フッタによるオーバヘッドと，TLP 間のアイドル・サイクルからなる．

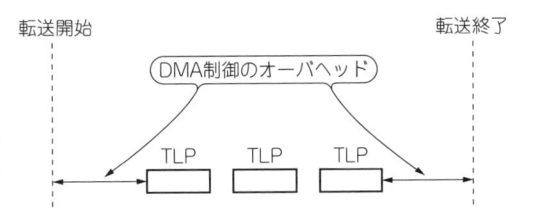

図 6-5　DMA write 転送のオーバヘッド
図 6-4 のオーバヘッドに DMA 制御のオーバヘッドが加わる．

出してから実際に最初の TLP がリンク上に送出されるまでの間のレイテンシと，転送の終了判定にかかるオーバヘッドが加わります（図 6-5）．このオーバヘッドを C_{dmaw}，C_{dmar} とおきます．PIO 転送の場合にも，ごく短いながらレイテンシがあります．これを C_{pio} とおきます．

(d) DMA read 転送の場合には，読み出しを要求できるサイズに上限（Max Read Request Size；最大リード要求長）が定められています．それを超えるデータ転送を行うには，データを最大リード要求長以下に分割し，転送ごとに読み出し要求を発行する必要があります（図 6-6）．読み出し要求の発行にかかるオーバヘッ

図 6-6　DMA read 転送のオーバヘッド
図 6-5 のオーバヘッドにリード要求 TLP のオーバヘッドが加わる．

(a) 64ビット250MHz（リンク幅x8）または64ビット125MHz（リンク幅x4）

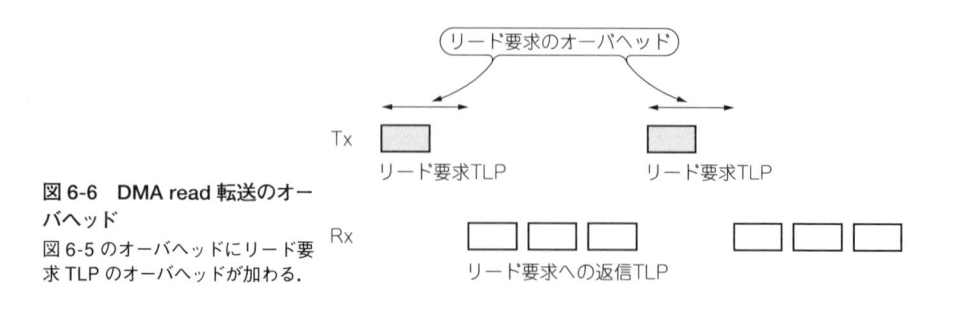

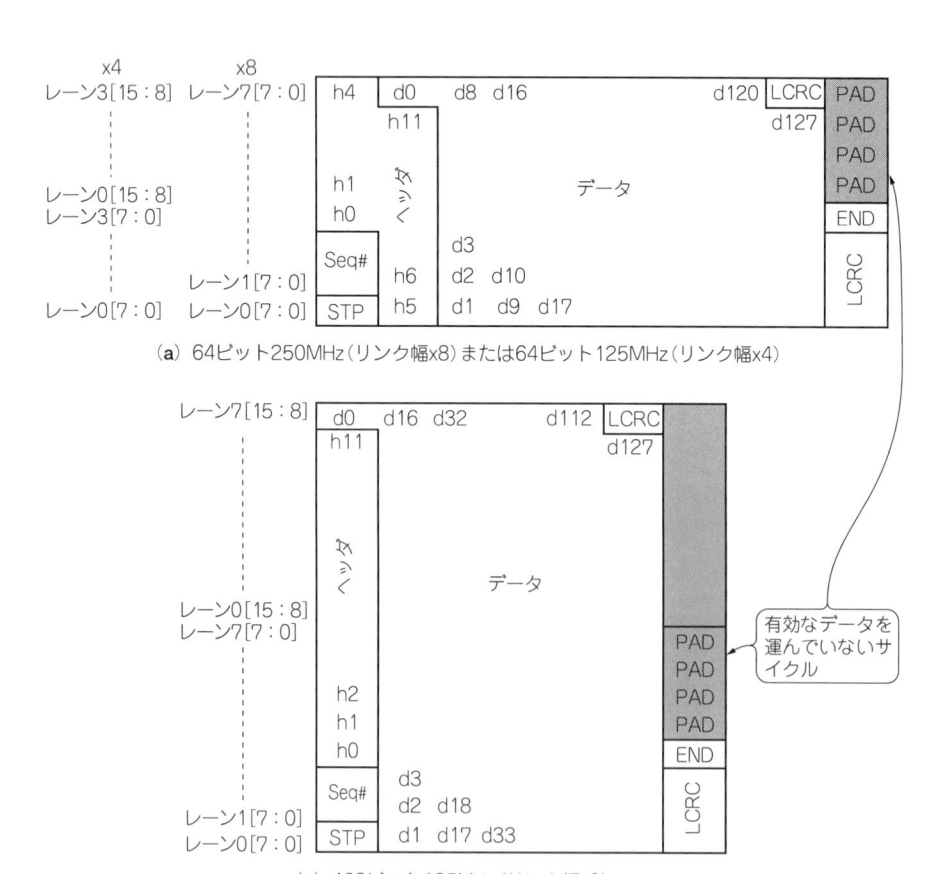

(b) 128ビット125MHz（リンク幅x8）

図 6-7　複数のレーンに分割（バイト・ストライピング）された TLP
ペイロード長 128 バイト，アドレス幅 32 ビット，ECRC なしの場合．

ドを C_{rdreq} とします.
(e) TLP は各レーンにまたがってリンク上を流れるため，TLP の(ヘッダやフッタを含む)総バイト数がリンク幅のちょうど整数倍でない限り，一部のレーンには有効なデータを運んでいないサイクルが生じます(図 6-7 灰色部).
(f) DLLP や PLP など，TLP 以外の転送がリンクの帯域を消費します.

――― * ―――

これらの要因のうち(f)については，影響が小さいと予想されるうえ，定量的な見積もりが困難なので，とりあえず考慮しないことにします．それ以外すべての要因を考慮すると，ピーク性能 P_0 に対する実効性能 P の効率は，

- PIO 転送の場合

$$P/P_0 = \frac{n_{tlp} C_{data}}{C_{pio} + n_{tlp}(C_{data} + C_{hdr} + C_{idle})} \quad\cdots\cdots (6\text{-}1)$$

- DMA write 転送の場合

$$P/P_0 = \frac{n_{tlp} C_{data}}{C_{dmaw} + n_{tlp}(C_{data} + C_{hdr} + C_{idle})} \quad\cdots\cdots (6\text{-}2)$$

- DMA read 転送の場合

$$P/P_0 = \frac{n_{tlp} C_{data}}{C_{dmar} + n_{tlp}(C_{data} + C_{hdr} + C_{idle}) + n_{rdreq} C_{rdreq}} \quad\cdots (6\text{-}3)$$

と見積もれます．ここで n_{tlp} は，1 回のデータ転送に必要な TLP の個数です．また n_{rdreq} は，1 回の DMA read 転送に必要な読み出し要求 TLP の個数です．総データ・サイズを D，最大ペイロード長を D_{mpls} とすれば，$n_{tlp} = D/D_{mpls}$ と表せます．また 1 サイクル当たりに転送できるデータ・サイズを D_{width} とすれば，$C_{data} = D_{mpls}/D_{width}$ と表せます．同様に最大リード要求長を D_{mrrs} とすれば，$n_{rdreq} = D/D_{mrrs}$ と表せます．

この見積もりから，定性的には次のことが分かります．

- 最大ペイロード長が大きければ TLP ヘッダやアイドル・サイクルの影響は減る
- 総データ・サイズが大きければ DMA 制御のオーバヘッドはあまり効かなくなる
- リンク幅の大きなリンクほどアイドル・サイクルや DMA 制御オーバヘッドの影響はシビア

● 転送性能の理論値と実測値の差は 5 ％以内

次にパソコンとの通信について，式 (6-1) ～式 (6-3) を用いた定量的な見積もりを行ってみましょう．パソコンの CPU にはインテルの Core2 Quad (Q6600，2.4 GHz)，チップセットとしては同社の X38 Express を用いることにすると，各パラメータは表 6-2 のように定まります．

X38 Express の最大ペイロード長は 128 バイトなので，DMA write 転送はペイロード 128 バイトの TLP によって転送を行えます．一方，DMA read 転送については，パソコンから送られてくる TLP を観測すると，ペイロードは 64 バイトしかないことが分かります．これはおそらくチップセットの仕様による制限と考えられます．

PIO write 転送は常にペイロード 64 バイトの TLP で行われます．これは x86 系 CPU における Write Combining 機能の仕様による制限です．PIO read 転送は，CPU が 16 バイト単位のリード命令しか発行できないため，常にペイロード 16 バイトの TLP で行われます．

最大リード要求長は PCI Express の規格によって，4 K バイト以下に設定するよう定められています．ここでは設定可能な値のうちで最大の，4 K バイトを使用します．TLP ヘッダとフッタのオーバヘッドは，図 6-7 から 2 ないし 3 クロックであることが分かります．また，筆者の実測によると C_{dmaw}，C_{dmar}，C_{rdreq}

表 6-2 転送性能の見積もりに使用したパラメータ
CPU にはインテル Core2 Quad，チップセットにはインテル X38 Express を想定．
筆者が実測によって求めた値を一部に含む．

パラメータ		x8	x4
データ幅 D_{width}		16 バイト	8 バイト
ピーク性能（片方向）P_0		2G バイト/s	1G バイト/s
ペイロード長 D_{pls}	PIO read	16 バイト	
	PIO write	64 バイト	
	DMA read	64 バイト	
	DMA write	128 バイト	
最大リード要求長 D_{rdreq}		4096 バイト	
TLP ヘッダ/フッタのオーバヘッド C_{hdr}		2 クロック	3 クロック
DMA write オーバヘッド C_{dmaw}		130 クロック	
DMA read オーバヘッド C_{dmar}		200 クロック	
PIO のレイテンシ C_{pio}		4 クロック	
読み出し要求のオーバヘッド C_{rdreq}		100 クロック	
アイドル・サイクル C_{idle}		0 クロック	

はそれぞれ130クロック，200クロック，100クロック程度です．
　C_{pio} は直接的な測定が困難なため，実効性能から4クロックという値を推定しました．アイドル・サイクルについては，IPコアとしてGPCIeを用いた場合には常に0です．もちろんユーザ回路側のスループットが足りずにアイドル・サイクルが挿入されることはあり得ますが，ここではそのような状況は考えません．
　以上の具体的な数値を前述の式に代入すると，図 6-2 に破線で示した理論性能が得られます．ほぼ全域で，理論性能は実測性能と5％以内の精度で一致しています(表 6-3)．得られた実測値(図 6-2 の実線で示したデータ)は，理論限界に近い，かなり良好なものであったことが分かります．データ・サイズが大きいところで実測値が理論限界から若干落ちています(特にリンク幅x8のDMA write)．これは理論見積もりでは考慮しなかった(f)の影響，つまりDLLPとPLPの転送による帯域消費の影響です．

● 転送性能劣化の原因とトラブル・シューティング
　回路設計が適切であれば，実効性能は前節の理論見積もりに近い値をとるはずです(表 6-3)．見積もりではDLLPやPLPの転送を考慮していませんが，これらの転送量はTLPに比べるとたかだか数パーセントと微小です．
　もし実効性能が見積もりよりも10％，あるいはそれ以上低ければ，性能低下の原因を把握しておくべきでしょう．原因はユーザ回路の設計に起因するものばかりとは限りません．パソコン側(チップセット)やIPコアの設計，あるいはそれらが複合的に関係していることもあり得ます．場合によっては，パソコンのチップセットやメイン・メモリを交換するだけで性能を向上できるかもしれません．
　次に症状別の事例と対処法を示します．
① TLPが短い
　IPコアのコンフィグレーション・レジスタに設定した最大ペイロード長より

表 6-3　IPコアGPCIeを使ったFPGAボードの実効性能
( )内は理論見積もりに対する割合．最大ペイロード長128バイトの場合．

リンク幅	データ長 (バイト)	DMA write (Mバイト/s)	PIO write	DMA read
x8	32K	1485 (98%)	1280 (96%)	997 (99%)
x8	4K	1120 (98%)	1280 (96%)	781 (104%)
x4	32K	783 (97%)	720 (99%)	624 (101%)
x4	4K	653 (97%)	720 (99%)	548 (107%)

も，実際に観測されるTLPのペイロードが常に小さいという症状です．通信相手（パソコンのチップセット）がその最大ペイロード長に対応していない可能性があります．チップセットの設定を確認し，それで解決しなければ別のチップセットを搭載したマザーボードを試してみましょう．

マザーボードの取扱説明書やBIOS設定はあまりあてにならない場合があります．筆者のテストしたマザーボードの中には，BIOS設定画面からは4096バイトもの巨大な最大ペイロード長を指定できるにもかかわらず，実際にはその指定は無視され，常に最小値128バイトを使用するものがありました．最終的にはトランザクションを自分の目で観測して確認することが大切です．

② アイドル・サイクルが定期的に入る

TLPとTLPの間にアイドル・サイクルが入る，特に転送開始直後から，各TLPの後ろに2クロックずつというように，規則的に入る症状です．送出側でこの症状が見られるならば，ユーザ回路かIPコアのデータ送出のスループットが不足しているのかもしれません〔図6-8（a）〕．ユーザ回路が原因ならば，送出

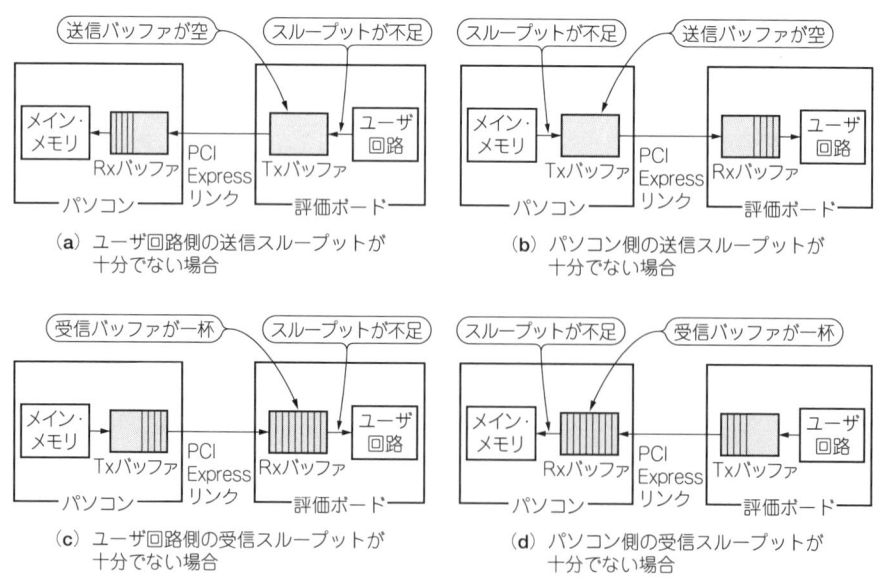

図6-8 通信性能を低下させる要因の例
送出側バッファへ十分な速度でデータを書き込めない場合や，受信側バッファから十分な速度でデータを読み出せない場合には，通信が一時的に中断され，実効性能が低下する．

側回路の高速化で解決できるでしょう．

　IPコア内部の遅延が原因の場合には，コアの設定調整で解決できないか検討してみましょう．解決できなければ，別のIPコアに乗り換えることを検討せざるを得ません．

　受信側でこの症状が見られるならば，パソコン側（チップセット）の送信端のスループットが不足しているのでしょう〔図6-8（b）〕．メイン・メモリの帯域不足か，あるいはチップセットの遅延によるものかもしれません．高速なメイン・メモリや別のマザーボードを試してみましょう．

③ アイドル・サイクルが不定期に入る

　受信側でTLPとTLPの間にアイドル・サイクルが入ります．特に転送開始からしばらくは入らないのに，次第に入るようになるという症状です．TLPの受信バッファが詰まっている場合に，このような症状が見られます〔図6-8（c）〕．バッファからTLPを読み出して処理する回路のスループットが足りていないか，あるいは受信バッファの空きを送出側デバイスへ通知する頻度が少なすぎるのかもしれません．前者であれば読み出し側の回路を高速化するしかありません．後者であれば，相手に通知が届くまで受信バッファが一杯にならずに持ちこたえればよいわけですから，コアのパラメータを調節して受信バッファを増やすことで解決できるかもしれません．典型的なIPコアでは，バッファの大きさは最大ペイロード長の4倍から，せいぜい8倍もあれば十分です．

　送出側でこの症状が見られるならば，パソコン（チップセット）の受信端のスループットが不足しているのでしょう〔図6-8（d）〕．別のパソコンを試してみましょう．

④ PIO writeが遅い

　DMA readでは妥当な性能が得られており，PIO writeだけが遅いという症状です．パソコン側から極端に短い（ペイロード長16バイト）TLPばかりが送られてくるようならばWrite Combiningが無効になっているかもしれません．パソコン上の設定（デバイス・ドライバあるいはMTRRレジスタ，PATの設定）を確認しましょう．

　一つのCPUが複数のデバイスに対してPIO writeを発行すると速度が低下するという場合は，単純にCPU処理がネックになっていると考えられます．転送処理をマルチスレッド化し，複数のCPUで並列実行すれば解決できるでしょう．並列化しても遅いのであれば，メイン・メモリへのアクセスに競合が起きているのかもしれません．

6-3　x8 サポート対象外の FPGA で x8 を実現する技術

　アルテラの資料によれば，Arria GX がサポートする PCI Express インターフェースはリンク幅 x4 まで，ということになっています（2009 年 1 月現在）．高速トランシーバを 8 チャネル以上内蔵しているデバイスであっても，x8 はサポートしていません．この理由をアルテラのテクニカル・サポート・サイト mySupport へ問い合わせたところ，「社内でリンク幅 x8 のインターフェースの実装や動作検証を行ったことがないので動作を保証できない」旨の回答を得ました．
　どうやら「x8 は絶対に実現不可能」というわけではないようです．頑張れば何とかなるのかもしれない，筆者らはそう考え，思いきって Arria GX の x8 評価ボードを開発してみました．リンク幅 x8 のカード・エッジに Arria GX のトランシーバ 8 個を結線したボードです．
　いざ Arria GX 内にインターフェース回路を実装する段階になって，二つの問題が浮上しました．一つは CRC 生成回路のタイミングの問題，もう一つは Arria GX 内蔵のトランシーバが x8 PIPE インターフェースに対応していない問題です．これらの問題の解決には相当の時間を費やしましたが，最終的には無事 Arria GX 上でリンク幅 x8 のインターフェースを動作させることに成功しました．

● 16 Gbps を実現する並列 CRC 計算アルゴリズム
　PCI Express の各レーンには 2 Gbps のデータ入力がありますから，リンク幅 x8 用の CRC 生成回路には 16 Gbps のスループットが必要です．しかしこの値は，通常の方法ではとうてい実現できません．アルテラの提供する CRC コアを，Arria GX の上位モデル Stratix II GX の最高スピード・グレード（グレード-3）で用いた場合でさえ，「スループットは 15 Gbps 程度」と資料にあります．Arria GX で 16 Gbps を達成するには，CRC 生成アルゴリズムに何らかの工夫が必要であることが分かります．
　調査の結果，Walma によるアルゴリズム[20]ならば 16 Gbps を達成できることが判明しました．2007 年に IEEE のジャーナルに掲載されたアルゴリズムです．2009 年 1 月現在，これが筆者の発見できた唯一の解決策です．
　通常の CRC 生成アルゴリズムでは，入力データを逐次的に処理します．前の入力データに対する CRC が求まるまで次の入力データの処理を始められないので，並列化は不可能に思えます．

しかし Walma のアルゴリズムは，CRC の持つ線形性と，ある1次変換行列 H を利用した並列化を可能にします．線形性とは任意のデータ A と B に対して，
$$\mathrm{CRC}\,(A\ \mathrm{xor}\ B) = \mathrm{CRC}\,(A)\ \mathrm{xor}\ \mathrm{CRC}\,(B)$$
が成り立つということです．ここで CRC ( ) は CRC を求める演算，xor は排他論理和を表します．「ある1次変換行列 H」は入力データ A の末尾に1ビットの0を追加した A' に対する CRC を，
$$\mathrm{CRC}\,(A') = H \cdot \mathrm{CRC}\,(A)$$
によって与えるような変換です．行列 H の具体的な形は CRC 算出式の簡単な変形で求められます．$\mathrm{CRC}\,(A)$ に左から H^n を乗ずれば，A の末尾に0を n 個付け足した入力に対する CRC を計算できます．

Walma のアルゴリズムでは，まず入力データを複数の断片に分割し，それぞれに対する CRC を通常のアルゴリズムで計算します．各断片に対する計算は独立に行えますから，並列に実行可能です．次に，求まったそれぞれの CRC に対して，適切な回数 H を乗じることで位置合わせを行います．つまりそれぞれの断片が，元データのどの部分から切り出されたものかに応じて，断片の先頭と末尾に0を付け足すのです．このとき「入力データの先頭に0をいくつ付け足しても CRC の値は変わらない」という性質も利用します．こうして得られた CRC の断片すべての排他論理和をとると，元の入力データに対する CRC が求まるというわけです．8ビット入力を4ビットの断片二つに分割して CRC を求める場合の例を，図 6-9 に示します．

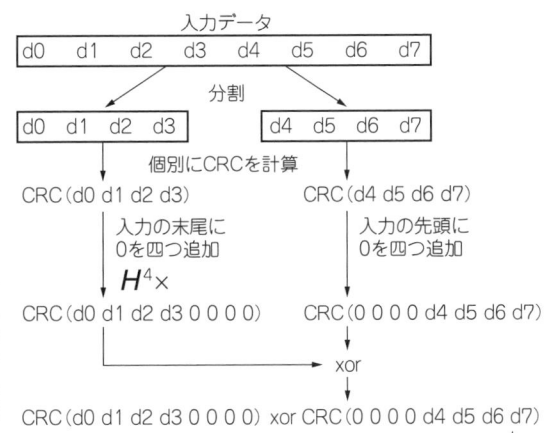

図 6-9 並列 CRC 計算の例
8ビットの入力データを4ビットの断片二つに分割し，それぞれについて CRC を求める．求まった CRC に対して適切な1次変換を行ったのちに，CRC の線形性を利用して二つの CRC を合成すると，元の8ビット入力に対する CRC を求められる．

6-3 x8 サポート対象外の FPGA で x8 を実現する技術　161

CRC 計算をより高速に行うには分割を細かくして断片当たりのデータ幅を減らします．H^n の乗算を行う部分はパイプライン化できるので，この部分はパイプライン段数を増やすだけで処理速度を上げられます．

　筆者が開発したコアはリンク幅 x8 を 128 ビット @125 MHz の PIPE（PHY Interface for the PCI Express Architecture）で実装しています．つまり 8 ns のクロック・サイクルの間に 128 ビットのデータ入力があります．これを 32 ビットの断片 4 個に分割して CRC を求めています．H^n の乗算部分は 7 段のパイプラインで処理しています．これに前処理や後処理が加わり，結局 CRC 生成回路全体をレイテンシ 10 クロックのパイプライン 4 本で実現しています．

　Walma のアルゴリズムを用いれば，パイプライン本数を増やすことでレーン幅 x8 どころか x16 にも対応できるはずです．ただし 2009 年 1 月現在，回路資源の消費量がかなり大きく，パイプライン 1 本当たり 1000 個程度の ALUT を必要とします．回路の大部分は 1 次変換（CRC の断片に左から H^8，H^{16}，H^{32}，…，H^{32768} を乗ずる演算）が占めています．

　アルゴリズムの詳細については書面の都合上説明を省略します．興味のある方は原論文にあたるか，CQ 出版社のウェブ・ページからダウンロードできる IP コアの VHDL ソースを参照してください．一般的な逐次アルゴリズムによる CRC 生成回路は，pcrcpkg.vhd ファイル内の関数 calc_lfsr_serial にあります．Walma の並列パイプラインによる回路は datalink.vhd ファイル内のエンティティ calc_lcrc_walma にあります．

● 内蔵トランシーバを x8 の PIPE に対応させる技術

　Arria GX や，その上位デバイス Stratix II GX の内蔵トランシーバを回路内にインスタンス化するには，アルテラの提供する IP コア alt2gxb を使用します．alt2gxb に与えるパラメータによって，その動作モード（PIPE や GIGE，Serial RapidIO）やリンク幅を設定できます．

　Stratix II GX の場合にはリンク幅 x8 の PIPE モードを選択できますが，Arria GX の場合には選択可能なリンク幅は x4 以下に限定されます．トランシーバを 8 チャネル以上搭載したデバイスでも x8 は選択できません．無理に選択すると回路合成時にエラーで停止します．この理由についてアルテラの資料には明記されていませんが，筆者の推測を以下に述べます．

　Arria GX のトランシーバは 4 チャネルごとにトランシーバ・ブロックという単位にまとめられています．同じブロック内のチャネルは，ブロック内共通のク

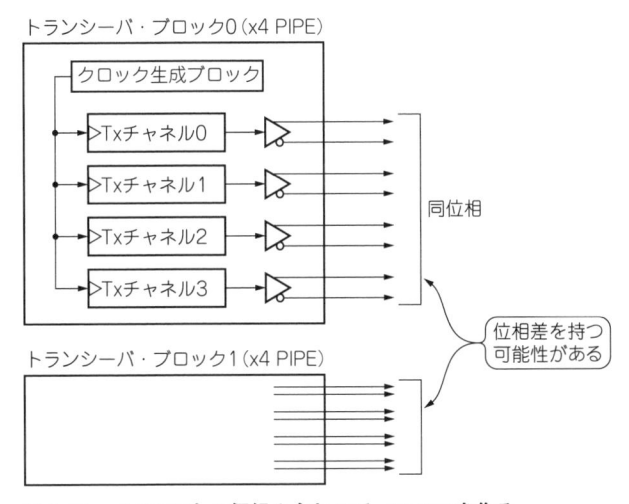

図 6-10　x4 PIPE を 2 個組み合わせて x8 PIPE を作る
2 組の x4 PIPE 間の位相がそろうことは保証されない．通信相手デバイスの受信回路によってデスキューされることを期待する．

ロック信号に同期してデータを送出できます(各チャネル独自のクロックを用いることも可能)．従って，同一ブロック内から送出される最大 4 チャネル分のシリアル・データは，送出時点で位相をそろえることが可能です．しかしほかのトランシーバ・ブロックから送出されるデータの位相までは保証できません(**図 6-10**)．これが x8 をサポートできない理由ではないかと筆者は推測します．なお Stratix II GX の場合には，二つのトランシーバ・ブロック間でクロックを共有する機構(Eight-lane Mode)が備わっているため，最大 8 チャネルの位相をそろえることが可能です．

筆者が開発したコアでは，リンク幅 x4 の PIPE モードに設定した alt2gxb を 2 個インスタンス化し，これらを組み合わせて x8 PIPE として使用しています．この方法では，送出されるシリアル・データ 8 レーンのうち同一ブロック内にある各 4 レーンの位相はそろいますが，2 組の 4 レーンは互いに位相差を持っている可能性があります．これに対する対策は … 何も講じていません．送出時点での位相差は，通信相手デバイスの受信回路によってデスキューされることを期待しています．PCI Express 規格ではレーン間に最大 20 ns までの位相差が認められているので，実用上はこれで問題ないはずです．実際，筆者らがこれまでに検証した範囲内では正常に動作しています．

コラム 6-2　PCI Express IP コア開発に要する時間

　筆者が開発した PCI Express IP コア「GPCIe」の主要な回路モジュールと，その規模（VHDL コードの行数）を表 6-A に示します．もちろんこれらの値はあくまで大まかな目安にすぎず，開発者の技術力や開発に割くことのできる時間，やる気，体力などに大きく依存します．しかしこういった内部情報は通常，あまり公表されることのないものですし，IP コアの開発あるいは改変を検討しているエンジニアにとっては参考になるかもしれないと考え，あえて公開することにしました．

表 6-A　主要な回路モジュールの規模
徐々に機能を追加して改良したモジュールや，後日不具合を修正したモジュールもあるため，開発期間は大まかな目安にすぎない．

レイヤ		回路モジュール	VHDL コード行数	開発期間
物理層	PCS 層	トランシーバの制御	1000	3 日
	MAC 層	リンク・トレーニング	2000	1 週間
		PLP のフレーミング	500	3 週間
		PLP のデフレーミング	1500	3 週間
		スクランブル・デスクランブル	100	3 日
		レーン間デスキュー	300	3 日
データ・リンク層		リンク初期化	500	3 日
		DLLP の送出	100	数時間
		DLLP の受信	100	数時間
		CRC の算出	100	1 日
		CRC の高速算出	3000	1 週間
		送達通知 DLLP の発行	200	1 日
		フロー制御 DLLP の発行	300	1 日
トランザクション層		TLP の送出とフロー制御	500	4 週間
		TLP の受信とフロー制御	500	2 週間
		ターゲット機能	1000	3 週間
		イニシエータ機能	500	1 週間
アプリケーション層		コンフィグレーション・レジスタ	500	1 日
		DMA エンジン制御	300	5 日
		PIO Write Combining 制御	300	5 日
総　計			約 2 万	約 4 カ月

第7章 IPコアを使ったLSI設計事例
―― データ転送能力を最大限に取り出す

五十嵐 拓郎

本章では，PCI Expressとローカル・バスのブリッジLSIの設計を例にとり，FPGA (Field Programmable Gate Array) やASIC (Application Specific Integrated Circuit) に，PCI Expressバス・インターフェースを実現するためのIP (Intellectual Property) コア選定手法について説明します．また，データ転送能力を最大限に取り出すための技術を解説します．

7-1 要求機能と性能の洗い出し

● IPコアでPCI Express-ローカル・バスのブリッジLSIを設計する

どのようなものを作る場合でも同じですが，最初に必要な機能と性能を洗い出します．高速データ転送技術を解説する例として紹介するPCI ExpressブリッジLSI (**写真7-1**) では，最初に次のような要求がありました．

写真7-1 PCI Express-ローカル・バス・ブリッジLSIの例
アバールデータ製「AAE-B04」．

- 本 LSI を使って PCI Express インターフェースを安価に実現できる
- 汎用的に使える
- PCI Express の 4 レーン (x4) に対応する
- PCI Express の帯域に見合ったローカル・バス・インターフェースを実装する
- PCI Express とローカル・バスの双方からアクセス可能な大容量・高速メモリのインターフェースを搭載する
- DMA (Direct Memory Access) コントローラを内蔵し，Scatter/Getter モード注7-1 に対応する
- 転送性能を限界まで引き出せる
- PCI Express 部は市販の IP コアを使う
- コスト面からストラクチャード ASIC を使う

　明確でない潜在的な要求は常に存在し，これらを考慮しないと応用が利かず，製品寿命が短くなります．

　筆者の経験では，潜在的な要求の洗い出しに一番効果的なのは，キーとなる人に直接聞き取り調査を行うことです．聞き取りから以下の潜在的要求を追加しました．

- ローカル・バスには必ず FPGA が接続されるので，FPGA との接続性が良いこと
- FPGA のコンフィグレーションを行える．また，ホストからコンフィグレーション・データをアップデートできること
- 部品点数を少なくできるようにシンプルな回路構成となること(特にコストへの影響が大きいクロックと電源の部品)

　以上の要求を踏まえるとブリッジ LSI は図 7-1 のような役割になります．このうち，IP コアを用いる PCI Express 部以外は，ほぼフルスクラッチで作成することになります．この時点でかなりの設計量になることが予想されます．

注7-1：DMA 転送方法の一つで，転送元・転送先・転送サイズが書かれたテーブルを参照しながら連続的にデータ転送を行う方法．複数のテーブルをつなげることが可能なので，非連続アドレスを転送元・転送先とするデータ転送がソフトウェア負荷なしに実行できる．Windows や Linux といった，仮想メモリを使用した OS では実メモリ・アドレスが連続して確保されないため，このモードが必要となる．

```
                通常はこの部分をFPGAで設計することになるがブリッジ
                LSIで各種インターフェースを肩代わりする
```

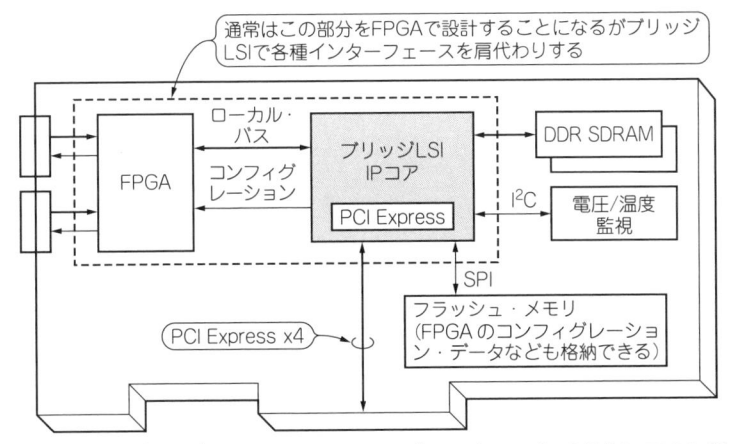

図7-1 設計するブリッジLSIにはPCI Expressとローカル・バスのほかにFPGAをコンフィグレーションさせるためのインターフェースやDDR SDRAMインターフェースを備える

7-2 PCI ExpressのIPコア選定

● MAC部のIPコアでボードの特徴が決まる

要求仕様を踏まえ，まずPCI ExpressのIPコアを選定します．詳細仕様を決める前にIPコアを選定するのは，使用するIPコアによって実装可能な機能が決まったり，実装にかかる設計量が大きく変わったりするなど仕様に大きな影響を与えるからです．

PCI Expressは通常，二つのIPを組み合わせて使用します．一つはPHY部分のIPコア(PHY IP)，もう一つはMAC(Media Access Control)部分のIPコア(MAC IP)です．

PHY IPは，2.5 Gbpsインターフェースを含む物理層の電気サブブロックと，論理サブブロックの一部が含まれます．普通はLSIベンダより供給されます．PHY IPとMAC IPは通常，PIPEインターフェースで接続されます(図7-2)．

MAC IPは，物理層の論理サブブロックより上位の部分です．PCI Expressでは，このMAC IPを選択することによりPCI Express部の性質が決まります．

● トランザクション層の充実度がIPコア選択の決め手

MAC IPの選定において重要なのは以下の項目です．

① トランザクション層の回路をどの程度実装しているか．また，プロトコ

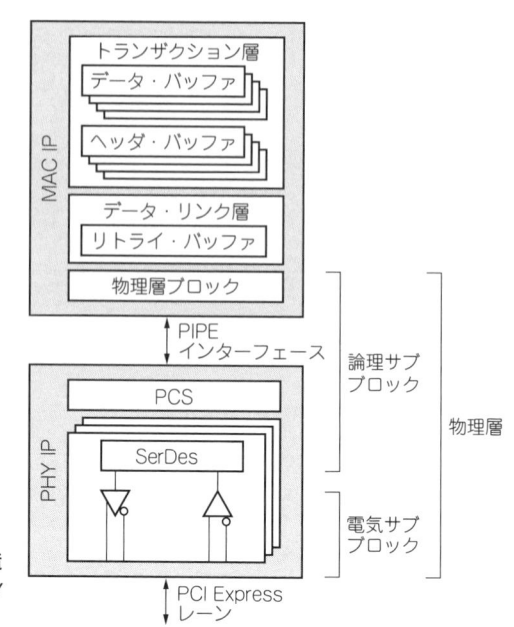

図 7-2　PCI Express 部の基本的な構造
PCI Express の IP コアは通常 MAC 部と PHY 部の二つに分かれて提供される．

　ルやデータ・バス幅，クロック周波数などのユーザ・インターフェースはどうなっているか
② 回路規模はどの程度か
③ IP コア・ベンダのサポート体制は良いか
　①は自身でどの程度作り込む必要があるかに直結します．PCI Express の IP コア（MAC IP）でよく見るのは，トランザクション層パケット（TLP）がほぼそのままユーザ・インターフェースに出てきているものです．
　このタイプの IP コアは，PCI Express の仕様を熟知していないと使いこなすことが難しく，ユーザが作り込む回路が増大します．せっかく開発の手間を省くために IP コアを購入してユーザ回路の設計に注力したいのに，仕様の調査に多くの時間をとられます．
　選定にあたり調査した IP コアを**表 7-1** にまとめました．ユーザ回路と接続する側のバックエンド・インターフェースはメモリにアクセスする感覚で利用でき，マスタとターゲットのポートが分離されているものがお勧めです．また，クロック周波数やデータ・バス幅と使用するデバイスが合っていないと実装が難しくなります．

表7-1 IP ごとの特徴
IP ベンダにより注力している部分が異なるのが分かる.

メーカ	トランザクション層の作り込み度	最大レーン数	最大ペイロード・サイズ	IP種別	DMA	バックエンド・インターフェース	
						タイプ	マスタ/ターゲット
インベンチュア	高	16	4K バイト	ソフト・マクロ	なし	メモリ・アクセス	分離
A社 Aタイプ	中	8	2K バイト	ソフト・マクロ	あり	メモリ・アクセス	分離
A社 Bタイプ	中	4	4K バイト	ソフト・マクロ	なし	TLP パケット	非分離
B社 Xタイプ	低	8	4K バイト	ハード・マクロ	なし	TLP パケット	非分離
B社 Yタイプ	低	8	512 バイト	ソフト・マクロ	なし	TLP パケット	非分離
C社	低	8	2K バイト	ソフト・マクロ	なし	TLP パケット	非分離
D社	低	16	4K バイト	ソフト・マクロ	なし	TLP パケット	分離

②は①とトレードオフの関係になります．必要な機能が実装されているのであれば，回路規模は小さいに越したことはありません．また，コスト面から PCI Express に割ける回路規模はある程度決まってしまうので，実装可能か判断する必要があります．

③については，コミュニケーションのしやすさ，マニュアルなどの資料の充実度，サポートの良さなどで決まります．ただ，サポートに関しては実際にIPを採用して問い合わせてみないと分からないので，選定の時点で判断するのは難しいかもしれません．

筆者らは，総合的に判断してインベンチェア製の IP コアを採用しました．決め手はトランザクション層の作り込みが充実している点と，日本の IP コア・ベンダなのでコミュニケーションが楽に行える点でした．

7-3 PCI Express 搭載 LSI 開発の注意点

● 高速転送にはバッファ・サイズを確保して遅延時間を抑えることが重要

特に多レーンの PCI Express 製品を実現する場合，複数のレーンを使って高速データ転送を行いたいわけですから，転送性能を十分に発揮させる必要があります．転送性能に大きな影響を与える要因は以下の3点です．

- 送受信用のバッファ・サイズ（表7-2）
- 伝送部の遅延時間
- サポートする最大ペイロード・サイズ（MaxPL）

表 7-2 バッファの種類と影響する転送

使用する IP コアによって名称は若干異なる．IP コアによっては，受信側と同じ名称のバッファを送信側にも備えているものがある．Posted タイプは相手側の応答を待たずにデータを送りつける．Non-Posted タイプは相手側の応答を待ってからデータを送る．

	名 称	略 称	コンフィグレーション		メモリ		メッセージ
			リード	ライト	リード	ライト	受 信
受信	Posted Data Buffer	PDB	—	—	—	○	○
	Posted Header Buffer	PHB	—	—	—	○	○
	Non-Posted Data Buffer	NPDB	○	○	—	—	—
	Non-Posted Header Buffer	NPHB	○	○	○	—	—
	Completion Data Buffer	CDB	○	—	○	—	—
	Completion Header Buffer	CHB	○	—	○	—	—
送信	Retry Buffer	RB	○	○	○	○	○
	Retry TAG Buffer	RTB	○	○	○	○	—

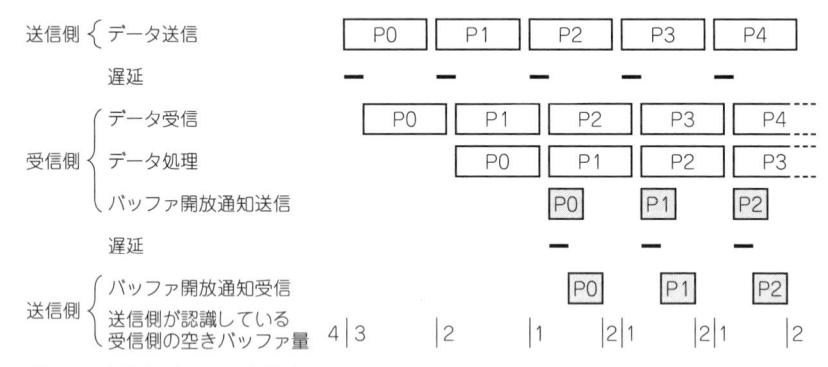

図 7-3 十分なバッファ実装時

ペイロード・サイズの 4 倍のバッファを確保した場合，受信側のデータ処理は，通常，受信パケットにエラーがないことを確認してから開始するため，図のようなタイミングになる．

転送性能への影響は以下の順で小さくなります．

　　バッファ・サイズ＞遅延＞最大ペイロード・サイズ

以下にそれぞれの影響を考察します．

① バッファ・サイズが小さいと転送性能が悪化する

　PCI Express の仕様上，データ転送を開始する時点で相手先のバッファに空きがあることを知っている必要があります（図 7-3）．バッファに空きがないと，図 7-4 のように空くまで転送を待たなければなりません．

　データ受信側の処理能力が十分にあったとしても，十分にこのバッファが実装されていないと，データ転送→バッファの空き待ち→データ転送を繰り返すこと

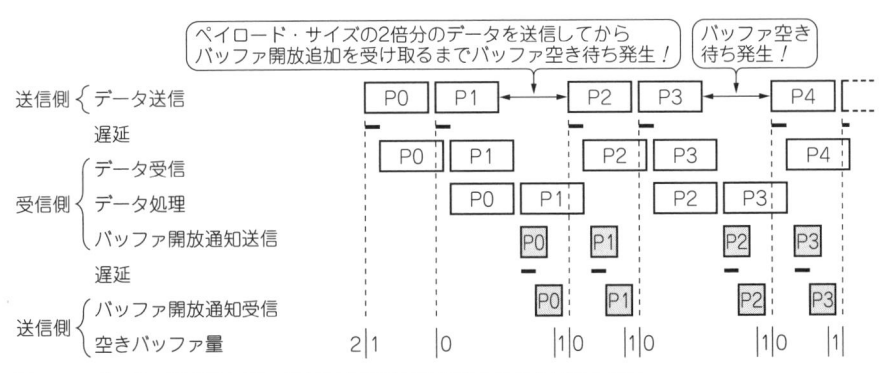

図7-4 バッファが不足していると空くまで転送を待たなければならない
ペイロード・サイズの2倍しかバッファがない場合．

表7-3 転送速度を十分に出すために必要なバッファ量
表は遅延が大きめなPHYの場合．遅延が小さなPHYでは，25～50%程度減らしても影響がないこともある．ヘッダのクレジット数は何個のパケットを受け取れるかで規定されている．

項　目	最大ペイロード・サイズ(MaxPL)	
	128 バイト	256 バイト以上
Posted Data Buffer Size	1024 バイト以上	最大ペイロード・サイズ×4
Posted Header Buffer Size	8 パケット以上	4 パケット以上
Non-Posted Header Buffer Size	8 パケット以上	

になり，全体としてデータ転送性能が悪化します．筆者の経験では，**表7-3**に挙げたバッファ・サイズで，転送への悪影響はほぼなくなります．

　バッファの管理はIPコアで行います．データ系バッファは，通常LSI内蔵SRAMが使用可能な構造になっています．ヘッダ系バッファは，IPコアの種類によりSRAMを使用できる場合と，フリップフロップにしか配置できない場合があります．フリップフロップに配置する場合，1段で96～128個程度のフリップフロップを使用します．デバイス規模と相談して決める必要があります．

② 開始/終了通知の遅延が大きいと転送性能が悪化

　ここでいう遅延とは，データ処理要求を受け取った側が実際に処理を行い，要求元に処理完了を通知するまでの時間のことです．実際のデータ転送にかかる時間は含みません．

　遅延があると，データ処理の開始が遅れるのに加え，処理完了時にバッファが空いたという通知も遅れます（**図7-5**）．遅延の要因は，（**1**）実際のデータ処理にかかる時間と，（**2**）処理の開始/終了を相手に通知するまでの時間です．

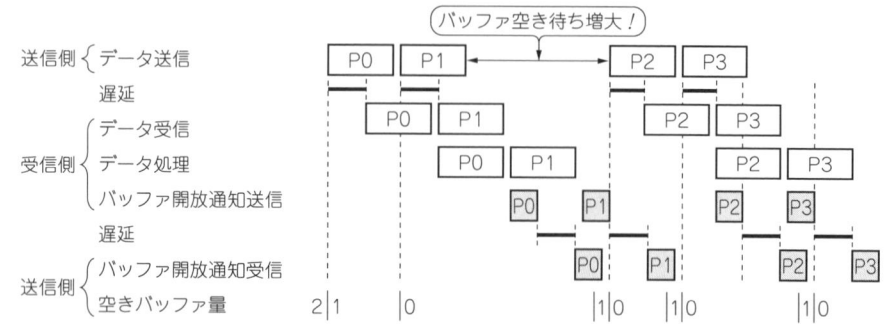

```
送信側 ┌ データ送信      [P0] [P1]              [P2] [P3]
      └ 遅延
受信側 ┌ データ受信        [P0] [P1]              [P2] [P3]
      │ データ処理          [P0] [P1]              [P2] [P3]
      └ バッファ開放通知送信  [P0] [P1]              [P2] [P3]
      遅延
送信側 ┌ バッファ開放通知受信        [P0] [P1]              [P2] [P3]
      └ 空きバッファ量     2│1   │0        │1│0  │1│0        │1│0
```

図 7-5 バッファ不足で開始/終了通知の遅延が大きいとバッファの空き待ちが長くなって転送速度が上げられない

表 7-4 遅延による転送速度への影響

4 レーンでリンクさせた際の転送速度の変化のようすをまとめた．パソコン 1 とパソコン 2 はバッファ・サイズが不足している場合，最大ペイロード・サイズを 128 バイトに統一．

| 項目 | チップセット | バッファ | | PHY1 (B 社 FPGA) | PHY2 (C 社 FPGA) | PHY3 (ES チップ) |
		PHB	PDB	遅延大	遅延中	遅延小
パソコン 1	E7221	4 個	256 バイト	271M バイト/s	365M バイト/s	422M バイト/s
パソコン 2	945G	8 個	512 バイト	548M バイト/s	720M バイト/s	744M バイト/s
パソコン 3	E7520	12 個	768 バイト	742M バイト/s	744M バイト/s	744M バイト/s

（2）はさらに二つに分けられます．PHY 部のパラレル‐シリアル変換にかかる時間と MAC 部の応答時間です．PHY 部の遅延は LSI/FPGA メーカによりかなり異なるようです．

実際，本章の評価で使用した 2 社の FPGA でも遅延量が大きく異なりました．また，MAC 部の動作クロックが遅い場合も遅延が増大します．

表 7-4 は実際に PHY チップを変更したときの転送速度の変化をまとめたものです．バッファが十分に確保されていない環境では，遅延の悪影響が発生していることが分かります．

③ ペイロード・サイズが小さいことの影響は比較的少ない

不思議に思われるかもしれませんが，最大ペイロード・サイズの影響はあまり大きくありません．最大ペイロード・サイズが大きいと，トランザクションに占めるデータの割合が多くなり，速度が向上します．しかし，バッファ・サイズや遅延により速度が低下している状況では，そもそもデータを送り出せません．最大ペイロード・サイズが大きくても速度は上がらなくなります．

バッファ・サイズが十分で，遅延が悪影響を及ぼさないときの最大ペイロー

表7-5 最大ペイロード・サイズによる転送速度への影響

項目	MaxPL	転送速度
パソコン3	128バイト	760Mバイト/s
パソコン4	256バイト	845Mバイト/s
パソコン5	512バイト	894Mバイト/s

表7-6 チップセットのバッファと対応するペイロード・サイズ

チップセットにより，バッファ搭載量にかなりばらつきがある．データシートには本値に関する記述はない（使用したパソコンでの実測値）．設定や構成により値が異なる可能性があることをご了承いただきたい．

項目	型名	メーカ	バッファ・サイズ（バイト）			最大ペイロード・サイズ
			ヘッダ		データ	
			Posted	Non Posted	Posted	
MCH	945	Intel	8	14	512	128
	E7221	Intel	4	12	256	256
	E7230	Intel	8	14	512	256
	E7520	Intel	12	8	768	256
	5000X	Intel	14	14	864	256
	HT-2100	Broadcom	16	32	2304	512
ICH	ICH7	Intel	16	16	1024	128
	631xESB	Intel	4	4	512	256

ド・サイズの値の例を表7-5に示します．

　最大ペイロード・サイズは大きい方がベターですが，必要なバッファ・サイズも多くなります．最大ペイロード・サイズに比べてバッファ・サイズが小さすぎると，転送性能が悪化する場合もあります．

　もう一つ最大ペイロード・サイズの影響が限定的になる要因は，接続するPCI Expressデバイスの最大ペイロード・サイズがあまり大きくないことにあります．最大ペイロード・サイズは，接続するPCI Expressデバイスの小さい側の数値に合わせられます．それ以上大きなサイズに対応していても意味がありません．

　インテルのデスクトップ/ノート・パソコン向けチップセットの最大ペイロード・サイズは128バイト，サーバ/ワークステーション向けチップセットの最大ペイロード・サイズは256バイトとなっています．評価で使用したAMD（Advanced Micro Device）のCPUの中には，最大ペイロード・サイズが512バイトのチップセットもありました．

④ 接続先の転送性能が低いと性能は上がらない

　前述の最大ペイロード・サイズだけでなく，転送性能は通信相手のバッファ・サイズと遅延の影響も受けます．特に古いチップセットのバッファ・サイズは，

かなり少なくなっています．不特定のパソコンに接続して使用することの多い汎用的なボードの場合には表7-6に示すようなバッファ・サイズを確保してください．

● IPをスプリット・トランザクション型バスで接続する

IPコアのトランザクション層側と接続するバス・インターフェースを決める際に注意すべき点があります．接続するバスは大きく分けて，リード動作の異なる以下の2種類から選択することになります（図7-6）．

- スプリット・トランザクション型
- インターロック型

スプリット・トランザクション型は，コマンド（アドレス）とデータのバス制御が分離しているタイプです．コマンドを発行したあと，データが返ってくる前に次のコマンドを発行できます．インターロック型は，コマンドとデータのバス制御が分離されていないタイプです．リード・コマンドを発行したら，図7-3のようにデータを読み終わるまでコマンド発行を停止します．

PCI Expressでは，インターロック型を使用するとリード・レイテンシが大きくなり，転送性能が極端に悪化します．従来のPCIやPCI-Xに比べ，シリアル-パラレル変換時間が増大し，MAC部分の階層が深くなっているためです．筆者の知る限り，IPコアのインターフェースはどれもスプリット型になっています．

LSIの外に出る部分は，どうしてもインターロック型になってしまう個所が発生すると思います．できるだけスプリット型で構成し，末端でインターロック型に変換してください．

また，リード・レイテンシに関連して，PCI Express経由の小さなデータの読み出しは遅くなります．特にCPUが「データを一つ読む→処理→データを一つ

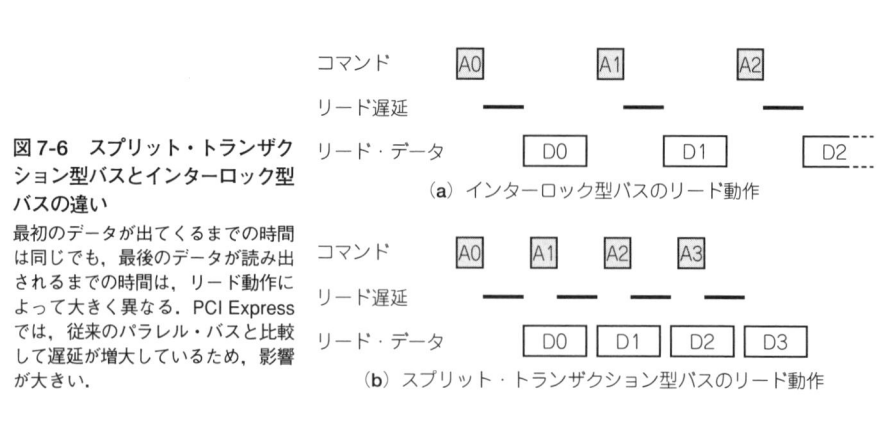

図7-6 スプリット・トランザクション型バスとインターロック型バスの違い
最初のデータが出てくるまでの時間は同じでも，最後のデータが読み出されるまでの時間は，リード動作によって大きく異なる．PCI Expressでは，従来のパラレル・バスと比較して遅延が増大しているため，影響が大きい．

（a）インターロック型バスのリード動作

（b）スプリット・トランザクション型バスのリード動作

読む→処理…」と繰り返す場合，性能が顕著に低下します．これはシリアル・バスを採用している以上回避できません．

● 動作周波数向上のため IP との接続信号にフリップフロップを使う

そのほか一般的な注意点としては，ユーザ回路から IP コアへの入力信号をフリップフロップの出力とすることです．IP コアへの入力信号はかなり深い階層まで直接接続されている場合があります．IP コアへの入力信号をフリップフロップの出力としないと，必要な動作周波数が確保できません（筆者はこの部分で今回少し泣きました）．

7-4　FPGA による実機評価

マスクを起こして作成する前に，高速データ転送を行える LSI を FPGA に実装して評価を行いました．市販の PCI Express 評価ボードを購入し，FPGA は高速シリアル・トランシーバを内蔵したものを使いました．ここでは実機評価の際に生じた問題点を説明します．

● ボードと実際のレーン数が違うと通信可能状態にならない

評価ボードをパソコンに差して動かそうとしたところ，リンクアップできるパソコンとできないパソコンがありました．中には BIOS の起動すらできないパソコンもありました．リンクアップとは接続時の初期化処理を行って通信可能状態にすることです．

最初は，相性の問題という安易な考えで放置していたのですが，評価が進むにつれて気になってきました．評価中に何気なく，パソコンと評価ボードの間に PCI Express アナライザを入れて電源を入れたところ，正常にリンクアップできることが分かりました．

原因は，評価ボードにありました．本章では，8 レーンの評価ボードを使用しました．しかし，4 レーンをターゲットに設計していたため，中身の回路は 4 レーン分しか実装していません．

レシーバ検出でパソコンが認識した評価ボードのレーン数と，実際に実装された回路のレーン数が異なっていたために，正しくリンクアップできませんでした（図 7-7）．そこでレーン数を合わせるために，使用していないレーンにマスキング・テープを張るとすべてのパソコンでリンクアップするようになりました（**写真 7-2**）．

図 7-7 レシーバ検出のしくみ
送信レーン側が，受信レーンが接続されているかどうかを確認する機能．何レーンでリンクを確立させるか認識するために使用する．電圧の変化時間を測定することで実現する．まずトランスミッタは初期とは逆のレベルに電圧を変化させ，(1) レシーバ接続時：コンデンサに充電するため，伝送路上の電圧はゆっくり変化，(2) レシーバ未接続時：コンデンサがないのと等価であるため電圧は急速に変化，を判定する．

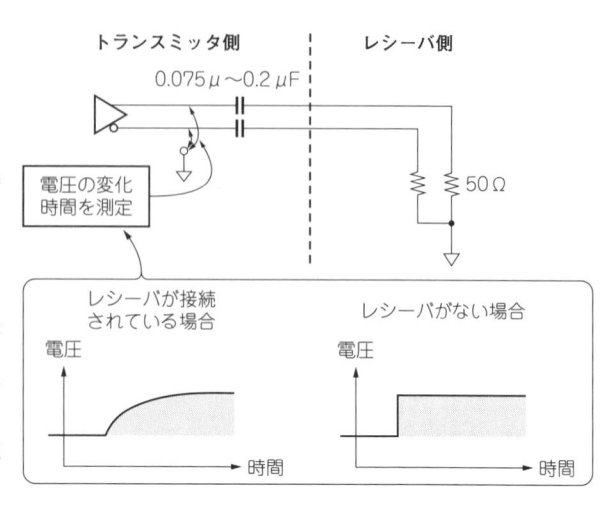

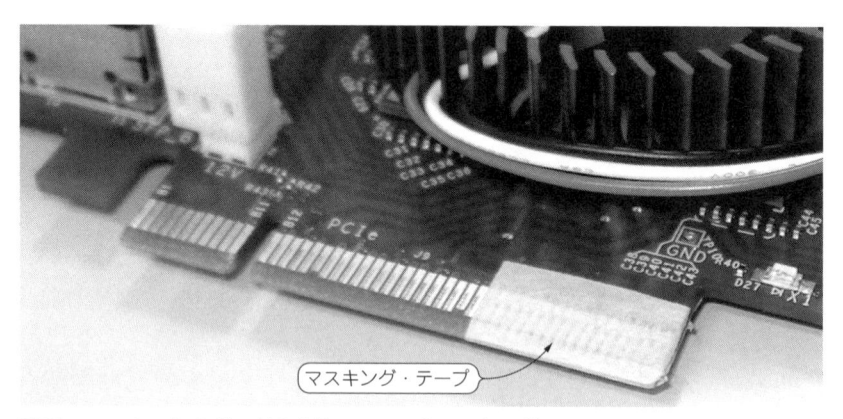

写真 7-2 8 レーンのボードの上位 4 レーンをマスキング
8 レーンのボードをそのままパソコンに差してしまうと，回路が実装されていないレーンまでレシーバ検出が行われてしまい，リンクアップできないパソコンが存在した．上位 4 レーンに魔法のテープ(ただのマスキング・テープ)を張ると，どのパソコンでもリンクアップできるようになる．

PCI Express アナライザを使用すると正常に動作したのは，使用していたアナライザが 4 レーン対応だったので，回路が実装されているレーンしかパソコン側に接続されていなかったからです．

● バーチャル・チャネルを一つしか使わなくてもマッピングが必要

　PCI Express 部リンクアップ，コンフィグレーション空間のアクセス，内部レ

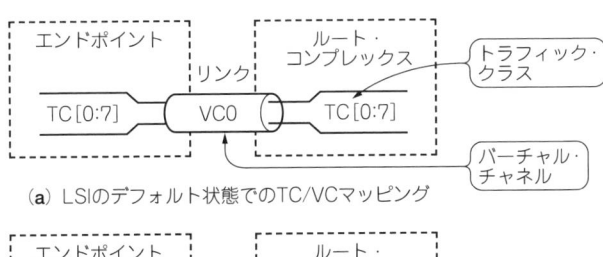

図7-8 バーチャル・チャネルにマッピングされていないトラフィック・クラスを使うとDMAが動かないことがある

DMAデータ転送に，何のバーチャル・チャネルVCにもマッピングされていないトラフィック・クラスTCを使用していたためデータを流す途中で詰まってしまい，パソコンがハングアップを起こした（このときはTC[7]を使用）．

(a) LSIのデフォルト状態でのTC/VCマッピング

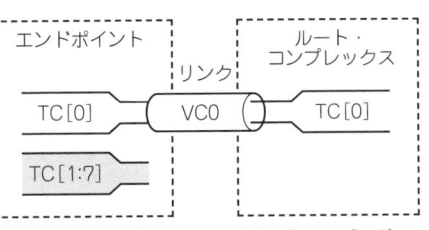

(b) DMAが動かない時のTC/VCマッピング

ジスタのアクセスまでは動作したのですが，DMAが全く動作しません．DMAを開始した途端にパソコンがハングアップしてしまいます．

シミュレーションでは正常に動作しています．PCI Expressアナライザで実際のパケットを観測しても，PCI Express上にメモリ・アクセス・コマンドが正しく送られているように見えます．ただし，リード・アクセスでは相手先からデータが返ってきません．

原因は，トラフィック・クラス(TC)注7-2にありました．バーチャル・チャネル(VC)を一つしか使用しないため，TCは何でも構わないと思っていました．しかし，評価に使用したパソコンではTC0のみがVC0にマッピングされていたため，正常に動作しませんでした(図7-8)．

仕様を正しく理解していなかったのがバグの原因です．ただ，TCのマッピングがデフォルトから変更されていたのは逆にラッキーかもしれません．マッピングがデフォルトのままであれば，バグを発見できないところでした．

● 非同期のDMA転送において割り込みのバグを発見

評価も佳境に入り，LSIに負荷をかけて評価を行い始めました．DMAを2チャ

注7-2：トランザクションの優先順位指定に使用し，0～7までの値を指定できる．バーチャル・チャネル(VC)を使用する場合に使用する．VC0とTC＝0は必ずマッピングされるので，VC0しかない場合(VC使用しない場合)はTC＝0を使用する．デフォルトでは，すべてのTCがVC0にマッピングされる．

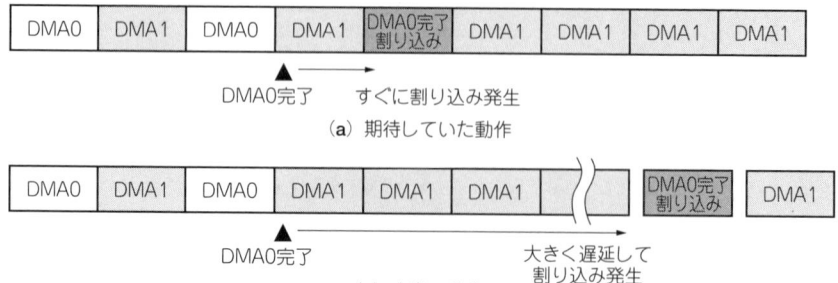

```
| DMA0 | DMA1 | DMA0 | DMA1 | DMA0完了割り込み | DMA1 | DMA1 | DMA1 | DMA1 |
```
　　　　　　　　　▲
　　　　　DMA0完了　　すぐに割り込み発生
　　　　　　　（a）期待していた動作

```
| DMA0 | DMA1 | DMA0 | DMA1 | DMA1 | DMA1 |〜| DMA0完了割り込み | DMA1 |
```
　　　　　　　　▲
　　　　　DMA0完了　　　　　　　　　大きく遅延して
　　　　　　　　　　　　　　　　　　割り込み発生
　　　　　　　　（b）実際の動作

図7-9　割り込みが遅延する原因
本来であれば，DMAデータ・パケットと割り込みパケットは，同じ優先順位で処理されるべきだった．
実際にはDMAパケット送出にすき間ができるまで送出されなかった．

ネル同時かつ非同期に動作させてPCI Express側にデータをライトし続ける評価で，割り込みが遅延する問題が発生しました．アナライザで観測したところ，片チャネルのDMAが完了し転送終了を割り込みで通知するところで，もう一方のチャネルのDMA転送が行われていると，割り込みがなかなかPCI Express上に出てきません．

　シミュレーションで同じような状況を再現させてみました．するとメモリ・ライト・トランザクションが途切れなく行われている状態では，割り込みメッセージがPCI上に出力されません．メモリ・ライト・トランザクションに空き時間を作ると，割り込みメッセージ出力されます．本来，先に発生した要求を先に出力すべきところが，図7-9のようにメモリ・ライトが優先的に処理される回路になっていました．

● FPGAで使用したソフトウェアが使えるようにASICを設計する

　ES（Engineering Sample）の評価では，FPGAでの評価で使用したソフトウェアをそのまま使えるようにしました．同じソフトウェアが動くようにするメリットは，何といっても動作確認が迅速に行えることです．

● コンプライアンス・テストで相互接続のお墨付きを得る

　開発したLSIのPCI Expressアイ・パターンを測定しました．図7-10（a）は，設計したLSIのアイ・パターンです．測定環境は以下のとおりです．
- オシロスコープ：DSO81004B（アジレント・テクノロジー）
- CBB（Compliance Base Board）：CBB1.1

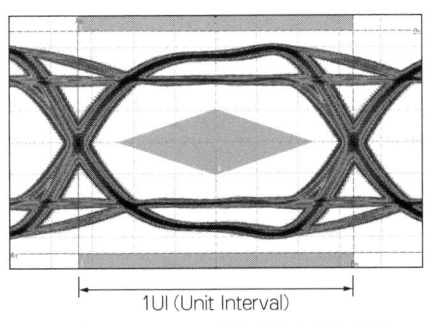

1UI (Unit Interval)	1UI (Unit Interval)
（a）ディエンファシス機能がある場合の出力 （約150mV/div，60ps/div）	（b）ディエンファシス機能がない場合の出力 （約145mV/div，60ps/div）

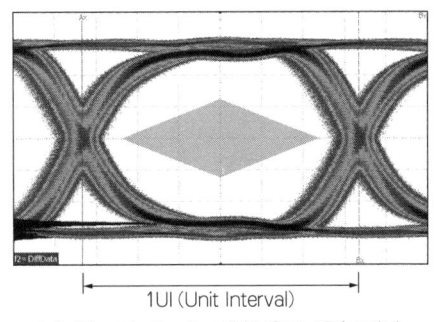

図 7-10　PCI Express 信号のアイ・パターン
(a)のアイ・パターンは大きく開き，良好な波形が確認できた．(b)もアイ・パターンは大きく開いているが，この FPGA にはディエンファシスの機能がないため，遷移ビットと非遷移ビットの電圧レベルに変化がない．こちらも PCI Express の仕様を満足している．

　設計した LSI を評価した結果，すべて PCI Express の規格に適合した良好なアイ・パターンが得られました．図 7-10（b）は FPGA 評価ボードのアイ・パターンを測定したものです．FPGA にディエンファシスの機能がないため，波形の振幅が一定ですが，これでも規格上問題ないようです．

　PCI Express にはアイ・パターンを含めて，相互接続を保証するコンプライアンス・テストがあります．コンプライアンス・テストでは以下の項目を試験します．

- エレクトリカル・テスト：送信側のアイ・パターンを測定し，規格に準拠しているか確認する
- コンフィグレーション・テスト：コンフィグレーション空間にアクセスを行い，規格どおりのレジスタ実装がされているか確認する（ソフトウェアを PCI-SIG のサイトよりダウンロード可能）
- プロトコル・テスト：専用のプロトコル・テスト・カードを用いて，データ・リンク層およびトランザクション層が規格に準拠しているか確認する
- 相互接続性テスト：コンプライアンス・ワークショップに参加した機器同士の相互接続性，およびゴールド・スーツと呼ばれる基準となる装置との接続性を確認する．ゴールド・スーツすべてと，ワークショップ参加機器の 80 ％に接続し動作できれば合格

コラム 7-1　PCI Express-ローカル・バス・ブリッジ LSI の特徴

　設計事例を紹介した PCI Express とローカル・バスのブリッジ LSI アバールデータ製「AAE-B04」の特徴を図 7-A と表 7-A に示します．4 レーンの PCI Express インターフェースを生かして，高速なデータ転送を必要とするさまざまな場面で使えます．筆者らは実際に図 7-B のような構成で，通信モジュールやカメラ・モジュールなどの製品に搭載しています．

表 7-A　作成した LSI の仕様

	規　格	Base Specification Revision1.0a
PCI Express エンドポイント	レーン数	4 レーン
	最大ペイロード・サイズ（MaxPL）	1 K バイト
	バッファ・サイズ	RX Posted Data, RX Ccompletion Data 各 8 K バイト Retry 4 K バイト
ローカル・バス	バス・プロトコル	シンプルなオリジナル・プロトコル
	信号レベル	2.5V-LVTTL シングルエンド
	バス幅	64 ビット
	バス・クロック	133 MHz（最大）
高速メモリインターフェース	対応メモリ	DDR200〜400，容量：16 M バイト〜1 G バイト（総容量）
	バス幅	32 ビット
	先読みメモリ	512 バイト×4 個
DMA コントローラ	チャネル数	2 チャネル
	対応モード	One Shot モード，Scatter/Getter モード
FPGA コンフィグレーション	対応モード	アルテラ FPGA：PS モード ザイリンクス FPGA：Slave Serial モード ラティスセミコンダクター FPGA：Slave Serial モード
一般仕様	パッケージ	672 ピン 1 mm ピッチ BGA（27 mm 角）
	動作温度	0〜70℃
	電源	+3.3 V　20 mA（最大），+2.5 V　415 mA（最大），+1.2 V　2.2 A（最大）

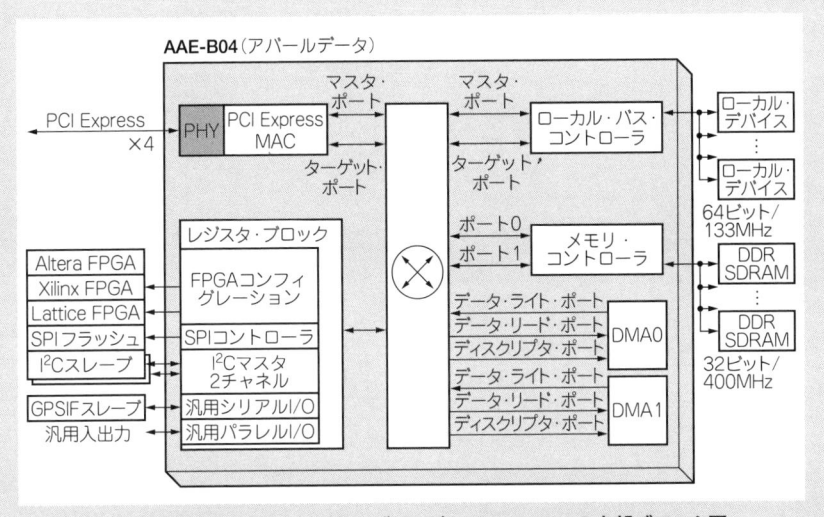

図 7-A　PCI Express - ローカル・バス・ブリッジ LSI AAE-B04 の内部ブロック図
各ブロックはマトリックス・スイッチで接続されており，同時に異なった個所のデータ転送が実行できる．メモリ・コントローラは 2 ポートでスイッチに接続されており，PCI Express とローカル・バス双方からの同時アクセスが可能．

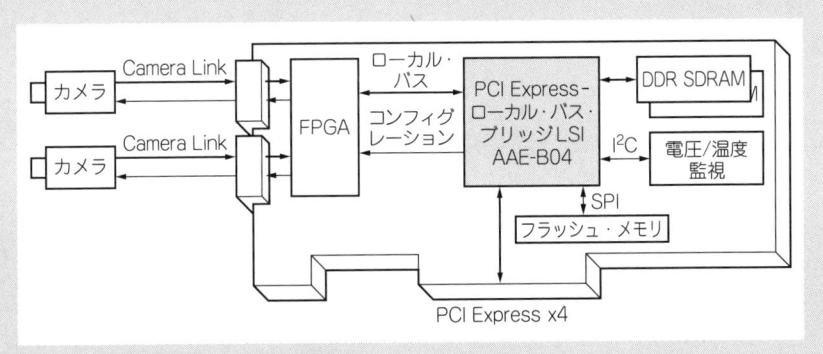

図 7-B　画像入力モジュールへの応用例
高速な転送能力を生かした，複数台カメラの同時取り込みモジュールである．FPGA では，データの並べ替えやフィルタリングなどの前処理を行う．DDR メモリは一時バッファとして利用．

7-4　FPGA による実機評価

第8章 信号品質の評価方法とコンプライアンス・テスト
―― ジッタやアイ・ダイヤグラムが分かる

畑山 仁

PCI Express で重要なのが相互接続性(Interoperability)であり，これを保証するには，オシロスコープによる 2.5 Gbps，あるいは 5 Gbps の高速の物理層信号に対する信号品質テストが不可欠です．

本章は，信号品質の評価方法と相互接続性を保証するためのコンプライアンス・テストについて解説します．

8-1 要求される信号品質テスト項目

● シリアル伝送はパラレル伝送と評価項目が異なる

PCI Express の評価にはさまざまな項目があります．中でもオシロスコープによる物理層信号に対する信号品質テストは不可欠です．信号が高速になると，インピーダンスの乱れや高周波損失など，伝送線路のさまざまな影響を受けて，アナログ的な信号品質の維持が困難になります．信号品質の劣化は伝送エラーに直結し，システムとしての信頼性を低下させます．また機器間の相互接続性(Interoperability)のため，物理層の信号が規格で定められた仕様に適合していることの保証，すなわちコンプライアンス・テストが必要になります．

パラレル伝送とシリアル伝送では，信号やデータを測定する手法が大きく異なります．例えば信号振幅などを測らなければならない点は同じです．しかし，パラレル転送ではクロックとデータ・バス間のセットアップ/ホールド時間の余裕度を見るのに対して，シリアル転送ではアイ・ダイヤグラム測定法を用いてアイの開きぐあいを見ます．加えて，ジッタ解析が極めて重要となります．受信側でクロック・リカバリを伴うため，ジッタがビット・エラー・レート BER (Bit Error Rate)に直接影響するからです．

以下に，2.5 Gbps の品質テストの項目について説明します．

● アイ・ダイヤグラム：信号の総合的な品質を評価する

図 8-1 に示すアイ・ダイヤグラムは，後で紹介するマスク・テストと合わせて，コンプライアンスのための信号品質テストの中核です．

レシーバは，受信信号からクロックを正しくリカバリし，正しく論理値を判定してデータをリカバリできることが重要です．そのために必要なことは，

- ラッチ点で所望の信号レベルが確保されているかどうか？
- ラッチ点から信号のエッジ位置までの時間が確保されているかどうか？

です．その阻害要因（信号劣化）は，

- 振幅方向に関するもの
  - 信号レベルの低下
  - 信号のなまり
  - レベルの変動
  - ノイズ

図 8-1 アイ・ダイヤグラム測定法のパラメータ

アイ・ダイヤグラムはリカバリ・クロックを基準に一連のデータ波形の重なりを表示することで，伝送特性を総合的に表現できる．シリアル信号の品質を評価する重要なテスト項目である．

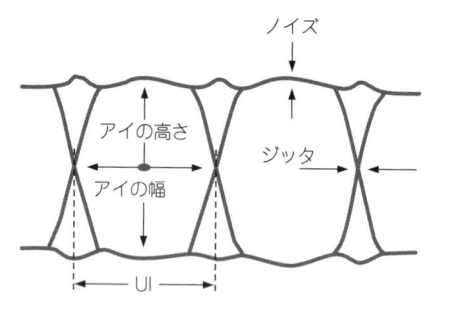

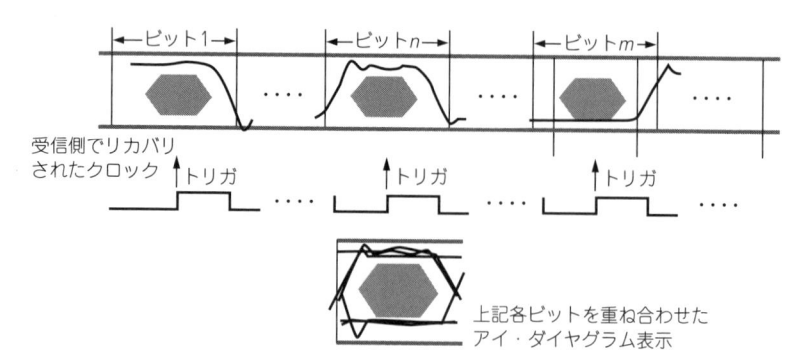

図 8-2 アイ・ダイヤグラムの原理

信号がとりうる遷移を一つの画面にすべて表示する．こうすることで，アイ開口（高さ，幅），ノイズ，ジッタ，立ち上がり/立ち下がり時間，振幅に関する情報が示される．

- 時間軸方向に関するもの
  - デューティ・サイクル，ユニット・インターバル(周期)の変動
  - ジッタ

などです．

アイ・ダイヤグラムは，図8-2のようにリカバリ・クロックを基準にしてビットごとに信号を重ね描きし，正に向かう遷移，負に向かう遷移など，信号がとり得る遷移を一つの画面にすべて表示します．信号劣化要因の情報が含まれており，伝送特性を総合的に表現できます．このため，長年にわたってシリアル信号の品質を評価する重要なテスト項目として利用されてきました．波形の重なりぐあいが目(Eye)のような形状に見えることから，この名前が付いています．

アイ開口が大きければノイズ，ジッタに対する耐性増加・受信特性も良好になります．しかし，トップ(波形の上側)やベース(波形の下側)の部分が太くなったり，遷移部分が広くなったりすると受信特性が悪化します．そのため，アイの開きぐあい(Eye Opening)はビット・エラー・レート BER と相関があります．

物理層測定用には，一般的には 2^7-1，$2^{23}-1$ などの疑似ランダム・ビット・パターン(PRBS：Pseudo Random Bit Sequence)を使用します．PCI Expressの物理層の仕様および測定には，最も遅いビット・パターンと最も速いビット・パターンを組み合わせた，ジッタ(シンボル間干渉)に対して厳しい条件を用います．具体的には，物理層に流れる8b/10b符号の中で一番長い'0'あるいは'1'の5ビット継続と，1ビットごとの'1'と'0'の繰り返しが混ざったK28.5−，D21.5，K28.5＋，D10.2シンボルを組み合わせた40ビット長のパターンで評価します(図8-3)．

シンボル	K28.5−	D21.5	K28.5＋	D10.2
現在のディスパリティ	0	1	1	0
パターン	0011111010	1010101010	1100000101	0101010101

最も変化が少ない / 最も変化が多い

(a) アイ・ダイヤグラム測定法で使う8b/10bシンボル

0 0 1 1 1 1 1 0 1 0 1 0 1 0 1 0 1 0 1 0 1 0 1 1 0 0 0 0 0 1 0 1 0 1 0 1 0 1 0 1
|← K28.5− →|← D21.5 →|← K28.5＋ →|← D10.2 →|

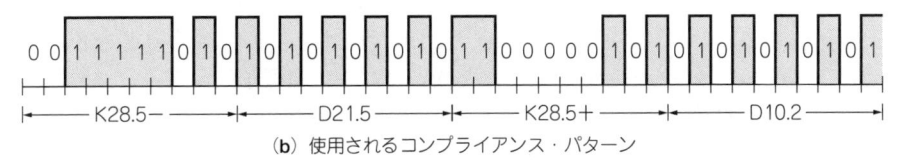

(b) 使用されるコンプライアンス・パターン

図8-3 ジッタは厳しい条件で評価する
8b/10bの中でいちばん長い'0'または'1'の連続5ビットと，1ビットごとの'1'と'0'の繰り返しが混ざったパターンで評価する．

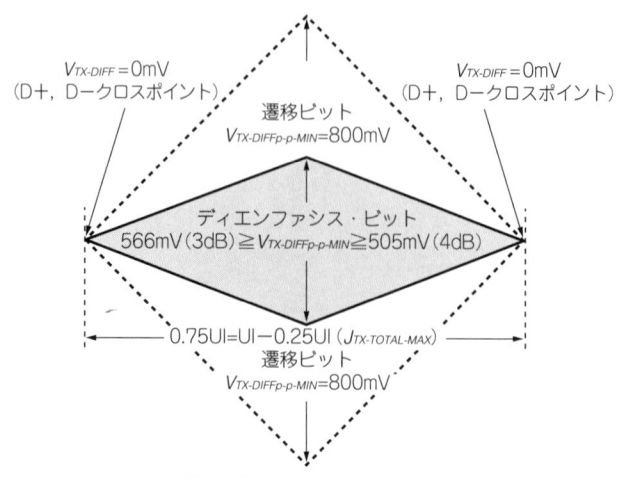

(送信側アイ・ダイヤグラム・マスクの図)

$V_{TX\text{-}DIFF}=0mV$
(D＋，D－クロスポイント)

$V_{TX\text{-}DIFF}=0mV$
(D＋，D－クロスポイント)

遷移ビット
$V_{TX\text{-}DIFFp\text{-}p\text{-}MIN}=800mV$

ディエンファシス・ビット
$566mV(3dB) \geqq V_{TX\text{-}DIFFp\text{-}p\text{-}MIN} \geqq 505mV(4dB)$

$0.75UI=UI-0.25UI\ (J_{TX\text{-}TOTAL\text{-}MAX})$

遷移ビット
$V_{TX\text{-}DIFFp\text{-}p\text{-}MIN}=800mV$

$V_{TX\text{-}DIFF}$ ：送信端差動電圧
$V_{TX\text{-}DIFFp\text{-}p\text{-}MIN}$ ：送信端最小ピーク・ツー・ピーク差動電圧
$J_{TX\text{-}TOTAL\text{-}MAX}$ ：送信端最大トータル・ジッタ

(a) 送信側アイ・ダイヤグラム・マスク

$V_{RX\text{-}DIFF}=0mV$
(D＋，D－クロスポイント)

$V_{RX\text{-}DIFF}=0mV$
(D＋，D－クロスポイント)

$V_{RX\text{-}DIFFp\text{-}p\text{-}MIN} > 175mV$

$0.4UI=T_{RX\text{-}EYE\text{-}MIN}$

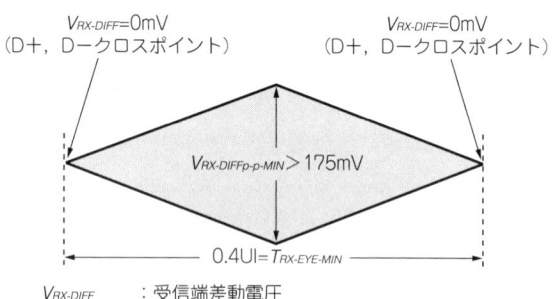

図 8-4 PCI Express (Base Specification Revision 1.1)で規格されている送信側アイ・ダイヤグラム・マスクと受信側アイ・ダイヤグラム・マスク
送信側アイ・ダイヤグラム・マスクは，遷移ビットと非遷移ビットの2種類のマスクが重ねて記載されている．

$V_{RX\text{-}DIFF}$ ：受信端差動電圧
$V_{RX\text{-}DIFFp\text{-}p\text{-}MIN}$ ：受信端最小ピーク・ツー・ピーク差動電圧
$T_{RX\text{-}EYE\text{-}MIN}$ ：受信端最小アイ幅

(b) 受信側アイ・ダイヤグラム・マスク

● マスク・テスト：アイ・ダイヤグラムの許容度限界を同時に表示して確認する

　アイ・ダイヤグラム測定法では，信号特性の数値情報を抽出することも必要ですが，アイ・マスクを同時に表示した方が簡単に評価できます．アイ・マスクとは垂直・水平方向の狭まりぐあいと広がりぐあい，すなわち振幅とジッタの許容度の限界(違反ゾーン)を規定した多角形のことで，PCI Expressを含めて標準規格ごとに定義されています．PCI Expressの例として，**図 8-4** にPCI Express仕様書(PCI Express Base Specification Revision 1.1)に記載されているマスクを示

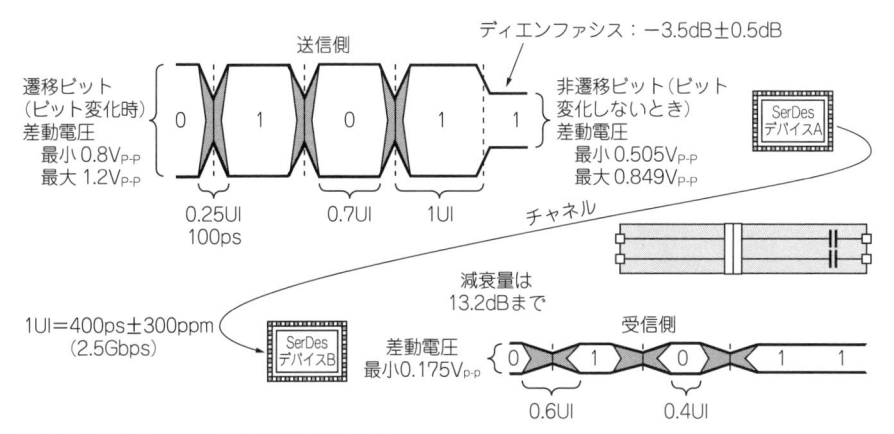

図 8-5 PCI Express の電気的仕様の一例
UI は Unit Interval の略でクロック 1 周期を表す．

します．base specification は送信端と受信端の仕様で，合計 3 種類のマスクが規格化されています．受信側のマスクに加え，送信側ではディエンファシスが使われるため，遷移ビットと非遷移ビットの 2 種類のマスクが必要になります．これらのマスクには，図 8-5 に示す送信側と受信側の重要な振幅とジッタの仕様がすべて反映されており，以下の内容が取り込まれています．

- 送信側は遷移ビットの最大振幅 1.2 V_{P-P}，最小振幅 0.8 V_{P-P} および -3.5 ± 0.5 dB のディエンファシス量（遷移ビット振幅と非遷移ビット振幅の差）により，非遷移ビットの最小振幅は 0.566 V_{P-P} 〜 0.505 V_{P-P} で，インターコネクトの損失量が最大 13.5 dB に収まっており，受信側は最小 0.175 V_{P-P} を確保できていること．
- 送信側の最大ジッタ 0.25 UI，インターコネクト（送信側基板，コネクタ，受信側基板）によるジッタを最大 0.3 UI と見積もっており，受信側で見た場合，0.6 UI 以下に収まっていること．

● 時間間隔エラー：高速シリアル・インターフェースのジッタ評価に使われる

シリアル・インターフェース系で測定されるジッタは，クロック・オシレータや PLL（Phase-locked Loop）などの評価に用いる周期ジッタやサイクル・ツー・サイクル・ジッタではなく，時間間隔エラー（TIE：Time Interval Error）です（図 8-6）．時間間隔エラーとは，リカバリされたクロックと実際の波形エッジ位置との差です．測定にあたりクロック・リカバリを必要とします．

```
                 ——— 被測定信号      ━━▶ ◀━━ 時間間隔エラー
                 ----- 理想エッジ位置（ジッタ参照タイミング）

       0ns           1ns          2ns          3ns          4ns
      0.0ns       0.990ns       2.000ns      2.980ns      4.000ns

                     P₁           P₂           P₃           P₄

                   0.990ns     1.010ns      0.980ns      1.020ns      周期ジッタ
                               0.020ns     −0.030ns      0.040ns     サイクル・ツー・
                                                                      サイクル・ジッタ
                  −0.010ns     0.000ns     −0.020ns      0.000ns     時間間隔エラー
```

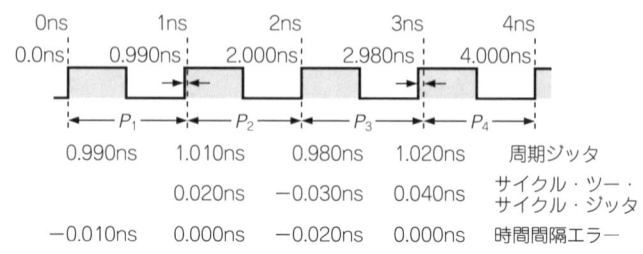

図 8-6　時間間隔エラーとはリカバリ・クロックと信号エッジとのずれ
クロックを多重しているシリアル・インターフェースのジッタは，時間間隔エラーとして定義される．図は，1 Gbps のシリアル・ビット・ストリームの例．リカバリされたクロックが 1 ns 周期となるので，1 ns 周期と実際のエッジとのずれが時間間隔エラーとなる．

● クロック・リカバリ：受信データを取り込むのに必要

　PCI Express は信号にクロックを埋め込んでデータを送信するので，信号からクロックを再生（リカバリ）する必要があります．

　クロック・リカバリ回路は PLL を使って受信したデータからクロックを抽出します．PLL は，ジッタの持つ周波数成分と振幅（ジッタの大きさ）により，その影響ぐあいが下記のように変わります．これはジッタ伝達関数で表現されます（図 8-7）．

1. カットオフ周波数以下のジッタ成分には PLL が追従するため，ジッタが吸収される
2. カットオフ周波数以上のジッタ成分に追従できないため，ジッタが吸収されない
3. ピークがあると逆にジッタが増加
4. 過渡領域でのジッタの吸収度合いはジッタ周波数と振幅に依存

　そのため，測定に使用されるクロック・リカバリの条件を統一する必要があります．

　リカバリされたクロックは，チップ内部でしか得られないため，オシロスコープ側でクロック・リカバリ機能を用意する方法があります．その場合，クロック・リカバリの方法は，ハードウェアとソフトウェアの 2 種類があります．最近ではある程度の期間（例えば 100 万 UI）連続して取り込んだデータから，ソフトウェアでクロック・リカバリの特性をエミュレートしてクロックを抽出する方法が主流です．また測定器ベンダや機種が異なっても同じ条件で測定を行うべく，PCI

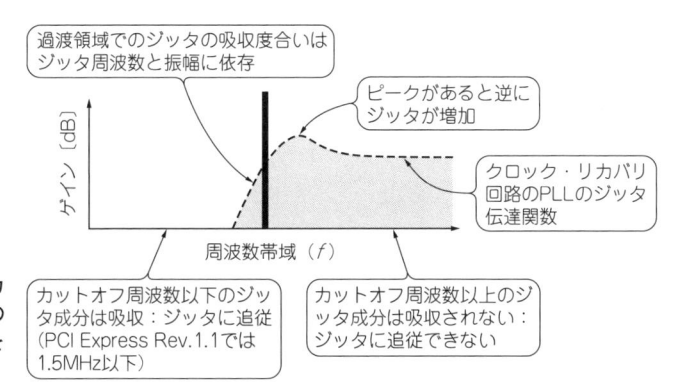

図8-7 クロック・リカバリ回路内部のPLLの特性でどこまでジッタを通すかが決まる

- 過渡領域でのジッタの吸収度合いはジッタ周波数と振幅に依存
- ピークがあると逆にジッタが増加
- クロック・リカバリ回路のPLLのジッタ伝達関数
- 周波数帯域 (f)
- ゲイン [dB]
- カットオフ周波数以下のジッタ成分は吸収：ジッタに追従（PCI Express Rev.1.1では1.5MHz以下）
- カットオフ周波数以上のジッタ成分は吸収されない：ジッタに追従できない

Expressのように測定に使用するクロック・リカバリの特性を指定する規格も多くなりました．規格の変更など柔軟に対応するためにはソフトウェアでクロック・リカバリする方が有利です．連続したデータを測定でき，またジッタのみならず遷移ビットと非遷移ビットを分離してアイ・ダイヤグラムも評価できます．この機能はPCI Expressのように，ディエンファシスを採用しているインターフェースで遷移ビットと非遷移ビットの振幅（アイの高さ）が異なるため特に重要です．

一方，デバッグなどで連続してトリガを掛けてリアルタイムで波形の変化などを観測するためにはハードウェアによるクロック・リカバリが適しています．

● PCI Expressの測定条件とクロック・リカバリ

PCI Expressでは，リアルタイム・オシロスコープと呼ばれるオシロスコープを使って，1回のトリガで連続したシリアル・ビット・ストリームを取り込みます．そして，ソフトウェアでクロックを抽出して，アイ・ダイヤグラムやジッタを測定するように指定されています．そのため，専用に用意されたコンプライアンス・ソフトウェアを使ってリアルタイム・オシロスコープで取り込んだシリアル・ビット・ストリームを処理し，解析することが求められます．

PCI Express Rev.1.0aでは，測定の際にオシロスコープで取り込んだ3,500 UI分のシリアル・ビット・ストリームから最小2乗法や偏差最小化法を使ってクロック・リカバリ（受信データの変化に応じたクロック信号の再生）を行っていました（図8-8）．このクロック・リカバリ方法は3次（60 dB/dec）の急しゅんなジッタ周波数対ジッタ・ゲイン特性を持ったPLLに相当します．これはPCI ExpressではEMI（Electro-Magnetic Interference）対策のためのスペクトラム拡散クロックSSC（Spread Spectrum Clock）が掛かっていても測定できるようにしているから

です．SSCはクロックに故意にジッタ（変調）を持たせ，EMI放射のエネルギが特定周波数に集中しないようにしてEMIを低減する方法です．PCI Expressでは，30 k～33 kHzの周波数で0～－0.5％の範囲でクロックを変調します．一方，PCI Express Rev.1.1では，クロック・リカバリの方法は式(8-1)で表現される1.5 MHz帯域の1次(20 dB/dec)のPLLに変更されました（図8-9）．

コラム8-1　オシロスコープの周波数帯域

　かつて，オシロスコープは図8-Aのように周波数に対して緩やかに減衰する，統計学上のガウス（Gaussian）分布に近似した周波数特性を持たせていました．これは，パルス信号の観測に際し，リンギングやオーバシュートなどの波形ひずみが発生しない特性だからです．「周波数帯域」は，直流(DC)あるいは低周波（数十kHz～数MHz）に対して，信号振幅が3 dB（約30％）減少する周波数（カットオフ周波数）として規定されます．この特性では，振幅（正弦波）を2～3％の確度で測るためには，被測定信号の周波数の5倍の周波数帯域が必要です．

　一方，今日の広帯域のオシロスコープでは，信号の高速化によって要求される広帯域を実現するため，比較的高い周波数まで平たんな特性を持つようになっています．代わりにカットオフ周波数以上では，サンプリング周波数の1/2以上の周波数成分が低い周波数へ折り返されて表示されるエイリアシング（Aliasing）を防ぐ意味もあって，急しゅんなロールオフ特性を持ちます．その結果，高速な立ち上がり時間の信号を入力すると，波形にオーバシュートが生じます．立ち上が

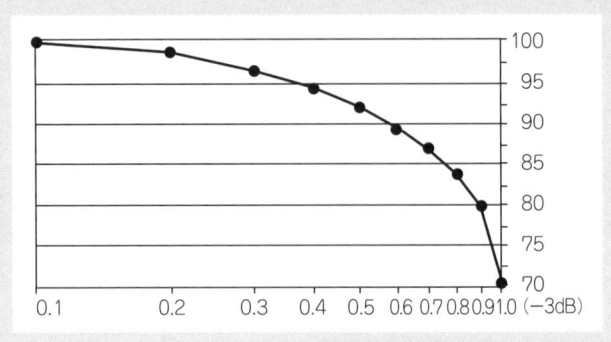

図8-A　従来のオシロスコープの理想的な周波数特性（最高周波数帯域を1として正規化）

$$H(s) = \frac{s}{s + 2\pi \times 1.5 \times 10^6} \quad \cdots\cdots\cdots\cdots\cdots\cdots\cdots\cdots\cdots\cdots\cdots\cdots\cdots\cdots (8\text{-}1)$$

同時に，ジッタのない「クリーン・クロック」を使用するようになりました．この「クリーン・クロック」を実現するため，SSC の使用をやめ，低ジッタのクロック発振器を使用するように定められています．

り時間が短いということはそれだけ高い高周波成分を持っていることになり，それらがカットされるとオーバシュートが生じるからです．例えば，立ち上がり時間 T_r の信号が持つ周波数の広がりは，目安として 3 dB 減衰した点で $0.35/T_r$ (f_{3dB})，さらに急激にエネルギが下がるニー周波数(Knee Frequency)は $0.5/T_r$ (f_{knee}) となります．

その反面，平たんな特性のため，高速シリアル信号のコンプライアンス・テストのような信号振幅を比較的高い精度で測定することが可能となりました．ただし，広い周波数領域に対して，アナログ回路だけで平たんな特性を実現することは容易ではありません．この辺に計測器メーカのノウハウがあります．そこで，最近では，ディジタル信号処理によって特性を補正し，周波数帯域を延ばす方法が取り入れられています(同時に位相特性も補正される)．ただし，ディジタル信号処理では A-D コンバータのダイナミック・レンジ(メーカによっては画面外)から波形をはみ出させてクリップさせた場合に予期せぬリンギングが発生したり，波形表示のスループットが低下したりする副作用があります．そのため，以上の現象が測定に影響する場合には，ディジタル信号処理を OFF にすることが重要です(OFF にした場合は当然，オシロスコープ本来のアナログ特性による波形表示となる)．

ディジタル信号処理のメリットは帯域を延ばすことだけではありません．
1. チャネル間，さらに機種間の特性をもそろえることができる
2. 周波数帯域を変更したりアクセサリを含めてプローブの特性を補正したりできる
3. イコライザを掛けたり，伝送路の損失を補正したりできる

ただし，ディジタル信号処理の適用範囲はメーカによって大きく異なるので，確認が必要です．

図 8-8 PCI Express の測定条件(Rev.1.0a)

リアルタイム・オシロスコープを使って1回のトリガで 3,500 サイクル(1.4 μs：SSC1 周期 30.3 μs の約 1/20)の連続したシリアル・ビット・ストリームを取り込み，クロックを抽出してからその中央の連続した 250 サイクルで振幅，アイ・ダイヤグラム，ジッタを測定する．(a)は，SSC によってデータ転送速度が 2.5 Gbps (±300 ppm)から－0.5％(2.375 Gbps)まで，最大 30.3 μs 周期(33 kHz)で変動しているようすを表している．

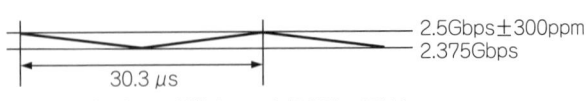

(a) スペクトラム拡散クロック(SSC)：33kHz

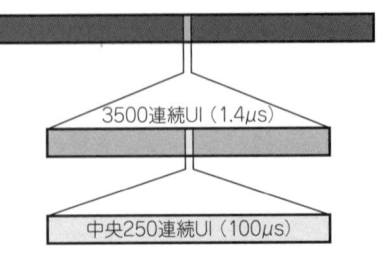

(b) シリアル・データ・ストリーム：2.5Gbps

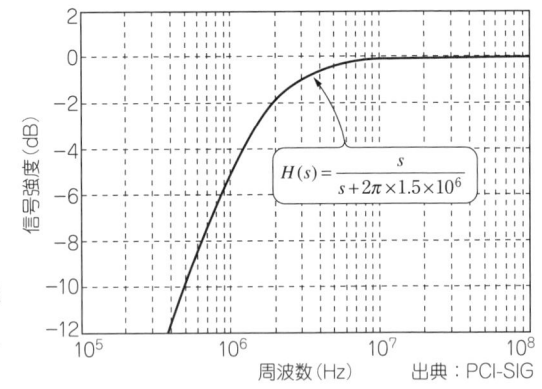

図 8-9 Rev.1.1 で測定用に求められるクロック・リカバリ方法での伝達関数

1.5 MHz 帯域の 1 次 PLL を採用している．

$$H(s) = \frac{s}{s + 2\pi \times 1.5 \times 10^6}$$

出典：PCI-SIG

　SSC の変調周波数(30 k～33 kHz)の高調波成分や低周波のジッタ成分がリファレンス・クロックに重畳していると，システム全体のジッタが悪化します．そこで，リファレンス・クロックのジッタの影響を除去して，純粋にトランスミッタのジッタだけを評価するように変更しました．

　しかしながら，システム(PC マザーボードなど)では「クリーン・クロック」の入力が困難です．また EMI 抑制の観点から，今日では SSC を BIOS 設定などでディスエーブルできないマザーボードが多くなりました．そのため，現在はシステムに関しては Rev.1.0a，アドイン・カードでは Rev.1.1 でリカバリしたクロックを基準に測定します．アイ・ダイヤグラムの表示も同様です．波形エッジは，リカバリされたクロックをリファレンスとして描かれます(図 8-10)．

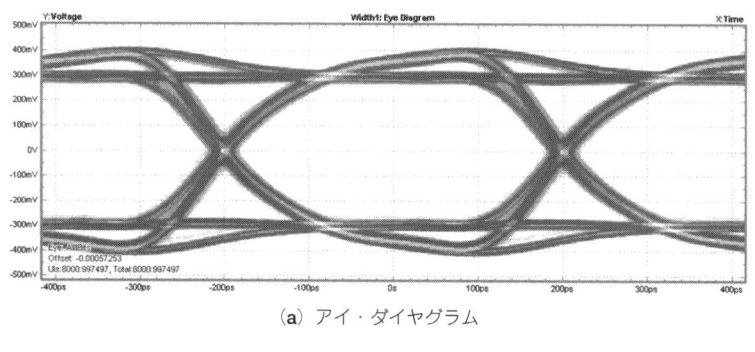

(a) アイ・ダイヤグラム

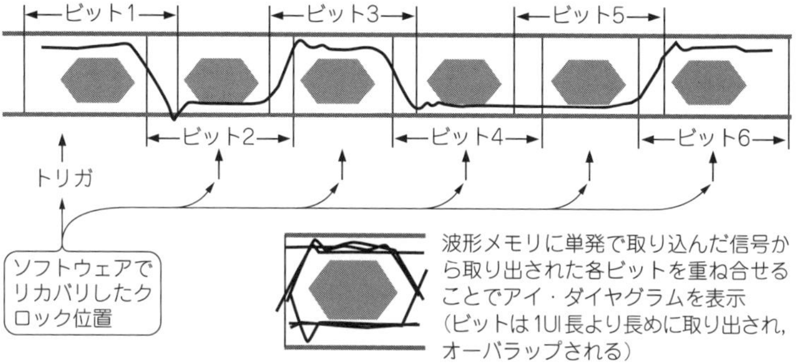

(b) リカバリ・クロックを基準に重ね合わせる

図 8-10　ソフトウェアでリカバリされたクロックを基準にアイ・ダイヤグラムを描く

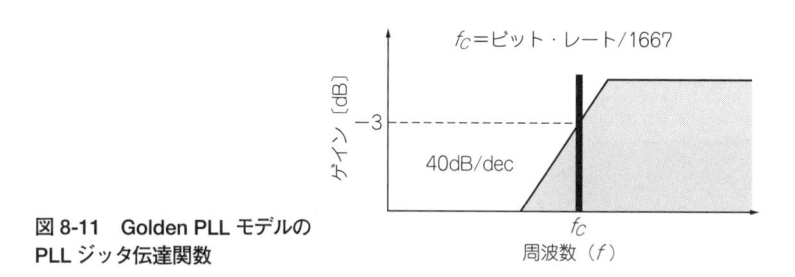

図 8-11　Golden PLL モデルの
PLL ジッタ伝達関数

f_C = ビット・レート/1667

なお，クロック・リカバリに関してシリアル・インターフェースの多くは，PCI Express と異なった「Golden PLL」モデル（図 8-11）を利用します．Golden PLL はループ帯域が f_C = ビット・レート/1667 と定義された 2 次(40 dB/dec)の PLL です．例えば 2.5 Gbps の InfiniBand の場合，1.5 MHz 以下のジッタは減衰します．

8-1　要求される信号品質テスト項目　**193**

8-2 送受信端の信号の仕様

● ジッタや損失が決められている

"PCI Express Base Specification"は，PCI Expressのトランスミッタ（送信）端およびレシーバ(受信)端での基本仕様を規定しています．一方，実際の実装方法としては，

① 同一基板上でトランスミッタやレシーバが直接接続される形態．つまり，図8-12のように途中にコネクタがない．

② グラフィックス・カードのように，システム・ボード(メイン・ボード)上に用意されたコネクタにアドイン・カードを挿入して使用する形態．間にコネク

図 8-12 PCI Express の実装例(その1)
同一基板上で途中にコネクタを介さず，直接接続する方法を示している．

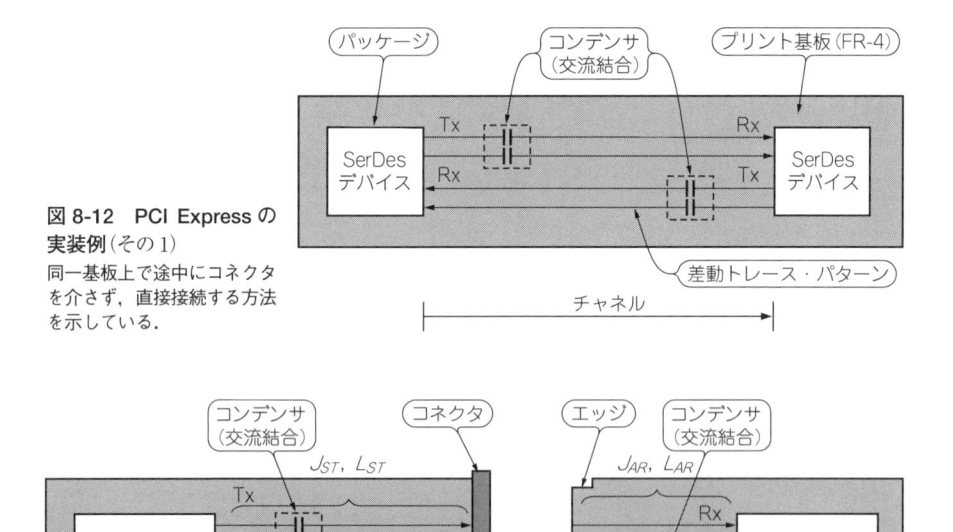

図 8-13 PCI Express の実装例(その2)
システム・ボードとアドイン・カードによるPCI Expressの実装．ライザ・カード(メイン・ボードとサブボードの間を結線するためにメイン・ボードに垂直に取り付ける配線用基板)は，システム・ボードに含めて考える．

タが一つ入る(図8-13).

③ ライザ・カード(メイン・ボードとサブボードの間を結線するために,メイン・ボードに垂直に取り付ける配線用基板)を介して,アドイン・カードをシステム・ボードに接続する形態.間にコネクタが二つ入る.

などが考えられます.①については PCI Express Base Specification をそのまま適用できます.しかし②と③においてボード間の相互接続性を保つためには,ボード・サイズやコネクタやカード・エッジのピン配置などの機構的な仕様に加えて,各ボード上の配線およびコネクタのジッタや損失量を考慮して,切り口となるコネクタやカード・エッジで電気的な仕様を規定する必要があります.そのため,システム・ボードとアドイン・カードについて "Card Electromechanical (CEM) Specification" が規定されています.CEM Specification で規定されている損失を表8-1に,ジッタを表8-2に示します.双方とも AC 結合用キャパシタやクロストークの影響を含んでいます.なお,ライザ・カードはシステム・ボー

表8-1 システム・ボードとアドイン・カードの損失規格
詳細は CEM Specification 4.6.2 を参照のこと.

インターコネクト	シンボル	損失(遷移ビット)	損失(非遷移ビット)
システム・ボード&コネクタ(Tx)	L_{ST}	9.3 dB 未満	6.0 dB 未満
アドイン・カード(Rx)	L_{AR}	2.65 dB 未満	1.95 dB 未満
合計注	—	11.95 dB	7.95 dB
システム・ボード&コネクタ(Rx)	L_{SR}	8.11 dB 未満	5.01 dB 未満
アドイン・カード(Tx)	L_{AT}	3.84 dB 未満	2.94 dB 未満
合計注	—	11.95 dB	7.95 dB

注:伝送路の損失量として,PCI Express Base Specification では遷移ビット(1.25GHz)なら13.2dBまで,そして最大4dBのディエンファシスを持つ非遷移ビット(625MHz)なら9.2dBまで許容されているが,コネクタ接触不ぐあいによる損失などを考慮して,1.25dBの余裕(guard band)を残すようにしている.

表8-2 システム・ボードとアドイン・カードのジッタ規格
詳細は CEM Specification 4.6.3 を参照のこと.

インターコネクト	シンボル	ジッタ(UI)	
		Rev.1.0a	Rev.1.1
システム・ボード&コネクタ(Tx)	J_{ST}	0.2425	0.1675
アドイン・カード(Rx)	J_{AR}	0.0575	0.0575
合計	—	0.3 (120 ps)	0.225 (90 ps)
アドイン・カード(Tx)	J_{AT}	0.1075	0.0650
システム・ボード&コネクタ(Rx)	J_{SR}	0.1925	0.1600
合計	—	0.3 (120 ps)	0.225 (90 ps)

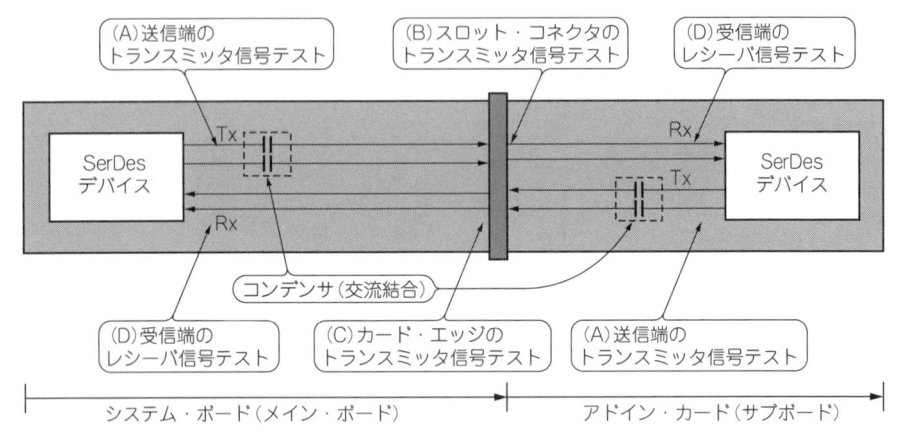

図 8-14 PCI Express の測定点
PCI Express では，1組のリンクに対して Base Specification と CEM Specification において合計 8 ヵ所の測定が規定されている．これらのうちの主な測定点として，図の 4 種類について説明する．

ドに含めて規定します．

結果として，PCI Express では，1組のリンクに対して，Base Specification で 2 種類 4 ヵ所，CEM Specification で 4 種類 4 ヵ所の合計 8 ヵ所で信号レベルとジッタの規格を持つことになります．ここでは，これらのうち，下記の 4 種類のトランスミッタ・パスについて説明します（**図 8-14**）．

● シリコン開発者向けのトランスミッタ仕様（送信端のトランスミッタ信号仕様）

PCI Express Base Specification で規定されているトランスミッタの仕様は，定められた負荷（Compliance Test/Measurement Load）で終端させてトランスミッタの直近（5 mm 以内）でのテストを想定しています（**表 8-3**）．実際には，外部テスト計測器を接続するために SMA などの同軸コネクタを設けた評価ボードを作成して測定することになります．このとき，基板配線の損失量を抑えるために，高周波に対して低損失の基板の使用，あるいは損失量を測定しておき，実際の測定結果から損失量の補正が必要となります．

この測定点では，アイ・ダイヤグラムとして，送信端の最小ピーク・ツー・ピーク差動電圧が遷移ビットについては 800 mV$_{P-P}$，そして非遷移ビットについて 566 m〜505 mV$_{P-P}$ であり，送信端の最大トータル・ジッタが 100 ps（0.25 UI）であることを確認します．ただし，シリコン開発者向けの仕様なので，一般のボード設計の場合に測定することはありません．

表8-3 各テストの測定点とアイ・ダイヤグラム

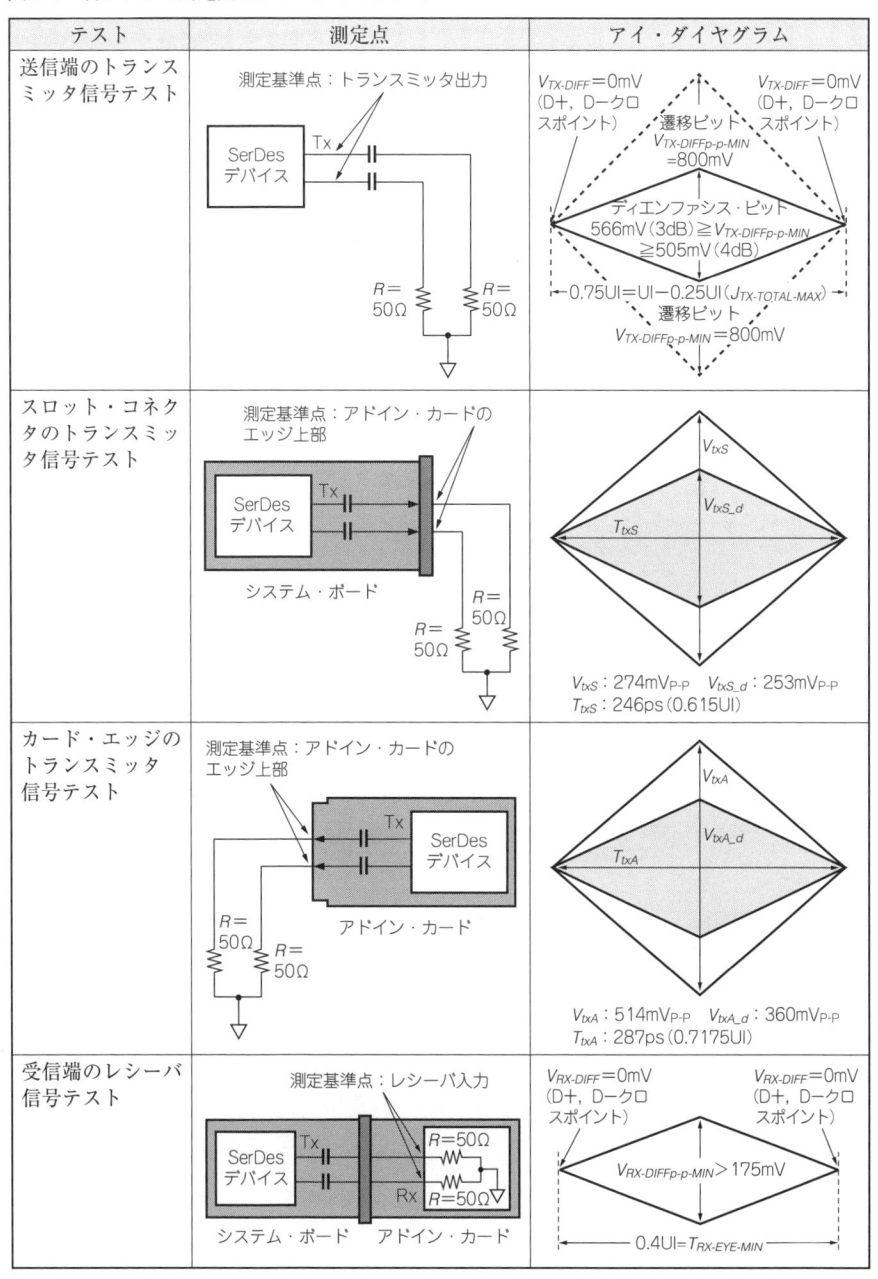

テスト	測定点	アイ・ダイヤグラム
送信端のトランスミッタ信号テスト	測定基準点：トランスミッタ出力 （SerDesデバイス → Tx → コンデンサ → $R=50\Omega$, $R=50\Omega$）	$V_{TX\text{-}DIFF}=0\text{mV}$（D+，D−クロスポイント） $V_{TX\text{-}DIFFp\text{-}p\text{-}MIN}=800\text{mV}$ 遷移ビット ディエンファシス・ビット $566\text{mV}(3\text{dB}) \geqq V_{TX\text{-}DIFFp\text{-}p\text{-}MIN} \geqq 505\text{mV}(4\text{dB})$ $0.75\text{UI}=\text{UI}-0.25\text{UI}\ (J_{TX\text{-}TOTAL\text{-}MAX})$ 遷移ビット $V_{TX\text{-}DIFFp\text{-}p\text{-}MIN}=800\text{mV}$
スロット・コネクタのトランスミッタ信号テスト	測定基準点：アドイン・カードのエッジ上部 （システム・ボード上のSerDesデバイス → Tx → コンデンサ → $R=50\Omega$, $R=50\Omega$）	V_{txS} V_{txS_d} T_{txS} V_{txS}：274mV$_{P\text{-}P}$　V_{txS_d}：253mV$_{P\text{-}P}$ T_{txS}：246ps（0.615UI）
カード・エッジのトランスミッタ信号テスト	測定基準点：アドイン・カードのエッジ上部 （アドイン・カード上のTx, SerDesデバイス, $R=50\Omega$, $R=50\Omega$）	V_{txA} V_{txA_d} T_{txA} V_{txA}：514mV$_{P\text{-}P}$　V_{txA_d}：360mV$_{P\text{-}P}$ T_{txA}：287ps（0.7175UI）
受信端のレシーバ信号テスト	測定基準点：レシーバ入力 （システム・ボードのSerDesデバイス → Tx → アドイン・カード → Rx → $R=50\Omega$, $R=50\Omega$）	$V_{RX\text{-}DIFF}=0\text{mV}$（D+，D−クロスポイント） $V_{RX\text{-}DIFFp\text{-}p\text{-}MIN}>175\text{mV}$ $0.4\text{UI}=T_{RX\text{-}EYE\text{-}MIN}$

8-2　送受信端の信号の仕様

● **システム・ボードのコンプライアンス・テスト**(スロット・コネクタのトランスミッタ信号テスト)

このテストでは，被測定システム・ボードのスロット・コネクタに挿したアドイン・カード上のトランスミッタを終端した状態で測定を行います(**表 8-3**)．スロット・コネクタと次に紹介するカード・エッジでのトランスミッタ信号テストは，さまざまなマザーボードやアドイン・カードを組み合わせられることから互換性確認のためのコンプライアンス・テストとなっています．実際の測定には，PCI-SIG(Special Interest Group)が用意する CLB1(Compliance Load Board)を

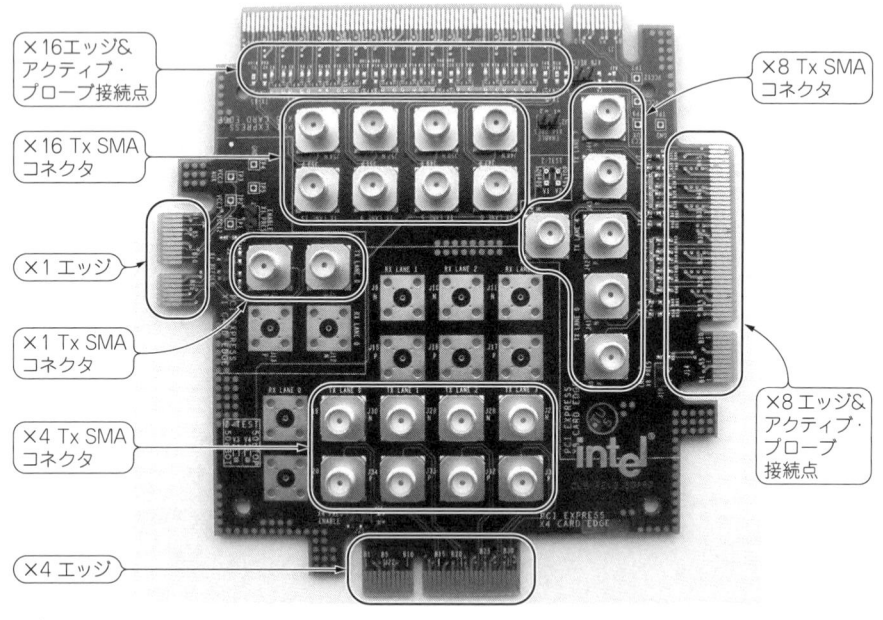

- ×16エッジ＆アクティブ・プローブ接続点
- ×16 Tx SMA コネクタ
- ×1 エッジ
- ×1 Tx SMA コネクタ
- ×4 Tx SMA コネクタ
- ×4 エッジ
- ×8 Tx SMA コネクタ
- ×8 エッジ＆アクティブ・プローブ接続点

写真 8-1　カード・スロットに挿して信号を取り出すボード CLB の外観
RefClk(リファレンス・クロック)測定点も設けている．

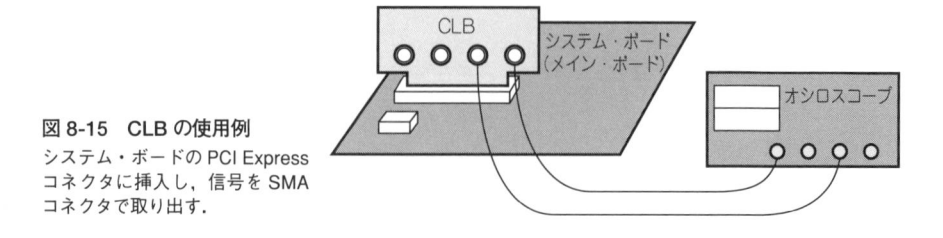

図 8-15　CLB の使用例
システム・ボードの PCI Express コネクタに挿入し，信号を SMA コネクタで取り出す．

アドイン・カードの代わりに利用します(**写真 8-1**, **図 8-15**). CLB1 は,主に本テストで信号を取り出すために用いられます. SMA コネクタの P(差動ポジティブ)側と N(差動マイナス)側を,オシロスコープ(あるいは SMA 入力差動プローブ)に SMA ケーブルを介して接続します.

CLB1 では,8 レーンで 0, 4, 7 の 3 レーンに,16 レーンで 0, 5, 9, 15 の 4 レーンに対する SMA コネクタしか用意されていないため,すべての信号を見るためにはプローブを併用する必要があります. SMA コネクタが用意されていないレーンは,CLB1 上で各信号が終端されています.ただし,コンプライアンス・テストでは SMA コネクタが用意されている信号しか測定しません.

この測定点では,アイ・ダイヤグラムとして,遷移ビットについて 274 mV$_{P-P}$,非遷移ビットについて 253 mV$_{P-P}$,アイ幅が 246 ps (0.615 UI) であることを確認します.

● **アドイン・カードのコンプライアンス・テスト**(カード・エッジのトランスミッタ信号テスト)

このテストは,被測定アドイン・カードのエッジ部を終端した状態で測定を行います(**表 8-3**).実際には,CLB1 と同じく PCI-SIG が用意する CBB1 (Compliance Base Board) のスロット・コネクタに被測定アドイン・カードを挿して測定します(**写真 8-2**, **図 8-16**). CBB1 は,本テストでは信号を取り出すためのシステム・ボードとして利用されます. CBB1 上では各信号が終端されています. オシロスコープとの接続はシステム・ボードの場合と同じであり,SMA 同軸ケーブルを介してオシロスコープの 2 チャネル,あるいは SMA 入力差動プローブに接続します.

この測定点では,アイ・ダイヤグラムとして,遷移ビットについて 514 mV$_{P-P}$,非遷移ビットについて 360 mV$_{P-P}$,アイ幅が 287 ps (0.7175 UI) であることを確認します.

● **シリコン開発者向けのレシーバ仕様**(受信端のレシーバ信号テスト)

PCI Express Base Specification のレシーバ信号テストでは,トランスミッタ信号テストと同じように,レシーバを取り付けずに,受信端で終端させて受信信号をテストします(**表 8-3**).

この測定点では,アイ・ダイヤグラムにおける受信端最小ピーク・ツー・ピーク差動電圧が 175 mV$_{P-P}$ 以上,受信端最小アイ幅が 160 ps (0.4 UI) であることを

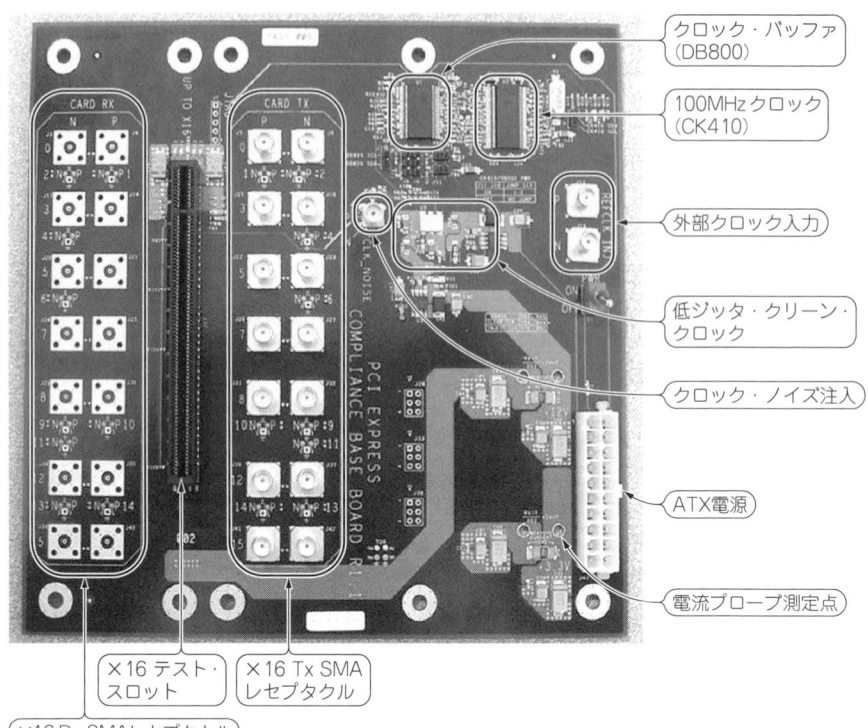

写真 8-2　トランスミッタ信号テストに使うボード CBB1 の外観
アドイン・カードのエッジにおけるトランスミッタ信号テストに使用する．このとき，アドイン・カードに供給する外部電源が必要となる．

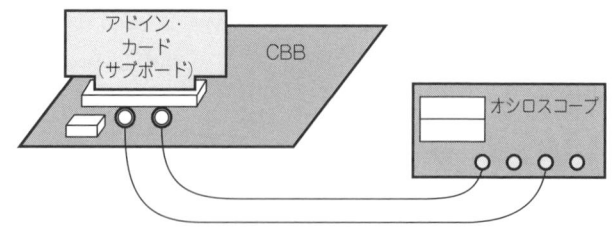

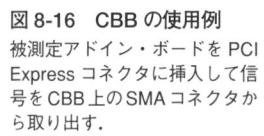

図 8-16　CBB の使用例
被測定アドイン・ボードを PCI Express コネクタに挿入して信号を CBB 上の SMA コネクタから取り出す．

確認します．レシーバにとっては，この規格で規定された信号を受け取れなければなりません．実際は想定されているトレース長であれば，測定する必要はなく，シリコン開発者向けの仕様です．

コラム8-2　ケーブル仕様と ExpressCard

　PCI Express には，システム・ボードとアドイン・カードのほかに表 8-A のように形状の異なるさまざまな仕様があります．システム・ボードとアドイン・カード以外の代表的な仕様にケーブル仕様と ExpressCard があります．

　ExpressCard とは，PCI Express に対応した PC カードの規格であり，PCMCIA (Personal Computer Memory Card International Association) がその策定を行っています．基本的な考え方は CEM Specification とすべて同じであり，ボードやケーブルの配線の損失からおのおのの切り口での規格が決まっています．

表 8-A　PCI Express を支援する規格団体と代表的なフォーム・ファクタ

規格団体	フォーム・ファクタ
PCI-SIG	アドイン・カード
	Mini-Card
	ワイヤレス・フォーム・ファクタ
	Express モジュール（サーバ I/O モジュール）
	ケーブル
PCMCIA	ExpressCard
PICMG	COM Express
VITA	XMC
MXM-SIG	モバイル PCI Express モジュール（グラフィック）

8-3　物理層コンプライアンス・テストの進め方

　コンプライアンス・テストとは，規格に適合しているかどうかの認証試験です．正式に認証を受けない場合でも等価なテストで動作を確認しておくべきです．PCI Express の場合，次の 4 種類のテストが規定されています．

① 物理層 (Physical Layer)──信号の電気的なテスト
② コンフィグレーション・スペース (Configuration Space)──必要なフィールドと値の検証
③ リンク層とトランザクション層 (Link & Transaction Layer)──プロトコルの境界条件のテスト，およびエラー入力とエラー処理の確認

④ プラットホーム・コンフィグレーション(Platform Configuration)──
PCI Express デバイスの BIOS 処理の確認

詳しいテスト内容は,PCI-SIG のウェブ・サイト(http://www.pcisig.com/home/)から入手可能です.

● コンプライアンス・テスト前にチェックリストで確認

コンプライアンス・テストを受ける前にコンプライアンス・チェックリストに基づいて設計が適正かどうかを確認します.コンプライアンス・チェックリストは,設計についてのルールを"yes/no"の質問形式で確認するものであり,ルート・コンプレックス(Root Complex;PCI Express の I/O 構造の最上位に位置するデバイス),エンドポイント(Endpoint;PCI Express の I/O の末端に位置するデバイス),スイッチ(Switch;複数の PCI Express ポート間のルーティングを行うデバイス),アドイン・カード,メイン・ボードに対して用意されています.電気的仕様のみならず,プリント基板のパターンの引き方などの確認も含まれています.

コンプライアンス・チェックリストの各項目は"Assertion"と呼ばれています.例えば,「PHY.3.3#1」というように識別されており,各チェックリスト間で統一されています.Assertion については,"Phy Electrical Test Considerations"の中で,どのようなテストなのか,またどのような手順で進めたらよいのかが記載されています.例えば,トランスミッタ(送信端)の PCI Express Base Specification のマスク・テストは,表 8-4 のように電圧については前述の PHY.3.3#1 が,時間については PHY. 3.3#9 が Assertion となります.

表 8-4 コンプライアンス・テストのチェックリストの一部

PHY.3.3#1	All PCI Express Device Types must meet the Transmitter eye diagram as specified in section 4.3.3.1, Fig. 4-24: Minimum Transmitter Timing and Voltage Output Compliance Specifications as measured at the package pins into the Compliance Test and Measurement Load, defined in section 4.3.3.2. The eye diagram must be valid for any 250 consecutive UIs.	Yes ___ no ___
PHY.3.3#9	The minimum TX eye width (Ttx-eye) must be ≥280 ps as measured at the transmitter package pins using the Compliance Test and Measurement Load. This requirement is met if the transmitter meets the eye diagram requirements of Section 4.3.3.1.	Yes ___ no ___

● 物理層の信号品質テストの手順と必要な機材

　Phy Electrical Test Considerations は，PCI Express の電気的特性について全部で 31 種類のテスト項目を定めています．ここでは，その中の 2.5 Gbps の物理層を測定する「信号品質テスト (4.1.5 Test 1.5 Signal Quality)」を取り上げます．このテストについては，下記のような内容や手順が記述されています．

　このテストは信号品質，すなわちアイ・ダイヤグラム・テストであり，デバイスのすべてのレーンに適用されます．そして，PCI Express 規格に適合したトランスミッタの送信能力を測定します．高速なオシロスコープのシングルエンド・アクティブ・プローブに（または 50 Ω 入力に直接）接続して，後処理で取り込んだデータをソフトウェアを使ってアイ・ダイヤグラムに変換します．トランスミッタのアイ・ダイヤグラムが，プローブを接続した位置で規定されている仕様に適合していなければなりません．

　手順は以下のように定められています．

　　① 被測定デバイスのすべてのトランスミッタのデータ線に定められた負荷 (Compliance Test/Measurement Load) を取り付ける
　　② トランスミッタを前述のコンプライアンス・パターン・モードに設定する（PCI Express の規格では，レシーバが接続されていない場合，自動的にこのモードになるように規定されている）
　　③ 高速オシロスコープを使って送信波形を測定する
　　④ 取り込まれたデータからアイ・ダイヤグラムを生成する
　　⑤ プローブを接続した位置で規定されている送信アイ・ダイヤグラムと比較する
　　⑥ ジッタの中央値 (median) と，中央値からの最大偏差を演算で求める

　下記に，信号品質テストに関連するドキュメントをまとめました．これらのドキュメントは，すべて PCI-SIG のウェブ・サイトから入手可能です．また，**表 8-5** に，信号品質テストに必要な機材を示します．

- PCI Express Base Specification：PCI Express の基本仕様書．2009 年 9 月時点でのバージョンは Revision 2.1
- Card Electromechanical (CEM) Specification：システム・ボードやアドイン・カードに関する電気機構仕様書．現在のバージョンは Revision 2.0．コネクタ付きのカードおよびシステムの場合に必要
- Compliance Checklist：チェックリスト
- Phy Electrical Test Considerations：物理層の電気的特性テストについて

表8-5 コンプライアンス・テストに必要な機材(Rev.1.1, 2.5 Gbps)

機材	備考
ディジタル・オシロスコープ	● 周波数帯域：6GHz 以上 ● サンプル・レート：20G サンプル/s 以上
プローブ SMA ケーブル	● 差動プローブ ● SMA オシロスコープ入力アダプタ 　(SMA ケーブルの場合)
コンプライアンス・テスト・ ソフトウェア(SIGTEST)	SIG の Web サイトよりダウンロード可能 ● SIGTEST ● Clock Jitter Tool (システム・ボードのみ)
テスト・フィクスチャ	必要に応じて PCI-SIG より購入 ● CBB1 (Compliance Base Board) ● CLB1 (Compliance Load Board)
その他 (必要に応じて)	● シリアル・コンプライアンス・テスト/解析ソフトウェア ● ジッタ&アイ・ダイヤグラム解析ソフトウェア

の注意事項

- Signal Quality Test Methodology (Electrical Test Procedures)：信号品質テストについての手順書．オシロスコープのメーカごとに用意されている

● **信号品質テストに必要なソフトウェア**

　PCI Express では，アイ・ダイヤグラムやジッタ，振幅の測定を行う方法が規定されています．まず，リアルタイム・オシロスコープを使って，2.5 Gbps で伝送される一連のシリアル・ビット・ストリームを取り込みます．

　次に，取り込んだデータを使ってアイ・ダイヤグラム，マスク・テスト，ジッタなどの信号品質テストを行うには，PCI Express の規格に基づいて用意されたソフトウェアが必要になります．このソフトウェアは，PCI-SIG のウェブ・サイトで無償配布している「SIGTEST Post Capture Analysis Software (以下，SIGTEST)」を使用します．本ソフトウェアの特徴は以下のとおりです．

- 各社 (アジレント・テクノロジー，テクトロニクス，レクロイ) のオシロスコープに対して用意されている
- Windows XP/2000 上で動作する
- 所定のクロック・リカバリ方式でクロックを再生し，アイ・ダイヤグラムやジッタを確認する
- 遷移ビットや非遷移ビットを識別し，各ビット別に電圧を測定し，アイ・ダイヤグラムとマスク・テストを行う
- 一連の項目を自動的に測定し，規格に対して測定結果のパス/フェイル判

定を表示する
- 結果を HTML 形式で出力できる

ただし，オシロスコープの機種やメーカに依存しないようにするため，測定のたびにオシロスコープで取り込んだデータを波形ファイル（バイナリ形式）で保存し，本ソフトウェアに読み込ませる必要があります．機種によってはバイナリ形式の代わりに CSV（Comma Separated Value）形式のテキスト・ファイルを使用します．また，標準で提供されている測定用テンプレートは，システム・ボードとアドイン・カードだけです．ほかのテストは，テンプレート・ファイル（テキスト形式）を修正・追加することによって対応します．

● 測定項目

以下に，本ソフトウェアを用いて測定する主な項目を簡単に紹介します．

▶ 直流コモン・モード

差動信号 D+，D- の間のコモン・モードの不均衡とノイズによって，差動信号が 0 V に対して非対称になるなど，好ましくない状況が生じる可能性があります．そこで D+，D- をシングルエンドとして取り込み，演算でコモン・モードを測定します．この手法では，差動ペアの片方に誘導される可能性があるクロストーク・ノイズの影響も特定できます．

▶ データ転送速度（データ・レート）と UI（単位周期）

最高データ・レートが規格より上回る場合，タイミング的にマージンがなくなり動作が厳しくなります．また PCI Express では SSC を適用できますが，その場合，上限も下限も規定範囲内に収まっている必要があります．

▶ メジアン・ピーク・ジッタ，ピーク・ツー・ピーク・ジッタ

メジアン・ピーク・ジッタ（Median Peak Jitter）は，参照するジッタのタイミングに対する実際の信号エッジ位置のずれ，すなわち時間間隔エラー（TIE）の度数分布をとった場合の中央値と最大値（max）の偏差を求めたものです．PCI Express Base Specification では $T_{\text{TX-EYE-MEDIAN-to-MAX-JITTER}}$ というパラメータで規定されています．ピーク・ツー・ピーク・ジッタ（Peak to Peak Jitter）は，その名のとおりジッタのピーク・ツー・ピーク値を表します．ジッタの分布が左右対称ならばこの両者の関係は 1 対 2 になります．

▶ 最小電圧，最大電圧，平均値

遷移ビット，非遷移ビットごとの最大電圧と最小電圧を測定して表示します．また，マスクに対して，どの程度余裕があるのかを表示します（どちらも差動電

圧).SIGTESTの測定結果を見ると,最大値(max),最小値(min)および平均値(mean)を表示しています.

● 信号品質テストの進め方

それではSIGTEST2.1を使って,実際にどのような手順で信号品質テストを進めていくかについて,具体的に説明していきましょう.ここで,疑似差動測定を行う場合,プローブやケーブルを含めた2チャネル間のスキューを,あらかじめオシロスコープのデスキュー機能を使って調整しておくことが重要です(疑似差動測定については後述).より詳細な手順はSignal Quality Test Methodologyを参照してください.

① アドイン・カードなのかシステムなのか被測定システムの形状に応じたテスト・フィクスチャ(ボード)を併用し,ケーブルを使って,オシロスコープと接続する
② トリガを単純な立ち上がりエッジに設定する
③ 信号がフルスケールで振れるよう垂直軸感度を調整する(ここでは70 mV/divとする)
④ 時間軸および波形レコード長を10万UI取り込めるような設定にする(規格では100万UIと定められているがSIGTEST2.1では10万UIで測定).すなわち,必要な時間長は,
　　1 UI × 100,000 = 400 ps × 100,000 = 40 μs
となり,必要な波形レコード長(ポイント)は,
　　1 UI/サンプル間隔 × 100,000 = 400 ps/40 ps × 100,000 = 1,000,000 (1 M)
となる.例えば,テクトロニクスのオシロスコープ「DSA70804B型」では,時間軸設定は1/2/4ステップなので,10目盛りで40 μs取り込める時間軸4 μs/divに,レコード長は1 Mに設定する(**図 8-17**)
⑤ 取り込んだ波形データをCSV形式でエクスポートする.疑似差動測定の場合にチャネルごと,あるいはシングルエンド化した演算波形をエクスポートする
⑥ ソフトウェア(SIGTEST)を起動して,取り込んだCSVファイルのあるフォルダを指定し,該当するCSVファイルを選択する
⑦ Verify Valid Data Fileをクリックし,テスト・データが正しいことを簡単にチェックする

時間軸は10目盛りで40μs
取り込める4μs/divに, レ
コード長は1Mに設定する

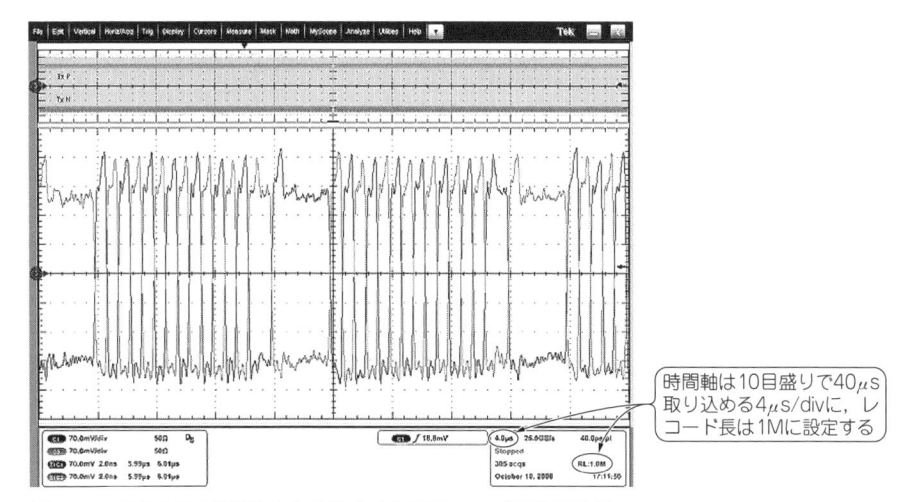

図 8-17　SIGTEST で測定するためのオシロスコープの設定の例
テクトロニクスのオシロスコープ「DSA70804B 型」の画面

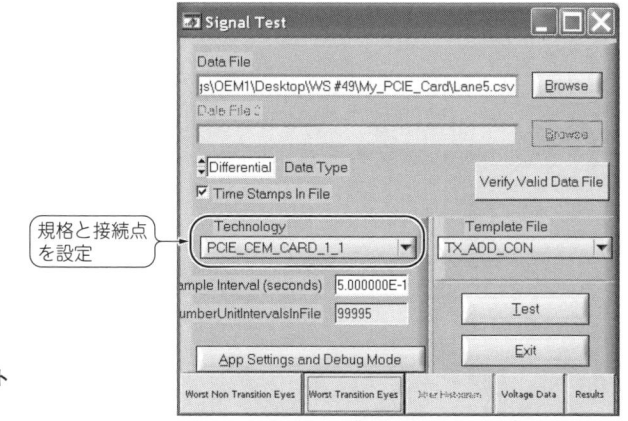

規格と接続点
を設定

**図 8-18　SIGTEST のコント
ロール画面**(SIGTEST2.1)

⑧ リスト・ダウンボックスの「Technology」でテストする接続点と規格(ここ
では Rev.1.1)を選択する(Template File は自動的に選択される)(**図 8-18**)
⑨ Verify Valid Data File ボタンで，SIGTEST に対して適正なファイルかど
うか確認する．問題がなければ[Test]ボタンをクリックし，テストを実
行する

8-3　物理層コンプライアンス・テストの進め方　**207**

測定結果は，Full Test Results 画面で確認できます．パスした項目は緑，フェイルした項目は赤で表示されます（図 8-19）．また，遷移ビット［図 8-20 (a)］あるいは非遷移ビット［図 8-20 (b)］のアイ・ダイヤグラムを表示したり，必要に応じて［View HTML Report］ボタンをクリックして HTML 形式のレポートを生成・表示したりします．

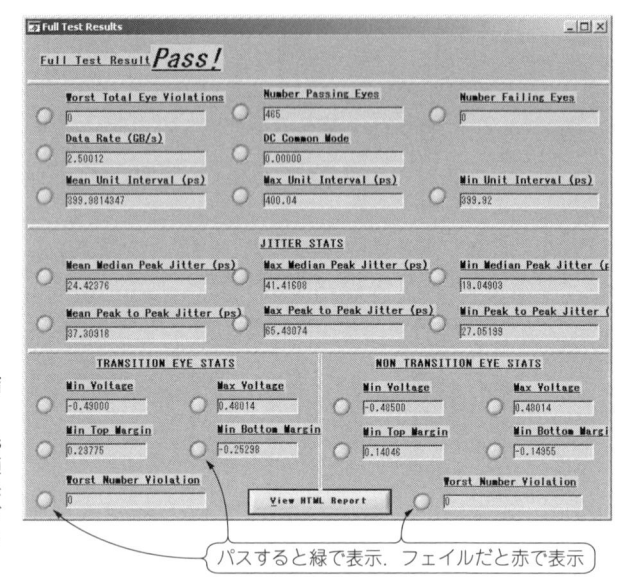

図 8-19 SIGTEST の測定結果を表示
測定結果は，Full Test Results 画面で確認できる．パスした項目は緑，フェイルした項目は赤で表示される．本図は全項目が緑で表示されている（すべての測定がパス）．

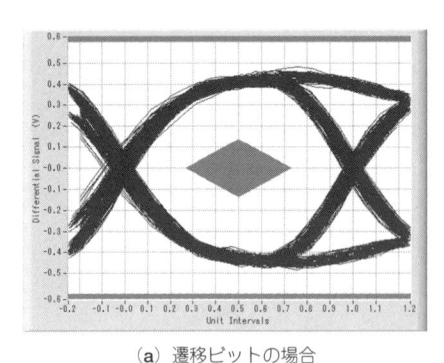

パスすると緑で表示．フェイルだと赤で表示

(a) 遷移ビットの場合　　　　(b) 非遷移ビットの場合

図 8-20 アイ・ダイヤグラムとマスク表示
信号品質テストにおけるアイ・ダイヤグラム表示を示した．

8-4 開発段階で使う測定技術

　デバッグ，バリデーション（検証）およびコンプライアンス・テストに対する予備測定のために，測定器メーカ各社がそれぞれ独自のソフトウェアを用意しています．例えば，テクトロニクスのジッタ/アイ・ダイヤグラム解析ソフトウェア「DPOJET」は，**図 8-21** のように遷移ビットと非遷移ビットのアイ・ダイヤグラムを同時に表示します．ランダム・ジッタとデタミニスティック・ジッタを分離して解析する機能や，ジッタに対するヒストグラムや時間推移，周波数スペクトラムを分析する機能，振幅，タイミングの計測機能などを備えています（**表 8-6**）．

● ジッタ解析によるデバッグ事例

　PCI Express ではインターコネクトによるジッタ（時間間隔エラー）を最大 0.3 UI（120 ps）に抑える必要があります．ジッタ量が想定以上だった場合は，ジッタの発生源を特定し，対策しなければなりません．こうした場合，ジッタ解析ソフトウェアを利用します．

　PCI Express の 2.5 Gbps ではメジアン・ピーク・ジッタなどジッタの総量だけ

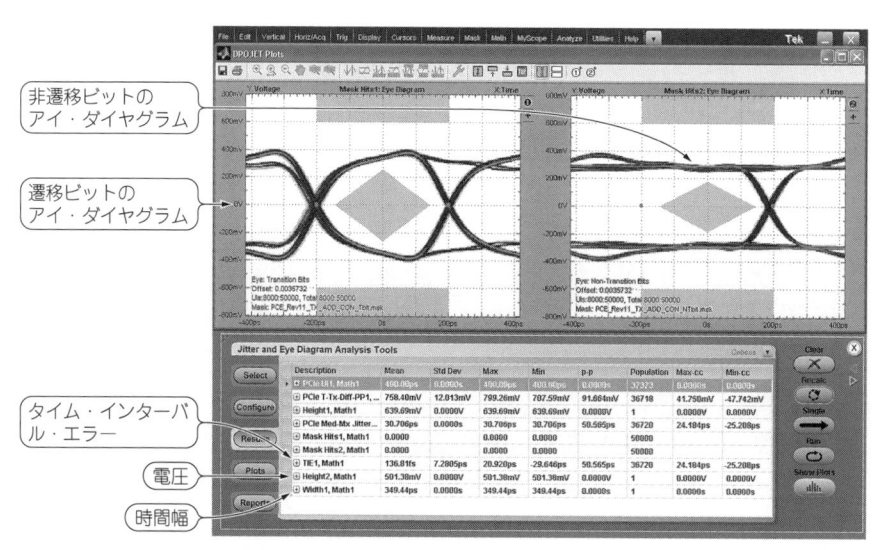

図 8-21　アイ・ダイヤグラムの測定結果の例

表 8-6　DPOJET（バージョン 3.5）の測定項目

項目グループ	項　目
周期/周波数	周波数，周期，N 周期，サイクル・ツー・サイクル周期，正のパルス幅，負のパルス幅，正のデューティ・サイクル，負のデューティ・サイクル，正のサイクル・ツー・サイクル・デューティ比，負のサイクル・ツー・サイクル・デューティ比
タイミング	立ち上がり時間，立ち下がり時間，ハイ時間，ロー時間，セットアップ，ホールド，スキュー，SSC プロファイル，SSC 変調レート，SSC 偏差，SSC 最小周波数偏差，SSC 最大周波数偏差
振幅	ハイ電圧，ロー電圧，ハイ・トゥ・ロー電圧，コモン・モード電圧，ディエンファシス量，差動電圧
アイ	アイ高さ，アイ幅，幅@ BER，高さ@ BER，マスク・ヒット，Q ファクタ
ジッタ	TIE（タイム・インターバル・エラー），R_j，D_j，$T_j@BER$，P_j（周期性ジッタ），DCD，DD_j，$R_{j(\sigma\text{-}\sigma)}$，$D_{j(\sigma\text{-}\sigma)}$，位相ノイズ
PCI Express	立ち上がり時間，立ち下がり時間，立ち上がり/立ち下がり時間ミスマッチ，最小パルス幅，ディエンファシス量，差動電圧，median-max ジッタ，UI（ユニット・インターバル），最小アイ幅

表 8-7　ジッタの種類
デタミニスティック・ジッタは要因によってさまざまな名称が用いられる．

名　称	要　因	代表的な確率密度関数
ランダム・ジッタ（random jitter）	熱雑音など	
デタミニスティック・ジッタ（deterministic jitter）		
周期性ジッタ：Pj（periodic jitter）	電源，CPU クロック，オシレータなど	
デューティ・サイクルひずみ：DCDj（duty cycle distortion）	オフセット・エラー，ターン ON 時間のひずみ	
パルス幅ひずみ：PWDj（pulse width distortion）		
パターン依存性ジッタ：PDj（pattern dependent）	隣接するデータ・ビットの変化が原因で発生．帯域特性など，伝送ラインの影響も受ける	
データ依存性ジッタ：DDj（data dependent）		
シンボル間干渉：ISI（inter symbol interference）		

を規定していますが，FibreChannel や Serial ATA，USB 3.0 などの規格では，トータル・ジッタだけでなく，ランダム・ジッタやデタミニスティック・ジッタも規定しています．また PCI Express の 5 Gbps も同様です（詳細は pp.235-240 Appendix C を参照）．

図8-22 ジッタ・ヒストグラム表示
ジッタの分布状況を示すヒストグラムを見ることによって，ジッタの広がり，およびランダム・ジッタとデタミニスティック・ジッタの重なりぐあいを大まかに判断できる．

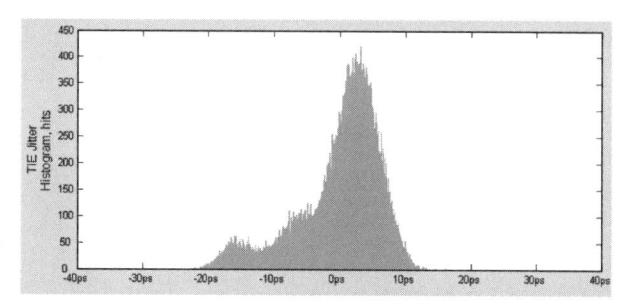

　ジッタはその発生原因により，ランダム・ジッタ（R_j, Random Jitter）とデタミニスティック・ジッタ（D_j, Deterministic Jitter）の2種類に分類できます（**表8-7**）．前者は熱雑音などで発生するランダム性のジッタで，その時間的変動の分布である確率密度関数（PDF：Probability Density Function）が統計で知られているガウス分布となります．後者はさらに，CPUやスイッチング・レギュレータのクロックの漏れによる周期性ジッタ，差動増幅器のDCオフセット・エラーによって生じるパルス幅に偏りを持つデューティ・サイクルひずみ，伝送路の周波数特性の影響などによって発生するパターン依存性ジッタなどに分類され，確率密度関数に偏りを持ちます．実際のジッタは，これらが重ね合わされて（畳み込まれて）おりトータル・ジッタ（T_j, Total Jitter）として表現されます．

　ヒストグラム表示を見ることにより，ジッタの主な成分がランダム・ジッタなのか，デタミニスティック・ジッタなのか，あるいは双方が複合しているのか，大まかに見当をつけることができます（**図8-22**）．ほとんどの場合，さまざまなジッタが複合しているので，ジッタ解析ソフトウェアを用いて，さまざまな表示からより詳細なジッタに関する情報を得るわけです．例えば，ジッタの時間的な変動（タイム・トレンド表示）を確認します（**図8-23**）．この場合，実際のデータ・パターンを同時に表示することで，パターン依存性があるか確認できます．さらにランダム・ジッタとデタミニスティック・ジッタおよびデタミニスティック・ジッタの各成分を分別して定量化でき，その結果，ジッタの原因は何か，周期性ジッタに対してはジッタの周波数成分を調べることで，ジッタ源を特定できます（**図8-24**）．

● **スペクトラム拡散クロック（SSC）の評価事例**
　PCI Expressでは物理層の信号品質以外に，後述のようにリファレンス・クロックなどの評価が必要です．ここではもう一つジッタ解析ソフトウェアを併用したSSC（Spread Spectrum Clock；スペクトラム拡散クロック）の評価を紹介し

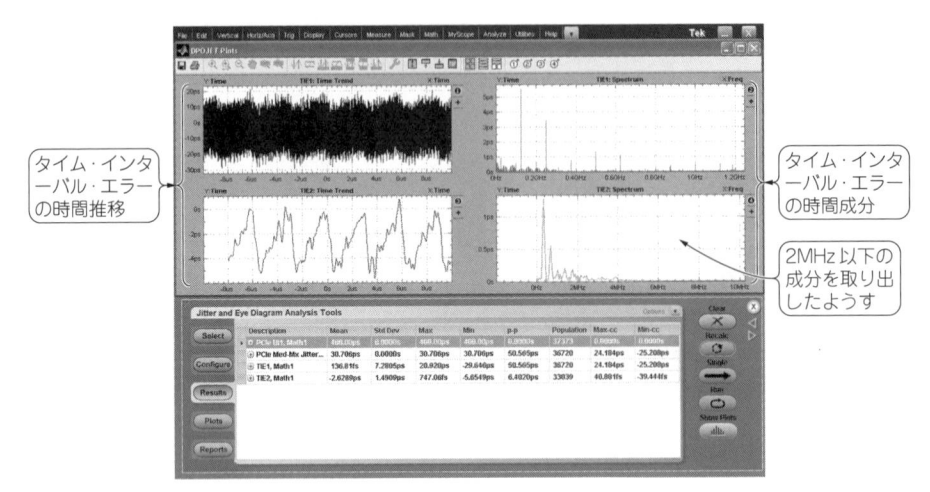

図 8-23 ジッタ・タイム・トレンド表示とスペクトラム表示
ジッタの時間的推移を表現することで周期性が分かる．さらに，元の波形と対応付けることでパターンとジッタに相関性があることが分かる．さらに周波数成分を調べることで，ジッタ源を特定できる．この例ではさらに 2 MHz 以下の成分だけを取り出している．

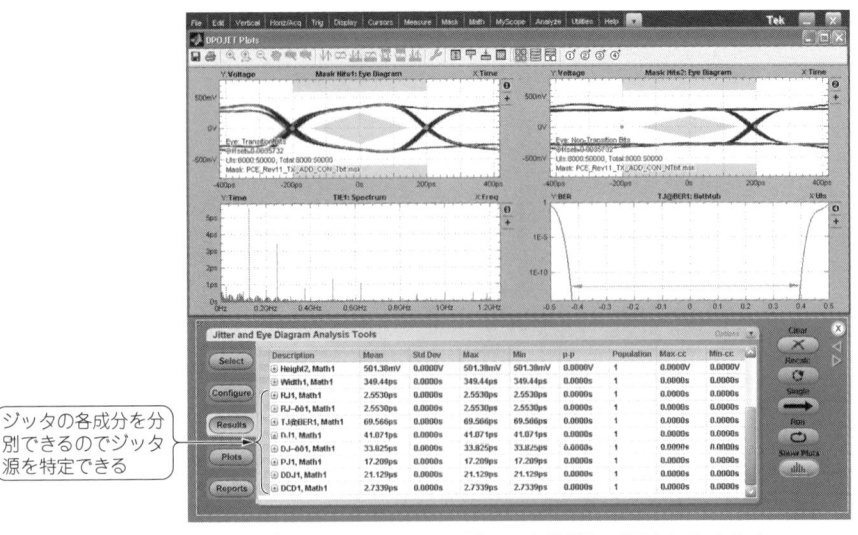

図 8-24 ランダム・ジッタとデタミニスティック・ジッタを分離して測定したようす
各成分を分別して定量化でき，ジッタ源を特定できる．

212　第 8 章　信号品質の評価方法とコンプライアンス・テスト

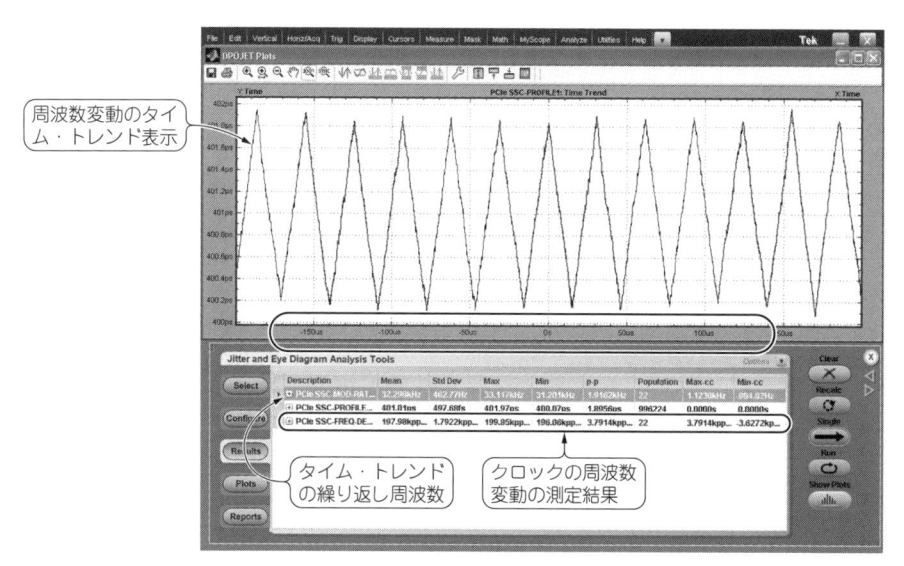

図 8-25 スペクトラム拡散クロック(SSC)変調解析の例

ます．ジッタ解析ソフトウェアとして，前述の「DPOJET」を使用しました．

SSC は，前述のようにクロックに故意にジッタ(変調)を持たせ，EMI 放射のエネルギが特定周波数に集中しないようにして EMI を低減する方法です．PCI Express では，30 k〜33 kHz の周波数で，クロック周波数の変動が 0〜−0.5％(100 M〜99.5 MHz)の範囲内(ダウン・スプレッド)であることが求められます(実際はさらに上下に 300 ppm 余裕があります)．変調プロファイルは，三角波，あるいはハーシーキッスを使用します．SSC はインターオペラビリティ問題を引き起こす原因となり得るので，確認しておくことが重要です．実際に市場に出回っているマザーボードでも，上限周波数が規格値を超えているような SSC を搭載している製品が見受けられます．

ここでは 2.5 Gbps のデータ・ストリームを測定しました．その結果，最小 400.07 ps，最大 401.97 ps でした．さらに周期偏差の変調周波数は約 32.29 kHz と測定されています(図 8-25)．なお，ここでは 2 MHz のフィルタを併用し測定しています．

ここでは 2.5 Gbps のデータ・ストリームを例に述べましたが，100 MHz クロックでも測定方法はほぼ同じです．その場合，クロック・レートの変動の測定となります．

第9章 ジッタ仕様と測定環境
―― 高速シリアル伝送で重要

畑山 仁

PCI ExpressのようなGHzを超える信号を伝送する高速シリアル・インターフェースでは，ジッタが重要なポイントになります．
ここではジッタの仕様や測定に必要な機材を紹介します．

9-1 ますます重要になるジッタ測定

　PCI-SIGでは，Rev.2.0で5 Gbpsを実現するためにジッタ・ワーキング・グループが結成されました．Rev.1.0aではジッタにあいまいな部分が多々あったため，より厳密に規定すべく，ジッタ規格が見直されました．その結果，Rev.1.1で主に次の2点が見直されました．
　① リファレンス・クロックのジッタがシステムに与える影響
　② ジッタをランダム・ジッタ，デタミニスティック・ジッタに分離して把握

● クリーン・クロックの仕様と測定
　ここでは①リファレンス・クロックのジッタがシステムに与える影響について解説します．
　シリアル・インターフェースでは，通常，シリアル・ビット・ストリームから再生されたクロックを受信側で使用します．PCI Expressでは，アドイン・カードに対してシステム・ボード側からリファレンス・クロック(100 MHz差動)を供給することを想定しています．
　しかしスペクトラム拡散クロックSSCの変調周波数(30 k～33 kHz)の高調波成分や低周波のジッタ成分がリファレンス・クロックに重畳していると，システム全体のジッタが悪化します．そこで，リファレンス・クロックのジッタの影響を除去して純粋にトランスミッタのジッタだけを測るために，アイ・ダイヤグラ

ムやジッタをジッタのないクロック「クリーン・クロック」で規定するようになりました.

ただし現実的には，システム・ボードに「クリーン・クロック」のオシレータを搭載したり入力したりするのは困難です．そのためコンプライアンス・テストでは，システム・ボードの測定に対しSSCが掛かっている「ダーティ・クロック」で測定し，アドイン・カードに渡されるリファレンス・クロックには後述のようにまた別の仕様が規定されました．

その結果，「クリーン・クロック」アドイン・カードのコンプライアンス・テストで使用する「CBB」はリファレンス・クロック・ジッタを低減したRev.1.1対応の「CBB1」となりました．なお，CBB1は抵抗の接続を変更することでRev.1.0a相当のリファレンス・クロックに変更することも可能です．

● リファレンス・クロックのジッタ仕様と測定

"Card Electromechanical (CEM) Specification"では，システム・ボード側からアドイン・カードに供給されるリファレンス・クロックのジッタを規定し，測定も行われるようになりました．PCI Express Rev.2.0ではリファレンス・クロックのジッタ仕様は"Base Specification"に含まれます．

リファレンス・クロックのジッタ測定は，サイクル・ツー・サイクル・ジッタや単純なピーク・ツー・ピーク・ジッタではなく，トランスミッタからレシーバ

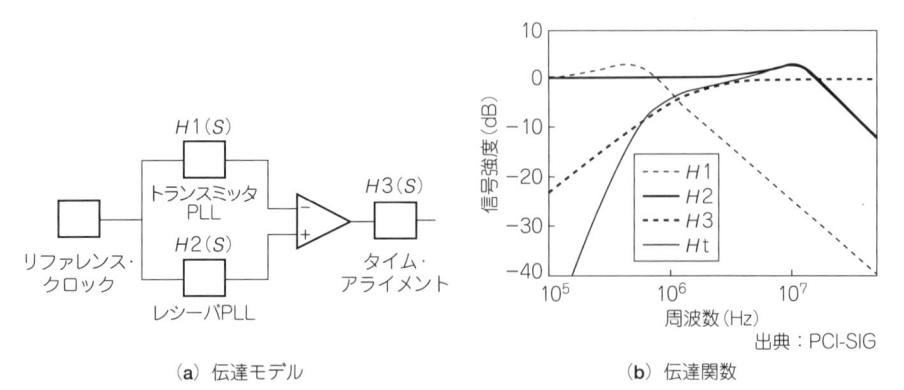

図9-1 リファレンス・クロックのジッタ伝達モデルと伝達関数
トランスミッタPLL ($H1$) は1MHz帯域の2次PLL，レシーバPLL ($H2$) は22MHz帯域の2次PLLで，ピーキングは3dB．タイム・アライメント ($H3$) は1.5MHz帯域の1次PLLで，$H1$に対して10nsの遅延を加味．Htは(a)の伝達モデル全体の伝達関数．

までのシステムのジッタ伝達系をモデル化し，その伝達結果としてのジッタを捕らえるようになりました（図 9-1）．

クロック・リカバリのところでも述べたように，PLL はジッタの周波数に対して伝達特性を持ちます．これはジッタがその周波数により吸収されたり通過したりすることを意味します．吸収されるジッタは，含まれていたとしても影響がありません．また，伝達特性がある周波数にピークを持つことが考えられます．ピークを持つということは，その周波数付近にジッタ成分がある場合，ジッタが増幅されることを意味します．つまり実際影響するのは，PLL で吸収できなかったり増幅されたりするジッタなのです．

このジッタを解析するために PCI-SIG は SIGTEST 同様にクロック・ジッタ測定専用のソフトウェア「Clock Jitter Tool」を用意しました（図 9-2）．図 9-1 のジッタ伝達系の伝達特性を適用した結果を求めます．ジッタ解析ツールで測定したクロック周期のタイム・トレンドをテキスト・データとして保存した後に，Clock Jitter Tool で読み込みます．結果は数値での表現だけでなく，図 9-3 のように周波数軸でのプロットも得られます．

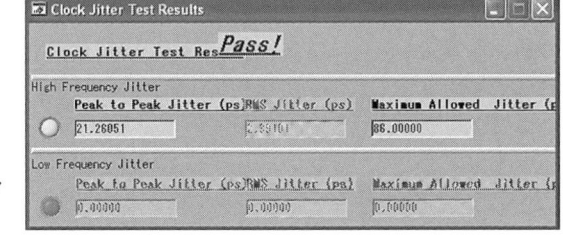

図 9-2　PCI-SIG のリファレンス・クロック・テスト・ソフトウェア Clock Jitter Tool の画面例

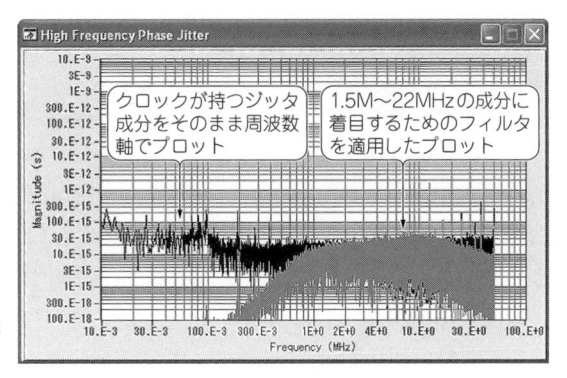

図 9-3　Clock Jitter Tool の周波数軸での表示

9-1　ますます重要になるジッタ測定　**217**

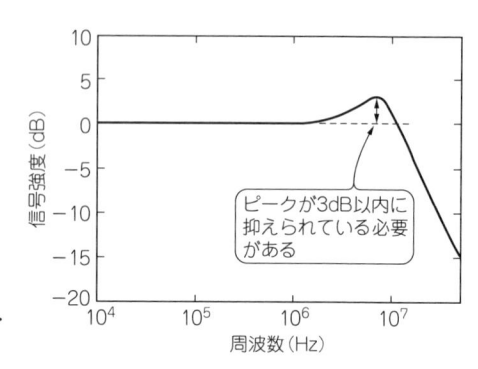

図 9-4 トランスミッタ PLL の伝達特性
カットオフ周波数＝15 MHz，減衰比（ダンピング・ファクタ）＝0.54 の 2 次 PLL の例を示す．

グラフ内注記：ピークが3dB以内に抑えられている必要がある

● **トランスミッタ PLL のループ帯域幅とピークの仕様と評価**

　トランスミッタ内でリファレンス・クロックをてい倍する PLL の特性が特に大きなピークがあると，この周波数のジッタ成分が増幅されます（図 9-4）．そのため，トランスミッタ PLL の帯域幅とピークを押さえる必要があり，次のように指定されています．

- 1.5 M 〜 22 MHz の範囲にロールオフ周波数（減衰値が -3 dB になる周波数）がある
- DC 〜 22 MHz の範囲でピークが 3 dB 以下

　なお，PCI Express Rev.2.0（5 Gbps）では，アドイン・カードのトランスミッタ PLL のループ帯域幅とピーキングの測定が必須項目となりました．トランスミッタ PLL のループ帯域幅の測定はリファレンス・クロックにジッタを加え，送信された信号（コンプライアンス・パターン）のジッタをスペクトラム・アナライザなどで評価する方法が提案され，PCI-SIG から測定手順書が発行されています．

● **ジッタをランダム・ジッタとデタミニスティック・ジッタに分離して把握する**

　ジッタは，発生原因によってその現れ方や振る舞いが異なります．このため今日，InfiniBand や FibreChannel，Serial ATA などのシリアル・インターフェースでは，単にある時点でのピーク・ツー・ピーク・ジッタという総量でジッタを捕らえません．ランダム・ジッタ（R_j）とデタミニスティック・ジッタ（D_j）という性格の異なるジッタを分けて規格化し，評価することが一般化しています．

　PCI Express Rev.1.0a では，メジアン・ピーク・ジッタだけでジッタを捕らえていました．PCI Express Rev.1.1 では規格化および測定までは求められていませ

表9-1 ジッタの種類ごとに配分を決めた

ジッタ配分	R_j(実効値)(ps)	D_j(peak-to-peak)(ps)	$BER=10^{-12}$における T_j(ps)	$BER=10^{-6}$における T_j(ps)
トランスミッタ	2.8	60.6	100	87
リファレンス・クロック	4.7	41.9	108	86
インターコネクト	0	90	90	90

(a) システム・ジッタ・バジェット

ジッタ配分		ジッタ (UI)	
		Rev.1.0a	Rev.1.1
ダウン・ストリーム	システム・ボード,コネクタ	0.2425	0.1675
	アドイン・カード	0.0575	0.0575
	トータル・ジッタ	0.3 (120ps)	0.225 (90ps)
アップ・ストリーム	アドイン・カード	0.1075	0.0650
	システム・ボード,コネクタ	0.1925	0.1600
	トータル・ジッタ	0.3 (120ps)	0.225 (90ps)

(b) インターコネクト・ジッタ・バジェット

んが,ジッタの考え方の基準として R_j と D_j を取り入れました.その後 Rev.2.0 の 5 Gbps で規格化され,測定が求められるようになりました.ジッタの配分を表9-1に示します.

R_j と D_j をそれぞれ規定するということは,ジッタの性質をきちんと捕らえることを意味します.例えば,R_j の確率密度関数(PDF:Probability Density Function)はガウス分布を持つため,時間の経過,すなわち評価する UI 数(母集団数)の増加に応じて,ジッタが広がる可能性があります(Appendix C を参照).

● ジッタとアイの幅のサンプル数を明記する

ランダム・ジッタは時間経過と共に広がる性質を持ちます.そのためジッタやアイは測定サンプル数を明記する必要があります.一般にシリアル・インターフェースでは,$BER=10^{-12}$(10^{12} 回に 1 回のエラー発生を許容)で規定されます.PCI Express Rev.1.1 ではサンプル・サイズを 100 万 UI として,システム・コネクタとアドイン・カード・エッジにおけるジッタ量やアイの幅を規定しました.また,$BER=10^{-12}$ の参考値もシミュレーション用(バスタブ曲線による予測用)に記載されています.

9-2　5 Gbps で採用されたジッタ測定

● 高周波損失が大きいので振幅やディエンファシス量を増やした

　Rev.2.0 のデータ転送レートは規格化段階で 6.25 Gbps，6 Gbps，5 Gbps と意見が分かれましたが，Rev.1.x との両立を目指して 5 Gbps に決定され，2006 年 12 月に正式に発行されました．基板差動インピーダンスは高周波におけるインピーダンス整合性を高めるべく 100 Ω から 85 Ω に下げられました．ただし終端差動抵抗は従来どおり 100 Ω です．終端されていても高周波的にはデバイス内部の浮遊キャパシタなどの影響で周波数が高くなると，インピーダンスは下がる傾向にあります．

　実際，この結果発生するインピーダンス不整合はリターン・ロスという形で規格化され，50 M～1.25 GHz で 10 dB(2.5 GHz)，1.25 G～2.5 GHz で 8 dB(5 Gbps) とされています．この値はそれぞれ反射係数(ρ)で 0.316 と 0.398，100 Ω に対するインピーダンス換算で 51.95 Ω と 43.05 Ω となり，かなりインピーダンスが下がることになります．伝送線路長は 2.5 Gbps と変更がありません．データ転送レートの高速化に伴い，高周波損失の影響が大きくなるので，受信端の信号振幅が最小 120 mV と下がりました(2.5 Gbps の場合は 175 mV)．そのためディエンファシス量も増やされ，2.5 Gbps の -3.5 dB に加え，5 Gbps では -6 dB が追加されました．

　一方，伝送路線路長が短い場合，ディエンファシスは逆にジッタを増やす可能性がありますが，損失が大きくないため，トランスミッタのレベルを下げることも可能となり，消費電力を抑えられます．このことから，従来 Mobile Graphics Low-Power Addendum 1.0 という形だった低電力モードが正式に Base Specification に含まれました．トランスミッタはディエンファシスなしに，また遷移ビットの最小信号振幅も半分の 0.4 V_{P-P} まで下げられるようになりました．

● Rev.2.0 (5 Gbps) の物理層電気テスト方法

　Rev.2.0 ではシステム・ボードのテスト方法で下記のような変更がありました．これらの変更に伴い，PCI-SIG のオシロスコープ用コンプライアンス・テスト・ソフトウェアである SigTest も改版されました(SigTest3.1)．テスト・ボードも写真 9-1 のように大きく変更になりました．

　Rev.2.0 で変更になったデュアル・ポート測定と R_j/D_j，T_j 測定について以下

(a) CBBは基本的に変わらず

(b) CLBは2種類になった

写真 9-1　Rev.2.0 用の測定用ボード CLB と CBB
CBB（Compliance Base Board）は，基本的に Rev.1.x と変わらない．データ・レートとディエンファシス量の設定スイッチが付いたことと，ケーブル接続用のレセプタクルが SMA から SMP に変更されたことが異なる．CLB（Compliance Load Board）は，x1 と x16 用と x4 と x8 用の 2 種類になった．リファレンス・クロックへのアクセスがヘッダ・ピンへの差動プローブ接続から SMP レセプタクルへのケーブル接続に変更された．

に解説します．
① デュアル・ポート測定

アドイン・カードは Rev.1.1 同様に，ジッタが十分小さい「クリーン・クロック」をリファレンス・クロックに入力して，データのアイとジッタを測定します．システム・ボードでは，データやクロックのジッタを別々に測るのではなく，同時に測定する「デュアル・ポート測定法」が取り入れられました(図 9-5)．これはクロック・ジッタの影響を受けて発生するデータ・ジッタ(コモン・ジッタ)を除外しようという観点からです．

また Rev.1.1 の規定では，リファレンス・クロックのジッタの影響を除外して評価するようにしたため，「クリーン・クロック」をリファレンス・クロックとして入力する必要がありました．デュアル・ポート測定を採用すれば，わざわざ「クリーン・クロック」をシステム・ボードに入力するために改造する必要がなくなり，コスト・アップを避けられます．

② R_j/D_j，T_j 測定

ジッタは，熱雑音などに起因するランダム・ジッタとスイッチング電源やオシレータからの漏れ込みや伝送路の周波数特性に起因するデタミニスティック・ジッタに大別されます．両者は性質が大きく異なり，ランダム・ジッタでは，時間経過(つまり伝送されるビット数)に伴い大きなジッタが発生する可能性が徐々

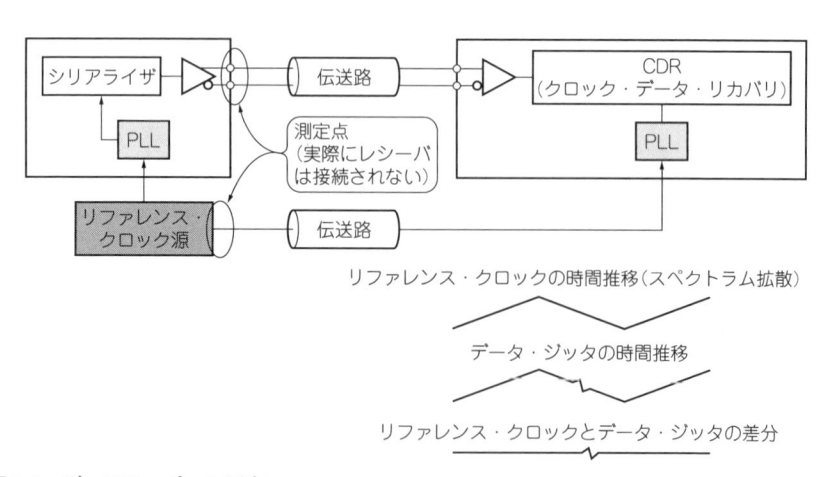

図 9-5 デュアル・ポート測定
PCI Express では，送信側と受信側で共通のリファレンス・クロックを使用したコモン・クロック・システムを採用している．リファレンス・クロックのジッタを受けて発生するデータのジッタを除外できる．

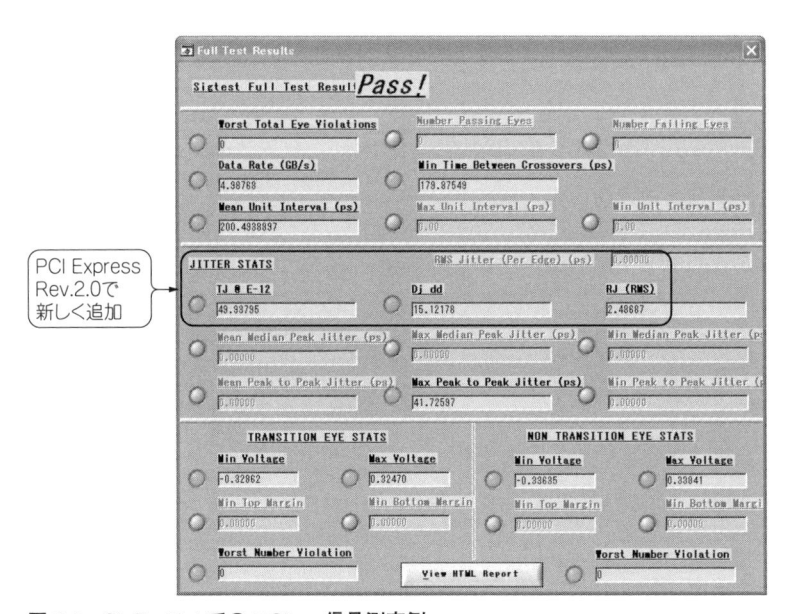

図 9-6　SigTest3.1 での 5 Gbps 信号測定例
SigTest3.1 では，JITTER STATS の TJ @E-12 と Dj_dd，Rj（RMS）が追加された．

に高まります．

　一方，デタミニスティック・ジッタは漏れ込んでくる信号による影響なので，確率分布は時間経過に関係なく一定となります．Rev.1.1 ではジッタ・バジェットとして数値が記載されましたが，Rev.2.0 では仕様に盛り込まれ，必須測定項目となりました．

　図 9-6 に 5 Gbps の SigTest3.1 による測定結果を示します．

　どこまでの周波数成分を捕捉できる周波数帯域を選択するかが重要です．最近の高速シリアル・インターフェース規格では第 5 高調波捕捉（NRZ 信号ではデータ・レートの 1/2 が基本波）が目安という考えがあり，Rev.2.0 でも取り入れられました．そのため，5 Gbps の信号の捕捉には 12.5 GHz 帯域のオシロスコープが必要です．

9-3　オシロスコープの選び方

　物理層の電気的特性を測定するための中心的なツールは，リアルタイム・オシロスコープです（**写真 9-2**）．デバッグやトラブル・シューティング，コンプライ

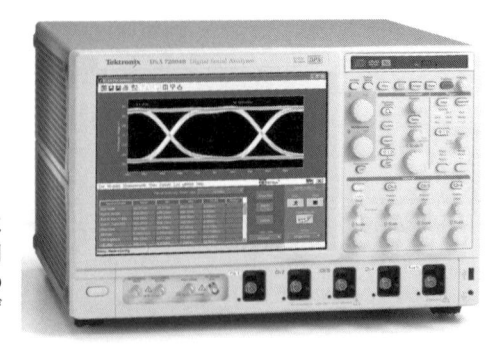

写真 9-2　コンプライアンス・テストなどに利用するリアルタイム・オシロスコープの例
4 チャネル，20 GHz 帯域，50 G サンプル/s の性能を持つディジタル・シリアル・アナライザ「DSA72004B 型」（テクトロニクス）．

アンス・テストなどに広く利用されます．PCI Express では，2.5 Gbps あるいは 5 Gbps の高速信号を取り込める周波数帯域を持ったリアルタイム・オシロスコープが要求されます．

　PCI Express の計測のためのオシロスコープには，どのような性能が要求されるのかを，アナログ性能とディジタル性能の二つの観点から説明します．

● **要求されるアナログ性能：周波数帯域や立ち上がり時間**
① 周波数帯域(BW)

　PCI Express では Rev.1.1 までは 6 GHz 帯域，Rev.2.0 からは 2.5 Gbps の信号の捕捉には 6.25 GHz 帯域の，5 Gbps では 12.5 GHz 帯域のオシロスコープが必要となりました．第 5 高調波捕捉(PCI Express などで採用されている NRZ 信号ではデータ・レートの 1/2 が基本波)が必要という考え方が元にあります(**図 9-7**)．**表 9-2** に各データ・レート(規格)の基本波および高調波周波数を示します．
② 立ち上がり時間

　ディジタル・デバイスの立ち上がり時間測定は，ほとんどの検証やコンプライアンス・テストで必須となっています．また信号の立ち上がり時間はその信号の持つ周波数成分を示すため，単にデータ・レートだけでなく，立ち上がり時間を考慮する必要があります．

　測定する立ち上がり時間には，計測器自体の立ち上がり時間の影響も含まれる点に注意が必要です(**図 9-8**)．次の式は，表示される立ち上がり時間 T_r，システム立ち上がり時間 T_o，被測定信号の実際の立ち上がり時間 T_s について，一般的な関係を示しています．

$$T_r = \sqrt{T_o^2 + T_s^2}$$

- NRZ(Non Return to Zero)信号では基本波周波数(最高)＝ビット・レート(NRZ)/2となる．
- 周波数領域で見ると方形波は基本波と奇数高調波で構成されている．

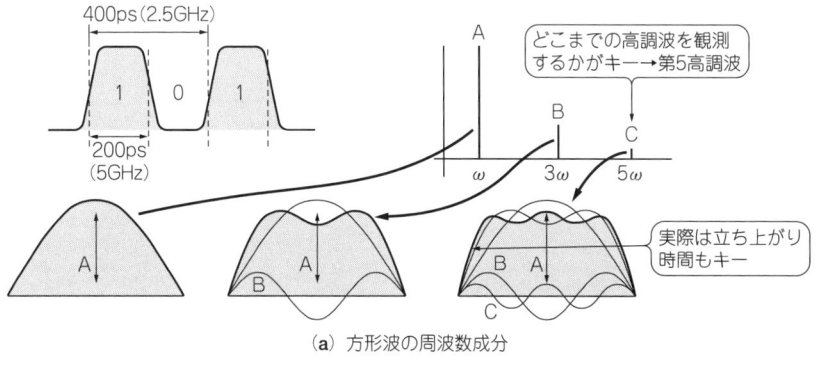

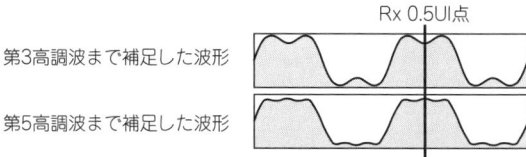

(a) 方形波の周波数成分

(b) マスク・テストで測定する高調波

図 9-7　必要な周波数帯域の目安
第3高調波までの波形では(b)のようにマスク・テストでマージンが低下しているように判断される可能性がある．ただし実際は信号の立ち上がり時間にも依存する．

表 9-2　データ・レート(規格)ごとの基本波と高調波周波数
第3次高調波までの波形ではマージンが低下しているように測定される可能性がある．

規　格	データ・レート (Gbps)	基本波周波数 (GHz)	第3次高調波 周波数(GHz)	第5次高調波 周波数(GHz)
SATA Ⅰ	1.5	0.75	2.25	3.75
PCI Express Rev.1.x	2.5	1.25	3.75	6.25
SATA Ⅱ	3	1.5	4.5	7.5
XAUI	3.125	1.56	4.69	7.81
Fibre Channel	4.25	2.125	6.375	10.625
FB-DIMM	4.8	2.4	7.2	12.0
PCI Express Rev.2.0	5.0	2.5	7.5	12.5
USB 3.0	5.0	2.5	7.5	12.5
SATA Ⅲ	6.0	3.0	9.0	15.0*
Double XAUI	6.25	3.125	9.375	15.625
PCI Express Rev.3.0	8.0	4	12	20
Fibre Channel	8.5	4.25	12.75	21.25
XFI	10.0	5.0	15.0	25.0

＊規格団体の推奨では12 GHz

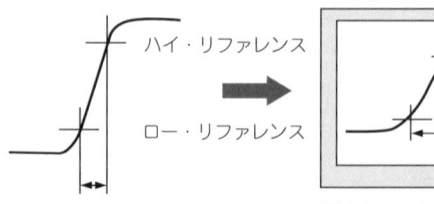

図 9-8 立ち上がり時間
オシロスコープに表示される立ち上がり時間 T_r, システム立ち上がり時間 T_o, 被測定信号の実際の立ち上がり時間 T_s の関係を示す.

信号の立ち上がり時間：T_s

表示上の立ち上がり時間：T_r

測定システムの立ち上がり時間：T_o (プローブを含む)

ハイ・リファレンス：90％，あるいは80％
ロー・リファレンス：10％，あるいは20％

表 9-3 信号とオシロスコープ(プローブを含む)の立ち上がり時間比に対する表示上の立ち上がり時間増加率(ガウシアン近似)

信号：オシロスコープの立ち上がり時間比	立ち上がり時間増加率
1：1	41％
2：1	12％
3：1	5％
4：1	3％

　ほとんどの標準規格では，立ち上がり時間は，電圧振幅の 20〜80％に変化するのに要する時間と規定されています．一方，オシロスコープの立ち上がり時間は 10〜90％で定義されています．そのため，最近のオシロスコープでは，20〜80％の立ち上がり時間を併記するようになっています．例えば，テクトロニクスの 8 GHz 帯の機種(DSA70804B 型)では 34 ps (20〜80％)，49 ps (10〜90％) です．

　表 9-3 に，信号とオシロスコープ(プローブを含む)の立ち上がり時間比に対する表示上の立ち上がり時間増加率を示します．これから分かるように，測定系の立ち上がり時間が信号の立ち上がり時間と同一の場合は，表示上の立ち上がり時間が約 4 割増加します．

　現在の広帯域リアルタイム・オシロスコープは平たんな周波数応答特性を備えているため，オシロスコープの立ち上がり時間が信号と同じ 50 ps でも増加率は 24％に，もし立ち上がり時間に 2 倍余裕があれば 3％以内に抑えることができます(**図 9-9**)．

③ その他オシロスコープに要求される性能
　有効ビットは取り込まれる波形の正確性を，ジッタ・ノイズ・フロアはジッタ

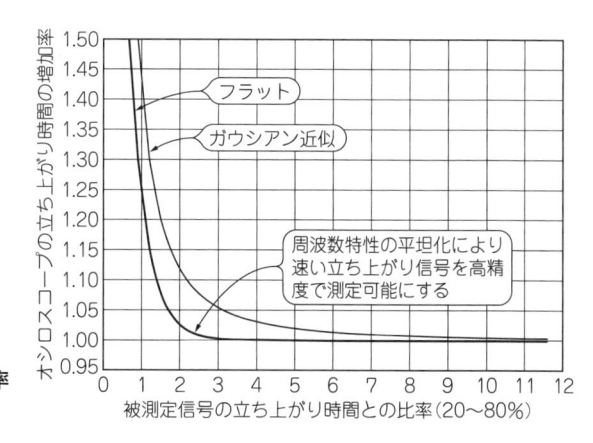

図 9-9 立ち上がり時間の増加率
(参考値)

測定の際に加わるオシロスコープが持つランダム・ジッタを,デルタ時間確度は2点間の時間測定の際の確度を表現するパラメータとなります.

● 要求されるディジタル性能:サンプリング速度やレコード長
① サンプリング速度
　アナログ信号を正確に再現するために必要なサンプリング速度(サンプル・レート)については,ナイキスト・サンプリング定理で定義されています.この定理では,データを十分に取り込んで波形を正確に再現するには,サンプリング周波数は入力信号の周波数成分の少なくとも2倍なければならないと規定されています.しかし,実際には2倍では不十分です.どの程度のサンプリング速度が必要かは,オシロスコープの持つ補間方法に依存しますが,2.5倍から4倍必要です.
　従って,6 GHz の入力周波数帯域を持つ計測器のサンプリング速度は,少なくとも 15 GSps(サンプル/秒)はなければなりません.また 12.5 GHz の場合には 30 GSps ですが,今日のオシロスコープのサンプリング速度は前者で 20 GSps 以上,後者でも 40 GSps 以上を備えているのでこの要件を満足しています.
② レコード長
　PCI Express のコンプライアンス・テストでは,単発で取り込んだ連続 100 万 UI(2.5 Gbps では $40\mu s$,5 Gbps で $20\mu s$)のシリアル・ビット・ストリームが必要となります.そのため,2.5 Gbps を 25 G サンプル/秒(40 ps サンプル間隔),5 Gbps を 50 G サンプル/秒(20 ps サンプル間隔)で取り込んだ場合でも,1000 万ポイントあれば足りることになります.

9-3 オシロスコープの選び方

9-4 プローブやケーブルの接続

　2.5 Gbps や 5 Gbps といった伝送速度を持つ高速の PCI Express 信号を，実際にどのようにプロービング，あるいは接続するのでしょうか？ ここでは CLB や CBB などのテスト・ボードを使用する場合，すなわちコネクタを切り口としてケーブルで接続する場合と回路中へプロービングする場合について説明します．どちらにも共通しているのは「疑似差動接続」と「真の(実測)差動接続」という二つの方法があるということです．

● SMA コネクタ環境における実際の接続方法
① 二つの信号を一つの差動信号として扱う疑似差動接続
　疑似差動接続では，まずトランスミッタの出力(D+，D-)をオシロスコープの二つの入力(それぞれ 50 Ω の入力インピーダンスを持つ)にシングルエンド信号として接続します(図 9-10)．これらの信号をオシロスコープで取り込み，波形演算機能(Math)を用いて二つのチャネルを減算し，疑似的に一つの差動信号として処理します．

　演算波形は，レシーバが実際に受信する信号を表します．アイ・ダイヤグラム，振幅，ジッタ，タイミングの測定は，この演算波形を利用して行われます．接続には，低損失で電気長がそろった SMA ケーブルを使用します．

　PCI Express では，最大コモン・モード交流(AC)電圧(V_{CM})に関する仕様の中で，コモン・モード直流(DC)電圧の許容範囲が規定されています．疑似差動接続では，二つのチャネルを加算してコモン・モード電圧 V_{CM} を計算することも可能です．

　コモン・モード電圧の変動によって，交互に変わるサイクルにおいて好ましくない振幅変動が発生する可能性がありますが，疑似差動接続では差動リンク上のコモン・モードの影響も観測できます．図 9-11 に，疑似差動接続によって取り込まれた非対称信号の例を，図 9-12 に実際の信号例を示します．

　なお，疑似差動接続では，二つの独立した入力チャネルを使って信号を取り込むため，測定を行う前にケーブルやプローブも含めて入力チャネル間の遅延差を 0 にする(デスキュー)必要があります．また，ディジタル・オシロスコープでは，A-D 変換の範囲は，かつては画面に対して上下各 1 目盛り分程度まででしたが，今日では画面内がほとんどです．このため，演算に際して必ず双方の入力信号を

図 9-10 SMA コネクタでの疑似差動接続
オシロスコープを用いて，トランスミッタの出力（D＋，D－）をシングルエンド信号化したあと，波形演算機能（Math）を用いて二つのチャネル（Ch1，Ch3）を減算し，疑似的に一つの差動信号として処理する．

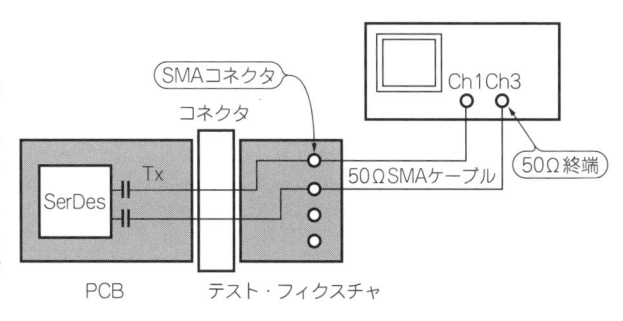

図 9-11 非対称信号の例
疑似差動接続を利用して取り込まれた非対称信号．チャネル1（Ch1）にD＋，チャネル3（Ch3）にD－を入力する．ここでは，差動波形 V_{DIFF} は Math2＝Ch1－Ch3 の演算結果を表示している．コモン・モード波形 V_{CM} は Math1＝(Ch1＋Ch3)/2 となっている．

$V_{CM} = (Ch1+Ch3)/2 = Math1$

$V_{DIFF} = Ch1-Ch3 = Math2$

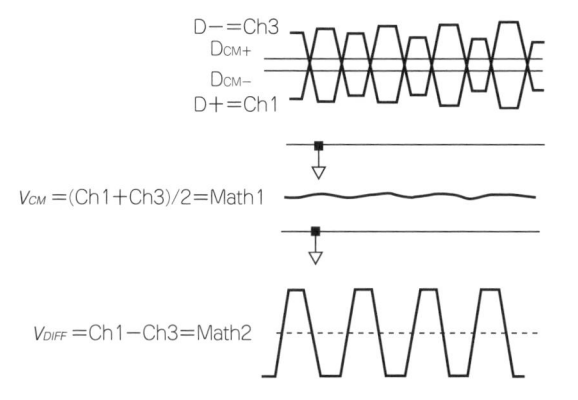

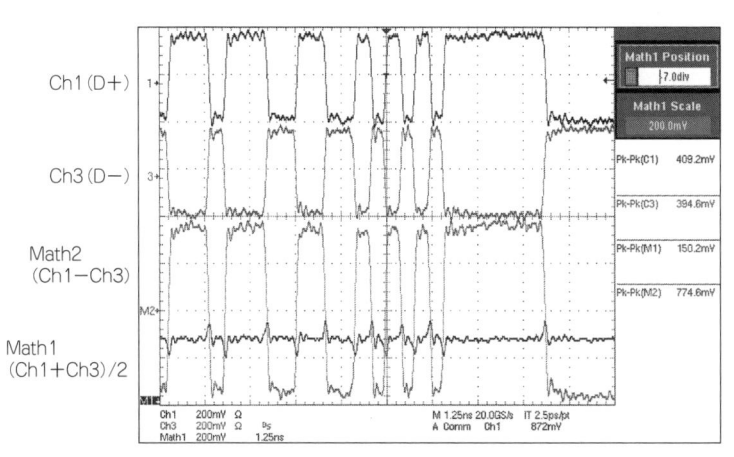

図 9-12 疑似差動プロービングを使用して実際に取り込んだ信号
コモン・モード（Math1）への影響の出かたがわかりやすいように，Ch1 に対して Ch3 の信号を意図的に 50 ps 遅らせてスキューを持たせている．その結果，D＋とD－の信号変化点のコモン・モードに 150 mV$_{P-P}$ のノイズが生じている．

9-4　プローブやケーブルの接続　229

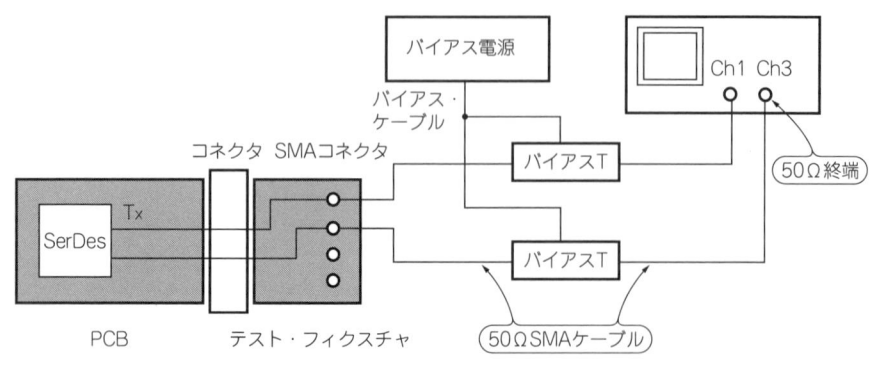

図 9-13 バイアス T 併用による直流バイアスの印加（直流結合の場合）
バイアス T は，RF（高周波）信号に直流バイアスを重畳するためのアダプタ．

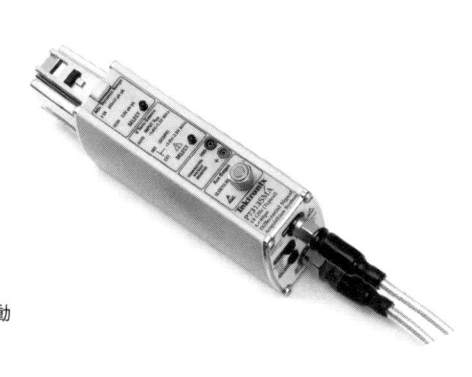

写真 9-3 SMA 入力差動プローブの例
テクトロニクス製の 13 GHz 帯域の SMA 入力差動
プローブ「P7313SMA 型」．

オシロスコープの画面内に収めなくてはならない，つまりクリップさせてはいけない点も注意が必要です．

　PCI Express は交流（AC）結合が接続条件になっています．しかし，SerDes（Serialization/Deserialization）に直結，すなわち直流（DC）結合の場合は，50 Ω でグラウンドに終端できません．この場合，DC ブロックや外部からバイアス電圧を加えたバイアス T（Bias Tee）を入力に併用することで対応します（**図 9-13**）．オシロスコープ側には直流オフセット分がキャンセルされて入力されます．
② 差動プローブで実測する「真の差動接続」
　真の差動接続では，SMA 入力を備えた**写真 9-3** のような差動プローブを用いて，**図 9-14** の構成で測定を行います．通常の差動アクティブ・プローブ（詳細は後述）と同じく，入力された差動信号はプローブ先端でシングルエンド信号に変換されるため，高いコモン・モード除去比（*CMRR*：Common Mode Rejection

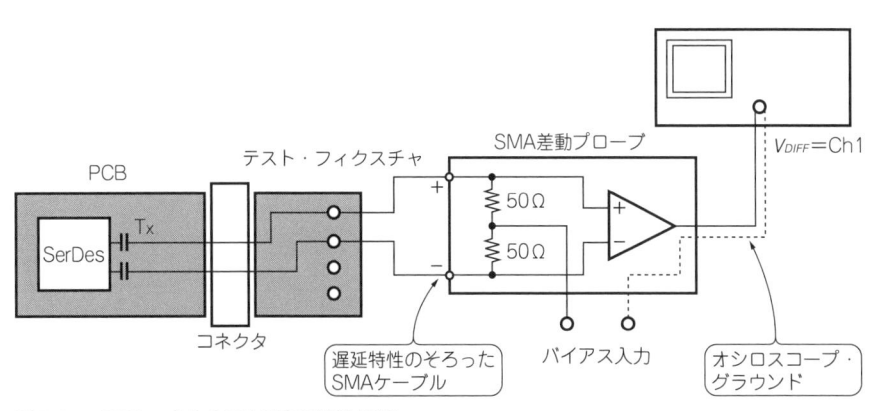

図 9-14 SMA コネクタによる真の差動接続
入力された差動信号はプローブ先端でシングルエンド信号に変換されるため、高いコモン・モード除去比（CMRR）を持つ．また，通常のプローブと異なり，プローブ内部で 50 Ω 終端される．交流結合の PCI Express ではグラウンド終端とするが，バイアス T を併用する必要はない．

Ratio）を持ちます．

　SMA 入力差動プローブは，通常のプローブと異なり，プローブ内部で 50 Ω 終端されます．交流結合の PCI Express ではグラウンド終端としますが，テスト対象の入出力レベル・インターフェースに適した終端電圧を印加できるので，DC ブロックやバイアス T を併用する必要がありません．また，終端電圧をオープンにすることで差動 100 Ω 終端としても使用できます．オシロスコープの入力として 1 チャネルの使用ですみますので，チャネル間スキューの調整が不要です．低損失でかつ遅延特性のそろった 2 本の SMA ケーブルで接続します．

● 回路内へのプロービング

　SMA コネクタで接続できない場合やトラブル・シューティングを行う場合，回路基板上の任意のポイントにプロービングする必要があります．SMA コネクタ環境の場合と同じく，プロービングにも「疑似差動プロービング」と「真の差動プロービング」という二つの方法があります．ただし，PCI Express などのマルチギガ・ビット・レート・クラスのインターフェースでの伝送線路途中へのプロービングは入射波に加え，受信端のインピーダンス・ミス・マッチからの反射波により波形がひずみ，プローブの容量性成分の影響もあり，正しい測定ができない参考測定となる点を注意する必要があります（これゆえ規格はすべて 50 Ω 終端で規定されている）．

① 疑似差動プロービングにはアクティブ・プローブを2本利用

　オシロスコープのプローブにはさまざまな種類があります．高速ディジタル回路の測定では，プローブの先端にFET（Field Effect Transistor）やSiGeバイポーラ・トランジスタのバッファを持つアクティブ・プローブを使用します．アクティブ・プローブには，次のような特徴があります．
- 容量性負荷が小さい（0.5 pF以下）
- 直流抵抗成分が大きい（20 k〜100 kΩ）
- 広帯域（〜20 GHz）

　疑似差動プロービングには，2本のアクティブ・プローブを使用します（図9-15）．このプロービングの特徴は，SMAコネクタ環境の疑似差動接続といっしょです．オシロスコープの二つのチャネルを必要とするため，デスキューは欠かせません．なお，最近では1本で差動とコモン・モードを切り替えて測定できる後述の差動プローブも入手可能です．2本プローブを取り付ける手間が省け，差動プローブでは確認が困難なそれぞれの信号の接続状態もシングル・モード測定で確認可能です（**写真9-4**，**図9-16**）．

② 差動アクティブ・プローブを利用

　真の差動プロービングは，プローブ先端のバッファで差動信号をシングルエンド信号に変換してオシロスコープに入力する差動アクティブ・プローブによるプロービングです（図9-17）．CMRRが優れていることが特徴です．疑似差動プロービングの場合と異なり，この方法ではオシロスコープの1チャネルのみを使用するため，後続の演算ステップが不要になります．またデスキューも不要です．

　なお，差動プローブは，許容入力信号レベルであれば，シングルエンド・プローブとして使用できます．

　移動式のプローブを使用する際は，手ぶれによる測定への影響を避けるため，

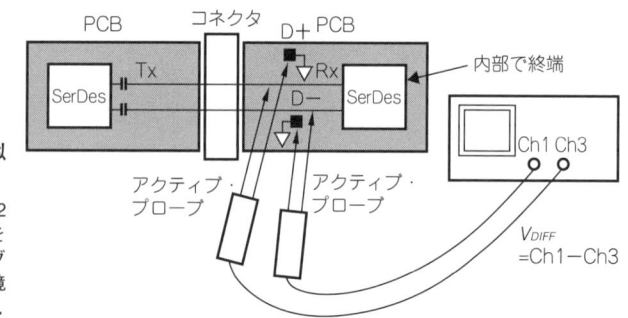

図9-15　レシーバ端の疑似差動プロービング接続
疑似差動プロービングには，2本のアクティブ・プローブを使用する．このプロービングの特徴は，SMAコネクタ環境における疑似差動接続と同じ．

V_{DIFF}=Ch1−Ch3

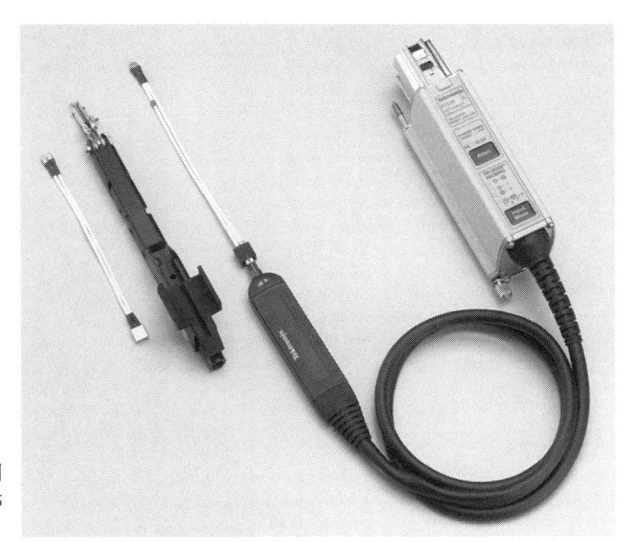

写真 9-4　差動プローブの例
テクトロニクス製の 20 GHz 帯域差動プローブ「P7520 型」.

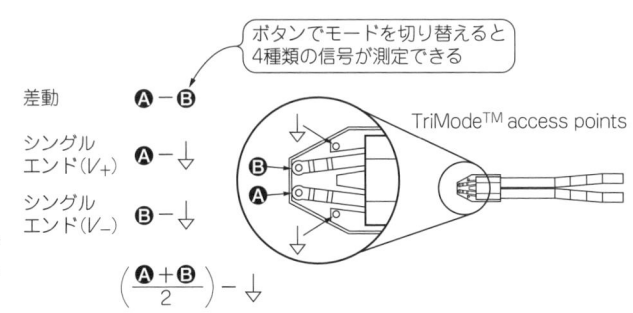

図 9-16　差動やシングルエンドの信号を測定できる TriMode プローブ

ボタンでモードを切り替えると4種類の信号が測定できる

差動　　　　　Ⓐ － Ⓑ
シングルエンド(V+)　Ⓐ － ↓
シングルエンド(V−)　Ⓑ － ↓

$$\left(\frac{Ⓐ+Ⓑ}{2}\right) - ↓$$

TriMode™ access points

図 9-17　真の差動プロービング
疑似差動プロービングの場合と異なり，この方法ではオシロスコープの 1 チャネルのみを使用するため，後続の演算ステップは不要．

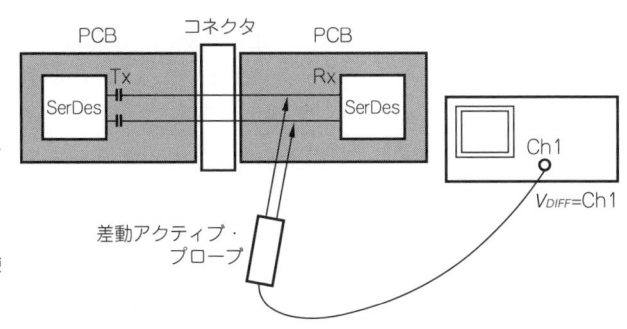

PCB　コネクタ　PCB
SerDes　Tx　　　Rx　SerDes

差動アクティブ・プローブ

Ch1
V_{DIFF}=Ch1

9-4　プローブやケーブルの接続　**233**

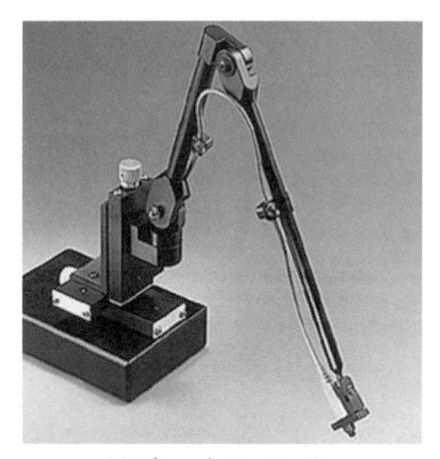

(a) プローブ・アームの外観　　　　　　(b) プロービングしているようす

写真 9-5　プローブ・アームとプローブ固定の例
手ぶれによる測定への影響を避けるため，プローブ・アームを併用することもできる．

写真 9-6　はんだ付けタイプのプローブ
短いリード線やダンピング抵抗を被測定回路へはんだ付けするアダプタを使用し，プローブを固定する．

(a) 短いリード線でプローブをはんだ付けしているようす

(b) ダンピング抵抗をはんだ付けしているようす

写真 9-5 のプローブ・アームを併用するか，またははんだ付けタイプのプローブ・チップ（極めて短いリード線，あるいはダンピング抵抗を被測定回路へはんだ付けして接続するアダプタ）を併用して**写真 9-6** のようにプローブを固定します．グラウンド側に取り付けるリード線を含め，オシロスコープのプローブになんらかのアクセサリを付けると，アクセサリが持つインダクタンスとプローブの入力容量によって形成される LC 回路の影響で共振が生じます．その結果，パルス信号が変化する点でリンギングが発生するので，リード線で信号を引き出すことのないように注意します．

Appendix C

ジッタの特徴と測定原理
—— ランダム・ジッタとデタミニスティック・ジッタ

畑山 仁

C-1 ジッタの種類と特徴

● 長時間測定するほど大きなジッタが発生する可能性があるランダム・ジッタ R_j

ランダム・ジッタ(R_j)は,熱雑音,フリッカ,ショット・ノイズなどにより発生します.これらの膨大な数の小さな影響の集まりは,統計物理学の基本定理の一つ,中心極限定理により,その確率密度関数(Probability Density Function)はガウス分布(正規分布)となります.ガウス分布は無限の広がりを持ちます(図C-1).ただし,中央(平均値)から遠くなるほど(すなわち大きいジッタになるほど),発生確率は低くなります.

ジッタは中央に対して任意に発生しますが,短時間では中央から数 σ(シグマ)の範囲で発生します.σ は平均的なばらつきの幅を表し,±1σ の範囲に全体のおよそ 68 % のデータが存在します.一方,±7σ まで範囲を広げて考えた場合,99.9999999999 % のデータが存在することになります.逆に外側には 0.0000000001 % で,全体に対する外側の比率は 1 兆 : 1 となります.また,±4.75σ で見ると,99.9999 % のデータが内側に,外側には 0.0001 % で,全体に対する外側の比率は 100 万 : 1 となります.

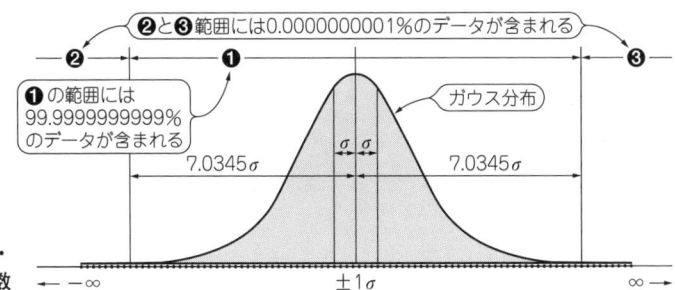

図 C-1 ランダム・ジッタの確率密度関数

これは R_j の場合，確率は低くとも測定時間が長くなるに従って，大きなジッタが出現する可能性があるということを意味します．例えば $\pm 4.75\,\sigma$ を超えるジッタは 100 万回に 1 回，$\pm 7\,\sigma$ を超えるジッタは 1 兆回に 1 回発生します．

● デタミニスティック・ジッタ D_j の要素は複数ある

一方，デタミニスティック・ジッタ（D_j）は，発振器からの漏れ込みなどの周期ジッタや，デューティ・サイクルひずみに代表されます．その分布は有限で，ジッタ量はある範囲内にとどまります（**表 C-1**）．つまり測定時間に依存しません．

R_j の場合，測定時間に依存して大きなジッタが出現するということは，アイ・ダイヤグラムで考えると測定時間に依存して信号波形の閉じ具合（アイの開口率）が変わることを意味します．測定時間が短いと大きなジッタの発生確率が低いためアイの幅は広くなりますが，測定時間が長くなると大きなジッタが出現することとなってアイの幅は狭まります．そのため，アイ・ダイヤグラムやジッタの測定では測定時間を規定しておく必要があります．ただし，上記のように正規分布の広がりが無限であるため，直接的にピーク・ツー・ピークを決めることはできません．そこで統計的にビット・エラーの発生確率として BER（Bit Error Rate）を規定して R_j の最大値を決めます．

上記の 1 兆回に一度という頻度は極めて低く感じられますが，2.5 Gbps のデータ・レートで見ると平均 400 秒 $[1/(2.5 \times 10^{-9}) \times 10^{12}]$，すなわち 6 分 40 秒に一

表 C-1 デタミニスティック・ジッタ

名　称	要　因	代表的な確率密度関数 (PDF) の形状
周期性ジッタ：P_j (Periodic Jitter)	電源，CPU クロック，オシレータなどが原因	Peak-to-Peak
デューティ・サイクルひずみジッタ：DCD_j (Duty Cycle Distortion)	オフセット・エラー，ターンオン時間のひずみが原因	Peak-to-Peak
パルス幅ひずみジッタ：PWD_j (Pulse Width Distortion)		
パターン依存性ジッタ：PD_j (Pattern Dependent)	隣接するデータ・ビットの変化が原因で発生．伝送帯域特性など伝送路の影響	Peak-to-Peak
データ依存性ジッタ：DD_j (Data Dependent)		
シンボル間干渉：ISI (Inter-symbol Interference)		

度発生する頻度です.もしこの大きなジッタが正しくビットを捕捉できない要因,すなわちエラーを引き起こす要因とすれば,この発生頻度は BER を意味することとなります.先ほどの,±7σ では1兆:1なので1回のエラーに対して必要な母集団数は 10^{12} となり,BER = 10^{-12} となります.この範囲は,式 C-1 のように標準偏差(σ)に対する係数で決まります.

$$R_{j(\text{Peak-to-Peak})} = 2Q_{BER} \times \sigma \quad \cdots\cdots\cdots\cdots (\text{C-1})$$

ここで,Q_{BER} は特定 BER における R_j の最大値への変換係数であり,BER = 10^{-6} であれば 99.99999 % が含まれる範囲で 4.75,BER = 10^{-12} ならば 99.9999999999 % で 7.039 となります.参考までに各 BER における Q_{BER} を**表 C-2** に示します.

● トータル・ジッタ(T_j)は Dual-Dirac モデルで規定

実際のジッタ T_j は,R_j と D_j の各成分が相互に掛け合わされて足されたもの,すなわち R_j と D_j が式(C-2)のように畳み込み積分(コンボリューション)されたもので極めて複雑です.

$$T_j(t) = \int_{-\infty}^{\infty} D_j(T) \cdot R_j(t-T) \, dT \quad \cdots\cdots\cdots\cdots (\text{C-2})$$

そこで式(C-3)のように D_j をデルタ関数で近似します.すると式(C-4)のように積分がとれ,単純化されます.

$$D_j(t) = a_1 \cdot \delta(t-t_1) + a_2 \cdot \delta(t-t_2) \quad \cdots\cdots\cdots\cdots (\text{C-3})$$

$$\left.\begin{aligned}T_j(t) &= \int_{-\infty}^{\infty} \{a_1 \cdot \delta(u-t_1) + a_2 \cdot \delta(u-t_2)\} \cdot R_j(t-u) \, du \\ &= a_1 \cdot R_j(t-t_1) + a_2 \cdot R_j(t-t_2)\end{aligned}\right\} \cdots (\text{C-4})$$

上記のモデルは Dual-Dirac(Dirac;ディラックのデルタ関数)モデルと呼ばれ,Dual-Dirac モデルの D_j を $D_{j(\delta\text{-}\delta)}$ として識別します.上記式(C-2)の T_j を特定 BER におけるジッタとすると,

$$T_{j(BER)} = 2Q_{BER} \times R_j + D_{j(\delta\text{-}\delta)} \quad \cdots\cdots\cdots\cdots (\text{C-5})$$

となり,R_j,$D_{j(\delta\text{-}\delta)}$ で定量化できるようになります.

表 C-2 BER 対 Q_{BER}

BER	Q_{BER}	BER	Q_{BER}	BER	Q_{BER}
10^{-3}	3.09	10^{-8}	5.612	10^{-12}	7.0345
10^{-4}	3.719	10^{-9}	5.998	10^{-13}	7.349
10^{-5}	4.265	10^{-10}	6.3615	10^{-14}	7.6505
10^{-6}	4.7535	10^{-11}	6.706	10^{-15}	7.9415
10^{-7}	5.1995				

図 C-2 Dual-Dirac モデルでの T_j, R_j, D_j の関係　ランダム成分　デタミニスティック成分　トータル・ジッタ

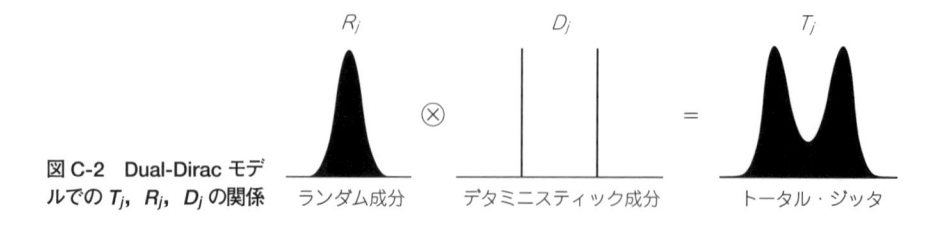

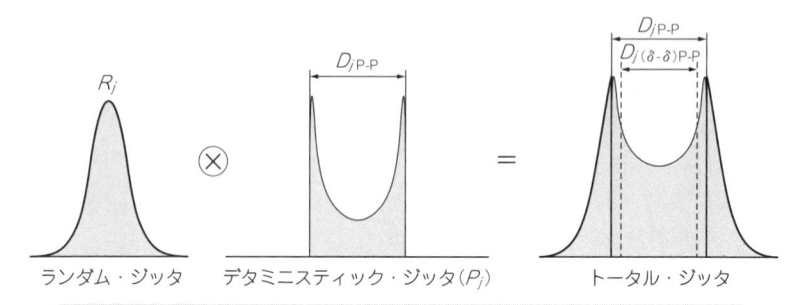

PCI ExpressではDual-Diracモデルで規定しているが，現実のジッタはそうならない

図 C-3 一般のケースでの T_j, R_j, D_j の関係
一般のケースでは $D_{j(\delta\text{-}\delta)\text{P-P}} \leq D_{j\text{P-P}}$ となる．この例は周期性ジッタ(P_j)の場合．

今日では PCI Express Rev.2.0 (5 Gbps) や USB 3.0 など，多くのシリアル・インターフェースが Dual-Dirac モデルに基づいて R_j と $D_{j(\delta\text{-}\delta)}$ を規定しています．

ただし，注意すべきは $D_{j(\delta\text{-}\delta)\text{P-P}} = D_{j\text{P-P}}$ となるのはデタミニスティック・ジッタの確率密度関数が2点となるデューティ・サイクルひずみのとき(**図 C-2**)のみです．現実には $D_{j(\delta\text{-}\delta)\text{P-P}} \leq D_{j\text{P-P}}$ となります(**図 C-3**)．

C-2　ジッタ測定の原理

● R_j と $D_{j(\delta\text{-}\delta)}$ が算出できるバスタブ曲線

$T_{j(BER)}$ を理解するためには，バスタブ曲線(**図 C-4**)と呼ばれるグラフが役立ちます．バスタブ曲線は，BER を UI 内のサンプリング・ポイント x の時間位置で測定したものです．BER (x) を測定するには，BERT (Bit Error Rate Tester) を使い，UI 内でサンプリング・ポイントをスキャンして各ポイントでの BER を測定します．BERT は PRBS やコンプライアンス用など既知のテスト・パターンを生成し，送信したデータと受信したデータを比較し，エラー数をカウントする測定器です．

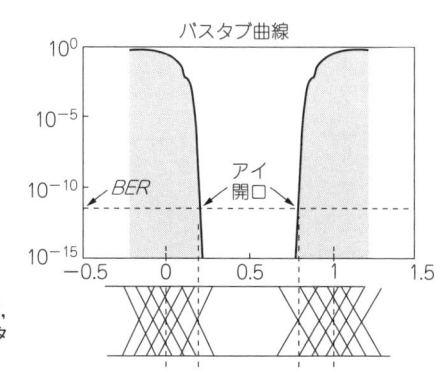

図 C-4　バスタブ曲線とジッタ量には関係がある
縦軸は BER（対数），横軸は 0.5 UI を中央とした UI で，特定の BER におけるアイ幅およびトータル・ジッタ（1 UI－アイ幅）を示す．

サンプリング・ポイントがアイの中心に向かって動くにつれて，BER は急速に低下します．一方，サンプリング・ポイントが反対側の交差点に近づくにつれて，BER は急速に増大します．この曲線が湯船（バスタブ）に似ていることからこの名前が付いています．この BER を決定しているのがここで説明しているジッタになります．つまり BER とジッタは関連性があります．

実際にバスタブ曲線は数学的に見た場合，ジッタの確率密度関数を UI 軸に沿って外側に積分した累積分布関数（Cumulative Distribution Function）で求めることができます．実際のバスタブ曲線は，R_j や D_j などのそれぞれのジッタ成分の累積分布関数が合わさったものとなります．このことから，オシロスコープでは現在のジッタ量を算出し，バスタブ曲線を使って特定の BER におけるジッタ量を推測する方法が広く用いられています．PCI Express Rev.2.0 のトータル・ジッタ T_j もこのように算出しています．

● **BER の実測は時間がかかり過ぎる**

この背景として，実際にバスタブ曲線を測定すると，あまりにも時間がかかり過ぎるからです．例えば前述のように $BER = 10^{-12}$ をテストしようとした場合，2.5 Gbps のデータ・レートでは 400 秒掛かります．しかも R_j によって引き起こされるエラーの位置はランダムです．1 回測定しただけでは精度が得られないため，数回繰り返す必要があります．オシロスコープでは，メモリ長が限定されているため，信号の取り込みおよび解析を何度も繰り返す必要があり，現実的ではありません．BERT を使ったとしてもサンプリング・ポイントをスキャンしながら，各ポイントの BER を測定するので同様です（ただし BERT でも，数点のみ測定してバスタブ曲線を外挿する方法で測定時間を短縮することも可能）．

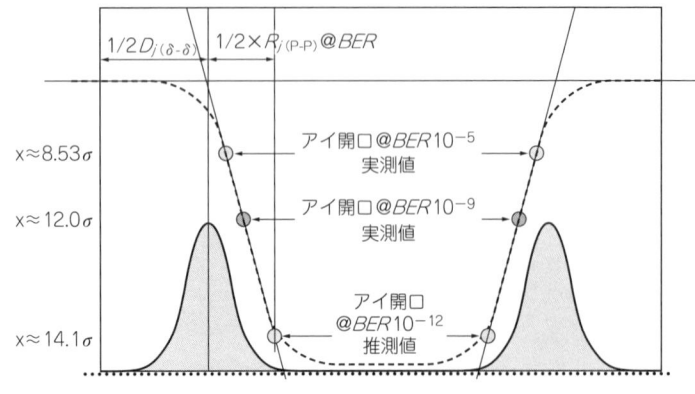

図 C-5 バスタブ曲線からの $R_{j(\delta\text{-}\delta)}/D_{j(\delta\text{-}\delta)}$ 分離
バスタブ曲線接線より $R_{j(\text{P-P})} @BER$, $D_{j(\delta\text{-}\delta)}$ を算出できる.

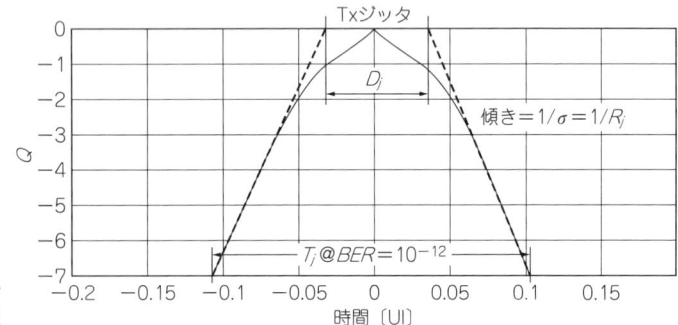

図 C-6 Q スケールからの $R_j/D_{j(\delta\text{-}\delta)}$ 分離

● R_j と D_j の分離方法

バスタブ曲線の性質を見てみましょう. バスタブ曲線の傾きを支配しているのは R_j で, 全体を内側へ狭めているのは D_j（Dual-Dirac）です. つまりバスタブ曲線を求めると R_j と $D_{j(\delta\text{-}\delta)}$ を算出することが可能になります（**図 C-5**）. BERT はバスタブ曲線を測定するため, R_j と D_j は $R_{j(\delta\text{-}\delta)}$ と $D_{j(\delta\text{-}\delta)}$ を求めることになります. 一方, オシロスコープは, 測定した真の R_j と D_j からバスタブ曲線を使い $D_{j(\delta\text{-}\delta)}$ を算出します.

バスタブ曲線は, 縦軸が対数（BER）軸のため, Q_{BER} 軸を使うことでグラフの傾きを直線化できます. その結果 PCI Express Rev.2.0 では, $R_{j(\delta\text{-}\delta)}$ と $D_{j(\delta\text{-}\delta)}$ を求めるにあたって, Q スケールと呼ぶ Q_{BER} 軸を使ったグラフを使用します. 接線の傾きが $1/\sigma$（$1/R_j$）を, 接線と $Q=0$ との交点が $D_{j(\delta\text{-}\delta)}$ を, $Q=7$ での広がりが $T_j @BER = 10^{-12}$ を示します（**図 C-6**）.

第10章 ソフトウェアの階層構造と
ハードウェアとの関連付け
── アドレス空間を割り当ててハードウェア情報を格納する

永尾 裕樹

PCI Express のハードウェアは，物理層，データリンク層，トランザクション層の3階層から構成されています．その上位にはソフトウェア層が存在します．
本稿では，ソフトウェア構成や，CPU とハードウェアを関連付ける方法を解説します．

10-1 ソフトウェアの構成と役割

● 接続されているハードウェアの機能を使えるようにする

　PCI Express は主要なバス規格の一つです．パソコンの拡張スロット・バスだけでなく，組み込み機器の拡張バスや内部バス，LSI と FPGA 間の接続バスなど数多くの機器で利用されています．
　PCI Express ソフトウェアの役割は，いずれのシステムにおいても，CPU が PCI Express バスの先に接続されている各種機能（ファンクション）へアクセスするためのデータ/制御パスを構築することが共通の目的です．
　図10-1 は PCI Express バスを持つハードウェアの構成例です．
　通常，CPU が搭載されるマザーボード上には PCI Express のホスト機能を受け持つルート・コンプレックスや，スイッチを行うブリッジが搭載されています．各種機能が搭載された制御ボード（PCI Express アドイン・カード，マザーボード上に搭載される場合もある）上には，エンドポイントが搭載されています．
　これらのルート・コンプレックス，ブリッジ，エンドポイントなどのハードウェアが PCI Express のハードウェアの構成要素となります．
　PCI Express ソフトウェアは，これらの PCI Express ハードウェアを制御する役割を受け持ちます．PCI Express ソフトウェアは BIOS，バス・ドライバ，デバイス・ドライバ（バス・インターフェース制御部）で構成されます（図10-2）．

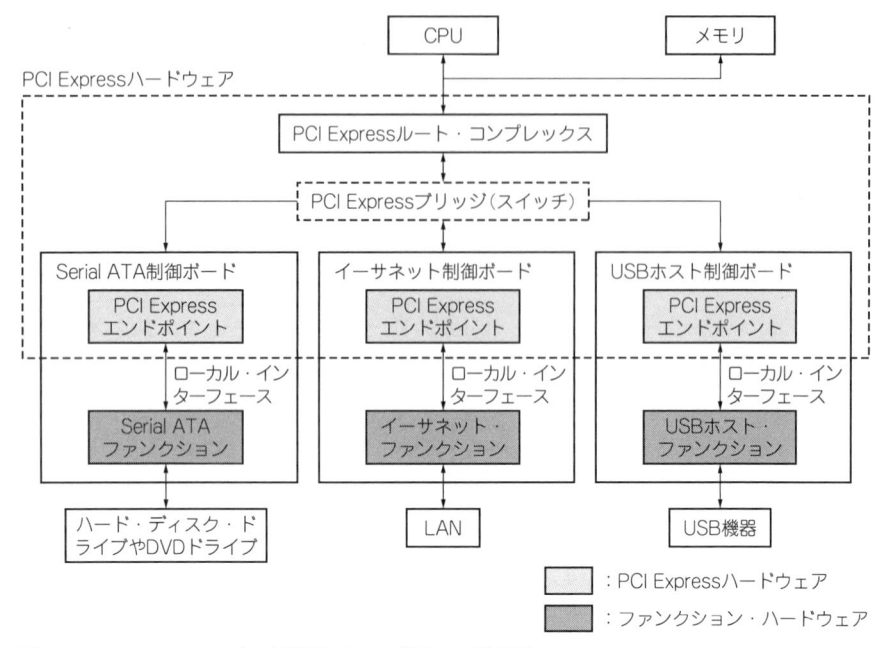

図10-1 PCI Express バスを利用したハードウェア構成例

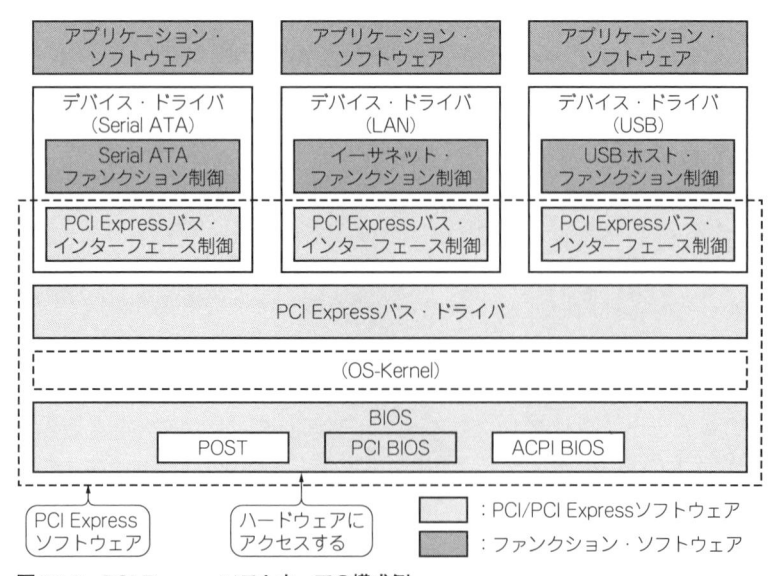

図10-2 PCI Express ソフトウェアの構成例

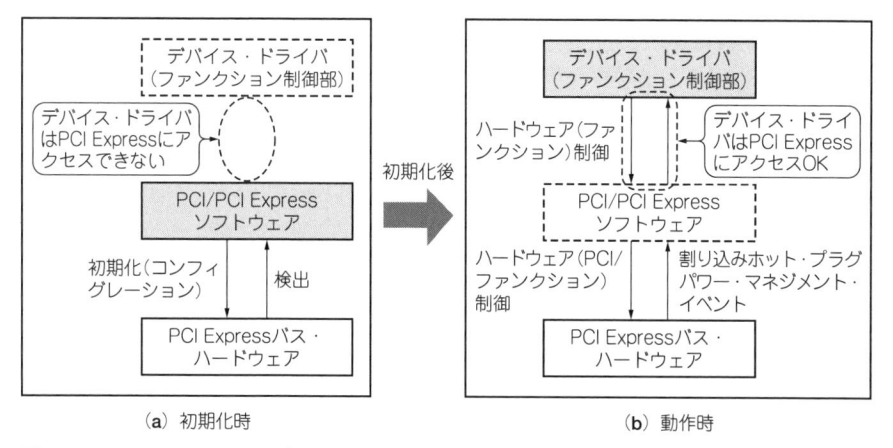

図10-3 PCI Expressソフトウェアとファンクション・ドライバの関係(初期化時/動作時)

　各種機能(ファンクション)を備えた制御ボードに書き込まれたデバイス・ドライバの内部には概念的に，PCI/PCI Expressバス・インターフェース制御部と，ファンクション制御部が存在します．PCI/PCI Expressバス・インターフェース制御部は，ソフトウェア階層の下位に当たるOSやバス・ドライバの設計方針にのっとって，PCI Express制御に必要な定型の処理シーケンスを記述するようになっており，PCI/PCI Expressソフトウェアの一部といえます．PCI ExpressはPCIとソフトウェア互換性を持つので，共通の部分をPCI/PCI Expressソフトウェアと表しています．

　デバイス・ドライバ内のファンクション制御部は，各種の機能を備えたPCI Expressインターフェースを持つアドイン・カードなどのハードウェア(以下，ファンクション・デバイスと呼ぶ)ごとに用意されます．PCI Expressソフトウェアは，このファンクション制御部に共通のバス・インターフェースを提供する役目を持ちます(**図10-3**)．

● PCI Expressハードウェアを使用するために初期化を行う

　CPUは一般的にメモリ空間とI/O空間と呼ばれる二つの空間を持っています．これらの空間に割り当てられた制御レジスタ，ステータス・レジスタやメモリへのリード/ライトにより，ほぼすべての制御を行います．デバイス・ドライバの役割は，ユーザがアプリケーション層で実行する処理を物理的なハードウェア・アクセスに変換し，ファンクション・デバイスを制御することです．

PCI/PCI Expressバスはプラグ・アンド・プレイ(バスが動いているときでもデバイスを追加して自動的に初期設定を行い，使えるようにできるしくみのこと)に対応したバス仕様です．初期状態ではデバイス・ドライバがファンクション・デバイスの制御レジスタへアクセスできる状態にはなっていません．詳細は後述しますが，割り込み処理やパワー・マネジメント管理，コンフィグレーション(デバイスを使えるようにするための初期設定)などPCIバス仕様として処理しなければならない決まりごとがあります．

　PCI Expressソフトウェアは，PCIバス・コントローラの初期化やPCIデバイスの認識，コンフィグレーション処理を実行します．一連の初期化処理が完了した後は，デバイス・ドライバ(PCI/PCI Expressバス・インターフェース制御部)へのアクセス・インターフェースを提供します．

● システム構成を動的に変化できるように階層構造になっている

　PCI Expressソフトウェアは，設計対象とするシステムに応じて，さまざまな構成をとります．例えば組み込みシステムなどでは，デバイス構成が動的に変化することは少なく，アドレス空間なども固定的に割り当てられていることがほとんどです．PCI/PCI Expressバスについても，コンフィグレーションが固定設定となっている場合もよくあります．

　パソコンの場合は，マザーボード上に搭載されたデバイス以外に，ユーザが機能拡張するためのスロットが用意されているため，PCI/PCI Expressバスのデバイス構成も動的に変化します．そのためPCアーキテクチャのシステムでは，必要に応じてリソースの再割り当てやソフトウェア・モジュールの入れ替え，ドライバ・ロード/アンロードなどに対応できるようにBIOS，バス・ドライバ(OSカーネル)，デバイス・ドライバというソフトウェア階層構造になっています．

● 各階層の基本的な役割

　ここでは，一般的なx86アーキテクチャを採用するパソコン用PCI Expressソフトウェアを例に，ソフトウェアの各階層の役割について説明します．

① PCI BIOS

　BIOSとは，パソコンのフラッシュ・メモリ内に書かれていて，パソコン起動時に実行される基本ソフトウェアです．二つの主要機能を持っており，一つはハードウェア起動時の認識，初期化，テスト機能(POST機能)です．もう一つはハードウェアへのアクセスを助けるための基本入出力インターフェースの提供です．

さまざまな種類のハードウェア(CPU やチップセット，ローカル・バス，拡張バス，入出力デバイスなど)を使ったシステムが存在します．これらのシステム上で共通の OS が動作する理由の一つは，BIOS の基本入出力インターフェースが標準化されていることです．

PCI/PCI Express デバイスは，この BIOS の拡張機能である，PCI BIOS 拡張により PCI バスに関連する初期化および基本インターフェースの提供を受けます．バス・ドライバやデバイス・ドライバは通常，BIOS が提供する表 10-1 の基本インターフェースを使用して，PCI Express ハードウェアへアクセスすることになります．

PCI BIOS の仕様は，PCI-SIG (Peripheral Component Interconnect Special Interest Group)の PCI BIOS Specification/PCI Firmware Specification で定義されています．

② **PCI/PCI Express バス・ドライバ**

バス・ドライバとは，一般的に下位の階層にデバイスが追加・削除されるなど，システム構成が変化する可能性のあるものに対して，接続・切断による構成の変化やリソースの割り当てなどの変化を管理するための役割を持つソフトウェアのことを指します．

PCI/PCI Express バスの場合は，これらの機能をハードウェア，BIOS，OS が一体となって実現し動作します．この中で，BIOS と OS 以外の部分が主に PCI/PCI Express バス・ドライバと位置づけられます．

PCI/PCI Express バス・ドライバは，バス・ブリッジ検出やバス番号設定，デバイス・リソース割り当て，コンフィグレーション空間やメモリ空間へのアクセス・インターフェースの提供，デバイス・ドライバの登録，起動，終了処理，

表 10-1　BIOS の PCI/PCI Express 関連機能

機能/インターフェース	説　明
PCI/PCI Express ハードウェア初期化	PCI ホスト/PCI Express ルート・コンプレックスの初期化(チップセット初期化)
	PCI/PCI Express ブリッジ初期化
PCI ファンクション・デバイス/PCI Express エンドポイント・デバイス・コンフィグレーション	メモリ空間や I/O 空間の割り当て(物理アドレス空間)
	割り込みルーティング
PCI BIOS インターフェース	PCI バス・ファンクションの提供
	BIOS32 サービス・ディレクトリの提供
ACPI BIOS インターフェース	PCI/PCI Express バス情報の提供

表 10-2 バス・ドライバの機能

機能/インターフェース	説 明
PCI/PCI Express バス・ハードウェアのセットアップ（BIOS 機能の補完）	PCI/PCI Express バス・ブリッジ検出/バス番号設定
PCI/PCI Express デバイス制御用リソースの割り当て	メモリ空間の割り当て（OS カーネル管理メモリ，DMA 転送用メモリ）
	I/O 空間の割り当て（IOMMU/IO 仮想アドレス対応）
コンフィグレーション空間アクセス・インターフェース	BIOS モード/Direct モード/MMCONFIG モード
デバイス・ドライバ・インターフェース	デバイス・ドライバの登録，削除，開始，終了
	デバイス有効化と無効化
	割り込み制御
	パワー・マネージメント・イベントの通知

ACPI ベースのパワー・マネジメント・インターフェース管理など，PCI/PCI Express バスに関する多くの機能を提供します．バス・ドライバの機能を**表 10-2** に示します．

③ デバイス・ドライバ

　デバイス・ドライバとは，PCI/PCI Express バスによって接続された機能デバイス（アドイン・カードなど）を制御するソフトウェアのことです．USB ホスト・コントローラやイーサネット・コントローラ，SATA（Serial ATA）コントローラなどを制御するデバイス・ドライバがこれに当たります．デバイス・ドライバの機能を以下に示します．

- PCI Express バス制御インターフェース
- ファンクション機能制御［USB/イーサネット/SATA（Serial ATA）などの固有ファンクション］
- アプリケーション・ソフトウェアとのインターフェース

　PCI/PCI Express バス関連の開発に携わるソフトウェア・エンジニアの大部分が関係するのが，このデバイス・ドライバ設計だと思います．

● BIOS やバス・ドライバの理解が不可欠

　一般に PC アーキテクチャを使ったシステムを構築する場合は，BIOS は標準搭載されています．また Windows や Linux といったコンシューマ向け OS は標準で PCI/PCI Express バス・ドライバ機能を持っています．しかし，組み込み

システムでは BIOS やバス・ドライバ機能を持たないシステムもあり，その場合はソフトウェア設計者が CPU ブート・コードや PCI Express チップセットの初期化からプログラムを書かなければなりません．本質的な PCI Express ソフトウェアのしくみを理解するためには，BIOS やバス・ドライバの機能に関する理解が不可欠です．

10-2 CPU とハードウェアの関連付け

● 接続したデバイスのアドレスが分からないと CPU からアクセスできない

通常 CPU は，ボード上のレジスタやメモリにアクセスするために，メモリ・アドレスか I/O アドレスのどちらかを使います．これは OS やカーネル・モードで動作するデバイス・ドライバでも例外ではありません．ボードのアドレスが分からない状態で，どのように PCI/PCI Express デバイスのアドレスを設定するのでしょうか？ これらを自動セットアップする手段として，「コンフィグレーション」という転送のしくみが仕様で定められています．

ここでは，PCI および PCI Express のコンフィグレーションのしくみと利用方法について説明します．また PCI/PCI Express デバイス制御に必要な，コンフィグレーション・レジスタ・キャパビリティ・リストの種別と内容について説明します．

● 自動的にデバイス認識してアドレス空間を割り当てるしくみ コンフィグレーション

PCI/PCI Express ハードウェアは，CPU から自らの機能を制御されるために，ハードウェア内に制御レジスタやバッファ・メモリを持っています．しかしこれらのレジスタやメモリは，初期状態では CPU からアクセスできる状態にはなっていません．PCI/PCI Express バスには多種類のボードが実装される可能性があるため，あらかじめ一意のアドレス空間を割り当てておくわけにはいかないからです．

また，これらのデバイスの存在をユーザがすべて認識して，アドレス空間マッピングや割り込み設定を手動で実行することは，現実的ではありません．

そこで PCI/PCI Express は，デバイス認識とアドレス空間割り当てを自動化するプラグ・アンド・プレイに対応するために，図 10-4 のような「PCI コンフィグレーション」というしくみを持っています．

コンフィグレーションのしくみのおかげで，これらの設定はユーザが意識する

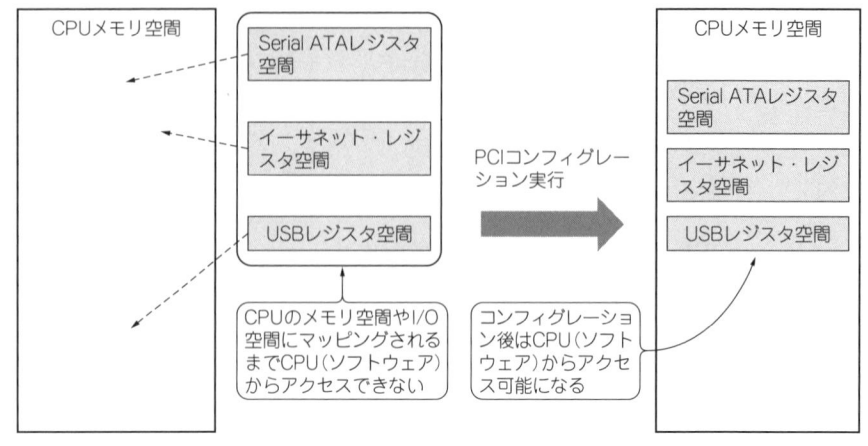

図10-4 PCIコンフィグレーションによるCPUメモリ空間の割り当て

ことなくPCI Expressソフトウェアが自動的に実行することができます．

　PCI Expressソフトウェアの最も大きな役割は，メモリ空間やI/O空間のマッピング，割り込みルーティング設定を自動的に実行し，ファンクション・デバイスに対応したデバイス・ドライバをロード，初期化，実行，終了し，ユーザが期待する機能を実行することです．

　PCIコンフィグレーションのしくみについては，PCI-SIGのPCI仕様書において，ハードウェア/ソフトウェアによる実現方法について定義されています．

　PCI以前のISAを含む旧規格バスでは，このような自動化のしくみは用意されていませんでした．ボード上にDIPスイッチやジャンパが用意されており，ユーザがボードを装着するときに，アドレスが競合しないように設定する必要がありました(ISA PnP規格もあったが，一部の環境では互換性に問題があるものもあった)．

● BIOSとバス・ドライバが特別な転送サイクルを使ってアドレスを割り当てる
　PCI/PCI Expressバスは通常のメモリ，I/O空間へのアクセスのための転送サイクル以外に，「コンフィグレーション・トランザクション」と呼ばれる特別な転送サイクルを持っています(図10-5)．この転送サイクルをBIOSとバス・ドライバが制御して，PCI/PCI Expressハードウェア(チップセットやブリッジ，PCI/PCI Expressデバイスなど)を，メモリ空間やI/O空間に割り当てます．

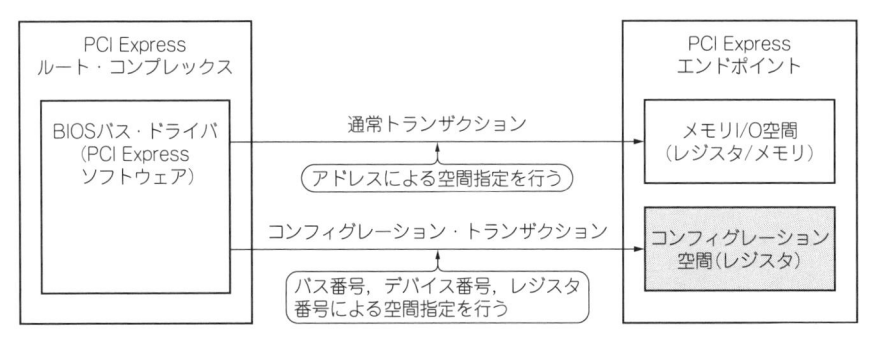

図10-5 通常トランザクションとコンフィグレーション・トランザクションの違い

● PCIとPCI Expressのコンフィグレーションの違い

　PCI ExpressデバイスはPCIとの互換性を持つので，ハードウェアはPCIコンフィグレーション・トランザクションをトランザクション・レイヤのサービスとして提供しなければなりません．

　PCI/PCI Expressソフトウェアは，コンフィグレーション・トランザクションを使って，デバイス機能のコンフィグレーション・レジスタへのアクセスとセットアップを行います．

　ソフトウェアから見たコンフィグレーション制御は，PCIバスとPCI Expressバスでほぼ同じです．しかし，この二つはハードウェア構成上では大きく異なります．そのため，PCIバスでのみサポートされる機能について，PCI Expressでは無効化されているレジスタや制御ビットが存在します．

　表10-3にコンフィグレーションに関連するPCIバスとPCI Expressバスの主要機能の違いについてまとめます．

● PCIコンフィグレーションに使うコマンド

　PCIトランザクションのタイプを示したものをバス・コマンドといいます．PCIバス仕様では，C/BE[3-0]#という4本の信号線にバス・コマンドが割り当てられています．PCIで通常使われるメモリ・リード/ライト，I/Oリード/ライトにも，これらのバス・コマンドが使われます．バス・コマンドはFRAME信号がアクティブになったタイミングでPCIマスタが出力し，有効となります．バス・コマンドの定義を**表10-4**に示します．

　C/BE[3-0]#のバス・コマンド1010がコンフィグレーション・リード・サイクル，1011がコンフィグレーション・ライト・サイクルとなります．PCIコン

表 10-3　PCI と PCI Express のコンフィグレーションの違い

コンフィグレーション項目	PCI	PCI Express
空間サイズ	256 バイト	4096 バイト
コマンド・レジスタ（ヘッダ共通部）	全ビット制御（PCI デバイスにより一部サポートしないビットもあり）	［制御の必要なし］ Special Cycle Enable Memory Write and Invalidate Enable VGA Palette Snoop IDSEL Stepping/Wait Cycle Control Fast Back-to-Back Enable ［PCI Express 固有制御］ Bus Master Enable Parity Error Response SERR# Enable Interrupt Disable
ステータス・レジスタ（ヘッダ共通部）	全ビット制御（PCI デバイスにより一部サポートしないビットもあり）	［制御の必要なし］ 66MHz Capable Fast Back-to-Back Capable DEVSEL Timing ［PCI Express 固有制御］ Interrupt Status Capability List Master Data Parity Error Signaled Target Abort Received Target Abort Received Master Abort Signaled System Error Detected Parity Error
キャッシュ・ライン・サイズ・レジスタ（ヘッダ共通部）	CPU キャッシュ・メモリ・ブロックのキャッシュ・ライン・サイズを設定	制御の必要なし
マスタ・レイテンシ・タイマ・レジスタ（ヘッダ共通部）	PCI デバイスバス占有に関するタイマ設定	制御の必要なし
キャパビリティ・ポインタ・レジスタ（ヘッダ共通部）	拡張キャパビリティを使用しないデバイスは無効化	必ず有効化
セカンダリ・ステータス・レジスタ（タイプ1ヘッダ部）	PCI ブリッジ固有制御	PCI Express ブリッジ固有制御
ブリッジ・コントロール・レジスタ（タイプ1ヘッダ部）	PCI ブリッジ固有制御	PCI Express ブリッジ固有制御

フィグレーション・トランザクションは，アドレスデータ信号線（AD[31-00]）を通常のメモリや I/O 転送と異なる方法で使用します。この利用法には図 10-6 のように，タイプ 0 コンフィグレーション・コマンドとタイプ 1 コンフィグレー

表10-4 バス・コマンドの定義

C/BE[3-0]#	PCIバスのコマンド・タイプ
0000	割り込みアクノリッジ
0001	スペシャル・サイクル
0010	I/Oリード
0100	I/Oライト
0110	メモリ・リード
0111	メモリ・ライト
1010	コンフィグレーション・リード
1011	コンフィグレーション・ライト
1100	メモリ・リード・マルチプル
1101	デュアル・アドレス・サイクル
1110	メモリ・リード・ライン
1111	メモリ・ライト＋インバリデイト

1010と1011は}コンフィグレーション・トランザクション

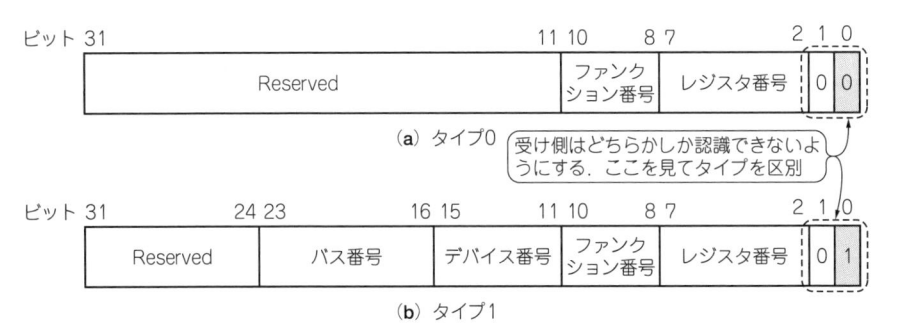

ビット 31　　　　　　　　　　　　　　11 10　　8 7　　　　　2 1 0
| Reserved | ファンクション番号 | レジスタ番号 | 0 | 0 |

(a) タイプ0

受け側はどちらかしか認識できないようにする．ここを見てタイプを区別

ビット 31　　24 23　　　　16 15　　　11 10　　8 7　　　　2 1 0
| Reserved | バス番号 | デバイス番号 | ファンクション番号 | レジスタ番号 | 0 | 1 |

(b) タイプ1

図10-6 コンフィグレーション・コマンド

ション・コマンドの二つがあります．

　タイプ0コンフィグレーション・コマンドは転送が実行されたバス上でのPCIデバイスを選択するために使用されるコンフィグレーション・コマンドで，AD[1-0]信号が00で定義されます．

　タイプ1コンフィグレーション・コマンドは，ブリッジを経由したほかのバスへ伝送されるためのコンフィグレーション・コマンドです．AD[1-0]信号が01で定義され，PCIバス・ブリッジで解釈されて動作します．タイプ1コマンドを受け取ったPCIバス・ブリッジは，このコマンドのバス番号が自分自身のプライマリ・バス番号であることを検出した場合，タイプ1→タイプ0のコマンド変換を実行してコンフィグレーション・トランザクションを実行します．

　タイプ0コンフィグレーション・コマンドには，バス番号とデバイス番号の

フィールドがありません．PCI デバイスが自分自身を選択されたことを知るためには，IDSEL 信号を使います．IDSEL 信号はシステム実装依存となりますが，アドレス/データバスの AD [31-11] の範囲で接続を許容されており，PCI ホスト側がコンフィグレーション・サイクル時に対象となる PCI デバイスのみをアクティブにドライブします．PCI デバイスはこの IDSEL 信号をチェックすることにより，自分自身へのコンフィグレーション・サイクルであることを認識します．

● **PCI Express コンフィグレーションに使うパケット**

PCI Express バス仕様では，トランザクション・レイヤの転送パケット（TLP）のコモン・パケット・ヘッダ・フィールドで，4 種類のコンフィグレーション・トランザクション・タイプが定義されています（図 10-7）．PCI Express のコンフィグレーション・トランザクションは，この TLP を使って実行されます．

● **コンフィグレーションのためのデータ・アクセス手段**

PCI コンフィグレーションはハードウェアとソフトウェアが連携してセットアップが行われます．コンフィグレーション・トランザクションは，通常の PCI バスのデータ・リード/ライト転送処理とは異なる特殊な転送サイクルです．PCI ソフトウェアはコンフィグレーション・トランザクションを発生させるための特殊な制御を行います．ただし，PC/AT アーキテクチャのシステム間での互換性

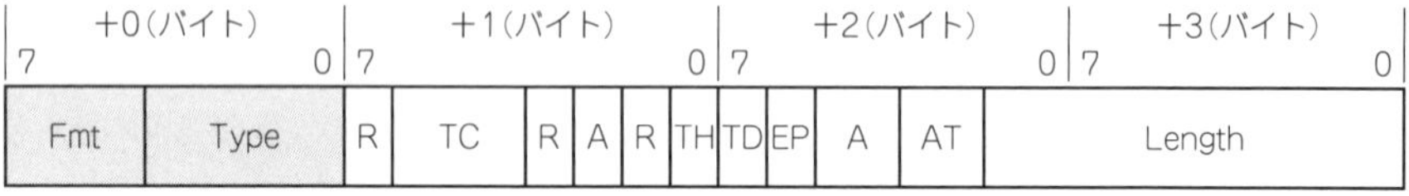

+0（バイト） 7　　　　　　0	+1（バイト） 7　　　　　　0	+2（バイト） 7　　　　　　0	+3（バイト） 7　　　　　　0
Fmt | Type	R | TC | R | A | R | TH | TD | EP | A | AT	Length	

TLPタイプ	Fmt[2-0]	Type[4-0]	説　明
MRd	000 001	0 0000	メモリ・リード・リクエスト
MWr	010 011	0 0000	メモリ・ライト・リクエスト
IORd	000	0 0010	I/O リード・リクエスト
IOWr	010	0 0010	I/O ライト・リクエスト
CfgRd0	000	0 0100	コンフィグレーション・リード・タイプ 0
CfgWr0	010	0 0100	コンフィグレーション・ライト・タイプ 0
CfgRd1	000	0 0101	コンフィグレーション・リード・タイプ 1
CfgWr1	010	0 0101	コンフィグレーション・ライト・タイプ 1

図 10-7　コモン・パケット・ヘッダ・フィールド

を考慮して，コンフィグレーション・アクセス・メカニズムと呼ばれるアクセス手段がいくつか標準化されています．

PCIコンパチブル・アクセス・メカニズムは従来のPCI互換のアクセス方法です．二つの32ビット・レジスタ(CONFIG_ADDRESSレジスタとCONFIG_DATAレジスタ)を使って，間接アドレス指定方式でPCIコンフィグレーション空間にアクセスします．この方法ではCONFIG_ADDRESSレジスタの下位8ビットを指定して，コンフィグレーション空間内のオフセット・アドレスを指定するため，000〜0FFhまでしかアクセスできません[図10-8(a)]．

一方，PCI Express拡張(エンハンスド)アクセス・メカニズム(ECAM)は，PCI Expressデバイス専用の100h〜FFFhにアクセスするために必要です．PCI Express拡張アクセス・メカニズムは，64ビット・アドレスのメモリ空間アクセスとなります．ECAMを使うことにより，PCI Expressデバイスのすべてのコンフィグレーション空間にアクセス可能となります[図10-8(b)]．

PCI仕様で定義されるアクセス方法はこの二つですが，32ビット・アドレスで

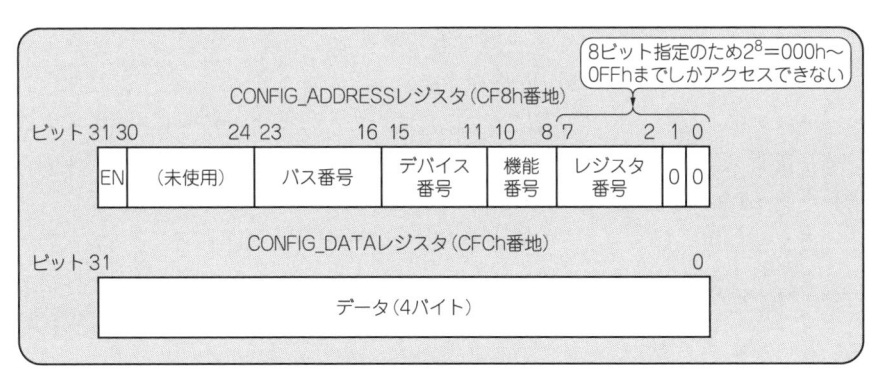

(a) PCI互換のコンフィグレーション空間アクセス方法

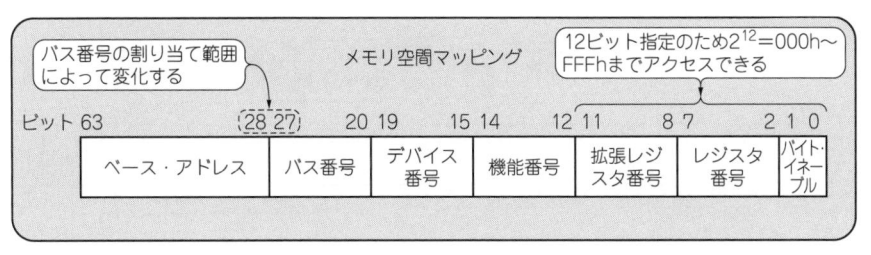

(b) PCI Express拡張コンフィグレーション空間のアクセス方法

図10-8　PCIコンフィグレーション空間のレジスタ・マッピング

PCI Express 拡張コンフィグレーション空間にアクセスする方法があります．詳細については，第11章 11-2 バス・ドライバ(pp.278-290)で説明します．

● ベース・アドレス・レジスタを書き込むとアドレス空間の割り当てが完了する

　PCI/PCI Express デバイスは，それぞれのデバイス内にベース・アドレス・レジスタという制御レジスタを持っており，PCI コンパチブル・コンフィグレーション空間に割り当てられています．PCI 基本デバイス(ブリッジなどを除く)では 32 ビット・サイズのベース・アドレス・レジスタを 6 個持っています(64 ビット・サイズの場合は 3 個)．

　ベース・アドレス・レジスタは，PCI バス上のアドレス情報をデコードするためにハードウェアによって参照されます．しかし，初期状態ではアドレス情報が入っていないため，PCI ハードウェアはアドレスをデコードできません．そのため，コンフィグレーションが完了するまでは，コンフィグレーション・トランザクションにしか反応できないということになります．

　また，PCI/PCI Express ソフトウェアのうち BIOS は，前述のコンフィグレーション・アクセス・メカニズムと呼ばれるアクセス手段によって，コンフィグレーション・トランザクションを発生させることができます．そして，初期化前のベース・アドレス・レジスタにアクセスすることにより，デバイスが要求するメモリ空間と I/O 空間の「サイズ」が分かります．ベース・アドレス・レジスタの構造を図 10-9 に示します．

　メモリ空間用ベース・アドレス・レジスタは，ビット 4 からビット 31 までがベース・アドレスが格納される領域となっています．このうちビット 4 から始まるいくつかのビットは 0 固定となるようにハードウェアを設計します．この 0 固定のビット数が，PCI デバイスが要求するメモリ空間のサイズを表します．例えば 1 M バイトのメモリ空間を要求する PCI デバイスの場合，ビット 31 からビッ

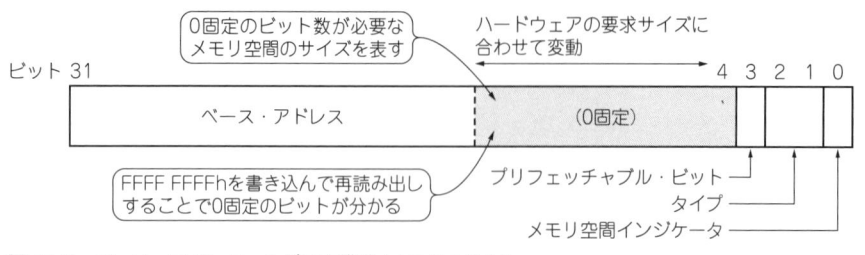

図 10-9　ベース・アドレス・レジスタ構造(メモリの場合)

ト20 までのみがリード/ライト可能となっており，ビット19からビット4までは Read Only で0固定です．

PCI/PCI Express ソフトウェアはベース・アドレス・レジスタに FFFF FFFFh（下位4ビットについてはメモリと I/O で意味が異なる）を書き込み後，再読み込みを実施することにより0固定のビット領域を知ることができます．そこから算出されるサイズ情報をもとに，システムの物理メモリ・マップから PCI デバイスに最適なメモリ空間と I/O 空間を割り当て，ベース・アドレス・レジスタに書き込みます．

ベース・アドレス・レジスタを書き込むとアドレス空間の割り当ては完了です．それ以降は，割り当てられたアドレス空間への CPU リード/ライトが PCI デバイス内のレジスタ・メモリの読み書きになるように，アドレスをデコードします．

● コンフィグレーション空間の内訳

PCI Express デバイスは最大4K バイトのコンフィグレーション空間を持っています．そのうちの先頭256バイトは，PCI コンパチブル・コンフィグレーション空間と呼ばれ，PCI との互換性を確保しています（図10-10）．

アドレス000h～0FFh までの256バイトが PCI コンパチブル・コンフィグレーション空間として定義されています．PCI コンパチブル・コンフィグレーション空間は PCI デバイスごとにタイプ0/1/2の3種類のフォーマットを持つ64バイトの PCI コンフィグレーション・ヘッダ（000h～03Fh）と，PCI デバイス固有情報（キャパビリティ・リスト）が記述される192バイトの PCI デバイス固有空間（040h～0FFh）に分類されます．

PCI デバイス固有空間ではキャパビリティ ID という ID 番号が割り振られたデバイス固有のデータ構造が格納されます．

アドレス100h～FFFh までの3840バイトが PCI Express 拡張コンフィグレーション空間となります．PCI Express デバイス用に割り当てられた拡張キャパビリティ ID を持つデータ構造は，PCI Express 拡張コンフィグレーション空間で設定されることになります．

● デバイスの種類や使えるコマンド情報などが格納されている PCI コンフィグレーション・ヘッダ

PCI コンフィグレーション空間の先頭64バイト（オフセット000h～03Fh）には，デバイス情報や使えるコマンド情報などが格納された PCI コンフィグレー

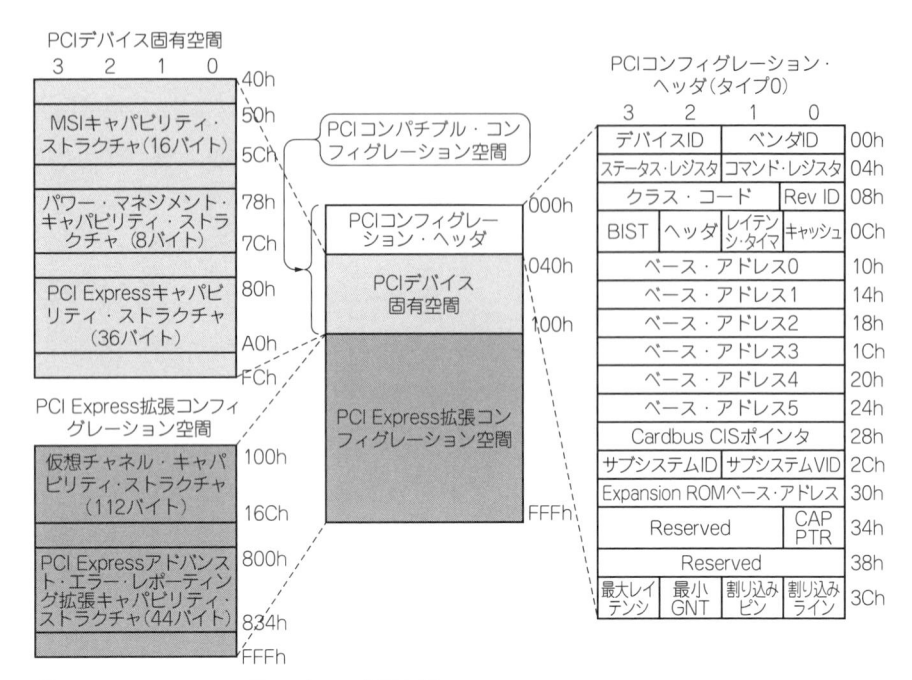

図10-10　PCI コンフィグレーション空間の例

ション・ヘッダが割り当てられています．

デバイス・タイプに応じてタイプ0（PCIデバイス），タイプ1（PCIブリッジ），タイプ2（CardBusブリッジ）の3種類のヘッダ・フォーマット仕様があります．ヘッダ・フォーマットはオフセット0Ehのヘッダ・タイプ・フィールドで見分けることができます（**表10-5**）．ヘッダ・フォーマットの先頭16バイトはすべてのヘッダ・タイプで共通フォーマットになります．

① **PCIコンフィグレーション・ヘッダ共通部**（タイプ0/タイプ1）

タイプ0ヘッダ・フォーマットはPCI-SIGのPCI Local Bus Specificationで定義されており，タイプ1ヘッダ・フォーマットはPCI-to-PCI Bridge Architecture Specificationで定義されています．またPCI Express固有の仕様については，PCI Express Base Specificationで定義されているため，それぞれ補完しながら仕様を確認する必要があります．PCI仕様とPCI Express仕様に差分のあるものはPCI Expressを中心に説明します．**図10-11**にヘッダの共通部を示します．

表10-5 ヘッダ・タイプとPCIファンクション・タイプ

ヘッダ・タイプ (オフセット 0Eh)	PCIファンクション・タイプ
0	PCIデバイス
1	PCI-PCIブリッジ
2	CardBusブリッジ

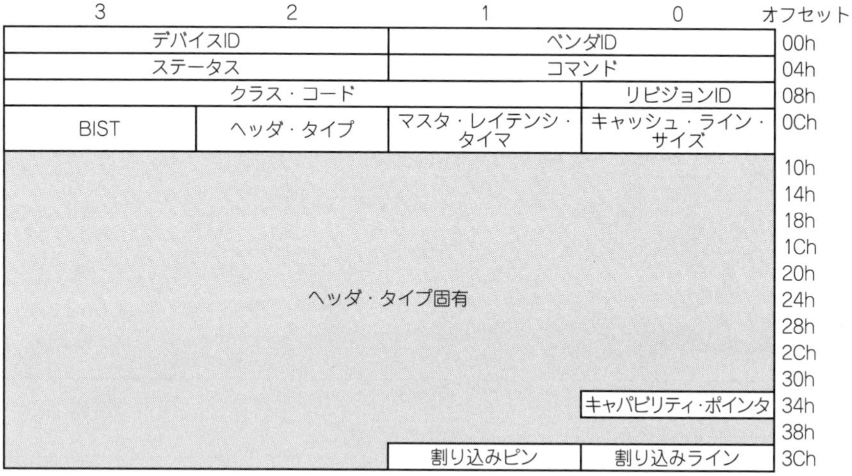

3	2	1	0	オフセット
デバイスID		ベンダID		00h
ステータス		コマンド		04h
クラス・コード			リビジョンID	08h
BIST	ヘッダ・タイプ	マスタ・レイテンシ・タイマ	キャッシュ・ライン・サイズ	0Ch
ヘッダ・タイプ固有				10h
				14h
				18h
				1Ch
				20h
				24h
				28h
				2Ch
				30h
			キャパビリティ・ポインタ	34h
				38h
		割り込みピン	割り込みライン	3Ch

図10-11 PCIコンフィグレーション・ヘッダ(共通部)

- ベンダID(オフセット 00h-01h, 2バイト)

 デバイス・メーカを指定する領域で, IDはPCI-SIGにより割り当てられます. FFFFhは無効IDとして割り当てられています.

- デバイスID(オフセット 02h-03h, 2バイト)

 デバイスを指定する領域で, IDはデバイス・メーカの管理の下に割り当てられます.

- コマンド(オフセット 04h-05h, 2バイト)[PCI Express]

 デバイスに関する制御機能が各ビットに割り当てられています(**表10-6**).

- ステータス(オフセット 06h-07h, 2バイト)[PCI Express]

 デバイスに関するステータスが各ビットに割り当てられています(**表10-7**).

- リビジョンID(オフセット 08h, 1バイト)

 デバイス固有のリビジョン番号を指定する領域で, IDはデバイス・メーカにより割り当てられます.

表 10-6 コマンド（オフセット 04h-05h）のビット割り当て

ビット	機能	説明
0	I/O Space	I/O 空間アクセスに関するデバイス応答を有効化する
1	Memory Space	I メモリ空間アクセスに関するデバイス応答を有効化する
2	Bus Master Enable	[PCI Express] エンドポイント，ルート・コンプレックス，ブリッジのポートのアップストリーム方向へのメモリ I/O リード／ライト・リクエスト発行を制御する
3	Special Cycle Enable	[PCI Express] 0：固定（Read Only）
4	Memory Write and Invalidate	[PCI Express] 0：固定（Read Only）
5	VGA Palette Snoop	[PCI Express] 0：固定（Read Only）
6	Parity Error Response	[PCI Express] ステータス・レジスタの Master Data Parity Error ビット（Poisoned TLP の送受信により変化）の有効化と無効化を制御する
7	IDSEL Stepping/Wait Cycle Control	[PCI Express] 0：固定（Read Only）
8	SERR# Enable	[PCI Express] PCI Express ファンクションによって検出された Non Fatal/Fatal エラーの通知を有効にする
9	Fast Back-to-Back Enable	[PCI Express] 0：固定（Read Only）
10	Interrupt Disable	[PCI Express] INTx 割り込み生成について制御する
11-15	Reserved	予約

表 10-7 ステータス（オフセット 06h-07h）のビット割り当て

ビット	機能	説明
0-2	Reserved	予約
3	Interrupt Status	[PCI Express] INTx エミュレーション割り込み内部ペンディング状態
4	Capability List	[PCI Express] 1：固定 拡張キャパビリティ・リストが存在する．PCI Express 仕様では全デバイスに PCI Express キャパビリティ・リストの実装があるため 1 にセットする
5	66MHz Capable	[PCI Express] 0：固定
6	Reserved	予約
7	Fast Back-to-Back Transactions Capable	[PCI Express] 0：固定
8	Master Data Parity Error	[PCI Express] Poisoned Completion/Request 発生
9-10	DEVSEL Timing	[PCI Express] 00：固定
11	Signaled Target Abort	[PCI Express] Completer Abort エラー
12	Received Target Abort	[PCI Express] Completer Abort Completion ステータス
13	Received Master Abort	[PCI Express] Unsupported Request Completion ステータス
14	Signaled System Error	[PCI Express] ERR_FATAL または ERR_NONFATAL メッセージ
15	Detected Parity Error	[PCI Express] Poisoned TLP 発生

- クラス・コード(オフセット 09h-0Bh, 3 バイト)

  PCI-SIG によって定義された機能クラスの分類を示します。

- キャッシュ・ライン・サイズ(オフセット 0Ch, 1 バイト)[PCI Express]

  CPU がメモリアクセス速度を高速化するためのキャッシュ・メモリに関して, キャッシュ・メモリ・ブロックの制御単位となるキャッシュ・ライン・サイズを設定します. このレジスタは PCI Express デバイスでは影響されません.

- マスタ・レイテンシ・タイマ(オフセット 0Dh, 1 バイト)[PCI Express]

  レイテンシ・タイマ設定は PCI Express デバイスでは影響されません. このレジスタは 00h に固定されます.

- ヘッダ・タイプ(オフセット 0Eh, 1 バイト)

  オフセット 10h 以降のヘッダ・フォーマット・タイプの指定と, 複合機能デバイスであるかどうかを示します.

- BIST(オフセット 0Fh, 1 バイト)

  起動時のセルフテスト機能を制御するレジスタです.

- キャパビリティ・ポインタ(オフセット 34h, 1 バイト)[PCI Express]

  デバイス固有の新しいキャパビリティ・リストが存在するアドレス・ポインタ(PCI コンパチブル・コンフィグレーション領域 00h-0FFh までの間のオフセットポインタ)を示します. このレジスタは, ステータス(オフセット 07-06h)のビット 4(キャパビリティ・リスト)が Enable の場合のみ有効です. PCI Express デバイスでは, 必ずこのレジスタが有効になっています.

- 割り込みライン(オフセット 3Ch, 1 バイト)

  割り込み信号線のルーティング情報を格納するレジスタで, BIOS, PCI バス・ドライバ, OS のみが利用します. デバイス・ドライバやハードウェア側ではこの数値に影響を受けることはありません.

- 割り込みピン(オフセット 3Dh, 1 バイト)

  レガシ PCI バスでは 4 本の割り込み信号線(INTA#〜INTD#)を使用することができますが, デバイスがどの信号線を使っているかを示します. 01h:INTA#, 02h:INTB#, 03h:INTC#, 04h:INTD# にそれぞれ割り当てられています. 00h の場合は, レガシ割り込み機能は使わないことを示します.

② **PCI コンフィグレーション・ヘッダ**(タイプ 0)

　PCI コンフィグレーション・ヘッダ(タイプ 0)領域は, PCI ブリッジを除くほとんどの PCI デバイス/PCI Express エンドポイントで使用されます(**図 10-12**).

	3	2	1	0	オフセット
					00h
		(共通コンフィグレーション空間)			04h
					08h
					0Ch
					10h
					14h
		ベース・アドレス・レジスタ			18h
					1Ch
					20h
					24h
		Cardbus CISポインタ			28h
	サブシステムID		サブシステム・ベンダID		2Ch
		拡張ROMベース・アドレス			30h
		Reserved			34h
		Reserved			38h
最大レイテンシ		最小Gnt			3Ch

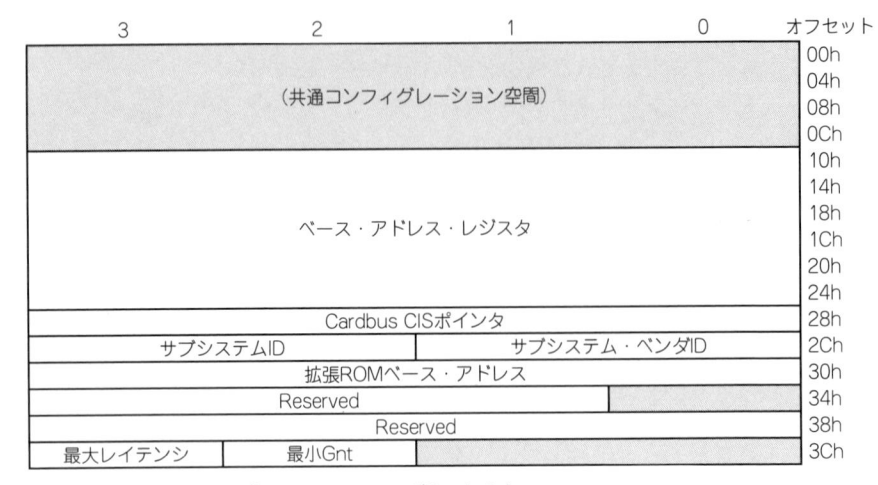

図10-12 PCI コンフィグレーション・ヘッダ(タイプ 0)

64ビット・メモリ空間	32ビット・メモリ空間	32ビットI/O空間	オフセット
BAR0	BAR0	BAR0	10h
	BAR1	BAR1	14h
BAR1	BAR2	BAR2	18h
	BAR3	BAR3	20h
BAR2	BAR4	BAR4	24h
	BAR5	BAR5	28h

BAR：ベース・アドレス・レジスタ

図10-13 ベース・アドレス・レジスタによるメモリや I/O のマッピング

- ベース・アドレス・レジスタ(オフセット 10h-27h，24 バイト)

PCI デバイスのレジスタやメモリ・バッファを，CPU のメモリ空間と I/O 空間にマッピングするためのアドレスを設定するレジスタです(**図 10-13**)．

このレジスタはメモリ空間マッピングの場合は 64 ビット・アドレス設定/32 ビット・アドレス設定の 2 種類の設定をサポートします(I/O 空間の場合は 32 ビットのみ)．

- Cardbus CIS ポインタ(オフセット 28h-2Bh，4 バイト)

Cardbus カードの CIS(Card Information Structure)の開始アドレスを示します．詳細は PCMCIA v2.10 specification を参照してください．

- サブシステム・ベンダ ID(オフセット 2Ch-2Dh，2 バイト)

アドイン・カード設計ベンダを定義する ID 番号です．この ID は PCI-SIG から割り当てられます．

- サブシステム ID（オフセット 2Eh-2Fh，2 バイト）

  アドイン・カード設計ベンダが定義するシステム定義 ID です．この ID はベンダ依存です．

- 拡張 ROM ベース・アドレス（オフセット 30h-33h，4 バイト）

  PCI バスに追加されるアドイン・カードなどに実装される，拡張 ROM が使用するアドレス空間を示します．

- 最小 Gnt（オフセット 3Eh，1 バイト）

  最小 Gnt 設定は PCI Express デバイスでは影響がありません．このレジスタは 00h に固定されます．

- 最大レイテンシ（オフセット 3Fh，1 バイト）

  最大レイテンシ設定は PCI Express デバイスでは影響がありません．このレジスタは 00h に固定されます．

③ PCI コンフィグレーション・ヘッダ（タイプ 1）

PCI ブリッジのために定義されるヘッダ・フォーマットです．PCI-to-PCI Bridge Architecture Specification（Rev1.2）で定義されています．ここで，PCI-PCI ブリッジの検出のしくみについて簡単に説明します．

通常 PCI/PCI Express は，電気的もしくは物理的なスロット/ポート数などにより，一つのバスに接続されるデバイス数は制限されます．システムとして，多数の PCI/PCI Express デバイスを接続する必要がある場合は，複数の PCI バスを持つために PCI ブリッジを使用します．PCI/PCI Express 仕様ではバス番号は 0〜255 まで割り当てられるので，合計 256 本のバスを同一システム内で構成できることになります．

CPU から最も近い場所にある PCI バスにはバス番号 0 が割り当てられており，PCI BIOS はバス番号 0 上に PCI ブリッジが存在するかどうかを検索します．その際にコンフィグレーション・ヘッダ（タイプ 1）を見つけた場合は，BIOS はさらにそのブリッジの背後にある PCI バスに対して，PCI デバイスまたは PCI ブリッジの検索を継続します．コンフィグレーション・ヘッダ（タイプ 1）の構成を図 10-14 に示します．

- プライマリ・バス番号（オフセット 18h，1 バイト）

  システム起動時に BIOS により割り当てられます．

- セカンダリ・バス番号（オフセット 19h，1 バイト）

  システム起動時に BIOS により割り当てられます．

3	2	1	0	オフセット
(共通コンフィグレーション空間)				00h
				04h
				08h
				0Ch
ベース・アドレス・レジスタ(BAR)0				10h
ベース・アドレス・レジスタ(BAR)1				14h
セカンダリ・レイテンシ・タイマ	従属バス番号	セカンダリ・バス番号	プライマリ・バス番号	18h
セカンダリ・ステータス		I/Oリミット	I/Oベース	1Ch
メモリ・リミット		メモリ・ベース		20h
プリフェッチャブル・メモリ・リミット		プリフェッチャブル・メモリ・ベース		24h
プリフェッチャブル・ベース上位32ビット				28h
プリフェッチャブル・リミット上位32ビット				2Ch
I/Oリミット上位16ビット		I/Oベース上位16ビット		30h
Reserved				34h
拡張ROMベース・アドレス				38h
ブリッジ・コントロール				3Ch

図10-14　PCIコンフィグレーション・ヘッダ(タイプ1)の構成

- 従属バス番号(オフセット1Ah, 1バイト)

　セカンダリ・バス配下にあるPCIバスの最大バス番号です．PCIコンフィグレーション・サイクル(タイプ1)を受け取ったPCIブリッジは，サイクルのバス番号を確認し，それがセカンダリ・バス配下に存在することをこの情報をもとに確認し，PCIコンフィグレーション・サイクル(タイプ1)を転送しなければなりません．

- セカンダリ・レイテンシ・タイマ(オフセット1Bh, 1バイト)

　本設定はPCI Expressデバイスには影響がありません．このレジスタは00hに固定されます．

- I/Oベース(オフセット1Ch, 1バイト)

　PCI-PCIブリッジのセカンダリ・バス配下に接続されるPCIデバイスが必要とするI/O空間範囲のベース・アドレスを示します．

- I/Oリミット(オフセット1Dh, 1バイト)

　PCI-PCIブリッジのセカンダリ・バス配下に接続されるPCIデバイスが必要とするI/O空間範囲の上限アドレスを示します．

- セカンダリ・ステータス(オフセット1Eh-1Fh, 2バイト)[PCI Express]

　デバイスに関するステータスが各ビットに割り当てられています．

- メモリ・ベース(オフセット20h-21h, 2バイト)

　PCI-PCIブリッジのセカンダリ・バス配下に接続されるPCIデバイスが必要とするメモリ空間範囲のベース・アドレスを示します．

- メモリ・リミット(オフセット 22h-23h, 2バイト)

  PCI-PCIブリッジのセカンダリ・バス配下に接続されるPCIデバイスが必要とするメモリ空間範囲の上限アドレスを示します。

- プリフェッチャブル・メモリ・ベース(オフセット 24h-25h, 2バイト)

  PCI-PCIブリッジ配下デバイスについて、プリフェッチ可能なメモリ空間が存在する場合のベース・アドレスを設定します。

- プリフェッチャブル・メモリ・リミット(オフセット 26h-27h, 2バイト)

  PCI-PCIブリッジ配下デバイスについて、プリフェッチ可能なメモリ空間が存在する場合の上限アドレスを設定します。

- プリフェッチャブル・ベース上位32ビット(オフセット 28h-2Bh, 4バイト)

  PCI-PCIブリッジ配下デバイスについて、プリフェッチ可能なメモリ空間として64ビット・アドレッシングをサポートしている場合の、ベース・アドレス上位32ビット(ビット63-32)を設定します。

- プリフェッチャブル・リミット上位32ビット(オフセット 2Ch-2Fh, 4バイト)

  PCI-PCIブリッジ配下デバイスについて、プリフェッチ可能なメモリ空間として64ビット・アドレッシングをサポートしている場合の、上限アドレス上位32ビット(ビット63-32)を設定します。

- I/Oベース上位16ビット(オフセット 30h-31h, 2バイト)

  PCI-PCIブリッジのセカンダリ・バス配下に接続されるPCIデバイスが必要とするI/O空間範囲について、32ビット・アドレッシングをサポートしている場合の、ベース・アドレス上位16ビット(ビット31-16)を示します。

- I/Oリミット上位16ビット(オフセット 32h-33h, 2バイト)

  PCI-PCIブリッジのセカンダリ・バス配下に接続されるPCIデバイスが必要とするI/O空間範囲について、32ビット・アドレッシングをサポートしている場合の、上限アドレス上位16ビット(ビット31-16)を示します。

- 拡張ROMベース・アドレス(オフセット 38h-3Bh, 4バイト)

  拡張ROMが使用するアドレス空間を示します。

- ブリッジ・コントロール(オフセット 3Eh-3Fh, 2バイト)[PCI Express]

  ブリッジ制御のための各種制御やステータス表示が割り当てられています。

● PCI Expressデバイスに関係のあるPCIデバイス固有空間のレジスタ

PCIコンパチブル・コンフィグレーション空間の040h〜0FFhまでがPCIデバイス固有空間です。この空間では、キャパビリティ・リストと呼ばれるデータ

表 10-8　キャパビリティ ID の割り当て

ID	キャパビリティ ID
00h	Reserved
01h	PCI パワー・マネジメント・インターフェース
02h	AGP
03h	VPD
04h	スロット ID
05h	MSI（Message Signaled Interrupt）
06h	Compact PCI ホット・スワップ
07h	PCI-X
08h	ハイパー・トランスポート
09h	ベンダ仕様
0Ah	デバッグ・ポート
0Bh	コンパクト PCI セントラル・リソース・コントロール
0Ch	PCI ホット・プラグ
0Dh	PCI ブリッジ・サブシステム・ベンダ ID
0Eh	AGP 8x
0Fh	セキュア・デバイス
10h	PCI Express
11h	MSI-X
12-FFh	Reserved

（01h, 05h, 10h, 11h は）PCI Express デバイスに深く関わりのあるキャパビリティ ID

構造を持つレジスタ・セットにより，PCI Specification Revision2.1 以降に追加された機能が拡張されています．この拡張機能には，キャパビリティ ID と呼ばれる ID 番号が割り当てられています．PCI 3.0 仕様で定義されているキャパビリティ ID を**表 10-8** に示します．

このうち 01h（PCI パワー・マネジメント・インターフェース），05h（MSI：Message Signaled Interrupt），10h（PCI Express），11h（MSI-X）が PCI Express デバイスに深くかかわっています．MSI とは，割り込み信号線ではなくデータ（メッセージ）として割り込みを通知するしくみで，MSI-X はその拡張です．PCI デバイス固有空間内で，PCI Express デバイスにとって必須となるこの四つのコンフィグレーション設定の定義が行われます．

① PCI パワー・マネジメント・インターフェース・キャパビリティ

　PCI BUS Power Management Interface Specification Revision1.2 で定義されています．このキャパビリティ・リストでは，PCI の四つのパワー・デバイス・

パワー・マネジメント・キャパビリティ (PMC)	ネクスト・アイテム・ポインタ	キャパビリティID	オフセット=0
データ	PMCSR_BSE ブリッジ・サポート・エクステンション	パワー・マネジメント・コントロール/ステータス・レジスタ (PMCSR)	オフセット=4

図10-15 PCIパワー・マネジメント・インターフェース・キャパビリティ

ステートと，PMEメッセージに関する機能が定義されます(図10-15)．このキャパビリティ・リストはすべてのPCI Expressデバイスに必須となっています．

- キャパビリティID(オフセット0h，1バイト)

  キャパビリティID 01h(PCIパワー・マネジメント・インターフェース)が指定されています．

- ネクスト・アイテム・ポインタ(オフセット1h，1バイト)

  次のキャパビリティ・リストのアドレス・ポインタが示されます．追加のキャパビリティ・リストが存在しない場合は00hとなります．

- パワー・マネジメント・キャパビリティ(Power Management Capabilities：PMC)(オフセット2h-3h，2バイト)

  デバイスがサポートするパワー・マネジメント能力の情報を示すレジスタです．

- パワー・マネジメント・コントロール/ステータス・レジスタ(Power Management Control/Status Register：PMCSR)(オフセット4h-5h，2バイト)

  デバイスのパワー・マネジメント・イベントの有効化とモニタに使用されるレジスタです．

- PMCSR_BSEブリッジ・サポート・エクステンション(オフセット6h，1バイト)

  PCI to PCIブリッジに関する設定です．

- Data(オフセット7h，1バイト)

  PMCSRレジスタData_selectビットで指定された情報を表示するための8ビット・レジスタ(Read Only)です．

② MSIキャパビリティ・ストラクチャ

すべてのPCI ExpressデバイスはMSI(Message Signaled Interrupt)またはMSI-X(Enhanced Message Signaled Interrupt)のどちらか，または両方をサポートしています．MSIキャパビリティ・ストラクチャは，PCIデバイスのMSIサポートためのレジスタです．MSIキャパビリティ・ストラクチャは，デバイスのサポート機能によって4種類のデータ構造を持っています(図10-16)．

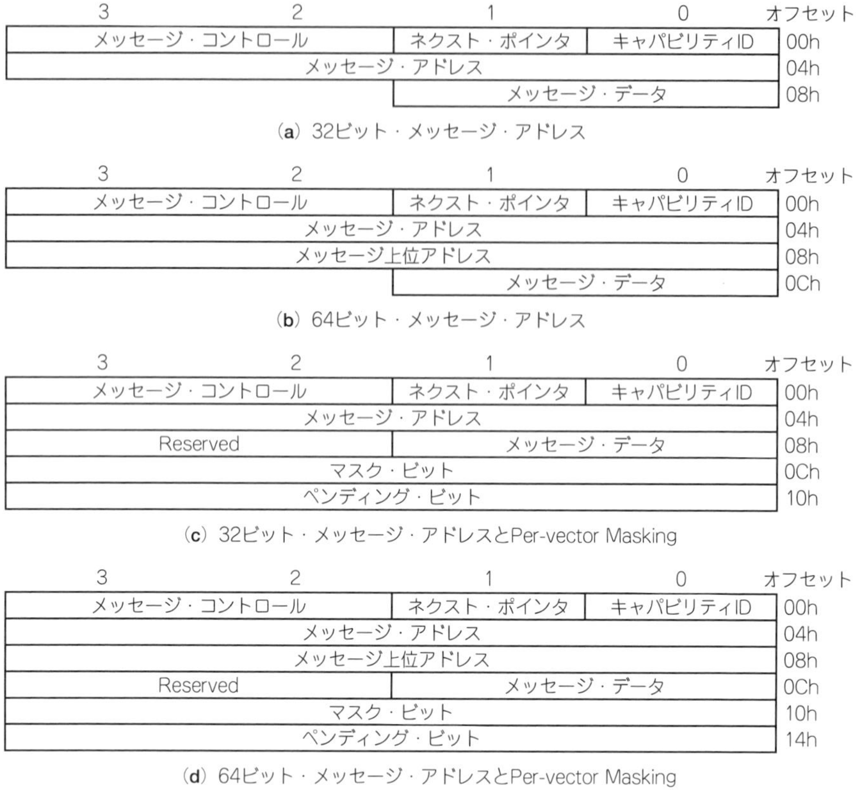

3	2	1	0	オフセット
メッセージ・コントロール		ネクスト・ポインタ	キャパビリティID	00h
メッセージ・アドレス				04h
		メッセージ・データ		08h

(a) 32ビット・メッセージ・アドレス

3	2	1	0	オフセット
メッセージ・コントロール		ネクスト・ポインタ	キャパビリティID	00h
メッセージ・アドレス				04h
メッセージ上位アドレス				08h
		メッセージ・データ		0Ch

(b) 64ビット・メッセージ・アドレス

3	2	1	0	オフセット
メッセージ・コントロール		ネクスト・ポインタ	キャパビリティID	00h
メッセージ・アドレス				04h
Reserved		メッセージ・データ		08h
マスク・ビット				0Ch
ペンディング・ビット				10h

(c) 32ビット・メッセージ・アドレスとPer-vector Masking

3	2	1	0	オフセット
メッセージ・コントロール		ネクスト・ポインタ	キャパビリティID	00h
メッセージ・アドレス				04h
メッセージ上位アドレス				08h
Reserved		メッセージ・データ		0Ch
マスク・ビット				10h
ペンディング・ビット				14h

(d) 64ビット・メッセージ・アドレスとPer-vector Masking

図10-16 MSIキャパビリティ・ストラクチャ

- キャパビリティID(オフセット0h, 1バイト)

    キャパビリティID 05h(MSI)が指定されます.

- ネクスト・アイテム・ポインタ(オフセット1h, 1バイト)

    次のキャパビリティ・リストのアドレス・ポインタが示されます.追加のキャパビリティ・リストが存在しない場合は,00hが示されます.

- メッセージ・コントロール(オフセット2h-3h, 2バイト)

    MSIメッセージの有効化/無効化ベクタ割り当て数の制御などを行います.

- メッセージ・アドレス(オフセット04h-07h, 4バイト)

    MSIメッセージが格納されるアドレスです.ダブルワード境界(4バイト)でアラインされます.

31	16 15	08 07	03 02	00	オフセット
メッセージ・コントロール	ネクスト・ポインタ	キャパビリティID			00h
テーブル・オフセット				テーブルBIR	04h
PBAオフセット				PBABIR	08h

図 10-17　MSI-X キャパビリティ・ストラクチャ

- メッセージ上位アドレス(64 ビット・メッセージ・アドレス対応時のみオフセット 08h-0Bh, 4 バイト)
 64 ビット・メッセージ・アドレスがサポートされる場合の MSI メッセージ格納アドレス上位 32 ビットです．
- メッセージ・データ(64 ビット・メッセージ・アドレス対応時オフセット 0Ch-0Dh, 32 ビット・メッセージ・アドレス対応時オフセット 08h-09h, 2 バイト)
 システム固有の MSI メッセージ・データを示します．
- マスク・ビット(64 ビット・メッセージ・アドレス対応時オフセット 10h-13h, 32 ビット・メッセージ・アドレス対応時オフセット 0Ch-0Fh, 4 バイト)
 MSI メッセージに割り当てられたベクタ単位での割り込みマスクを設定します．個別の実装はシステム固有です．
- ペンディング・ビット(64 ビット・メッセージ・アドレス対応時オフセット 14h-17h, 32 ビット・メッセージ・アドレス対応時オフセット 10h-13h, 4 バイト)
 MSI メッセージに割り当てられたベクタ単位での割り込みペンディングを設定します．個別の実装はシステム固有です．

③ **MSI-X キャパビリティ・ストラクチャ**

　PCI デバイスの MSI-X サポートためのレジスタです(**図 10-17**)．MSI-X キャパビリティ・ストラクチャは，メモリ空間に割り当てられた MSI-X テーブル・ストラクチャと MSI-X ペンディング・ビット・アレイ(Pending Bit Array：PBA)ストラクチャを示すアドレス・ポインタを含んでいます．
- キャパビリティ ID(オフセット 0h, 1 バイト)
 キャパビリティ ID 11h(MSI-X)が指定されます．
- ネクスト・アイテム・ポインタ(オフセット 1h, 1 バイト)
 次のキャパビリティ・リストのアドレス・ポインタが示されます．追加のキャパビリティ・リストが存在しない場合は，00h が示されます．

- メッセージ・コントロール(オフセット 2h-3h, 2 バイト)

MSI-X 機能を制御するためのレジスタ. このレジスタはシステム側のソフトウェアによって変更されるべきであり, デバイス・ドライバは操作するべきではありません.

- テーブル・オフセット/テーブル BIR(オフセット 4h-7h, 4 バイト)

MSI-X テーブルのために割り当てられたベース・アドレス・レジスタのコンフィグレーション・アドレス(テーブル BIR ビット)と, そのアドレス空間内の MSI-X テーブルが存在するオフセット・アドレス(テーブル・オフセット)を示します.

- PBA オフセット/PBA BIR(オフセット 8h-Bh, 4 バイト)

MSI-X ペンディング・ビット・アレイ(PBA)のために割り当てられたベース・アドレス・レジスタのコンフィグレーション・アドレス(PBA BIR ビット)と, そのアドレス空間内のオフセット・アドレス(PBA オフセット)を示します.

④ **PCI Express キャパビリティ・ストラクチャ**

PCI Express キャパビリティ・ストラクチャの割り当てを**図 10-18** に示します.

- キャパビリティ ID(オフセット 0h, 1 バイト)

キャパビリティ ID 10h(PCI Express キャパビリティ・ストラクチャ)が指定されます.

3	2	1	0	オフセット
PCI Expressキャパビリティ・レジスタ		ネクスト・ポインタ	キャパビリティID	00h
デバイス・キャパビリティ				04h
デバイス・ステータス		デバイス・コントロール		08h
リンク・キャパビリティ				0Ch
リンク・ステータス		リンク・コントロール		10h
スロット・キャパビリティ				14h
スロット・ステータス		スロット・コントロール		18h
ルート・キャパビリティ		ルート・コントロール		1Ch
ルート・ステータス				20h
デバイス・キャパビリティ2				24h
デバイス・ステータス2		デバイス・コントロール2		28h
リンク・キャパビリティ2				2Ch
リンク・ステータス2		リンク・コントロール2		30h
スロット・キャパビリティ2				34h
スロット・ステータス2		スロット・コントロール2		38h

図 10-18　PCI Express キャパビリティ・ストラクチャの割り当て

- ネクスト・アイテム・ポインタ（オフセット 1h，1 バイト）
 次のキャパビリティ・リストのアドレス・ポインタが示されます．追加のキャパビリティ・リストが存在しない場合は，00h が示されます．
- PCI Express キャパビリティ・レジスタ（オフセット 2h-3h，2 バイト）
 PCI Express デバイスとしてのファクション・タイプや保持能力を示します．
- デバイス・キャパビリティ・レジスタ（オフセット 4h-7h，4 バイト）
 PCI Express デバイス固有の能力を示します．パワー上限設定，エンドポイント・レイテンシ，最大ペイロード・サイズなどを含みます．
- デバイス・ステータス・レジスタ（オフセット 0Ah-0Bh，2 バイト）
 FATAL エラー/NonFATAL エラー/未サポート・リクエストなどのエラー情報を示します．
- リンク・キャパビリティ・レジスタ（オフセット 0Ch-0Fh，4 バイト）
 PCI Express リンク仕様のポート数，ASPM サポート，最大バス幅，最大リンク・スピードなどの情報を示します．
- リンク・コントロール・レジスタ（オフセット 10h-11h，2 バイト）
 PCI Express リンク制御レジスタ．リンク関連の割り込み，クロック・パワー・マネジメントなどの制御を行います．
- リンク・ステータス・レジスタ（オフセット 12h-13h，2 バイト）
 PCI Express Link ステータス・レジスタ．現状のリンク・スピードやバス幅の情報を示します．
- スロット・キャパビリティ・レジスタ（オフセット 14h-17h，4 バイト）
 PCI Express スロット仕様のキャパビリティを示します．電力制御，ホット・プラグ・サポートなどの情報を示します．
- スロット・コントロール・レジスタ（オフセット 18h-19h，2 バイト）
 PCI Express スロット制御レジスタ．割り込み制御，電力制御などを行います．
- スロット・ステータス・レジスタ（オフセット 1Ah-1Bh，2 バイト）
 PCI Express スロット仕様のステータス・レジスタを示します．
- ルート・コントロール・レジスタ（オフセット 1Ch-1Dh，2 バイト）
 PCI Express ルート・コンプレックス仕様のコントロール・レジスタを示します．
- ルート・キャパビリティ・レジスタ（オフセット 1Eh-1Fh，2 バイト）
 PCI Express ルート・ポート仕様のキャパビリティを示します．
- ルート・ステータス・レジスタ（オフセット 20h-23h，4 バイト）
 PCI Express デバイス仕様のルート・ステータスを示します．

ビット・オフセット

0-15	16-19	20-31
PCI Express拡張キャパビリティID	キャパビリティ・バージョン	ネクスト・キャパビリティ・オフセット

ID	定義
0001h	アドバンスト・エラー・レポーティング(Advanced Error Reporting)
0002h	仮想チャネル(Virtual Channel)
0003h	デバイス・シリアル番号(Device Serial Number)
0004h	パワー・バジェッティング(Power Budgeting)
0005h	ルート・コンプレックス・リンク宣言(Root Complex Link Declaration)
0006h	ルート・コンプレックス内部リンク・コントロール(Root Complex Internal Link Control)
0007h	ルート・コンプレックス・イベント・コレクタ・エンドポイント・アソシエーション(Root Complex Event Collector Endpoint Association)
0008h	マルチ・ファンクション仮想チャネル(Multi Function Virtual Channel)
0009h	仮想チャネル(Virtual Channel)
000Ah	ルート・コンプレックス・レジスタ・ブロック・ヘッダ・キャパビリティ(Root Complex Register Block Header Capability : RCRB)
000Bh	ベンダ固有(Vendor Specific)
000Ch	コリレーション・アクセス・キャパビリティ(Correlation Access Capability)
000Dh	アクセス・コントロール・サービス(Access Control Services : ACS)
000Eh	アルタナティブ・ルーティングIDインタープリテーション(Alternative Routing ID Interpretation : ARI)
000Fh	アドレス・トランジション・サービス(Address Translation Services : ATS)
0010h	シングル・ルート仮想化(Single Root I/O Virtualization ; SR-IOV)
0011h	マルチ・ルートI/O仮想化(Multi Root I/O Virtualization ; MR-IOV)
0012h	マルチキャスト(Multicast)
0015h	リサイザブルBAR(Resizable BAR)
0016h	DPA拡張
0017h	TPHリクエスタ(TPH Requester)
0018h	レイテンシ・トレラント・レポーティング(Latency Tolerant Reporting : LTR)

図10-19 PCI Express拡張キャパビリティ・ヘッダとPCI Express拡張キャパビリティID

● PCI Express拡張コンフィグレーション空間

　アドレス・オフセット100h～FFFhまでの3840バイトが，PCI Expressで拡張されたPCI Express拡張コンフィグレーション空間です．PCIデバイス固有空間では，拡張機能をキャパビリティ・リスト構造で定義しましたが，PCI Express拡張コンフィグレーション空間では，PCI Express拡張キャパビリティ・リスト構造で定義されます．このデータ構造には，PCI Express拡張キャパビリティIDというPCI ExpressデバイスのID番号が割り当てられたヘッダ領域(PCI Express拡張キャパビリティ・ヘッダ)が付きます(図10-19).

第**11**章

PCI Express ソフトウェアの役割
―― 各階層で用意されるインターフェースを整理する

永尾 裕樹

PCI Express のソフトウェアは階層構造になっています．ハードウェアにアクセスする BIOS，バス制御を行うバス・ドライバ，アプリケーションとの窓口になるデバイス・ドライバに分けられます．ここでは，それぞれのソフトウェアの役割と，用意されているインターフェースを解説します．

11-1 BIOS：ハードウェアにアクセスするインターフェース

● パソコン起動時の初期化とハードウェアへのアクセスを行う

BIOS は，第 10 章で述べたとおりパソコン起動時に実行される基本ソフトウェアです．ハードウェア起動時の初期化やテスト機能（POST 機能）とパソコンの基本機能アクセスを助けるための基本入出力インターフェースの提供という二つの主要機能を持っています．

PCI/PCI Express デバイスは，この BIOS の拡張機能である，PCI BIOS 拡張により初期化と基本インターフェースの提供を受けます．バス・ドライバ/デバイス・ドライバは BIOS が提供する基本インターフェースを使用して，PCI Express ハードウェアへアクセスすることになります．

ここでは基本 BIOS および PCI BIOS の機能と，BIOS ファンクションへのアクセス方法について説明します．

● PCI/PCI Express BIOS がサポートするインターフェース

一般的に広まっている Windows PC（IBM PC-AT アーキテクチャ互換機）は，インテルの 16 ビット CPU i80286 を使って設計された IBM PC/AT をベースに作られています．それに伴い BIOS インターフェースも当時の PC/AT 互換を基本に設計されていますが，CPU の 32 ビット化/64 ビット化に合わせて拡張されて

います．現時点では 16 ビット・リアル・モード/プロテクト・モード，32 ビット・プロテクト・モード，64 ビット化に対応した EFI (Extensible Firmware Interface) などの BIOS インターフェース仕様があります．

PCI/PCI Express バスに関連する BIOS インターフェースについては，PCI-SIG の PCI Firmware Specification で定義されており，特定の BIOS 機能コード (B1h) に PCI/PCI Express バス関連機能が割り当てられています．

① 16 ビット・リアル・モード/プロテクト・モード BIOS インターフェース

16 ビット・リアル・モードはインテルの 16 ビット CPU i8086 から採用されたメモリ空間へのアクセス・モードです．16 ビット・プロテクト・モードは i80286 から採用されたメモリ・アクセス・モードです．従来の CPU モードとの互換性を維持するために，PCI BIOS は CPU の割り込み機能を使った BIOS インターフェースを提供しています．

このモードでは PCI BIOS のサービスを受けるために，システムの INT 1Ah ソフトウェア割り込みを使用します．ソフトウェア (一般的には OS 自体や PCI バス・ドライバ/PCI ファンクション・ドライバといったデバイス・ドライバ) は，CPU の内部レジスタである AH レジスタ (8 ビット・レジスタ) に PCI_FUNCTION_ID (B1h 固定) を，AL レジスタに機能ごとの FUNCTION コード (01h〜0Fh) を，そのほかレジスタにパラメータをセットし，ソフトウェア割り込み (もしくは INT 1Ah ハンドラのコール) を発生します．割り込み処理完了後，CPU の各レジスタに機能ごとの戻り値がセットされ，BIOS ファンクション・コールの結果を得ることができます．

PCI BIOS のファンクションを**表11-1**に示します．

② 32 ビット・プロテクト・モード BIOS インターフェース

32 ビット・プロテクト・モードでは，32 ビット・プロテクト・モードにのっとって提供されるインターフェースを利用して，BIOS 機能を提供します．これを「BIOS32 サービス」といいます．BIOS32 サービスは，BIOS32 サービス・ディレクトリ構造を使って提供されます．BIOS32 サービス・ディレクトリは，16 バイト境界にアラインされた 16 バイトのデータ構造を持ち，物理アドレス空間の 0E0000h から 0FFFFFh のどこかに配置されます．BIOS32 サービスを利用するためには，BIOS サービス・ディレクトリをサーチする必要があります．BIOS32 サービス・ディレクトリのデータ構造を**表11-2**に示します．

BIOS32 サービス・データ構造の先頭 4 バイトはシグニチャとなる ASCII 文字列 "_32_" で始まることが規定されています．PCI バス・ドライバは，このシグニ

表11-1 PCI BIOS ファンクション

ファンクション	AH	AL	説　明
PCI_BIOS_PRESENT		01h	PCI BIOS の機能提供内容を確認する．PCI BIOS バージョン番号，コンフィグレーション・メカニズム，スペシャル・サイクルなどのサポート種別を取得する
FIND_PCI_DEVICE		02h	ベンダ ID やデバイス ID をもとにシステム上の PCI デバイスを検索する．バス番号，デバイス番号，ファンクション番号を取得する
FIND_PCI_CLASS_CODE		03h	PCI クラス・コードをもとにシステム上の PCI デバイスを検索する．バス番号，デバイス番号，ファンクション番号を取得する
GENERATE_SPECIAL_CYCLE		06h	指定のバス番号に PCI スペシャル・サイクルを発生させる
READ_CONFIG_BYTE		08h	コンフィグレーション空間レジスタのバイト(1バイト)リード
READ_CONFIG_WORD	B1h	09h	コンフィグレーション空間レジスタのワード(2バイト)リード
READ_CONFIG_DWORD		0Ah	コンフィグレーション空間レジスタのダブルワード(4バイト)リード
WRITE_CONFIG_BYTE		0Bh	コンフィグレーション空間レジスタのバイト(1バイト)ライト
WRITE_CONFIG_WORD		0Ch	コンフィグレーション空間レジスタのワード(2バイト)ライト
WRITE_CONFIG_DWORD		0Dh	コンフィグレーション空間レジスタのダブルワード(4バイト)ライト
GET_IRQ_ROUTING_EXPANSIONS		0Eh	PCI バスの割り込みルーティングオプションを取得する
SET_PCI_HW_INT		0Fh	PCI デバイスの割り込み信号線を CPU の指定の割り込み信号に接続する

表11-2 BIOS32 サービス・ディレクトリ・データ構造フィールド・フォーマット

オフセット	長さ(バイト)	説　明
00h	4	BIOS32 サービス・シグニチャ "_32_"
04h	4	BIOS32 サービス・エントリ・ポイント
08h	1	リビジョン・レベル(00h)
09h	1	長さ
0Ah	1	チェックサム
0Bh	5	予約

チャを検索し，BIOS32 エントリ・ポイントを知ることができます．入力パラメータを CPU レジスタに設定し，FAR CALL をかけることにより，BIOS32 サービス・ディレクトリにアクセスします．PCI BIOS を識別するサービス識別コードは "$PCI" です．BIOS32 入出力パラメータを表11-3 に示します．

表11-3 BIOS32サービス入出力パラメータ

レジスタ名称	説　明
EAX	サービス識別コード"$PCI"
EBX	サービス・セレクタ(Blに設定，上位3バイトは"00h")

(a) 入力レジスタ

レジスタ名称	説　明
AL	リターン・コード 00h：該当サービスが存在する 80h：該当サービスが存在しない 81h：不正なサービス・コード
EBX	BIOSサービス・アドレス(物理アドレス)
ECX	BIOSサービス長さ
EDX	BIOSサービス・エントリ・ポイント(EBXからのオフセット)

(b) 出力レジスタ

● PCI Express 拡張コンフィグレーション用に準備された ACPI BIOS

　従来 PCI BIOS インターフェースを使った PCI デバイス・アクセスは広く利用されてきました．しかし，PCI Express デバイスの PCI Express 拡張コンフィグレーション空間へアクセスするためには別の方法を考慮する必要があります．PCI Express エンハンスド・アクセス・メカニズム(ECAM)は，その解決策の一つです．しかし ECAM には一つ欠点があります．それは 64 ビット・アドレッシングが必要なことです．

　最近では 64 ビット・アドレス空間をサポートする CPU や OS が普及してきていますが，まだ大多数を占めるという状況にはなっていません．そのため，32 ビット CPU/32 ビット OS から PCI Express 拡張コンフィグレーション空間へアクセスするための方法が考慮されています．それが ACPI 仕様(Advanced Configuration and Power Interface Specification)によって定義された PCI コンフィグレーション・アクセスです．一般的にはメモリ・マップト・コンフィグレーション(MMCONFIG)と呼ばれています．

　この機能は，PCI デバイス・ベース・アドレスの一つを PCI コンフィグレーション空間アクセス用に割り当てます．通常は CPU のチップセット内の1デバイスを使用し，そのベース・アドレス・レジスタに 64 M バイト～256 M バイトのアドレスを割り当てます．ただし，その空間には実際のメモリが割り当てられるわけではなく，チップセットがアドレス・デコードをするための空間が単に割り当てられます．

表 11-4 MCFG シグニチャのテーブル構造

バイト・オフセット	フィールド	バイト長	説 明
0	Signature	4	MCFG シグニチャ
4	Length	4	テーブル・サイズ
8	Revision	1	1
9	Checksum	1	チェックサム
10	OEMID	6	OEM ID
16	OEM Table ID	8	OEM テーブル ID
24	OEM Revision	4	OEM リビジョン
28	Creator ID	4	クリエータ ID
32	Creator Revision	4	クリエータ・リビジョン
36	Reserved	8	予約
44	Configuration Space Base address allocation structure [n]	—	コンフィグレーション空間ベース・アドレス割り当て構造

表 11-5 コンフィグレーション空間ベース・アドレス割り当て構造

バイト・オフセット	フィールド	バイト長	説 明
0	Base Address	8	拡張コンフィグレーション・アクセス・ベース・アドレス
8	PCI Segment Group Number	2	PCI セグメント・グループ・ナンバ
10	Start Bus Number	1	開始 PCI バス番号
11	End Bus Number	1	終了 PCI バス番号
12	Reserved	4	予約

　このコンフィグレーション・アクセス機能は，PCI-SIG の PCI Firmware Specification Rev.3.0 で定義されており，ACPI 仕様のテーブル・ヘッダ・フィールドの MCFG シグニチャとして定義されています(**表 11-4，表 11-5**)。

　例としてインテルの 82945GMCH チップセットではホストブリッジ/DRAM コントローラでこの機能をサポートしており，PCIEXBAR レジスタで制御することができます．PCIEXBAR レジスタとはホストブリッジ/DRAM コントローラの PCI コンフィグレーション空間に割り当てられているレジスタであり，82945GMCH の場合はオフセット・アドレス 48h に割り当てられています(**表 11-6**)。

　PCI Express 拡張コンフィグレーション空間は**図 11-1** のように割り当てられます．

　図 11-1 のように，バス番号 0～255，デバイス番号 0～31，ファンクション番

表 11-6　PCIEXBAR レジスタ構造

ビット・オフセット	フィールド	説　明	
0	PCIEXBAR Enable	1：Enable	
		0：Disable	
1-2	Length	00：256M バイト（バス 0-255）	
		01：128M バイト（バス 0-127）	
		10：64M バイト（バス 0-63）	
		11：Reserved	
3-25	Reserved	予約	
26	64M バイト Base Address Mask	Length フィールド設定（64M バイト）によりベース・アドレスの一部となる	
27	128M バイト Base Address Mask	Length フィールド設定（128M バイト）によりベース・アドレスの一部となる	
28-31	PCI Express Base Address	PCI Express ベース・アドレス	

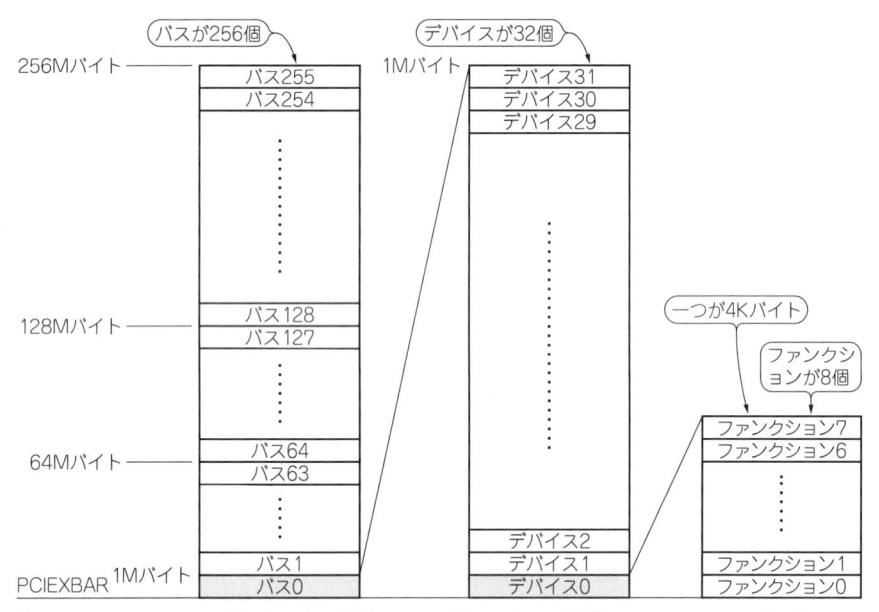

図 11-1　PCIEXBAR レジスタによる拡張コンフィグレーション領域のアドレス・マッピング

号 0〜7 に対して，それぞれ 4 K バイトの空間が割り当てられるので，最大構成で 256 M バイト（256 × 32 × 8 × 4 K バイト）のメモリ空間が PCI コンフィグレーション・アクセス用に割り当てられます．インテルの 945 Express チップセット

リスト11-1 PCIEXBAR レジスタが "E0 00 00 01"（ビット31〜29とビット0のみ'1'）に設定されているようす

ビット0が'1'なのでPCIEXBARがイネーブル、ビット31〜28が"E"なのでPCI Express ベース・アドレスがEを表す

```
[root@le211 .]# lspci -s 00:00.0 -v -xxx
00:00.0 Host bridge: Intel Corporation 82945G/GZ/P/PL Memory Controller Hub (rev 02)
Subsystem: AOPEN Inc. Device 064b
Flags: bus master, fast devsel, latency 0
Capabilities: [e0] Vendor Specific Information <?>
Kernel driver in use: agpgart-intel
00: 86 80 70 27 06 00 90 20 02 00 06 00 00 00 00 00
10: 00 00 00 00 00 00 00 00 00 00 00 00 00 00 00 00
20: 00 00 00 00 00 00 00 00 00 00 00 00 a0 a0 4b 06
30: 00 00 00 00 e0 00 00 00 00 00 00 00 00 00 00 00
40: 01 90 d1 fe 01 40 d1 fe 01 00 00 e0 01 80 d1 fe
50: 00 00 30 00 09 00 00 00 00 00 00 00 00 00 00 00
...
f0: 00 00 00 00 00 00 00 00 86 0f 03 00 00 00 00 00
```

（オフセット・アドレス48からの4バイトがPCIEXBARレジスタ）

（オフセット・アドレス）

の場合は，PCIEXBAR レジスタの設定により，バス番号が0〜127または0〜63の設定も用意されています．その場合は128Mバイトまたは64Mバイトの空間に割り当てられます．

この方法は，64ビットECAMに比べてソフトウェアの変更が少なくてすむため，Linuxなどではデフォルト設定で使用されています．ただし，この方法はシステムやチップセットの機能に依存する可能性があるため，互換性に関して一応注意しておいた方が良いでしょう．**リスト11-1**は，インテル82945G/GZ/P/PL搭載システムのチップセットの設定例です．

● ACPI の機能

ACPIは，OSによるハードウェア・デバイス検出や電源管理のしくみをBIOSレベルで互換性を持たせられます．これにより，さまざまなプラットフォームで共通制御ができるように考えられた規格です．これはハードウェア・メーカ（インテル，ヒューレットパッカード，東芝など）とBIOSメーカ（Phoenix 社など），OSメーカ（マイクロソフトなど）が中心となって作られました．2009年執筆時点では2006年10月に発表されたAdvanced Configuration and Power Interface Specification Revision3.0bが最新版で，Revision4.0を策定中です．

PCI/PCI Expressもメモリ・マップト・コンフィグレーション・アクセス対応や，ホット・プラグ，電源管理，割り込みマッピングなどについて，ACPIのための機能をサポートしています．これらを検出するしくみの一つが_OSC（Operating

表 11-7 _OSC サポート・フィールドの機能

ビット・オフセット	機 能	説 明
0	Extended PCI Config operation regions Supported	拡張 PCI コンフィグレーション空間アクセス・サポート
1	Active State Power Management Supported	PCI Express デバイスのネイティブ ASPM サポート
2	Clock Power Management Capability Supported	PCI Express 仕様クロック・パワー・マネジメント・サポート
3	PCI Segment Groups Supported	ACPI スペックの _SEG オブジェクト仕様サポート
4	MSI Supported	MSI (MSI または MSI-X) サポート
5-31	Reserved	予約

表 11-8 _OSC コントロール・フィールドの機能

ビット・オフセット	機 能	説 明
0	PCI Express Native Hot Plug Control	PCI Express ネイティブ・ホット・プラグ・コントロール
1	Standard Hot-Plug Controller (SHPC) Native Hot Plug Control	PCI/PCI-X ホット・プラグ・コントロール
2	PCI Express Native Power Management Event (PME) Control	PCI Express パワー・マネジメント・イベント (PME) 割り込みコントロール
3	PCI Express Advanced Error Reporting (AER) Control	PCI Express アドバンスト・エラー・レポーティング (AER) コントロール
4	PCI Express Capability Structure Control	PCI Express キャパビリティ・リスト・コントロール
5-31	Reserved	予約

System キャパビリティ) メソッドです (**表 11-7, 表 11-8**).

Linux の PCI バス・ドライバもこの ACPI 機能をサポートし，デバイスや機能を検出します．_OSC は ACPI ドライバへ，プラットフォーム (PCI バス・ブリッジ・ハードウェアや BIOS) がサポートする機能情報について OS へ伝達します．PCI Express の拡張機能を OS やドライバがサポートしていた場合でも，ハードウェアや BIOS が本機能をサポートしていないシステムでは，これらの拡張機能が使われないということになります．

11-2 バス・ドライバ：バス構成で使うデバイス・ドライバの一種

OS の基本機能として実装される，PCI/PCI Express インターフェース・バス・

ドライバの役割と実装機能について，Linux カーネル（Linux Kernel2.6）をパソコンに実装した例で説明します．

● デバイス・ドライバが PCI/PCI Express バスを使えるようにする

　一般的なデバイス・ドライバは，アプリケーション・プログラムからの指示やハードウェアから発生する割り込みをきっかけにして，固有の機能を持つハードウェアを動作させることが主な役割です．このような機能のデバイス・ドライバは「ファンクション・ドライバ」という場合もあります．

　OS の基本機能の一部として実装される「バス・ドライバ」もデバイス・ドライバの一種ですが，ファンクション・ドライバとは少し立場が異なっています．バスを構成するハードウェアの先に，さらに別のハードウェアが接続される構成を持つものにバス・ドライバ階層が導入されます．バス・ドライバとして最も代表的なものは PCI バス・ドライバですが，ほかにも USB，IEEE1394，SCSI，PCMCIA などが存在します．

　図 11-2 は PCI バス・インターフェースを持つ USB ホスト・コントローラの実装例です．USB ホスト・ドライバ（ファンクション・ドライバ）は，USB ホスト・カードの USB 制御回路部をコントロール（論理制御）する必要があります．しかし，初期状態では PCI USB ホスト・カードの PCI バス・インターフェース回路部はまだ動作していません．誰かが USB ホスト・カードの PCI バス・インターフェース回路を初期化しなければ，PCI USB ホスト・カードは動きません．

　また USB ホスト・ドライバは基本的に PCI ハードウェアのことについて関知しないため，直接 PCI バスにアクセスすることはできません．誰かが USB ホスト・ドライバに対して，そのためのドライバ・インターフェースを提供する必要

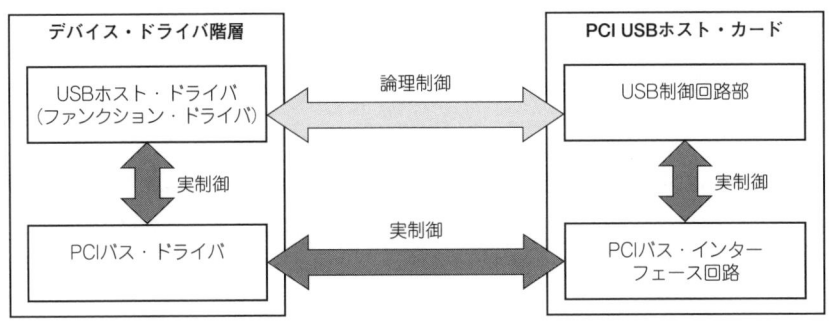

図 11-2　USB ホスト・コントローラにおけるデバイス・ドライバのハードウェア制御

があります．その役割を担うのが PCI バス・ドライバです．
　PCI バス・ドライバの主要な役割は，以下のようになります．

- PCI/PCI Express バスのセットアップ
- PCI バス・インターフェース回路を初期化し，ファクション制御回路が動作できる環境にセットアップ
- デバイス・ドライバ(ファンクション・ドライバ)へのインターフェースを提供
- デバイス・ドライバ(ファンクション・ドライバ)がハードウェアを「論理制御」できる環境にセットアップし，そのための「実制御」インターフェースを提供

● OS によっては基本機能の一部として組み込んでいる

　最終的な制御対象となるファンクション(USB の場合は USB ハード・ディスクや USB マウスなど，PCMCIA の場合は WAN 通信カードなど)を，個別のデバイス・ドライバ(ファンクション・ドライバやクラス・ドライバ)が論理制御するための手助けをするのがバス・ドライバの役割です．

　OS によっては，PCI バス・ホスト・ブリッジやバス・ドライバ/ファンクション・ドライバが使用するデータ構造の初期化などをカーネル機能の一部として組み込んでいます．Linux カーネルもこのような構成をとっていますが，これらは概念的にはバス・ドライバ機能の一部といえるので，本書ではそのように扱うことにします．

　例えば，Linux カーネル(Linux Kernel2.6)の PCI バス・ドライバの機能は，カーネル・ソース内の以下のディレクトリに存在します．

- arch/x86/pci ディレクトリ
- drivers/pci ディレクトリ
- drivers/pci/pcie ディレクトリ

　この中で，バス・ドライバ階層の扱いは driver/pci 以下のファイルが該当します．各ディレクトリに収録されている機能(ファイル)を**表 11-9** に示します．

　Linux の場合，(a)のディレクトリは形式的には Linux ドライバの形態をとっておらず，カーネル(OS の基本部分)の組み込み機能(built-in オブジェクト)の一部となっています．この部分は PCI/PCI Express ソフトウェア階層の中で，機能的には PCI コンフィグレーション機能を制御するための階層であり，(b)や(c)

表 11-9 Linux カーネルに含まれるバス・ドライバ階層のソース・ファイル

ファイル	機　能
acpi.c	ACPI 初期化インターフェース
	ACPI リソースの取得と設定
amd_bus.c	AMD CPU MP-BUS ノード情報の取得と設定
common.c	Low レベル PCI サポート（PCI リード/ライト関数の提供）
	PCI BIOS インターフェース（初期化と有効/無効化）
direct.c	PCI コンフィグレーション空間アクセス（ダイレクト・モード）
early.c	PCI サブシステム動作前に使われる PCI コンフィグレーション・アクセス，ダンプ関数
fixup.c	デバイス依存項目の設定，バグ・フィックス
i386.c	I386 アーキテクチャ依存の BIOS インターフェース（リソース割り当て）
	ISA バス・リソース競合の解消
init.c	Linux コンフィグレーション設定ごとの PCI バス初期化
irq.c	割り込みコントローラ，PCI ベンダ ID ごとに割り込みルーティング設定
	（インテル，AMD，VIA，OPTI，CYRIX，SERVERWORKS など．include/linux/pci_ids.h で定義）
legacy.c	PCI レガシ初期化インターフェース
	PCI BIOS 経由のバス番号取得 API
mmconfig_32.c	PCI コンフィグレーション空間アクセス（MMCONFIG モード 32 ビット依存部）
mmconfig_64.c	PCI コンフィグレーション空間アクセス（MMCONFIG モード 64 ビット依存部）
mmconfig-shared.c	PCI コンフィグレーション空間アクセス（MMCONFIG モード）
	ACPI テーブル MCFG，チップセット機能によるコンフィグレーション・アクセス
numaq_32.c	NUMA (Non-Uniform Memory Access) アーキテクチャ・マシン用 PCI コンフィグレーション・アクセス
olpc.c	OLPC アーキテクチャ・マシン用 PCI コンフィグレーション・アクセス（VSA PCI Virtualization 代替機能）
pcbios.c	BIOS32/PCI BIOS 検出，リード/ライト，IRQ ルーティング
pci.h	PCI 関連ヘッダ・ファイル
visws.c	SGI Visual Workstation

(a) arch/x86/pci ディレクトリ

と連携して PCI ホストおよび拡張ボード機能ドライバ（ファンクション・ドライバ）にサービスを提供しています．そのためここでは，(a)の部分についてもバス・ドライバの一部として解説をすることにします．

● コンフィグレーション用にアクセス・モードが用意されている

　Linux の PCI/PCI Express バス・ドライバは，コンフィグレーション空間へのアクセスについて，以下のような複数のアクセス・モードを持っています．

表 11-9 Linux カーネルに含まれるバス・ドライバ階層のソース・ファイル(つづき)

ファイル	機 能
access.c	VPD (Vital Product Data) 関連インタフェース
bus.c	PCI バス・リソース操作, PCI デバイス追加, PCI ブリッジ有効化
dmar.c	ACPI DMA リマッピング・テーブル (DMAR) サポート
hotplug.c	PCI ホット・プラグ関連 (pci_uevent)
hotplug-pci.c	PCI ホット・プラグ関連 (pci_do_scan_bus)
htirq.c	Hypertransport 割り込みキャパビリティ
intel-iommu.c	I/O Virualization (仮想化) をサポートする IOMMU (Input/Output Memory Management Unit) 対応
intr_remapping.c	IOMMU 対応割り込みリマッピング処理
intr_remapping.h	IOMMU 対応割り込みリマッピング処理ヘッダ・ファイル
iova.c	IO Virtual Address ドメイン初期化, VA の取得と開放
irq.c	不正 IRQ ハンドリング処理
msi.c	PCI Message Signaled Interrupt (MSI) サポート
msi.h	MSI 関連ヘッダ・ファイル
pci.c	PCI バス・ドライバ・メイン
pci.h	PCI バス・ドライバ・ヘッダ・ファイル
pci-acpi.c	PCI ACPI インタフェース _OSC, パワー・マネジメント・サポート
pci-driver.c	PCI バスのドライバ登録, 初期化, サスペンド, 終了
pci-sysfs.c	Linux sysfs システム・インタフェース
probe.c	PCI バス検出, バス・デバイス・セットアップ
proc.c	Linux procfs システム・インタフェース
quirks.c	PCI 関連個別ハードウェア対応インタフェース
remove.c	PCI バス・デバイス停止・終了インタフェース
rom.c	PCI ROM 有効・無効化・マッピング
search.c	PCI デバイス・サーチ・インタフェース
setup-bus.c	PCI サブシステム初期化サポート
setup-irq.c	PCI サブシステム割り込みサポート
setup-res.c	PCI サブシステム・リソース・サポート
slot.c	PCI スロット・サポート
syscall.c	Linux システム・コール (pciconfig_read/pciconfig_write) インタフェース

(b) drivers/pci ディレクトリ

ファイル	機 能
aspm.c	ASPM (Active State Power Management) サポート
portdrv.h	Express ポート・ドライバ・ヘッダ・ファイル
portdrv_bus.c	Express ポート・サスペンド・リジューム・インタフェース
portdrv_core.c	Express ポート・バス・ドライバ・コア・ファンクション (ドライバ登録, 終了, 初期化処理)
portdrv_pci.c	PC リソース管理, エラー処理

(c) drivers/pci/pcie ディレクトリ

- BIOS 機能を使った PCI BIOS モード
- PCI コンフィグレーション・レジスタに直接アクセスする Direct モード
- チップセット機能を使う MMCONFIG モード
- 複合動作の Any モード　など

　これらは Linux のカーネル・コンフィグレーション「Bus options (PCI etc.) -> PCIaccess mode」で切り替えることができます．
　詳細を以下に説明します．

① PCI BIOS モード

　11-1 節で説明した BIOS 機能を使用します．この方法は BIOS によるハードウェア・インターフェースの相違を吸収する効果が期待できます．複数のプラットフォームをサポートする際に，互換性の高い制御が期待できるため，最も好ましい方法といえます．しかし，BIOS 機能をサポートしていない組み込み機器や，一部の古いパソコンなどでは逆に互換性の問題を引き起こす可能性もあります．

② Direct モード

　10-2 節で説明した PCI コンフィグレーション・アクセス・メカニズムのハードウェアを直接制御して，PCI バスにアクセスします．PC/AT アーキテクチャでは，CONFIG_ADDRESS レジスタ（アドレス CF8h）と CONFIG_DATA レジスタ（アドレス CFCh）を使ったアクセスが標準となっています．このレジスタを利用することにより，PCI コンフィグレーション空間にアクセスします．しかし当然ながら，ほかのアーキテクチャのシステムでこの機能を使うことはできません．

③ MMCONFIG モード

　PCI Express をサポートしたチップセットの機能を使って，コンフィグレーション空間にアクセスします．この機能は ACPI 仕様の MCFG を使ったもので，基本的には ACPI BIOS レベルでの互換がとられていますが，ハードウェア・レベルではチップセットごとに異なった実装がされる場合があります．インテルや AMD などが提供する主要チップセットでは，起動時に自動識別することで，このアクセス方法が使えるようになっています．また現状の Linux では，PCI Express 拡張コンフィグレーション空間（100h～FFFh）へは，MMCONFIG モードを使ってアクセスします．このため，4 K バイトのコンフィグレーション空間にアクセスする必要がある場合は，この設定を選択します．

④ Any モード

　上記の BIOS，Direct，MMCONFIG の三つのアクセス方法をバス・ドライバ

が自動選択するモードです．最初は MMCONFIG が使えるかどうかを試し，その後 Direct モードや BIOS モードの利用を試みます．

⑤ **OLPC モード**

AMD の Geode チップセットを使った低価格パソコン(One Laptop per Child)向け専用の動作モードです．

例えばコミュニティ・カーネルや Fedora ディストリビューションでは，「Any モード」が設定されています．この状態では，コンフィグレーションの際に直接ハードウェアをアクセスします．「PCI BIOS モード」に変更し，カーネルを再構築することにより，BIOS 機能を使って PCI コンフィグレーションにアクセスすることが可能となります．

コンフィグレーション空間のリード/ライト機能は，pci_raw_ops 構造体(arch/x86/pci.h)で定義されます．バス・ドライバは，この構造体メンバとして BIOS, Direct, MMCONFIG の各モードに応じたリード/ライト関数を登録し，以降このリード/ライト機能を使ってコンフィグレーション・アクセスを行います．

x86 の 32 ビット CPU と 32 ビット・カーネルを使ったシステムの場合，256 バイト以上の PCI Express 拡張コンフィグレーション空間へのアクセスは，Any モードもしくは MMCONFIG モードに設定する必要があります．

リスト 11-2 は lspci コマンドを使って，コンフィグレーション空間を確認した例(PCI Express カードはインテル製イーサネット・コントローラ 82574L)です．PCI バス・ドライバ関数の pci_mmcfg_read()関数を使って，アドレス・オフセット 100h Advanced Error Reporting Capabilities, アドレス・オフセット 140h の Device Serial Number Capabilities にアクセスしています．

● **PCI/PCI Express バスのセットアップ**

PCI/PCI Express バスは PC アーキテクチャのシステム内では中心的な役割を持つバスです．拡張スロット・バスとしての利用法のほかに，マザーボード上に搭載された主要デバイスの多くが PCI/PCI Express バスに接続されています．例えば，画面を表示するためのビデオ・コントローラも PCI/PCI Express デバイスの一つです．これらは OS 起動前に既に動作している必要があります．そのため，PCI/PCI Express バス・ブリッジ・デバイスは，ハードウェアや BIOS, OS, バス・ドライバが連携してセットアップされなければなりません．

ここでは Linux のセットアップ・シーケンスを例に，PCI/PCI Express バスのセットアップについて説明します(**表 11-10**, **図 11-3**)．

リスト 11-2 lspci コマンドを使ってコンフィグレーション空間を確認した例

```
[root@le211 .]# lspci -v -s 02:00.0 -xxxx
02:00.0 Ethernet controller: Intel Corporation 82574L Gigabit Network Connection
        Subsystem: Intel Corporation Gigabit CT Desktop Adapter
        Flags: bus master, fast devsel, latency 0, IRQ 17
        Memory at fddc0000 (32-bit, non-prefetchable) [size=128K]
        Memory at fdd00000 (32-bit, non-prefetchable) [size=512K]
        I/O ports at ef00 [size=32]
        Memory at fddfc000 (32-bit, non-prefetchable) [size=16K]
        [virtual] Expansion ROM at fdc00000 [disabled] [size=256K]
        Capabilities: [c8] Power Management version 2
        Capabilities: [d0] Message Signalled Interrupts: Mask- 64bit+ Count=1/1 Enable-
        Capabilities: [e0] Express Endpoint, MSI 00
        Capabilities: [a0] MSI-X: Enable+ Mask- TabSize=5
        Capabilities: [100] Advanced Error Reporting
                UESta:  DLP- SDES- TLP- FCP- CmpltTO- CmpltAbrt- UnxCmplt- RxOF- MalfTLP-
                        ECRC- UnsupReq- ACSVoil-
                UEMsk:  DLP- SDES- TLP- FCP- CmpltTO- CmpltAbrt- UnxCmplt- RxOF- MalfTLP-
                        ECRC- UnsupReq- ACSVoil-
                UESvrt: DLP+ SDES- TLP- FCP+ CmpltTO- CmpltAbrt- UnxCmplt- RxOF+ MalfTLP+
                        ECRC- UnsupReq- ACSVoil-
                CESta:  RxErr- BadTLP- BadDLLP- Rollover- Timeout- NonFatalErr-
                CESta:  RxErr- BadTLP- BadDLLP- Rollover- Timeout- NonFatalErr+
                AERCap: First Error Pointer: 00, GenCap- CGenEn- ChkCap- ChkEn-
        Capabilities: [140] Device Serial Number 2d-fa-2d-ff-ff-21-1b-00
        Kernel driver in use: e1000e
        Kernel modules: e1000e
00: 86 80 d3 10 07 04 18 00 00 00 00 02 10 00 00 00
10: 00 00 dc fd 00 00 d0 fd 01 ef 00 00 00 c0 df fd
20: 00 00 00 00 00 00 00 00 00 00 86 80 1f a0
30: 00 00 00 c8 00 00 00 00 00 0a 01 00 00
40: 00 00 00 00 00 00 00 00 00 00 00 00 00 00 00 00
50: 00 00 00 00 00 00 00 00 00 00 00 00 00 00 00 00
60: 00 00 00 00 00 00 00 00 00 00 00 00 00 00 00 00
70: 00 00 00 00 00 00 00 00 00 00 00 00 00 00 00 00
80: 00 00 00 00 00 00 00 00 00 00 00 00 00 00 00 00
90: 00 00 00 00 00 00 00 00 00 00 00 00 00 00 00 00
a0: 11 00 04 80 03 00 00 00 03 20 00 00 00 00 00 00
b0: 00 00 00 00 00 00 00 00 00 00 00 00 00 00 00 00
c0: 00 00 00 00 00 00 00 00 01 d0 22 c8 00 20 00 14
d0: 05 e0 80 00 00 00 00 00 00 00 00 00 00 00 00 00
e0: 10 a0 01 00 c1 8c 00 00 10 28 10 00 11 1c 03 00
f0: 40 00 11 10 00 00 00 00 00 00 00 00 00 00 00 00
100: 01 00 01 14 00 00 00 00 00 00 00 00 11 20 06 00
110: 00 00 00 00 00 20 00 00 00 00 00 00 00 00 00 00
120: 00 00 00 00 00 00 00 00 00 00 00 00 00 00 00 00
130: 00 00 00 00 00 00 00 00 00 00 00 00 00 00 00 00
140: 03 00 01 00 2d fa 2d ff ff 21 1b 00 00 00 00 00
150: 00 00 00 00 00 00 00 00 00 00 00 00 00 00 00 00
 ...
```

→ PCI Express拡張キャパビリティ

● デバイス・ドライバが使えるデータ構造体とインターフェース関数

　Linux の PCI バス・ドライバは，デバイス・ドライバ（ファンクション・ドライバ）に対して，多数のインターフェース機能を提供しています．そのインター

表11-10　Linux 起動時のPCI Express 処理（図11-3の例）

セットアップ処理	主要関数名	主要ファイル
システム起動 BIOS 起動 OS/ACPI ドライバ起動		
PCI バス・ドライバ起動	pcibus_class_init () pci_driver_init () acpi_pci_init ()	drivers/pci/probe.c drivers/pci/pci-driver.c drivers/pci/pci-acpi.c
PCI バス初期化	pci_arch_init () pci_pcbios_init () pci_direct_init () dmi_check_pciprobe ()	arch/x86/pci/init.c arch/x86/pci/pcbios.c arch/x86/pci/direct.c arch/x86/pci/common.c
ルート・ブリッジ検出	acpi_pci_find_root_bridge ()	drivers/pci/pci-acpi.c
PCI バス検出	pci_find_bus () pci_create_bus () pci_alloc_bus ()	drivers/pci/search.c drivers/pci/probe.c
ルート・ブリッジ登録，ハードウェア初期化	pci_scan_device () alloc_pci_dev ()	drivers/pci/probe.c
ルート・ブリッジ配下（オンボード）デバイス登録	pci_setup_device () pci_read_irq () pci_device_add ()	drivers/pci/probe.c
PCI to PCI ブリッジ検出，登録，ハードウェア初期化	alloc_pci_dev ()	drivers/pci/probe.c
PCI to PCI ブリッジ配下デバイス登録	pci_scan_bridge ()	drivers/pci/probe.c
PCI 割り込みルーティング設定	acpi_pci_irq_add_prt () acpi_pci_link_add ()	drivers/acpi/pci_irq.c drivers/acpi/pci_link.c
ACPI BIOS インターフェース	pci_acpi_init () pcibios_init ()	arch/x86/pci/acpi.c arch/x86/pci/common.c
PCI バス・リスト構成 バス・リソース割り当て	pcibios_resource_survey () pcibios_allocate_bus_ resources ()	arch/x86/pci/i386.c
ACPI _OSC サポート設定	__pci_osc_support_set ()	drivers/pci/pci-acpi.c
PCI ROM リソース再割り当て	pcibios_assign_resources ()	arch/x86/pci/i386.c
PCI ブリッジ起動前処理（OS リソース割り当て）	pci_bus_assign_resources ()	drivers/pci/setup-bus.c
PCI ブリッジ・デバイス起動	pci_enable_device ()	drivers/pci/pci.c
PCI デバイス起動	do_pci_enable_device () pcibios_enable_device () pci_enable_resources ()	drivers/pci/pci.c arch/x86/pci/common.c drivers/pci/setup-res.c
PCI バス・ドライバ起動	pci_init	drivers/pci/pci.c
PCI Express ポート・ドライバ起動	pcie_portdrv_init	drivers/pci/pcie/ portdrv_pci.c

説　明
システム・パワーオン，ハードウェア初期化 BIST (Built In Self Test)，BIOS リソース・セットアップ ACPI 仕様デバイス認識・セットアップ
Linux カーネル起動時にコールされる ACPI_PCI 初期化 MSI サポート，ASPM (サポート状況確認)，カーネル ACPI サポートに PCI バスタイプを登録
PCI コンフィグレーション空間アクセス・モード設定 DMI (Desktop Management Interface) チェック
ルート・ブリッジ検出とデバイス・ハンドルの取得
PCI バス構成検出，リソース割り当て
ルート・ブリッジ (メモリ・コントローラ) 検出 ブリッジ・コンフィグレーション設定
VGA コントローラ初期化 UHCI (USB 1.1 ホスト・コントローラ) 初期化×4 EHCI (USB 2.0 ホスト・コントローラ) 初期化 オーディオ・デバイス (Audio device) 初期化
PCI ブリッジ初期化 (82801G PCI Express Port 1) PCI ブリッジ初期化 (82801G PCI Express Port 2)
PCI ブリッジ (8086:27d0) 配下デバイスの検索 PCI ブリッジ (8086:27d2) 配下デバイスの検索 PCI ブリッジ (8086:244e) 配下デバイスの検索
PCI 割り込み機能設定
ACPI PCI インターフェース初期化
バス・リスト構造体サーチ カーネル・メモリ，I/O リソース割り当て処理
ACPI OSC サポートの登録
BIOS 設定が適切ではない場合の PCI ROM のリソース再割り当て
PCI ブリッジ・セットアップ PCI サブシステム初期化サポート
ブリッジ・デバイス有効化×3
PCI デバイスを有効化する PCI パワー・ステートの移行処理 (D0Active ステート) PCI BIOS リソースの有効化
PCI バス・ドライバ初期化，起動
PCI Express ポート・ドライバ初期化，起動

```
PCIバス・ドライバ                    ハードウェア/BIOS/OS

                                    ┌─────────────────┐
                                    │   システム起動   │
                                    ├─────────────────┤
                                    │   BIOS起動      │
                                    │(PCI初期セットアップ)│
                                    ├─────────────────┤
                                    │  OSカーネル起動  │
                                    ├─────────────────┤
                                    │ ACPIドライバ起動 │
   ┌─────────────────┐              ├─────────────────┤
   │ PCIバス・ドライバ起動│◀─────────│  PCIバス初期化   │
   ├─────────────────┤              └─────────────────┘
   │  ルート・ブリッジ検出 │
   ├─────────────────┤
   │    PCIバス検出   │
   ├─────────────────┤
   │ ルート・ブリッジ登録/│
   │  ハードウェア初期化  │
   ├─────────────────┤
   │ ルート・ブリッジ配下 │
   │(オンボード)デバイス登録│
   ├─────────────────┤
   │PCI to PCIブリッジ検出/│
   │登録/ハードウェア初期化 │
   ├─────────────────┤
   │PCI to PCIブリッジ配下│
   │   デバイス登録    │
   ├─────────────────┤
   │ ブリッジ再設定(2パス)│
   ├─────────────────┤
   │PCI割り込みルーティング設定│──┐
   └─────────────────┘           │  ┌─────────────────┐
                                 └─▶│ACPI BIOSインターフェース│
                                    ├─────────────────┤
                                    │ PCIバス・リスト再構成 │
                                    ├─────────────────┤
                                    │ バス・リソース割り当て │
   ┌─────────────────┐              ├─────────────────┤
   │ ACPI_OSCサポート設定│◀─────────│PCI ROMリソース再割り当て│
   ├─────────────────┤              └─────────────────┘
   │ PCIブリッジ起動前処理│
   │(OSリソース割り当て) │
   ├─────────────────┤
   │ PCIブリッジ・デバイス起動│
   ├─────────────────┤
   │   PCIデバイス起動 │
   ├─────────────────┤
   │ PCIバス・ドライバ起動│
   ├─────────────────┤
   │PCI Expressポート・ドライバ│
   │        起動     │
   └─────────────────┘
```

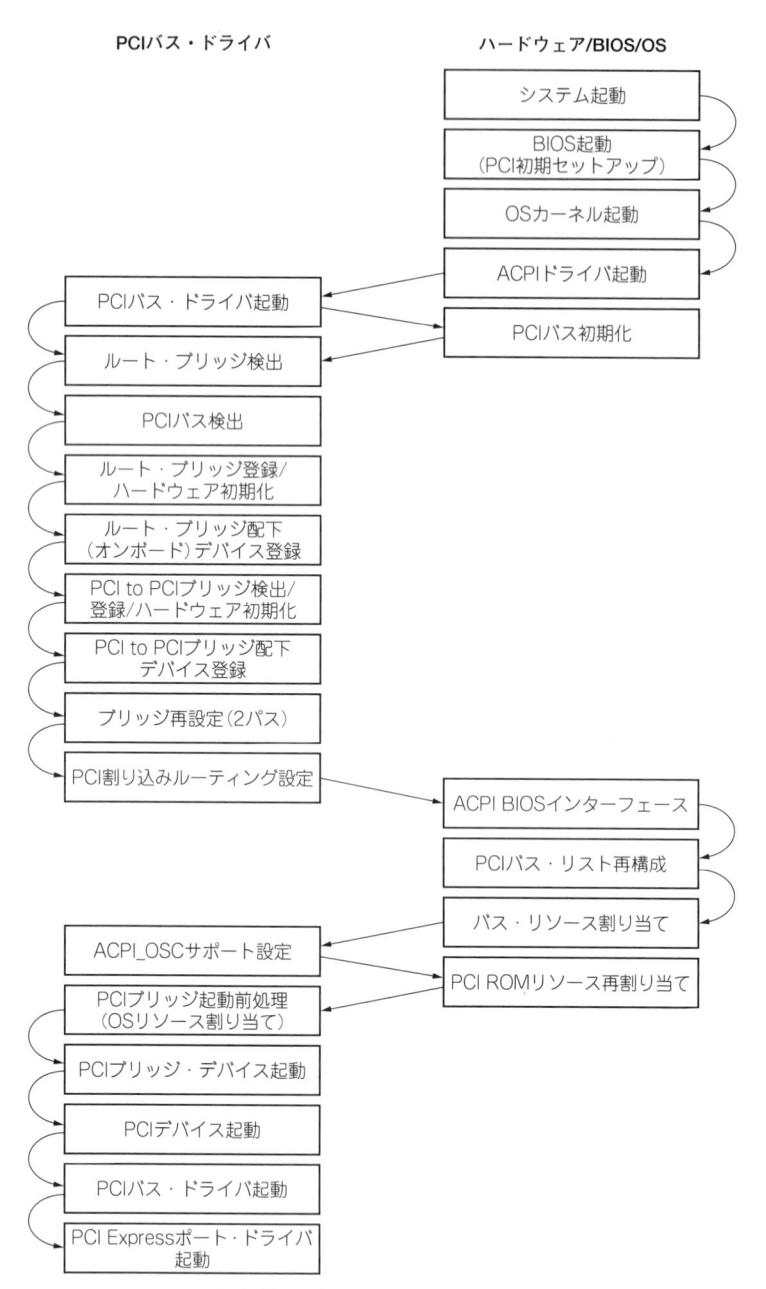

図 11-3　PCI/PCI Express バス起動シーケンスの例(インテル チップセット ICH7 システムの場合)

表 11-11　Linux の PCI デバイス・ドライバ・インターフェース

分類	関数	機能
ドライバ制御関数	int pci_register_driver (struct pci_driver *drv)	PCI デバイス・ドライバを PCI サブシステムへ登録する
	void pci_unregister_driver (struct pci_driver *drv)	PCI デバイス・ドライバを PCI サブシステムから削除する
デバイス制御関数	void pci_enable_device (struct pci_dev *dev)	PCI デバイス有効化
	void pci_disable_device (struct pci_dev *dev)	PCI デバイス無効化
	int pci_enable_wake (struct pci_dev *dev, pci_power_t state, int enable)	PCI Wakeup イベントの有効化
	int pci_set_power_state (struct pci_dev *dev, pci_power_t state)	デバイス・パワー・ステート設定
	void pci_set_master (struct pci_dev *dev)	PCI バス・マスタ転送の有効化
コンフィグレーション関数	int pci_read_config_byte (struct pci_dev *dev, int where, u8 *val)	PCI コンフィグレーション領域をリードする(1 バイト)
	int pci_read_config_word (struct pci_dev *dev, int where, u16 *val)	PCI コンフィグレーション領域をリードする(2 バイト)
	int pci_read_config_dword (struct pci_dev *dev, int where, u32 *val)	PCI コンフィグレーション領域をリードする(4 バイト)
	int pci_write_config_byte (struct pci_dev *dev, int where, u8 val)	PCI コンフィグレーション領域をライトする(1 バイト)
	int pci_write_config_word (struct pci_dev *dev, int where, u16 val)	PCI コンフィグレーション領域をライトする(2 バイト)
	int pci_write_config_dword (struct pci_dev *dev, int where, u32 val)	PCI コンフィグレーション領域をライトする(4 バイト)
	int pci_find_capability (struct pci_dev *dev, int cap)	PCI デバイスが持つキャパビリティ・リストの情報を検索し、該当するキャパビリティ・コードのアドレス・オフセットを戻す
PCI リソース	int pci_request_regions (struct pci_dev *pdev, const char *res_name)	PCI デバイスが利用するメモリ・リソースや I/O リソースの取得
	void pci_release_regions (struct pci_dev *pdev)	PCI デバイスが利用するメモリ・リソースや I/O リソースの開放
割り込み制御関数	int pci_enable_msi (struct pci_dev *dev)	MSI 割り込み有効化
	void pci_disable_msi (struct pci_dev *dev)	MSI 割り込み無効化
	int pci_enable_msix (struct pci_dev *dev, struct msix_entry *entries, int nvec)	MSI-X 割り込み有効化
	void pci_disable_msix (struct pci_dev *dev)	MSI-X 割り込み無効化
DMA 制御関数	dma_addr_t pci_map_single (struct pci_dev *hwdev, void *ptr, size_t size, int direction)	シングル DMA バッファ・マッピング
	void pci_unmap_single (struct pci_dev *hwdev, dma_addr_t dma_addr, size_t size, int direction)	シングル DMA バッファ・アンマッピング
	int pci_map_sg (struct pci_dev *hwdev, struct scatterlist *sg, int nents, int direction)	スキャッタ・アンド・ギャザ構造 DMA バッファ・マッピング
	void pci_unmap_sg (struct pci_dev *hwdev, struct scatterlist *sg, int nents, int direction)	スキャッタ・アンド・ギャザ構造 DMA バッファ・アンマッピング

フェース機能を利用するために使用される主要なデータ構造体と主要インターフェース関数について表11-11に記載します．

● PCI Express 用に拡張されたバス・ドライバの機能

　PCI Expressバスは従来のPCIバスとのソフトウェア互換性を重視して設計されています．そのため，PCI Expressデバイス・ドライバも従来のPCIデバイス・ドライバ向けのソフトウェア設計手法をほぼそのまま使用できます．しかし，PCI Express独自の機能拡張を使用するためには，やはり一部の設計変更が必要となります．

　Linuxカーネルでは，そのためのバス・ドライバ拡張として，PCI Expressポート・バス・ドライバが組み込まれています．PCI Expressポート・バス・ドライバは，PCI Express拡張機能として，ネイティブHP（ホット・プラグ），PME（パワー・マネジメント・イベント），AER（アドバンスト・エラー・リポーティング），VC（バーチャル・チャネル）などの機能を有効化します．この機能はカーネル・コンフィグレーションで「Bus options (PCI etc.) → PCI Express support」を有効にすることで組み込まれます（リスト11-3）．

リスト11-3　Linuxカーネルのコンフィグレーション画面の例

```
.config - Linux Kernel v2.6.28.7-any Configuration
 qqqqqqqqqqqqqqqqqqqqqqqqqqqqqqqqqqqqqqqqqqqqqqqqqqqqqqqqqqqqqqqqqqqqqqqqqqq
  lqqqqqqqqqqqqqqqqqqqqqqqqqqqqqqqqq Bus options (PCI etc.) qqqqqqqqqqqqqqqqqqqqqqqqqqqqk
  x Arrow keys navigate the menu. <Enter> selects submenus --->. Highlighted letters are x
  x hotkeys. Pressing <Y> includes, <N> excludes, <M> modularizes features. Press <Esc><Esc> x
  x to exit, <?> for Help, </> for Search. Legend: [*] built-in [ ] excluded <M> module < > x
  x module capable x
  x lqqqqqqqqqqqqqqqqqqqqqqqqqqqqqqqqqqqqqqqqqqqqqqqqqqqqqqqqqqqqqqqqqqqqqqqqk x
  x x      [*] PCI support                                                    x x
  x x          PCI access mode (Any) --->                                     x x
  x x      [*] PCI Express support                                            x x
  x x      <M> PCI Express Hotplug driver                                     x x
  x x      [*] Root Port Advanced Error Reporting support                     x x
  x x      [*] PCI Express ASPM support(Experimental)                         x x
  x x      [ ] Debug PCI Express ASPM                                         x x
  x x      [*] Message Signaled Interrupts (MSI and MSI-X)                    x x
  x x      [*] Enable deprecated pci_find_* API                               x x
  x x      [*] PCI Debugging                                                  x x
  x x      [*] Interrupts on hypertransport devices                           x x
  x x      [*] ISA support                                                    x x
  x x      [ ] EISA support                                                   x x
  x x      [ ] MCA support                                                    x x
  x x      < > NatSemi SCx200 support                                         x x
  x x      [*] One Laptop Per Child support                                   x x
  x x      <*> PCCard (PCMCIA/CardBus) support --->                           x x
  x x      <*> Support for PCI Hotplug  --->                                  x x
  ...
```

バスのオプション設定

PCI Express supportを有効にするとPCI Expressバス・ドライバが使えるようになる

11-3 デバイス・ドライバ：アプリケーションとの窓口

● 機能制御とバス・インターフェース制御が主な仕事

PCI/PCI Express ソフトウェアのうち，デバイス・ドライバは対象とする PCI Express ハードウェアの機能（ターゲット・ファンクション）を制御し，またアプリケーションに対して API を提供する階層となります．デバイス・ドライバは PCI/PCI Express インターフェースのハードウェアを直接意識する必要はありません．しかし，ターゲット・ファンクションにアクセスするためには，PCI バス・ドライバが提供するインターフェースを利用する必要があります．PCI バス・ドライバ・インターフェースを利用するために，デバイス・ドライバは PCI バス・ドライバへ自分自身を登録し認識させる必要があります．また，PCI バス・ドライバからコールされる決められた機能についても実装する必要があります．

PCI/PCI Express 用デバイス・ドライバ設計時には，本来のターゲット機能を制御する「ファンクション制御部」と，PCI/PCI Express バスを使用するための「バス・インターフェース制御部」を分けて考える必要があります．「バス・インターフェース制御部」はバス・ドライバ・インターフェースや OS インターフェースに強く依存するため，「ファンクション制御部」に比べて，定型的な作りになっています．

図 11-4 は，USB 2.0 用ホスト・コントローラである EHCI コントローラ（PCI インターフェース）用デバイス・ドライバの構成例です．EHCI デバイス・ドラ

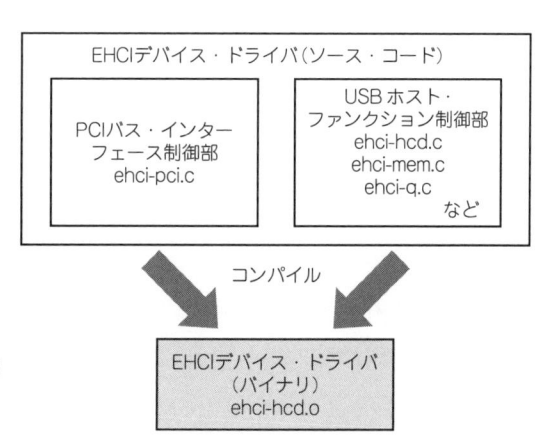

図 11-4 デバイス・ドライバの構成の例（USB 2.0 ホスト・コントローラ・ドライバ）

イバは，複数のソース・コードから構成されていますが，そのうち ehci-pci.c に PCI のバス・インターフェース制御部が記述されています．

この ehci-pci.c で記述される部分は，PCI/PCI Express ソフトウェアの一部ということができます．

一般的に，PCI/PCI Express デバイス用のデバイス・ドライバの多くが，バス・インターフェース制御とファンクション制御を意識した設計になっています．またそのような設計方針を採ることで，システム・バスがほかのバスに置き換わった場合の移植性を高める効果もあります．

Windows のドライバ・モデルでは，デバイス・ドライバは PDO（Physical Device Object）と FDO（Functional Device Object）という 2 種類のオブジェクトを持ち，オブジェクト・レベルでバス・ドライバ制御とファンクション制御を分離することが可能となっています．

● 登録と初期化が必要

Linux のモジュール形式のデバイス・ドライバは，module_init() というカーネル・マクロを使って定義した初期化関数から開始されます．

例えばインテルの 82574L ギガ・ビット・イーサネット・コントローラのデバイス・ドライバである e1000e ドライバの初期化関数は e1000_init_module() 関数なので，module_init(e1000_init_module);と記述されます．このように記述することにより，モジュールがカーネルにロードされるとき（カーネル起動時または insmod 実行時）に，初期化関数が実行されます（**リスト 11-4**）．

PCI デバイス・ドライバとして登録するためには，pci_register_driver() 関数をコールします．これは通常，ドライバ初期化関数の中で実行されるべきです．

リスト 11-4　module_init() 関数による登録の例

```
static int __init e1000_init_module(void)
{
        int ret;
        printk(KERN_INFO "%s: Intel(R) PRO/1000 Network Driver - %s\n",
               e1000e_driver_name, e1000e_driver_version);
        printk(KERN_INFO "%s: Copyright (c) 1999-2008 Intel Corporation.\n",
               e1000e_driver_name);
        ret = pci_register_driver(&e1000_driver);     ← PCIデバイス・ドライバの登録
        pm_qos_add_requirement(PM_QOS_CPU_DMA_LATENCY, e1000e_driver_name,
                               PM_QOS_DEFAULT_VALUE);
        return ret;
}
module_init(e1000_init_module);     ← 初期化関数の登録
```

pci_register_driver()関数コールの引き数として，PCIバス・ドライバから呼び出される各種の関数コールポインタを設定します．これらの指定には11-2節「バス・ドライバ」でも説明した**リスト11-5**のpci_driver構造体を使用します．

pci_register_driver()関数は主に二つの役割を実行します．一つはデバイス・ハードウェアの状態変化(認識/起動，停止，削除，サスペンド・リジュームなど)が検出されたときに，カーネルからコールされるべき処理関数を登録することです．

もう一つはデバイス・ドライバが対応するPCIデバイスに関する情報を設定することです．PCIデバイスの自動認識のためのベンダIDやデバイスIDの情報を登録します．そして登録するデバイス・ドライバが，どのベンダIDやデバイスIDを持つハードウェアの制御能力を持っているかどうかをPCIサブシステムに通知します(**リスト11-6**)．

リスト11-5　pci_driver構造体の例

```
struct pci_driver {
        struct list_head node;
        char *name;
        const struct pci_device_id *id_table; /* must be non-NULL for probe to be called */
        int  (*probe) (struct pci_dev *dev, const struct pci_device_id *id);
                                        /* New device inserted */
        void (*remove) (struct pci_dev *dev);
                                /* Device removed (NULL if not a hot-plug capable driver) */
        int  (*suspend) (struct pci_dev *dev, pm_message_t state);   /* Device suspended */
        int  (*suspend_late) (struct pci_dev *dev, pm_message_t state);
        int  (*resume_early) (struct pci_dev *dev);
        int  (*resume) (struct pci_dev *dev);                        /* Device woken up */
        void (*shutdown) (struct pci_dev *dev);
        struct pm_ext_ops *pm;
        struct pci_error_handlers *err_handler;
        struct device_driver         driver;
        struct pci_dynids dynids;
```

リスト11-6　PCIデバイス・ドライバの登録に使うpci_driver()構造体の設定例

```
static struct pci_driver e1000_driver = {
        .name = e1000e_driver_name,              ←(ベンダIDとデバイスIDテーブルの登録)
        .id_table = e1000e_pci_tbl,
        .probe = e1000_probe,                    ←(デバイス認識と起動実行関数の登録)
        .remove = __devexit_p(e1000_remove),
#ifdef CONFIG_PM
        /* Power Management Hooks */
        .suspend = e1000_suspend,                ←(サスペンドとリジューム時実行関数の登録)
        .resume = e1000_resume,
#endif
        .shutdown = e1000_shutdown,
        .err_handler = &e1000_err_handler
};
```

● 対応するハードウェアが認識されたときの起動処理

登録されたデバイス・ドライバに対応する PCI デバイスが，システムに認識されるとき probe 関数が呼び出されます．probe 関数はデバイス・ドライバの起動処理を実行する部分で，主に以下のような処理を実行する必要があります．

① デバイスの有効化
② メモリ空間と I/O 空間リソースの取得
③ DMA とバス・マスタ転送設定処理
④ ファンクション固有のレジスタと制御構造体の初期化
⑤ 割り込み登録

① デバイスの有効化

デバイスの有効化のためには，pci_enable_device () 関数を呼び出します．この関数ではサスペンド状態にあるデバイスのウェイクアップや割り当てられた BIOS リソースの有効化などを実行し，実際にデバイスが動作可能な状態にします．この関数の引き数には pci_dev 構造体が使われます(**リスト 11-7**)．

PCI ベース・アドレス・リソースを使用する場合は pci_enable_device_mem () 関数や pci_enable_device_io () 関数を使用します．

② メモリ空間と I/O 空間リソースの取得

メモリ空間や I/O 空間のリソース取得には，pci_request_region () 関数や pci_request_selected_regions () 関数を使用します．この関数コールにより，ほかのデバイスと空間リソースの競合を防ぐことができます．

リスト 11-7　pci_dev 構造体(一部)

```
struct pci_dev {
        struct list_head bus_list;      /* node in per-bus list */
        struct pci_bus  *bus;           /* bus this device is on */
        struct pci_bus  *subordinate;   /* bus this device bridges to */
        void            *sysdata;       /* hook for sys-specific extension */
        struct proc_dir_entry *procent; /* device entry in /proc/bus/pci */
        struct pci_slot *slot;          /* Physical slot this device is in */
        unsigned int    devfn;          /* encoded device & function index */
        unsigned short  vendor;
        unsigned short  device;
        unsigned short  subsystem_vendor;
        unsigned short  subsystem_device;
        unsigned int    class;          /* 3 bytes: (base,sub,prog-if) */
        u8              revision;       /* PCI revision, low byte of class word */
        u8              hdr_type;       /* PCI header type (`multi' flag masked out) */
        u8              pcie_type;      /* PCI-E device/port type */
        u8              rom_base_reg;   /* which config register controls the ROM */
```

```
int pci_request_regions (struct pci_dev *pdev, const char *res_name)
int pci_request_selected_regions (struct pci_dev *pdev, int bars, const char
*res_name)
```

③ DMAとバス・マスタ転送設定

DMAやバス・マスタ用にバッファ・メモリの確保を行います．この際には仮想アドレス変換と物理アドレス変換，キャッシュ・メモリの扱いについて意識しておく必要があります．

```
dma_addr_t pci_map_page (struct pci_dev *pdev, struct page *page,
unsigned long offset, size_t size, int dir)
void *pci_alloc_consistent (struct pci_dev *hwdev, size_t size, dma_addr_t
*dma_handle)
```

④ ファンクション固有レジスタと制御構造体の初期化

ここまでの処理により，PCIバスを利用する前準備が整いました．この部分では，ターゲットとするファンクション機能についてレジスタや制御構造体の初期化作業を行います．

⑤ 割り込みの登録

ドライバ初期化処理の最終処理として，割り込みの登録関数であるrequest_irq()関数を使用します．PCI ExpressデバイスでMSI/MSI-Xを使用する場合は，これらの有効化処理も実行する必要があります．

```
int request_irq (unsigned int irq, irq_handler_t handler, unsigned long
irqflags, const char *devname, void *dev_id)
```

● ハードウェアが取り外されたときの終了処理

module_exit()というカーネル・マクロを使って定義したクリーンアップ関数から開始されます．このクリーンアップ関数では，まずPCIサブシステムに登録したデバイス・ドライバ情報をpci_unregister_driver()関数を使って削除します．その後，PCIデバイスがシステムから取り外される(システムのシャットダウン，ドライバのアンロード，ホット・プラグ・デバイスの取り外しなど)際にはremove関数が呼び出されます．基本的には起動処理シーケンスを逆にたどることになります．

① **割り込み無効化と IRQ 開放**

デバイス・ドライバの終了処理で，最初にやるべきことは，ドライバ終了処理中に該当ハードウェアからの割り込みが発生した場合に備えて，割り込みを無効化することです．IRQ リソース割り当てを開放するためには，free_irq() 関数を使用します．この関数により，ドライバの割り込みハンドラの登録が解除され，IRQ が開放されます．ただし，ここでは CPU 側の割り込みコントローラ設定が行われるだけで，デバイス固有の割り込み制御部分については何も行われません．固有の割り込みについては個別にデバイス・ドライバのファンクション固有機能の終了処理として実行する必要があります．

> void free_irq (unsigned int irq, void *dev_id)

② **DMA とバス・マスタ停止処理**

DMA やバス・マスタ用に確保したバッファ・メモリの開放を行います．確保したバッファ・メモリの種類に合わせて，pci_pool_free()，pci_unmap_page()，pci_free_consistent() などの関数を実行します．キャッシュ・スヌープ処理をソフトウェアに依存するようなシステムの場合は，メモリを開放する前にキャッシュ・フラッシュ処理などを実行しておいた方が良いでしょう．

> void pci_unmap_page (struct pci_dev *hwdev, dma_addr_t dma_address, size_t size, int direction)
>
> void pci_free_consistent (struct pci_dev *hwdev, size_t size, void *vaddr, dma_addr_t dma_handle)

③ **ファンクション固有の終了処理**

ターゲット・ファンクションの終了処理を実行します．

④ **メモリ空間と I/O 空間リソースの開放**

デバイス・ドライバが使用したメモリや I/O 空間リソースを pci_release_region() 関数，pci_release_selected_regions() 関数で開放します．

> void pci_release_region (struct pci_dev *pdev, int bar)
>
> void pci_release_selected_regions (struct pci_dev *pdev, int bars)

⑤ **デバイスの停止**

PCI デバイスとしての動作を pci_disable_device() 関数で停止します．

void pci_disable_device (struct pci_dev *dev)

● CPUを介さないデータ転送時は物理アドレスにアクセスできる

　PCI/PCI ExpressはDMAコントローラやバス・マスタ・コントローラをサポートしています．これらは一定のシーケンス制御をコントローラが自動実行することにより，コントローラ自身でPCIバス上にアドレス情報を出力し，データ転送を行うデバイスです．このようなコントローラを搭載したPCI/PCI Expressデバイスを使用する際に注意しておかなければならない点がいくつかあります．

　その一つがCPUのアドレス変換機構への対応です．組み込み機器用の一部のCPUを除いて，ほとんどのCPUはメモリ・マネジメント・ユニット(MMU)というアドレス変換回路を内蔵しています．MMUを内蔵する目的の一つとして，CPUの仮想アドレス機能のサポートがあります．仮想アドレス機能は，スワップ・ファイルと呼ばれるストレージに確保されたファイルに，メモリ空間の一部を割り当てることにより実メモリ・サイズを超える大容量のメモリ空間に対応できます．アプリケーションやPCIデバイス・ドライバを含むほとんどのソフトウェアは，基本的に仮想アドレス空間を使って動作することになります．

　一方，一般的にメモリ・マップとして示されるアドレス空間を物理アドレス空間といいます．ここまで説明してきた，PCIコンフィグレーションのベース・アドレスやキャパビリティで使用されるアドレス空間は，すべて物理アドレス空間に割り当てられたアドレスです．仮想アドレス空間はCPUからのみ認識する空間であり，PCI/PCI Expressデバイスが使用するアドレス空間は基本的に物理アドレス空間のアドレスとなります(**図11-5**)．

　通常のメモリのRead/Writeなどでは，ソフトウェアは仮想アドレスや物理アドレスの変換を意識する必要はありません．これらはすべてOSのメモリ管理機構と，CPU内のMMU/ページング・ユニットがアドレス自動変換を行ってくれるからです．しかし，DMAコントローラなどが制御対象となる場合は，話が変わってきます．通常，DMAコントローラの設定レジスタには，データ転送元アドレス，転送先アドレスを指定するレジスタが存在します．そのレジスタに設定するアドレス情報は，MMUを経由しないアクセスなので物理アドレスの形式をしていなければなりません．デバイス・ドライバが物理アドレスを意識しなければならないケースの一つです．仮想メモリをサポートするOSには，必ずこのDMA転送やバス・マスタ転送をサポートするためのインターフェースが用意さ

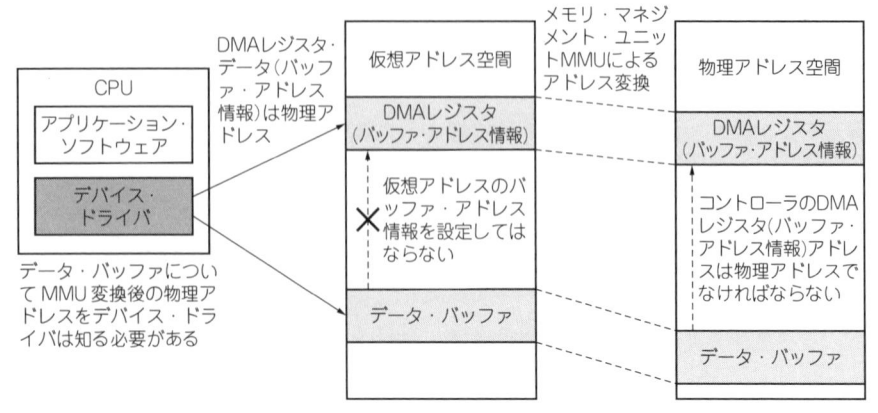

図 11-5　DMA レジスタへのバッファ・アドレス設定方法

れています．Linux の場合は，PCI バス DMA 転送用インターフェースとして，pci_alloc_consistent()，pci_map_page() などの関数が用意されています．

● 一時的に保存したキャッシュ・メモリ上のデータを正しく読み出す方法

　キャッシュ・メモリは CPU が高速にメモリ・インターフェースから命令やデータを取得するためのしくみで，CPU 内部またはチップセット内部に小容量の高速メモリを持ち，その部分にメイン・メモリからコピーしたデータを保有します．基本的にはデータのコピーを保有しているわけですから，通常はキャッシュ・メモリ上のデータとメイン・メモリ上のデータは一致していなければなりません．しかし，CPU から見たデータ・アクセスの高速性と CPU バス・トラフィックの軽減を優先するために，一時的に不一致の状態が作り出される場合があります．DMA 転送時やバス・マスタ転送時には，この状態を回避するための工夫がハードウェアまたはソフトウェアに必要となります．

　図 11-6 の例が，不一致データが発生する最も単純な例です．①でメイン・メモリの一部がキャッシュ・メモリにコピー（キャッシュ・フィル）され，その後②で同一領域へのメモリ・ライトが発生したとします．ライト・バック・キャッシュ（ライト時にキャッシュ・メモリのみに書き込みをするキャッシュ制御方式の一つ）の場合は，②のメモリ・ライトはキャッシュ・メモリにのみ書き込みが発生し，メイン・メモリには書き込みが行われません．

　つまり，この状態ではキャッシュ・メモリとメイン・メモリは不一致の状態と

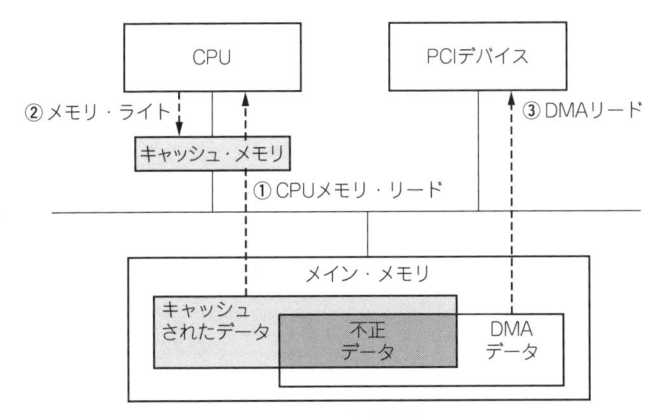

図11-6 キャッシュ・メモリの不一致発生例

なります．CPUにとっては，キャッシュ・メモリ内のデータが最新であるため問題ありませんが，PCIデバイスがDMA転送を行う際にはメイン・メモリ内のデータは古い状態のデータですから問題となります．

③のDMAリード実行時に，そのDMAデータの領域とキャッシュされたデータの領域が重なった部分は，不正データをリードすることになってしまいます．

この問題を回避するための方法はいくつかあります．

(1) 一つはx86アーキテクチャのマシンではハードウェア・レベルで採用されているキャッシュ・スヌープの機構を使う方法です．この方法では，キャッシュ・メモリ・コントローラがすべてのバス・トラフィックのアドレス情報を監視し，自分自身のキャッシュ内に該当するデータがある場合は，キャッシュ・フラッシュ(不一致がある場合はライト・バック処理)を実行します．

DMA転送を実行したデバイスは，キャッシュ・メモリがメイン・メモリへデータを書き戻す処理が完了するのを待って，該当データを取得します．システム内に複数のキャッシュ・メモリが存在する場合(マルチCPU/マルチコアCPUの場合など)は，すべてのキャッシュ・メモリにキャッシュ・スヌープを行う必要があります．この処理はシステム性能に大きな影響を与える場合があります．チップセットの中には，スヌープ・フィルタと呼ばれるハードウェア(キャッシュ・メモリのタグ情報の一部をコピーして持っている)を用意して，キャッシュ・スヌープの負荷を軽減するようなシステムもあります．

(2) デバイス・ドライバがこのキャッシュ・メモリを意識して，DMA/バス・マスタ転送を制御して回避する方法も有効です．この場合は，DMA転送に使用

する可能性のある領域をキャッシュ・オフ領域として扱ったり，キャッシュ・フラッシュする必要のあるタイミングを理解して適切なタイミングでキャッシュ・フラッシュを実行したりすることです．Linux ではそのための API が用意されており，デバイス・ドライバはその機能を利用することもできます．

組み込みシステム用の CPU の多くは，ハードウェアによるキャッシュ・スヌープ機構を持ちません．その場合はデバイス・ドライバによるキャッシュ制御が必須となります．またキャッシュ・スヌープ対応の x86 システムにおいても，前述したスヌープ動作のオーバーヘッドと，ソフトウェアのキャッシュ・オフ/フラッシュ動作のオーバーヘッドをシステムとして吟味し，方式を選択することが重要となります．

(3) 性能を重視するシステムでの PCI Express ハードウェア設計の際には，ペイロード・サイズとキャッシュ・ライン・サイズの関係についても考慮しておくと良いでしょう．インテルのチップセットの多くはキャッシュ・メモリの制御単位であるキャッシュ・ライン・サイズを 64 バイトに設定しています．これはメイン・メモリのキャッシュ・データが，図 11-7 のように 64 バイト・アドレスごとにキャッシュに収まっているということになります．

一方，PCI Express 転送データが 64 バイト境界にアラインメントしている場合としていない場合を比較してみると，64 バイト境界にアラインメントしていない場合は，2 回キャッシュ・スヌープを実行する必要が出てきます．キャッシュ・

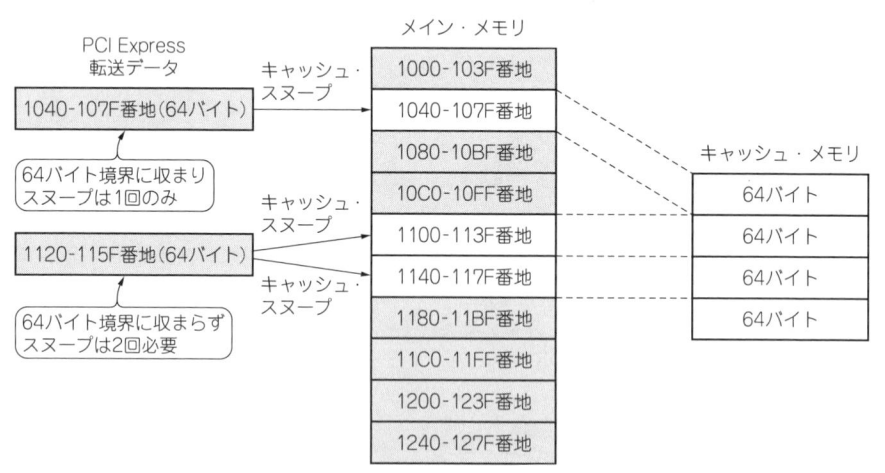

図 11-7 キャッシュ・メモリと PCI Express 転送データ・バッファ配置におけるスヌープ発生例

メモリにその該当アドレスがヒットした場合は、さらにライト・バックのための時間が追加され、PCI Expressのデータ転送が待たされることになります.

上記のように、キャッシュ・メモリを搭載したシステムにおいては、ハードウェア設計時やデバイス・ドライバ設計時に、ペイロード・サイズの設定やメモリアラインメントについて、考慮した設計をしておく必要があるといえます.

● 仕様で定義されたパワー・マネジメントを行う

PCI/PCI ExpressデバイスはPCIパワー・マネジメント仕様(PCI Bus Power Management Interface Specification Revision1.2)で定義された電力制御サポート

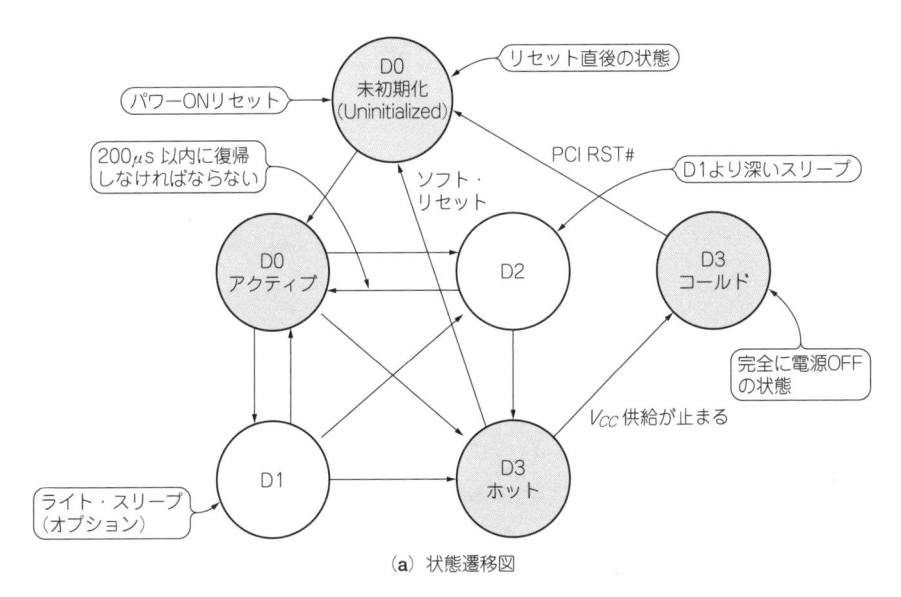

(a) 状態遷移図

パワー・ステート	説 明
D0	D0ステートはすべてのPCIデバイスでサポートされる. パワーONリセットまたはPCIリセット/ソフト・リセット直後はD0 Uninitialized(未初期化)ステートに入る
D1	D1ステートはオプショナル・ステートであり、ライト・スリープ状態として扱われる
D2	D2ステートはオプショナル・ステートであり、D1よりも深いスリープ状態として扱われる. D2状態からD0ステートに復帰するために200μs以内に復帰しなければならない
D3	D3ステートはすべてのPCIデバイスでサポートされる D3ホット：電源は完全にはOFFしていない D3コールド：電源は完全にOFFしている

(b) 電源状態の説明

図11-8 PCI Expressデバイスの電源の状態遷移

11-3 デバイス・ドライバ：アプリケーションとの窓口 301

リスト11-8　サスペンド処理関数の例

```
.suspend()
{
        /* driver specific operations */
        /* Disable IRQ */
        free_irq();
        /* If using MSI */
        pci_disable_msi();
        pci_save_state();
        pci_enable_wake();
        /* Disable IO/bus master/irq router */
        pci_disable_device();
        pci_set_power_state(pci_choose_state());
}
```

リスト11-9　復帰処理関数の例

```
.resume()
{
        pci_set_power_state(PCI_D0);
        pci_restore_state();
        /* device's irq possibly is changed, driver should take care */
        pci_enable_device();
        pci_set_master();
        /* if using MSI, device's vector possibly is changed */
        pci_enable_msi();
        request_irq();
        /* driver specific operations; */
}
```

が行われます．PCI仕様では，バスやバス・ブリッジのそれぞれのブロックで，個別のパワー・マネジメント仕様が決められています．デバイス・ドライバに関係するのはPCIファンクション・パワー・マネジメント仕様です．

PCIファンクション・パワー・マネジメントはD0からD3の四つのステート状態を持ちます．四つのステート遷移は図11-8のようになります．

システムが省電力のためのサスペンド状態をサポートしている場合は，サスペンド状態に移行する際に各デバイス・ドライバのsuspend()関数が呼び出されます(**リスト11-8**)．suspend_late()関数は，システムのサスペンド処理が進行した後の，割り込み無効化時のシングルCPUのみの実行状態で呼び出されます．通常のデバイス・ドライバではあまり使われることはありません．

システムがサスペンド状態から復帰(リジューム)する際には，**リスト11-9**のresume()関数が呼び出されます．

第12章 ハードウェア接続時の初期化処理
―― レーン数や信号の極性などユーザの独自仕様に適応するための初期設定動作を理解する

野崎 原生／畑山 仁

PCI Expressでは，通常のシリアル通信時にビット同期やシンボル同期といった処理が必要です．それ以外に，ハードウェア接続時にいくつかの初期化処理を行わなければなりません．レーンの本数や転送速度，極性反転，レーン反転といったさまざまな組み合わせに対応する必要があるからです．

本章では接続時の初期化処理を説明します．

12-1 通信経路を確立するまでに行うこと

● 対向デバイスを検出して初期化を開始する

PCI Expressの通信の単位であるレーンを複数まとめたものをリンクといいます．リンクの初期化やコンフィグレーションの制御はLTSSM（Link Training and Status State Machine）と呼ばれるステート・マシンが行います．図12-1に示すような状態遷移で，実際には各状態にさらにいくつかのサブステートが存在し，比較的複雑なステート・マシンになっています．

検出（Detect）状態では対向デバイスが存在するかどうかをチェックし，存在すればリンクの初期化を開始します．

● レーン数やビット・レートを調べてシリアル通信を同期する

ポーリング（Polling）状態では，対向デバイスの使用可能なレーンの数やビット・レートをチェックします．また，対向デバイスが送ってきたTS1オーダード・セットやTS2オーダード・セットを使って，受信側のビット・ロック，シンボル・ロックも同時に行われます．オーダード・セットは物理層のパケットです．さらにPCI Expressでは，ボード上の信号パターンを配線しやすくするため，差動信号の＋と－を逆につなげます．極性が反転したTS1/TS2を受け取ることも

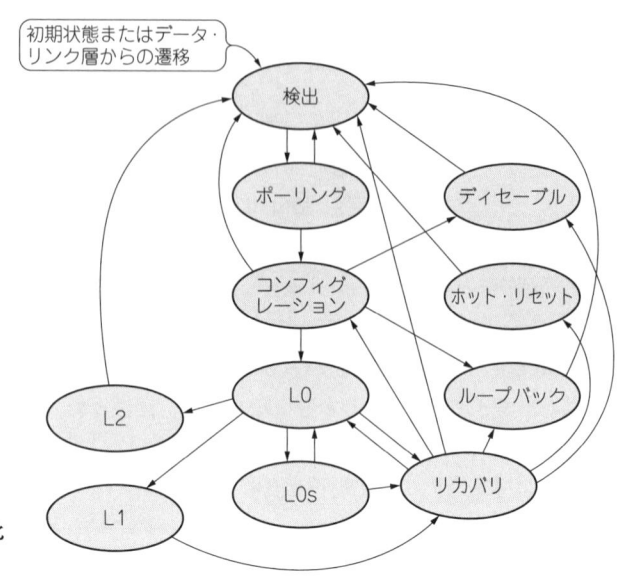

図12-1 リンクを初期化する状態遷移 LTSSM

考えられます．そのような状態を見つけた場合，受信側が内部で極性反転を行います．

● レーンの並び順を調べてリンク全体としての通信経路を確立する

　コンフィグレーション（Configuration）状態では，ポーリング状態で検出したレーンを使用できるように設定します．複数レーンの場合，自分のレーン番号の並びとは逆の並びを相手側のデバイスが送ってくることがあります．これは極性反転の場合と同じく，ボード上の配線を容易にするために同じ番号のレーン同士を接続しなくてもよいためです．ダウンストリーム・ポートがオプションのレーン反転をサポートしている場合，レーン番号を逆順に変えてリンクを確立します．また，レーン間デスキューはコンフィグレーション状態の終わりまでに完了しなければなりません．

　リンクのすべてのコンフィグレーションが終わると，LTSSM は L0 へ遷移します．L0 は二つのデバイス間でリンクが確立した状態であり，TLP の送受信は L0 のときのみ行われます．

　LTSSM には上記以外に，パワー・マネジメントで使われる L0s 状態や L1 状態，リンクが一時的に不調になったときに復旧するためのリカバリ（Recovery）状態などもあります．

12-2 リンクの初期化時に対向デバイスから送られるデータ列

● TS1/TS2 オーダード・セット：リンクのコンフィグレーション情報を含む

　リンク初期化の際には TS1 オーダード・セットと TS2 オーダード・セットという二つの特殊なデータの並びを使います．TS1/TS2 は大きく三つの部分に分けることができます（**表 12-1，表 12-2**）．COM シンボル，リンクのコンフィグレーション情報，そして 0 と 1 とが交互に連続するクロック・パターンの三つです．

　COM シンボル（COMMA：K28.5）は 8b/10b コードの中で 5 ビット連続の 0 または 1 を含んだ三つのシンボル（K28.1，K28.5，K28.7）のうちの一つです．後述する EIE オーダード・セットに K28.7 を使っている場合を除いて，通常の通信に現れるシンボルでは唯一 5 ビット連続の 0 または 1 を含んだシンボルです．

　また 8b/10b では，これら三つのシンボルを除いてどの二つのシンボルを取っても，その二つをまたがった 5 ビットに 5 ビット連続の 0 や 1 がないことも保証されています．つまり，受信したビット列から 5 ビット連続の 0 または 1 を見つけることによって，それが COM シンボルだと特定することができ，同時にシンボル境界を見つけることができます．

　リンクのコンフィグレーション情報には，以下に示すようにリンク番号，レーン番号，データ・レートなどが含まれます．それぞれの詳細についてはリンク・トレーニングのところで説明します．

　最後のクロック・パターンですが，TS1 では D10.2，TS2 では D5.2 を使っています．これらは 10b のコードではそれぞれ 0101010101，1010010101 と D10.2 は完全なクロック・パターン，D5.2 はほぼクロック・パターンとなっています．これらのパターンを使ってリンク・トレーニング中にレシーバはビット同期を行います．

● EIE オーダード・セット：電気的アイドル状態から抜けて信号を受信し始めたことを検出する

　PCI Express 2.0 では，5 Gbps での通信を実現容易にするために受信側での信号振幅の最小値が 120 mV に下げられました．しかし，電気的アイドルのスレッショルド電圧の最大値はノイズによる誤動作を防ぐために 175 mV のまま据え置かれました．そのため単純に電位を見ているだけでは電気的アイドル状態から抜けて信号を受信し始めたことを検出できなくなり，別の手段が必要になりました．そのために追加されたのが EIE オーダード・セット（EIEOS：Electrical Idle Exit

表12-1 リンクの初期化に利用されるデータTS1オーダード・セットの構成

シンボル番号	値	説明
0	K28.5	COMMA．シンボルの整列に使用する
1	D0.0〜D31.7, K23.7	リンク番号（コンポーネントごと）
2	D0.0〜D31.0, K23.7	レーン番号（ポートごと）
3	D0.0〜D31.7	N_FTS．レシーバのシンボル・ロックのために必要なファスト・トレーニング・オーダード・セットの数
4	D2.0, D6.0, D2.4, D6.4	データ・レート識別子．同一のLTSSMで制御されているすべてのレーンは同じ値をこのシンボルに出力しなければならない ビット0：リザーブ，0にセット ビット1： 　＝1，Gen1（2.5 Gb/s） データ・レートをサポート ビット2： 　＝1，Gen2（5 Gb/s） データ・レートをサポート ビット3： 　＝1，Gen3（8 Gb/s） データ・レートをサポート ビット4〜5：リザーブ，将来のデータ・レート用 ビット6：自主的スピード変更/ディエンファシス設定 ビット7：スピード・チェンジ 　＝1，データ・レートの変更を要求する，ビット0-6は安全に動作できる最も高いスピードを示す，Recovery.Rcvr Lock状態のときのみこのビットはセットできる
5	D0.0, D1.0, D2.0, D4.0, D8.0	トレーニング制御 ビット0：ホット・リセット 　＝0，ディアサート 　＝1，アサート ビット1：リンク・ディスエーブル 　＝0，イネーブル 　＝1，ディスエーブル ビット2：ループバック 　＝0，通常動作 　＝1，ループバック ビット3：スクランブル・ディスエーブル 　＝0，イネーブル 　＝1，ディスエーブル ビット4〜7：リザーブ．0にセット
6〜15	D10.2	TS1 ID

Ordered Set）です（**表12-3**）．

EIEオーダード・セットはそのほとんどのシンボルが，5ビット連続の1と5ビット連続の0を含んだシンボルのK27.8から構成され，送信側が電気的アイド

表 12-2　リンクの初期化に利用されるデータ TS2 オーダード・セットの構成

シンボル番号	値	説明
0	K28.5	COMMA．シンボルの整列に使用する
1	D0.0～D31.7, K23.7	リンク番号（コンポーネントごと）
2	D0.0～D31.0, K23.7	レーン番号（ポートごと）
3	D0.0～D31.7	N_FTS．レシーバのシンボル・ロックのために必要なファスト・トレーニング・オーダード・セットの数
4	D2.0, D6.0	データ・レート識別子．同一のLTSSMで制御されているすべてのレーンは同じ値をこのシンボルに出力しなければならない ビット0：リザーブ，0にセット ビット1： 　=1，Gen1（2.5 Gb/s）データ・レートをサポート ビット2： 　=1，Gen2（5 Gb/s）データ・レートをサポート ビット3： 　=1，Gen3（8 Gb/s）データ・レートをサポート ビット4～5：リザーブ，将来のデータ・レート用 ビット6：自主的スピード変更/構成変更要求/ディエンファシス設定 ビット7：スピード・チェンジ 　=1，データ・レートの変更を要求する，ビット0-6は安全に動作できる最も高いスピードを示す，Recovery.Rcvr Lock状態のときのみこのビットはセットできる
5	D0.0, D1.0, D2.0, D4.0, D8.0	トレーニング制御 ビット0：ホット・リセット 　=0，ディアサート 　=1，アサート ビット1：リンク・ディスエーブル 　=0，イネーブル 　=1，ディスエーブル ビット2：ループバック 　=0，通常動作 　=1，ループバック ビット3：スクランブル・ディスエーブル 　=0，イネーブル 　=1，ディスエーブル ビット4～7：リザーブ．0にセット
6～15	D5.2	TS2 ID

ルから抜けるときに送ります．この信号はノイズとは確実に区別できて，かつ実際の通信よりは低周波（500 MHz）のため，受信側で比較的簡単に検出できます．

　一方，電気的アイドルへ入るときにはGen1.0のときからあるEIオーダード・

表12-3 アイドリング状態/非状態を示すデータEIEオーダード・セットの構成

シンボル番号	値	説明
0	K28.5	COMMA
1〜14	K27.8	EIE. 低周波パターン
15	D10.2	TS1 ID

セット（EIOS：Electrical Idle Ordered Set）で判断できます．Gen2.0では，SKPなどの周期的に送られてくるはずのシンボルなどが送られてこなくなったことで電気的アイドルへ入ったと判断する方法も許されるようになりました．

12-3　手順その1：通信相手がいるかを確認するレシーバ検出

リンク初期化作業の一番初めに行う作業はレシーバ検出です．PCI Expressは活線挿抜に対応しているため，常に通信相手が存在するとは限りません．まず対向デバイスが存在するかどうかを確認する必要があります．そのための作業がレシーバ検出です．

（a）レシーバが接続されていない場合

$C_{pad} + C_{interconnect} \ll C_{AC\ coupler}$

（b）レシーバが接続されている場合

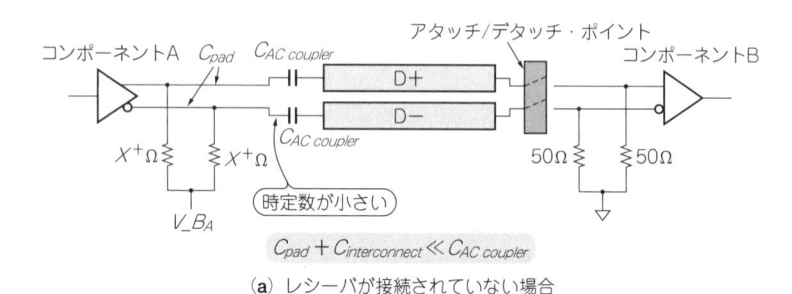

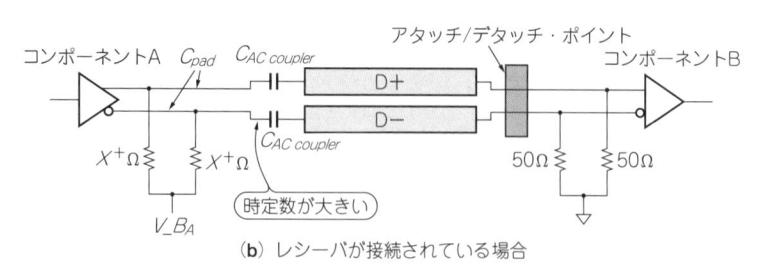

図12-2　レシーバの検出原理

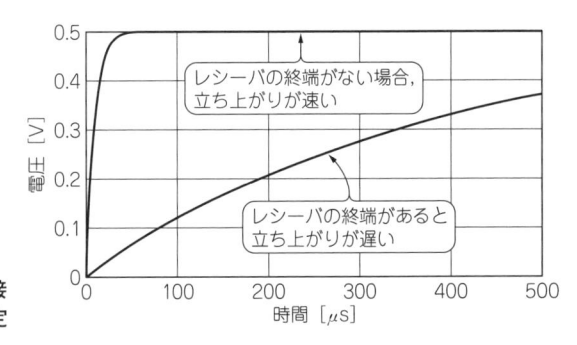

図12-3 立ち上がりの時間差で接続されているデバイスの有無を判定

（グラフ内注釈：レシーバの終端がない場合，立ち上がりが速い／レシーバの終端があると立ち上がりが遅い）

図12-2にレシーバ検出の原理を示しました．レシーバ検出を行うデバイスのトランスミッタからステップ波形を送信して，それのステップ・レスポンスによって対向デバイスが存在するのかどうかを判定します．(a)は対向デバイスが存在しない場合を，(b)は存在する場合を示します．対向デバイスの有無によってトランスミッタの負荷が変わり，ステップ波形を加えたときに立ち上がり時間に差が出ます．この立ち上がり時間の差によって対向デバイスの有無を判定します（図12-3）．

12-4　手順その2：通信経路の状態を調べるためのリンク・トレーニング詳細

PCI Expressでは，ダウンストリーム・ポートとアップストリーム・ポートとのレーン数やリンク・スピードの組み合わせ，さらには極性反転やレーン反転に対応するために結構込み入った処理を行う必要があり，仕様書を数回読んだだけではなかなか理解するのが難しいものがあります．

ここでは，いくつかの代表的なリンクの例を挙げて少しでも理解しやすいように説明したいと思います．また，正確さよりも分かりやすさを優先したため，多少正確でない表現があることをあらかじめお断りしておきます．

● ダウンストリーム・ポート x4，アップストリーム・ポート x4 の場合

まず余計なオプション機能が一切ない基本的なリンクから説明します．例として取り上げるのはx4のダウンストリーム・ポートにx4のアップストリーム・ポートが接続され，レーン反転も何もない普通の状態の場合です．

(1) ポーリング状態の開始

　レシーバ検出を終えてポーリング状態になったポートは，TS1 オーダード・セットのリンク番号(2 シンボル目)とレーン番号(3 シンボル目)に PAD (K23.7)をセットしたものを，レシーバ検出のときにレシーバを見つけたすべてのレーンに送信します．

　この例の場合，x4 のポートと x4 のポートとの接続ですから，何か問題がない限りは四つのレーンでレシーバを検出するはずです．四つのレーンすべてに TS1 を送信することになります(図 12-4)．

(2) ポーリング状態の終了

　TS1 を 1024 個以上送信して，かつリンク番号とレーン番号が PAD になった TS1 を 8 個以上受信すると，ポーリング状態は終わります．終了条件が満たされたことを相手ポートに示すために，TS1 に代わってリンク番号とレーン番号に PAD をセットした TS2 を送信します(図 12-5)．

　なお，ビット・ロック，シンボル・ロック，レーン間デスキュー，および極性反転はポーリング状態中に行われます．

(3) コンフィグレーション状態の開始：リンク番号の通知

　ポーリング状態が終わると LTSSM はコンフィグレーション状態へ遷移します．コンフィグレーション状態ではレーン数やレーン反転といったリンク

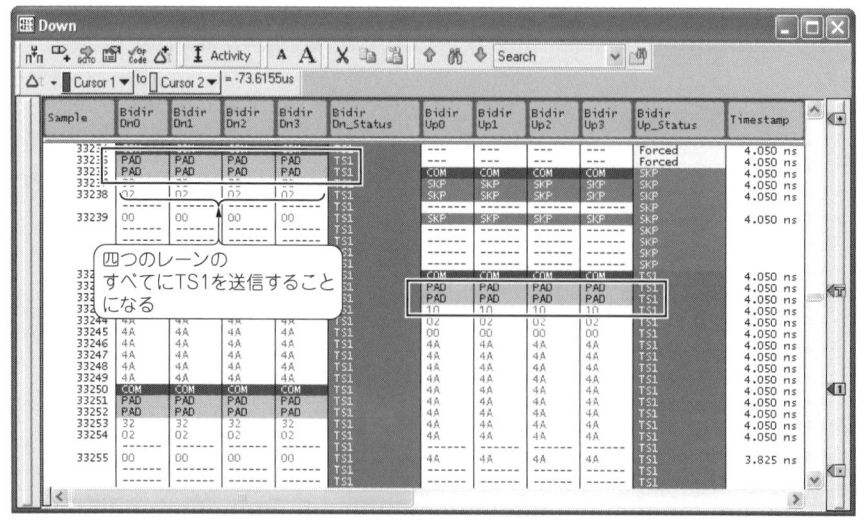

図 12-4　ポーリング開始…四つのレーンすべてに TS1 を送信しているようす

の構成をダウンストリーム・ポートとアップストリーム・ポートとの間で交渉を行って最適な構成へ設定します．

コンフィグレーション状態ではまずレーン数の構成を行います．

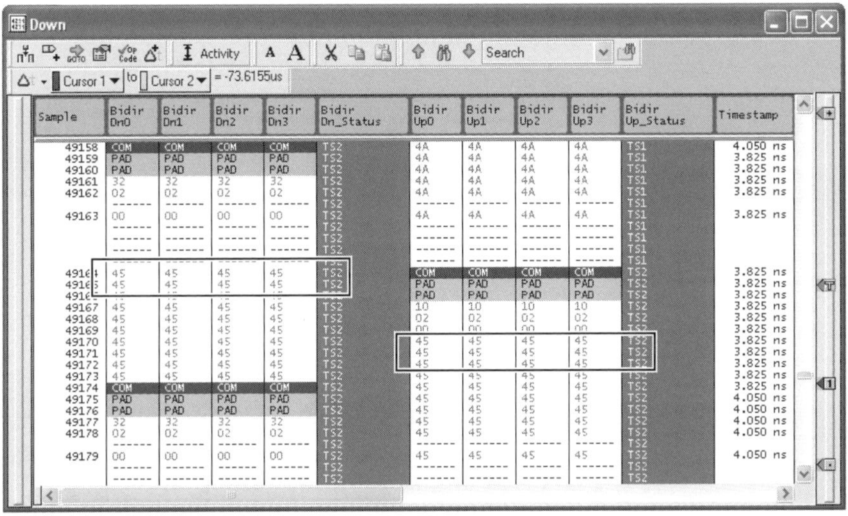

図12-5 ポーリング状態が終了したら TS2 を送信する

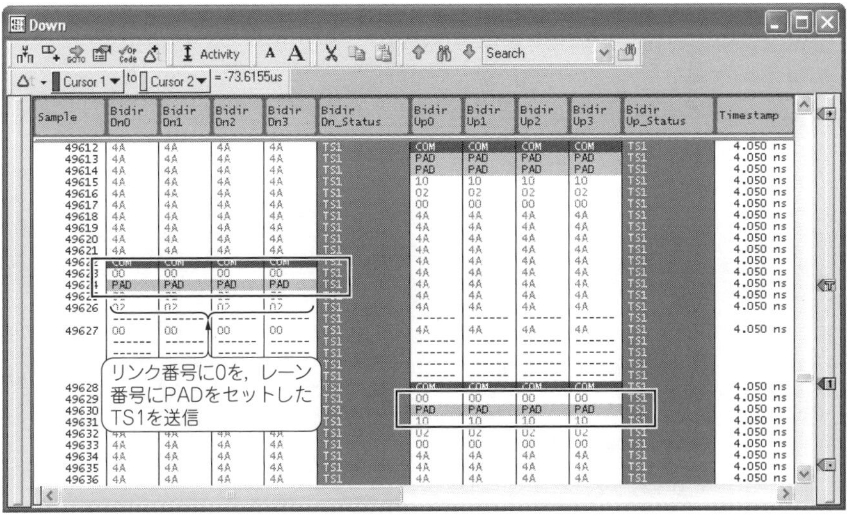

図12-6 コンフィグレーション開始…リンク番号 0 を全レーンに送信する

12-4 手順その2：通信経路の状態を調べるためのリンク・トレーニング詳細 **311**

ダウンストリーム・ポートは，リンク番号にポートによってあらかじめ決められた番号を，レーン番号にPADをセットしたTS1をすべてのレーンに送信します．例の場合，リンク番号には0を出力しています（図12-6）．

　一方，アップストリーム・ポートは，初めはポーリングと同様にリンク番号とレーン番号にPADをセットしたTS1を送信しますが，ダウンストリーム・ポートからPADでないリンク番号を受け取ると，それを自身のTS1のリンク番号へセットして送信します．ところで，リンク番号ですが，今のところは受信したものをそのまま送り返すと理解しておいてください．後で詳細を説明します．

(4) コンフィグレーション状態2：ダウンストリーム・ポートからレーン番号の通知

　次にダウンストリーム・ポートはTS1のレーン番号に0から$n-1$までの一連の番号を各レーンに出力します（**図12-7**）．

(5) コンフィグレーション状態3：アップストリーム・ポートからレーン番号の通知

　アップストリーム・ポートはPADでないレーン番号を受け取ると，自身もレーン番号の出力を始めます．ここでもとりあえず受け取ったレーン番号をそのまま送り返すと理解しておいてください（**図12-8**）．

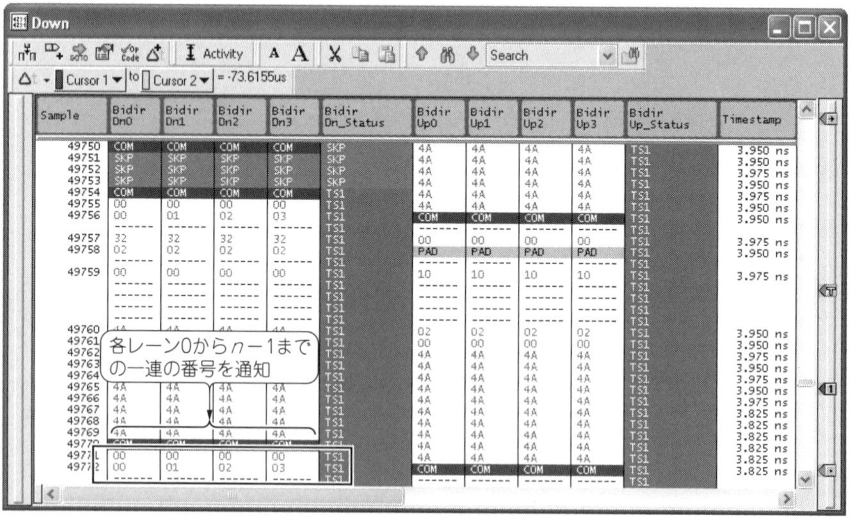

図12-7　コンフィグレーション状態2…各レーン番号0〜$n-1$を送信する

(6) コンフィグレーション状態の終了

ダウンストリーム・ポートはPADでないレーン番号を受信するとTS2の送信を始めます．そしてTS2を受信したアップストリーム・ポートもTS2

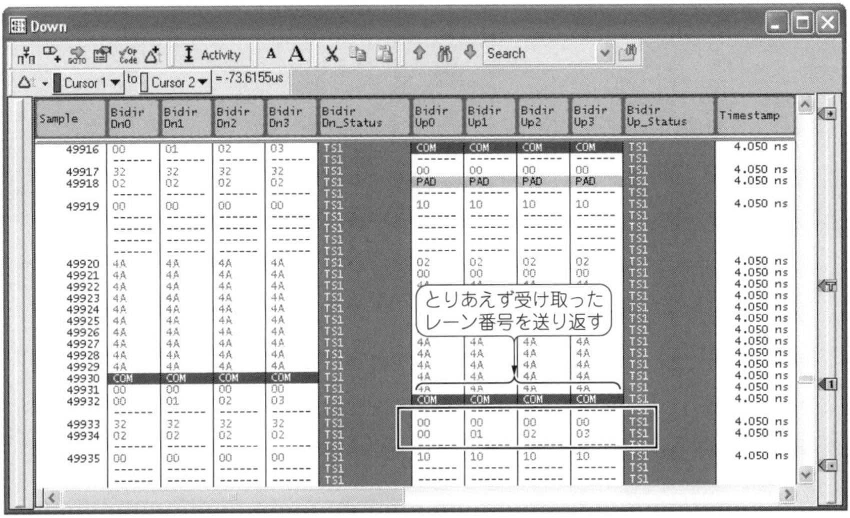

図12-8 コンフィグレーション状態3…アップストリーム・ポートがとりあえず受け取ったレーン番号を送り返す

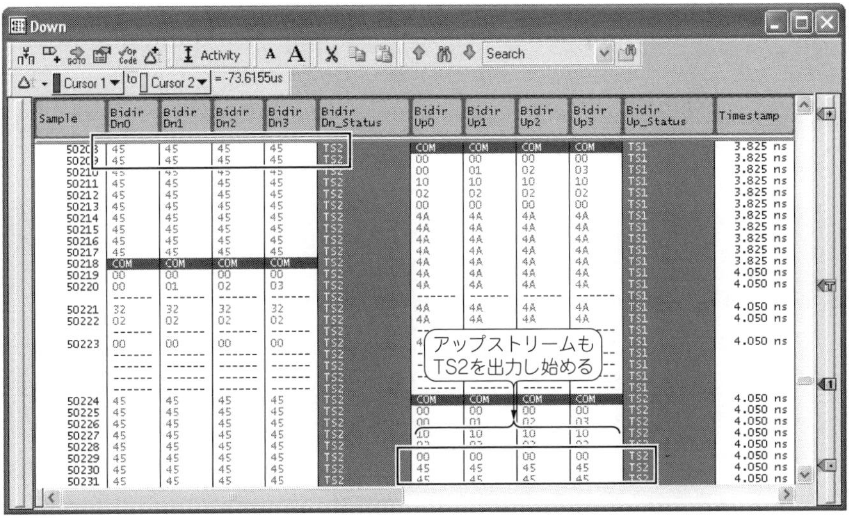

図12-9 コンフィグレーション終了…アップストリーム・ポートもTS2を送信開始

12-4 手順その2：通信経路の状態を調べるためのリンク・トレーニング詳細

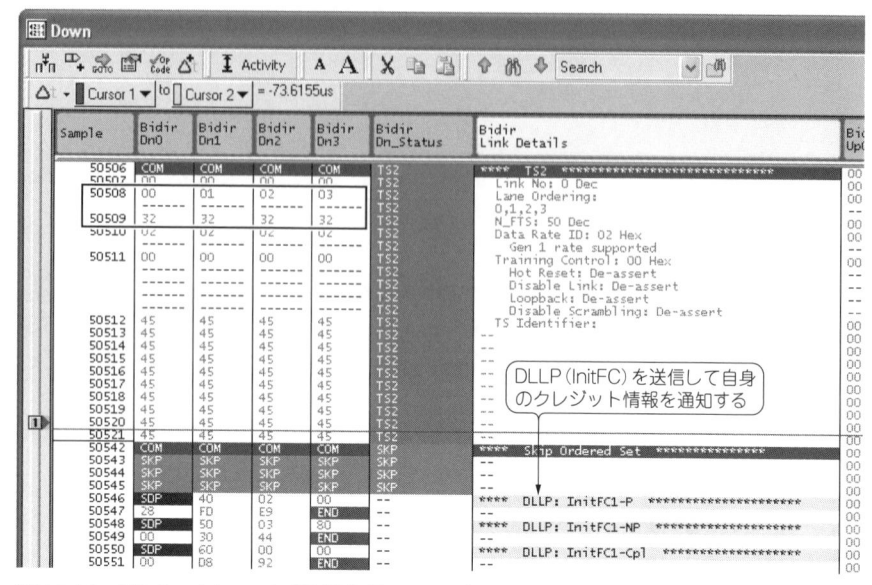

図12-10　リンク・トレーニングが終わり，DLLP（InitFC）の送信を始めたようす

を送信し始めます（図12-9）．お互いに相手がTS2を受け取れるだけの十分な時間を確保するために，どちらのポートも8個以上のTS2を受信して，かつTS1を受信してから16個以上のTS2を送信するまで待ちます．その後，ロジカル・アイドルの出力を始めて，リンク・トレーニングは終わります．

(7) L0の開始

リンク・トレーニングが終わってL0になった直後にはInitFC DLLPを送り，自身のクレジット情報を相手に教えます（図12-10）．これによってフロー制御の準備ができてTLPを送受信できるようなります．

● レーン反転の場合1：ダウンストリーム・ポートが反転する場合

次にダウンストリーム・ポートとアップストリーム・ポートのレーンが反転して接続されている場合，つまりダウンストリーム・ポートのレーン0がアップストリーム・ポートのレーン3に，ダウンのレーン1がアップのレーン2に，ダウンのレーン2がアップのレーン1に，そしてダウンのレーン3がアップのレーン0に接続された場合について説明します．

さらにダウンストリーム・ポートがレーン反転に対応している場合と，アップ

Dn0	Dn1	Dn2	Dn3	Dn_Status	Up0	Up1	Up2	Up3	Up_Status
4A	4A	4A	4A	TS1	COM	COM	COM	COM	TS1
4A	4A	4A	4A	TS1	0	0	0	0	TS1
4A	4A	4A	4A	TS1	PAD	PAD	PAD	PAD	TS1
4A	4A	4A	4A	TS1	32	32	32	32	TS1
4A	4A	4A	4A	TS1	2	2	2	2	TS1
4A	4A	4A	4A	TS1	0	0	0	0	TS1
COM	COM	COM	COM	TS1	4A	4A	4A	4A	TS1
0	0	0	0	TS1	4A	4A	4A	4A	TS1
0	1	2	3	TS1	4A	4A	4A	4A	TS1
32	32	32	32	TS1	4A	4A	4A	4A	TS1
2	2	2	2	TS1	4A	4A	4A	4A	TS1
0	0	0	0	TS1	4A	4A	4A	4A	TS1
4A	4A	4A	4A	TS1	4A	4A	4A	4A	TS1
4A	4A	4A	4A	TS1	4A	4A	4A	4A	TS1
4A	4A	4A	4A	TS1	4A	4A	4A	4A	TS1
4A	4A	4A	4A	TS1	4A	4A	4A	4A	TS1
4A	4A	4A	4A	TS1	COM	COM	COM	COM	TS1
4A	4A	4A	4A	TS1	0	0	0	0	TS1
4A	4A	4A	4A	TS1	3	2	1	0	TS1
4A	4A	4A	4A	TS1	32	32	32	32	TS1
4A	4A	4A	4A	TS1	2	2	2	2	TS1
4A	4A	4A	4A	TS1	0	0	0	0	TS1
COM	COM	COM	COM	TS1	4A	4A	4A	4A	TS1
0	0	0	0	TS1	4A	4A	4A	4A	TS1
0	1	2	3	TS1	4A	4A	4A	4A	TS1

（アップストリーム・ポートがレーン反転に対応していない場合は自分のレーン番号を出力する）

図12-11 コンフィグレーション状態3…レーン反転に対応していない場合は自分のレーン番号を返す

ストリーム・ポートが対応している場合の2通りがあるので，初めにダウンストリーム・ポートが対応している場合を，次にアップストリーム・ポートが対応している場合を説明します．

レーン反転の場合でも，(1)から(4)までのシーケンスは前述の場合とまったく同じなので省略して(5)から説明を始めます．

(5) コンフィグレーション状態3：アップストリーム・ポートからレーン番号の通知

アップストリーム・ポートはPADでないレーン番号を受け取ると，自身もレーン番号の出力を始めます．ここでアップストリーム・ポートは自身のレーン番号と違うレーン番号をダウンストリーム・ポートから受け取っていることを認識します．しかし，この場合はアップストリーム・ポートがレーン反転に対応していないため，自身のレーン番号をTS1に出力します（図

Dn0	Dn1	Dn2	Dn3	Dn_Status	Up0	Up1	Up2	Up3	Up_Status
4A	4A	4A	4A	TS1	0	0	0	0	TS1
COM	COM	COM	COM	TS1	4A	4A	4A	4A	TS1
0	0	0	0	TS1	4A	4A	4A	4A	TS1
0	1	2	3	TS1	4A	4A	4A	4A	TS1
32	32	32	32	TS1	4A	4A	4A	4A	TS1
2	2	2	2	TS1	4A	4A	4A	4A	TS1
0	0	0	0	TS1	4A	4A	4A	4A	TS1
4A	4A	4A	4A	TS1	4A	4A	4A	4A	TS1
4A	4A	4A	4A	TS1	4A	4A	4A	4A	TS1
4A	4A	4A	4A	TS1	4A	4A	4A	4A	TS1
4A	4A	4A	4A	TS1	4A	4A	4A	4A	TS1
4A	4A	4A	4A	TS1	COM	COM	COM	COM	TS1
4A	4A	4A	4A	TS1	0	0	0	0	TS1
4A	4A	4A	4A	TS1	3	2	1	0	TS1
4A	4A	4A	4A	TS1	32	32	32	32	TS1
4A	4A	4A	4A	TS1	2	2	2	2	TS1
4A	4A	4A	4A	TS1	0	0	0	0	TS1
COM	COM	COM	COM	TS1	4A	4A	4A	4A	TS1
0	0	0	0	TS1	4A	4A	4A	4A	TS1
3	2	1	0	TS1	4A	4A	4A	4A	TS1
32	32	32	32	TS1	4A	4A	4A	4A	TS1
2	2	2	2	TS1	4A	4A	4A	4A	TS1
0	0	0	0	TS1	4A	4A	4A	4A	TS1
4A	4A	4A	4A	TS1	4A	4A	4A	4A	TS1

(注：ダウンストリーム側でレーン反転に対応)

図12-12 コンフィグレーション状態4…ダウンストリーム側で反転したものを送り返す

12-11).

（6）コンフィグレーション状態4：ダウンストリーム・ポートがレーン反転
　ダウンストリーム・ポートはPADでないレーン番号を受信し，アップストリーム・ポートから自身のレーン番号と違うレーン番号が返されていることを認識します．この例では，ダウンストリーム・ポートはレーン反転に対応しているため，レーン番号を反転したものを送り返します（**図12-12**）．

（7）コンフィグレーション状態の終了
　自分が出しているレーン番号と同じものが相手から帰ってきたのを確認すると，TS2を送信し始めます．この後の動作は初めの例と同じです（**図12-13**）．

● レーン反転の場合2：アップストリーム・ポートが反転する場合
　次にアップストリーム・ポートがレーン反転に対応している場合を説明します．先ほどと同様に（5）から説明を始めます．

Dn0	Dn1	Dn2	Dn3	Dn_Status	Up0	Up1	Up2	Up3	Up_Status
45	45	45	45	TS2	COM	COM	COM	COM	TS1
45	45	45	45	TS2	0	0	0	0	TS1
45	45	45	45	TS2	3	2	1	0	TS1
45	45	45	45	TS2	32	32	32	32	TS1
45	45	45	45	TS2	2	2	2	2	TS1
45	45	45	45	TS2	0	0	0	0	TS1
COM	COM	COM	COM	TS2	4A	4A	4A	4A	TS1
0	0	0	0	TS2	4A	4A	4A	4A	TS1
3	2	1	0	TS2	4A	4A	4A	4A	TS1
32	32	32	32	TS2	4A	4A	4A	4A	TS1
2	2	2	2	TS2	4A	4A	4A	4A	TS1
0	0	0	0	TS2	4A				TS1
45	45	45	45	TS2	4A				TS1
45	45	45	45	TS2	4A	4A	4A	4A	TS1
45	45	45	45	TS2	4A	4A	4A	4A	TS1
45	45	45	45	TS2	4A	4A	4A	4A	TS1
45	45	45	45	TS2	COM	COM	COM	COM	TS2
45	45	45	45	TS2	0	0	0	0	TS2
45	45	45	45	TS2	3	2	1	0	TS2
45	45	45	45	TS2	32	32	32	32	TS2
45	45	45	45	TS2	2	2	2	2	TS2
45	45	45	45	TS2	0	0	0	0	TS2
COM	COM	COM	COM	TS2	45	45	45	45	TS2
0	0	0	0	TS2	45	45	45	45	TS2
3	2	1	0	TS2	45	45	45	45	TS2
32	32	32	32	TS2	45	45	45	45	TS2
2	2	2	2	TS2	45	45	45	45	TS2
0	0	0	0	TS2	45	45	45	45	TS2
45	45	45	45	TS2	45	45	45	45	TS2

自分の反転したレーン番号でTS2の送信を開始

図 12-13　コンフィグレーション終了…送信したものと同じレーン番号が返ってきたらアップストリーム・ポートが TS2 の送信を開始する

(5) コンフィグレーション状態 3：アップストリーム・ポートからレーン番号の通知

アップストリーム・ポートはPADでないレーン番号を受け取ると，自身もレーン番号の出力を始めます．ここでアップストリーム・ポートは自身のレーン番号と違うレーン番号をダウンストリーム・ポートから受け取っていることを認識します．今の場合，アップストリーム・ポートはレーン反転に対応しているため，内部的にレーンの入れ替えを行って送信する TS1 には受信したレーン番号をそのまま送り返します．つまり外見の動作としてはレーン反転がない場合とまったく同じで，その後の動作もまったく同じになります．

● ダウンストリーム・ポートが x4 の 1 ポートまたは x2 の 2 ポートとして使える場合

今までの例は，リンク番号はすべてのレーンで共通の値を使っていましたが，今度はレーンによってリンク番号が違う場合を説明します．ダウンストリーム・ポートによっては一つのポートを二つまたはそれ以上のポートに分割して使える機能に対応しているものがあります．例えば今から説明する例のように，4 レーンあるポートを x4 の一つのポートとして使うか，x2 の二つのポートとして使うかのいずれかを選べるようなものです．この場合，ダウンストリーム・ポートはデバイスが接続されないことには，x4 のポートと使われるのか x2 のポートとして使われるのかが分かりません．そのためにリンク番号を使ってリンク・トレーニング中にそれを判別する必要があります．

今の場合でも，(1) と (2) の処理は通常の場合と同じなので，(3) の処理から説明を始めます．

(3) コンフィグレーション状態の開始：リンク番号の通知

ダウンストリーム・ポートは，リンク番号にポートによってあらかじめ決

Dn0	Dn1	Dn2	Dn3	Dn_Status	Up0	Up1	Up2	Up3	Up_Status
4A	4A	4A	4A	TS1	0	0	0	0	TS1
COM	COM	COM	COM	TS1	4A	4A	4A	4A	TS1
0	0	1	1	TS1	4A	4A	4A	4A	TS1
PAD	PAD	PAD	PAD	TS1	4A	4A	4A	4A	TS1
32	32	32	32	TS1	4A	4A	4A	4A	TS1
2	2	2	2	TS1	4A	4A	4A	4A	TS1
0	0	0	0	TS1	4A	4A	4A	4A	TS1
4A	4A	4A	4A	TS1	4A	4A	4A	4A	TS1
4A	4A	4A	4A	TS1	4A	4A	4A	4A	TS1
4A	4A	4A	4A	TS1	4A	4A	4A	4A	TS1
4A	4A	4A	4A	TS1	4A	4A	4A	4A	TS1
4A	4A	4A	4A	TS1	COM	COM	COM	COM	TS1
4A	4A	4A	4A	TS1	0	0	0	0	TS1
4A	4A	4A	4A	TS1	PAD	PAD	PAD	PAD	TS1
4A	4A	4A	4A	TS1	32	32	32	32	TS1
4A	4A	4A	4A	TS1	2	2	2	2	TS1
4A	4A	4A	4A	TS1	0	0	0	0	TS1
COM	COM	COM	COM	TS1	4A	4A	4A	4A	TS1
0	0	1	1	TS1	4A	4A	4A	4A	TS1
PAD	PAD	PAD	PAD	TS1	4A	4A	4A	4A	TS1
32	32	32	32	TS1	4A	4A	4A	4A	TS1
2	2	2	2	TS1	4A	4A	4A	4A	TS1
0	0	0	0	TS1	4A	4A	4A	4A	TS1
4A	4A	4A	4A	TS1	4A	4A	4A	4A	TS1

複数のリンク番号から一つを選んですべてに同じリンク番号を返す

図 12-14 コンフィグレーション開始…複数のリンク番号を受け取った場合は一つを選ぶ

められた番号を，レーン番号にPADをセットしたTS1をすべてのレーンに送信します．このポートは二つのx2のポートとしても動作することができるため，2本のレーンごとに別々のリンク番号が割り当てられます．例ではレーン0と1のリンク番号には0を，レーン2と3のリンク番号には1を出力しています．

　一方，アップストリーム・ポートは，初めはポーリングと同様にリンク番号とレーン番号にPADをセットしたTS1を送信しますが，ダウンストリーム・ポートからPADでないリンク番号を受け取ると，それを自身のTS1のリンク番号へセットして送信します．しかし今の場合は，複数のリンク番号を受け取っているため，その中から任意の一つを選んで自身のレーンすべてに同じリンク番号を返します（**図12-14**）．

(4) コンフィグレーション状態2：ダウンストリーム・ポートからレーン番号の通知

　自分が送ったものの一つと同じリンク番号が返ってくると，ダウンスト

Dn0	Dn1	Dn2	Dn3	Dn_Status	Up0	Up1	Up2	Up3	Up_Status
4A	4A	4A	4A	TS1	0	0	0	0	TS1
COM	COM	COM	COM	TS1	4A	4A	4A	4A	TS1
0	0	1	1	TS1	4A	4A	4A	4A	TS1
PAD	PAD	PAD	PAD	TS1	4A	4A	4A	4A	TS1
32	32	32	32	TS1	4A	4A	4A	4A	TS1
2	2	2	2	TS1	4A	4A	4A	4A	TS1
0	0	0	0	TS1	4A	4A	4A	4A	TS1
4A	4A	4A	4A	TS1	4A	4A	4A	4A	TS1
4A	4A	4A	4A	TS1	4A	4A	4A	4A	TS1
4A	4A	4A	4A	TS1	4A	4A	4A	4A	TS1
				TS1	COM	COM	COM	COM	TS1
				TS1	0	0	0	0	TS1
				TS1	PAD	PAD	PAD	PAD	TS1
				TS1	32	32	32	32	TS1
4A	4A	4A	4A	TS1	2	2	2	2	TS1
4A	4A	4A	4A	TS1	0	0	0	0	TS1
COM	COM	COM	COM	TS1	4A	4A	4A	4A	TS1
0	0	0	0	TS1	4A	4A	4A	4A	TS1
0	1	2	3	TS1	4A	4A	4A	4A	TS1
32	32	32	32	TS1	4A	4A	4A	4A	TS1
2	2	2	2	TS1	4A	4A	4A	4A	TS1
0	0	0	0	TS1	4A	4A	4A	4A	TS1
4A	4A	4A	4A	TS1	4A	4A	4A	4A	TS1

（注：左側の空欄に「すべてのレーンのリンク番号を返ってきた値にして，0～n-1までのレーン番号をセットしたTS1を送る」という注釈あり）

図12-15 コンフィグレーション状態2…リンク番号0とレーン番号0～3をセットしたTS1を送信開始

リーム・ポートはその番号をすべてのレーンのリンク番号にセットし，0 か ら $n-1$ までのレーン番号をセットした TS1 を送り始めます（図 12-15）．この後は通常の場合と同じ動作になります．

● 2.5 Gbps から 5 Gbps への移行

　ここまで説明してきたリンク・トレーニングは常に 2.5 Gbps のスピードで行われます．5 Gbps のためのリンク初期化は存在しません．それでは，どのようにして 5 Gbps になるのかというと，いったん 2.5 Gbps で L0 になった後にリカバリ状態になり，そこで 2.5 Gbps から 5 Gbps へと変更します．

　TS1/TS2 オーダード・セットにスピード・チェンジ（データ・レート ID シンボルの 7 ビット目）というビットが新設され，リカバリのときにこのビットをセットすることによって現在のスピードから別のスピードへの遷移を要求します．リカバリではスピード・チェンジをセットすると同時にデータ・レート ID シンボル内の自分がサポートできるスピードに対応したビットもセットします．そしてお互いが対応できる一番速いスピードへ遷移を行います．現在のところ 2.5 Gbps よりも速いスピードは 5 Gbps しか選択肢はないのですが，Gen3 の 8 Gbps やさらにその先の Gen4 や Gen5 が追加になっても大丈夫なように仕様が決められています．

　実際にスピードを変更するときにはいったん出力を電気的アイドル状態にし，変更後に新しいスピードで TS1 を送り始めてリカバリを継続します．

● x8 から x4 への動的な移行

　PCI Express 2.0 ではレーンの幅を動的に変更できる機能も追加されました．1.1 まではレーン幅は初めのリンク・トレーニングのときに決まってしまい，レーン幅を変えたい場合はリンク・トレーニングをやり直す以外に方法はありませんでした．一方，一般的にデバイスは常に最大のバンド幅を必要としているわけではなく，少ないレーン数でも足りる場合が多くあります．そのようなときには必要最小限のレーン数に変えられれば省電力になります．

　そこで，Gen2.0 では動的にリンク幅を変更できるように機能追加されました．処理としては 2.5 Gbps から 5 Gbps への遷移のときと同様で，レーン幅を変えるためのネゴシエーションを行って，いったん電気的アイドル状態にした後に，レーン数を変更したいものに変えてリカバリを継続します．

索引

【数字・記号】

1次PLL —— 216
1対1接続 —— 47, 48
2次PLL —— 216
3端子コンデンサ —— 114, 115, 116, 117
8b/10b符号 —— 口絵4, 口絵5, 36, 37, 38, 40, 46, 47, 133
16ビット・プロテクト・モード —— 272
16ビット・リアル・モード —— 272
32ビット・プロテクト・モード —— 272
σ —— 235

【アルファベット】

ACK —— 32
ACK DLLP —— 33
ACPI —— 246
Active Power State Management —— 22
AC結合 —— 22, 46, 47, 54, 55, 65, 75, 81
AER —— 290
AGP —— 17
Aliasing —— 190
Anyモード —— 283
Application Specific Integrated Circuit —— 94
APSM —— 22
ASIC —— 23, 91
Assertion —— 202
ASSP —— 93
Base Specification —— 42, 46, 51
BER —— 183
BGA —— 98, 101, 114, 121, 180
Bias Tee —— 230
BIOS —— 158
BIST —— 259
Bit Error Rate —— 183
Cardbus CISポインタ —— 260
CBB —— 60, 221
CDR —— 口絵5, 50
CEM Specification —— 口絵6, 42, 103, 107
CLB —— 198
Clock Jitter Tool —— 217
CMRR —— 230
Comma —— 38
Comma Separated Value —— 205
Common Mode Rejection Ratio —— 230
CompactPCI —— 17
Completion Data —— 30
Completion Header —— 30
Compliance Base Board —— 60
Compliance Checklist —— 203
Compliance Load Board —— 198
Compliance Test —— 196
COMシンボル —— 38, 40, 45
Configuration Space —— 201
CPLD —— 30
CPLH —— 30
CRC —— 22, 32
CRCエラー —— 31, 33
CRC計算アルゴリズム —— 160
CSV —— 205
Cumulative Distribution Function —— 239
Cyclic Redundancy Code —— 22
Data Link Layer Packet —— 33
DDR —— 口絵1, 口絵4, 17, 56, 95, 96
Digital Visual Interface —— 51
Direct Memory Access —— 136
Directモード —— 283
DisplayPort —— 20
D_j —— 211
DMA —— 136, 246
DMA read —— 136, 137, 138, 150, 151, 152, 153, 156, 159
DMA write —— 136, 137, 150, 152, 156
DMAコントローラ —— 137
Dual-Diracモデル —— 237
DVI —— 51, 56
ECAM —— 253
ECRC —— 29, 30, 32
EDBシンボル —— 38
EHCIコントローラ —— 291
EIEシンボル —— 38
EIEOS —— 38, 43
EIOS —— 38, 43
EISA —— 17
Electrical Idle Exit —— 38
Electrical Idle Exit Ordered Set —— 38
Electrical Idle Ordered Set —— 38
Electrical Test Procedures —— 204
Electro-Magnetic Interference —— 46
EMI —— 46, 51
ENDシンボル —— 38, 39
End —— 38
EnD Bad —— 38
End-to-end CRC —— 30
Enhanced Message Signaled Interrupt —— 265
ESL —— 114, 116
Expressチップセット —— 42, 150, 247, 275
Expressモジュール —— 43
Eye Opening —— 185
Fast Training Sequence —— 38
FCクレジット・ステータス —— 28
FDO —— 292
FET —— 232
FibreChannel —— 210
Field Effect Transistor —— 232
Field Programmable Gate Array —— 165
FPGA —— 23, 91, 92
FPGAコンフィグレーション —— 124
FR-4 —— 22, 61, 82
FTS —— 38, 43
Functional Device Object —— 292
Gaussian —— 190
Gen2 —— 18, 42, 69, 72, 73, 74, 76, 77, 78, 80, 81, 82, 101, 102, 132, 141, 143, 149
Gen3 —— 42, 69
Golden PLL —— 193
GPCIe —— 147
HDMI —— 20, 56
High-Definition Multimedia Interface —— 20
High Speed USB —— 24
HyperTransport —— 58
IDL —— 38
Idle —— 38
Init FC1 —— 33
Init FC2 —— 33
Intellectual Property —— 94
Interoperability —— 183
Inter-Symbol Interference —— 36
I/O空間 —— 135
I/Oベース —— 262
I/Oベース上位16ビット —— 263
I/Oリクエスト —— 28
I/Oリミット —— 262
I/Oリミット上位16ビット —— 263
IP —— 23
IPコア —— 94, 99, 100, 131, 136, 139, 140, 141, 142, 143, 145, 146
IRQ開放 —— 296

索引 **321**

ISA —— 17	PBAオフセット/PBA BIR —— 268	Power Management Capabilities —— 265
ISE —— 99	PCI —— 14	Power Management Control/Status Register —— 265
ISI —— 36	PCI BIOSモード —— 283	Power QUICC —— 24
JTAG経由 —— 143	PCIEXBARレジスタ —— 275	Probability Density Function —— 211
Knee Frequency —— 191	PCI Express機能レジスタ —— 34, 35	Programmed Input/Output —— 136
Kコード —— 37	PCI Local Bus Specification —— 256	Q_{BER} —— 237
L0 —— 304	PCI-SIG —— 17	QoS —— 32
L1 —— 304	PCI-to-PCI Bridge Architecture Specification —— 256	Qスケール —— 240
LCRC —— 30	PCI-X —— 14	Recovery —— 304
LDO —— 104, 108	PCIコンパチブル・コンフィグレーション空間 —— 255	Retry Buffer —— 170
LDOリニア・レギュレータ —— 109	PCIデバイス固有空間 —— 255	Retry TAG Buffer —— 170
LFSR —— 40	PCMCIA —— 43	R_j —— 211
Link CRC —— 30	PCS —— 口絵1, 口絵5, 92, 94, 133	Scatter/Getterモード —— 166
Link Training and Status State Machine —— 303	PD —— 30	SDP —— 38, 39
Link&Transaction Layer —— 201	PDF —— 211	SerDes —— 口絵5, 48, 133, 168
Linuxカーネル —— 279	PDO —— 292	Serial ATA —— 56
LTSSM —— 303	Pending Bit Array —— 267	SiGeバイポーラ・トランジスタ —— 232
MAC層 —— 23, 93, 94, 96, 102, 133	Personal Computer Memory Card International Association —— 201	Signal Quality Test Methodology —— 204
Max Payload Size —— 29, 140	PH —— 30	SIGTEST —— 204
MCA —— 17	Phy Electrical Test Considerations —— 203	SKIP —— 38, 43
Measurement Load —— 196	PHY Interface for the PCI Express Architecture —— 24, 101	SKIPオーダード・セット —— 45
Media Access Control Layer —— 23, 94	Physical Coding Sublayer —— 94	SKPシンボル —— 38, 41, 45
median —— 203	Physical Device Object —— 292	SMAケーブル —— 204
Median Peak Jitter —— 205	Physical Layer —— 201	SMA同軸 —— 196
Message Signaled Interrupt —— 264	PHYチップ —— 口絵1, 口絵2, 口絵4, 口絵5, 口絵7, 口絵8, 23, 91, 92, 93, 94, 95, 96, 97, 98, 100, 101, 133, 139, 148, 172	SMP —— 221
Midbus —— 104, 119	PICMG —— 43	Spread Spectrum Clock —— 51
Midbusプローブ —— 120	PIO —— 136	SSC —— 51
Mini-Card —— 43	PIO read —— 136, 156	Start of DLLP —— 38, 39
MMCONFIG —— 274, 283	PIO write —— 136, 156	Start of TLP —— 38, 39
MSI —— 264	PIPE —— 24, 92, 93, 94, 96, 99, 100, 101, 102	STP —— 38, 39
MSI-X —— 264	PIPE配線 —— 97, 98	SuperSpeed USB —— 24
MSI-Xキャパビリティ・ストラクチャ —— 267	Platform Configuration —— 202	TC —— 177
MSI-Xペンディング・ビット・アレイ —— 267	PLLクロック・リカバリ方式 —— 50	TIE —— 187
MSIキャパビリティ・ストラクチャ —— 265	PLP —— 132	Time Interval Error —— 187
MXM-SIG —— 201	PMA —— 口絵1, 口絵4, 92, 133	T_j —— 211
NAK —— 32	PMC —— 265	TLP —— 28, 29, 32, 33, 34
NAK DLLP —— 33	PMCSR —— 265	TLPシーケンス番号 —— 32
Non Posted Data —— 30	PMCSR_BSEブリッジ・サポート・エクステンション —— 265	TLPダイジェスト —— 29
Non Posted Header —— 30	PME —— 30	TLPヘッダ —— 31
NPD —— 30	Polling —— 303	TMDS —— 56
NPH —— 30	Posted Data —— 30	Total Jitter —— 211
NRZ —— 224	Posted Header —— 30	Transaction Layer Packet —— 28
OLPCモード —— 284	Power Management Event —— 30	TriModeプローブ —— 233
One Laptop per Child —— 284		TS1 —— 43
Operating Systemキャパビリティ —— 277		TS2 —— 43
_OSC —— 277		USB —— 56
PAD —— 38, 39		USB 2.0 —— 24
PBA —— 267		USB 3.0 —— 24
		VC —— 32
		Virtual Channel —— 32

VITA —— 43
WalmaによるアルゴリズM —— 160
Write Combining —— 138
x —— 26
x86アーキテクチャ —— 244
XMC —— 43

【あ・ア行】
アイ・ダイヤグラM —— 183
アイドル・サイクル —— 152
アイ・パターン —— 59
アップストリーM・ポート —— 309
アドイン・カード —— 43, 48, 54, 60, 65, 68, 70, 71, 72, 75, 76, 81, 91
アドイン・カードの外形寸法 —— 87
アドバンスト・エラー・リポーティング —— 290
イコライザ —— 191
位相インターポレータ・クロック・リカバリ方式 —— 50
板厚 —— 口絵6
インターロック —— 174
インダクタンス —— 234
エイリアシング —— 190
エッジ・コネクタ —— 口絵6, 64
エッジ・フィンガ —— 54, 64, 71, 72
エラー検知 —— 32
エラー訂正 —— 32
エラスティック・バッファ —— 口絵5, 37, 41, 45, 51
エレクトリカル・テスト —— 179
エンティティ —— 146
エンドポイント —— 口絵2, 口絵8, 26, 91, 118
オーダード・セット —— 42, 43
オーダリング・ルール —— 30
オーバシュート —— 190
オシロスコープ —— 60
オフセット電圧 —— 46

【か・カ行】
カード・エッジ —— 口絵6
カード・エッジ・コネクタ —— 76
外形寸法 —— 103
外挿 —— 239
ガウス —— 190
拡張PCI Express機能レジスタ —— 34, 35
拡張ROMベース・アドレス —— 261, 263
拡張領域 —— 34
確率密度関数 —— 211
仮想チャネル —— 32
活線挿抜 —— 22
カットオフ周波数 —— 188

ガラス・エポキシ基板 —— 22, 61
ガラス繊維 —— 82
疑似差動接続 —— 228
疑似ランダム・ビット・パターン —— 185
基本入出力インターフェース —— 244
キャッシュ・スヌープ —— 299
キャッシュ・フィル —— 298
キャッシュ・フラッシュ —— 299
キャッシュ・メモリ —— 259
キャッシュ・ライン・サイズ —— 259, 300
キャッシュ・ライン・サイズ・レジスタ —— 250
キャパビリティID —— 265
キャパビリティ・ポインタ —— 259
キャパビリティ・ポインタ・レジスタ —— 259
キャパビリティ・リスト —— 255
キュー —— 30
共振 —— 77, 78, 80
極性 —— 22, 42, 44
グラウンド・ビア —— 78, 79, 80, 81
クラス・コード —— 259
クリーン・クロック —— 191
クロストーク —— 16, 97, 98
クロック再生 —— 口絵5, 47, 50, 51
ケーブル仕様 —— 21
コア電源 —— 108, 109, 116, 117
コア電源パターン —— 116, 117
高周波損失 —— 48
高速トランシーバ —— 103, 104, 106, 107, 108, 109, 113
高速トランシーバ電源 —— 113
高速トランシーバ電源パターン —— 115, 116
高速トランシーバ内蔵FPGA —— 91, 93, 103
高速トランシーバ・ブロック —— 114
ゴールド・スーツ —— 179
互換領域 —— 34, 35
コマンド —— 33
コマンド・レジスタ —— 250
コモン・パケット・ヘッダ・フィールド —— 252
コモン・モード —— 205
コモン・モード除去比 —— 230
コモン・モード・ノイズ —— 46
コンフィグレーション・アクセス —— 34
コンフィグレーション空間 —— 34, 135
コンフィグレーション・テスト —— 179

コンフィグレーション・トランザクション —— 248
コンフィグレーション・ライト・サイクル —— 249
コンフィグレーション・リード・サイクル —— 249
コンフィグレーション・リクエスト —— 28
コンフィグレーション・レジスタ —— 34, 35
コンフィグレーション・レジスタ・キャパビリティ・リスト —— 247
コンプライアンス・チェックリスト —— 202
コンプライアンス・テスト —— 42, 204
コンプライアンス・パターン —— 45, 46
コンプライアンス・ワークショップ —— 179
コンプリーション —— 28, 30, 135
コンボリューション —— 237

【さ・サ行】
サイクル・ツー・サイクル・ジッタ —— 187
最小Gnt —— 261
最大ペイロード・サイズ —— 140, 169
最大偏差 —— 203
最大リード要求長 —— 153
最大レイテンシ —— 261
サイドバンド信号 —— 30
差動インピーダンス —— 72, 119
差動信号 —— 17
差動信号線路 —— 65, 68, 77
差動信号パターン —— 63, 71, 75
差動線路 —— 61, 65, 68, 69, 72, 74, 75, 76, 78
差動伝送 —— 46
差動パターン —— 55, 60, 61, 63, 64, 65, 69, 73, 77, 80, 81, 82
差動ビア —— 65, 66, 67, 68, 79
差動プローブ —— 59
差動ペア —— 25, 65, 78
サブシステムID —— 261
サブシステム・ベンダID —— 260
参照層 —— 72, 61, 63, 64, 68, 69
サンプリング周波数 —— 190
シーケンス番号 —— 33
磁界分布 —— 67
時間間隔エラー —— 187
時間推移 —— 209
シグマ —— 235
システム・ボード —— 48, 51, 54
ジッタ —— 185
ジッタ伝達関数 —— 188
ジッタ伝達モデル —— 216

索引 323

ジッタ・ノイズ・フロア —— 226
ジッタ・ワーキング・グループ
　—— 215
周期性ジッタ —— 210
従属バス番号 —— 262
終端抵抗 —— 57, 68, 69, 98
周波数スペクトラム —— 209
周波数帯域 —— 189
周波数偏差 —— 45
終了処理 —— 295
受信端最小アイ幅 —— 186
受信端最小ピーク・ツー・ピーク
　差動電圧 —— 186
受信端差動電圧 —— 186
巡回冗長コード —— 22
小振幅 —— 46
シングルエンド・アクティブ・プ
　ローブ —— 203
シングルエンド線路 —— 68, 72
シングルエンド・ビア —— 67, 68
信号品質テスト —— 183
真の差動接続 —— 230
シンボル間干渉 —— 36, 48, 49
シンボル境界 —— 305
シンボル・ロック —— 303
スイッチ —— 26, 91
スイッチング・ノイズ —— 104,
　110, 111, 112, 113
スイッチング・レギュレータ
　—— 104, 108, 109, 110, 111
スクランブル —— 40
ステータス・レジスタ —— 250
ステップ波形 —— 309
ステップ・レスポンス —— 309
スヌープ・フィルタ —— 299
スピード・チェンジ —— 306
スプリット・トランザクション —— 28
スペクトラム・アナライザ —— 218
スペクトラム拡散クロック —— 51
スループット —— 137
スルー・ホール —— 63, 67, 80, 121
スルー・ホール・ビア —— 75, 76, 80, 81
スロット・キャパビリティ・レジ
　スタ —— 269
スロット・コントロール・レジスタ
　—— 269
スロット・ステータス・レジスタ
　—— 269
正規分布 —— 235
制御符号 —— 37
生成多項式 —— 40
セカンダリ・ステータス —— 262
セカンダリ・ステータス・レジスタ
　—— 250

セカンダリ・バス番号 —— 261
セカンダリ・レイテンシ・タイマ
　—— 262
遷移ビット —— 48
線形フィードバック・シフト・
　レジスタ —— 40
相互接続性テスト —— 179
送信端最小ピーク・ツー・ピーク
　差動電圧 —— 186
送信端最大トータル・ジッタ
　—— 186
送信端差動電圧 —— 186
双対単方向伝送 —— 25, 47
ソフトIPコア —— 口絵2, 口絵3,
　口絵4, 口絵8, 99, 100, 133
ソフト・マクロ —— 139

【た・タ行】

ダーティ・クロック —— 216
帯域制御 —— 32
対向デバイス —— 303
ダイナミック・レンジ —— 191
タイプ0コンフィグレーション・
　コマンド —— 251
タイプ1コンフィグレーション・
　コマンド —— 251
タイム・トレンド —— 211
ダウンストリーム・ポート —— 304
ダウン・スプレッド —— 213
畳み込み積分 —— 237
ダンピング抵抗 —— 234
チェックリスト —— 202
遅延 —— 159
遅延時間 —— 169
チップセット —— 34
中央値 —— 203
中心極限定理 —— 235
直流抵抗成分 —— 232
ツリー構造 —— 27
ディエンファシス —— 37, 48, 49, 50, 59, 72
ディジタル・オシロスコープ
　—— 204
ディジタル信号処理 —— 191
低電力モード —— 220
ディラックのデルタ関数 —— 237
データ依存性ジッタ —— 210
データ・インテグリティ —— 30
データ帯域幅 —— 16, 26, 53
データ・ペイロード —— 29, 30
データ・リンク層 —— 27
データ・レート —— 25
データ・レートIDシンボル —— 320
テーブル・オフセット/テーブルBIR
　—— 268
デスクランブル —— 40

テスト・フィクスチャ —— 60, 198, 204, 211
デタミニスティック・ジッタ
　—— 209
デバイスID —— 257
デバイス・ドライバ —— 241
デバイス・リソース割り当て
　—— 245
デフレーミング —— 164
デュアル・シンプレックス —— 25
デュアル・ポート測定法 —— 222
デューティ・サイクル —— 185
デューティ・サイクルひずみ
　—— 210
デルタ関数 —— 237
デルタ時間確度 —— 227
電気サブブロック —— 36, 46
電気的アイドル —— 305
転送性能 —— 147
テンプレート —— 205
電流強度 —— 78
電流分布 —— 62, 63, 64, 69, 79
等価直列インダクタンス —— 114
同時スイッチング・ノイズ
　—— 16, 98
等長配線 —— 39
トータル・ジッタ —— 211
トラフィック・クラス —— 31, 177
トランザクション層 —— 27, 28
トランザクション層パケット
　—— 28
トランシーバ・ブロック —— 162
トランスミッタPLL —— 218
トランスミッタ仕様 —— 196
トレーニング・シーケンス —— 43

【な・ナ行】

内層ベタ層 —— 70, 71
ニー周波数 —— 191
ネイティブHP —— 290
ネクスト・アイテム・ポインタ
　—— 265
ネゴシエーション —— 36
ノイズ対策 —— 105, 111, 112, 113, 114, 115, 116
ノンポステッド —— 135
ノンポステッド・リクエスト —— 30

【は・ハ行】

ハーシーキッス —— 213
ハード・マクロ —— 口絵8, 139
パイ —— 26
バイアスT —— 230
バイト・アンストライピング
　—— 132
波形演算機能 —— 228
波形ひずみ —— 190

パケット —— 22
バス —— 13, 15
バス・インターフェース制御部
　　 —— 241
バスコン —— 116, 117, 118
バスタブ曲線 —— 219
バス・ドライバ —— 241
バス・マスタ停止処理 —— 296
パターン依存性ジッタ —— 210
パッド —— 67, 75, 76, 78, 81
パラレル転送方式 —— 15
バリデーション —— 209
パルス幅ひずみ —— 210
パワーアップ・シーケンス —— 122
パワー・マネジメント —— 33,
　　244, 265
ビア —— 65, 81
ビア・スタブ —— 74, 75, 76,
　　77, 78, 81
ピーク・ツー・ピーク・ジッタ
　　 —— 205
ヒストグラム —— 209
非遷移ビット —— 48
ビット・エラー・レート —— 183
ビット・ロック —— 303
表面電流 —— 67, 77, 78, 79, 81
ファンクション固有レジスタ —— 295
ファンクション制御部 —— 243
フィンガ —— 60, 64, 70
フェライト・ビーズ —— 104, 105,
　　108, 111, 112, 113, 114, 115
フォーム・ファクタ —— 43
フッタ —— 152
物理層 —— 27
物理層回路 —— 47
プライマリ・バス番号 —— 261
プラグ・アンド・プレイ —— 244
プラットホーム・コンフィグレー
　　ション —— 202
プリエンファシス —— 59
ブリッジ —— 26, 91
ブリッジLSI —— 165
ブリッジ・コントロール —— 263
ブリッジ・コントロール・レジスタ
　　 —— 250
ブリッジ・チップ —— 131
プリフェッチャブル・ベース上位
　　32ビット —— 263
プリフェッチャブル・メモリ・
　　ベース —— 263
プリフェッチャブル・メモリ・
　　リミット —— 263
プリフェッチャブル・リミット
　　上位32ビット —— 263
フル・サイズ —— 口絵6

ブレークアウト・エリア —— 64
フレーミング —— 39, 40
フレーミング・シンボル —— 40
フロー制御 —— 28, 30
プローブ・アーム —— 234
プローブ・チップ —— 234
プローブ・パッド —— 81
プロトコル階層 —— 27
プロトコル・テスト —— 179
プロトコル・テスト・カード —— 179
プロトコル変換 —— 26
ペア内スキュー —— 119
ペイロード長 —— 137
ベース・アドレス・レジスタ
　　 —— 254, 260
ベタ層 —— 77, 78
ヘッダ —— 29
ベンダID —— 257
変調プロファイル —— 213
ペンディング・ビット —— 267
ポート —— 25, 26, 32, 91
ポーリング —— 303
ポステッド —— 135
ポステッド・リクエスト —— 30
ホスト・ブリッジ —— 26
ホット・スワップ —— 25
ホット・プラグ —— 25
【ま・マ行】
マイクロストリップ —— 62
マイクロストリップ差動パターン
　　 —— 61
マスク —— 175
マスク・テスト —— 184
マスタ・レイテンシ・タイマ —— 259
マスタ・レイテンシ・タイマ・レ
　　ジスタ —— 250
メジアン・ピーク・ジッタ —— 205
メッセージ —— 28, 30
メッセージ空間 —— 135
メッセージ・コントロール —— 266
メモリ空間 —— 135
メモリ・ベース —— 262
メモリ・マップト・コンフィグ
　　レーション —— 274
メモリ・リクエスト —— 28
メモリ・リミット —— 263
モバイルPCI Expressモジュール
　　 —— 201
【や・ヤ行】
ユニット・インターバル —— 185
容量性負荷 —— 232
【ら・ラ行】
ライザ・カード —— 194
ライト・バック・キャッシュ —— 298
ラッパ・ファイル —— 99, 100

ランダム・ジッタ —— 209
リアルタイム・オシロスコープ
　　 —— 189
リード・レイテンシ —— 174
リカバリ —— 304
リクエスト・パケット —— 28
リターン・ロス —— 220
リニア・レギュレータ —— 108
リビジョンID —— 257
リファレンス・クロック —— 45, 51
リンギング —— 190
リンク —— 26, 30
リンクアップ —— 175
リンク・コントロール・レジスタ
　　 —— 269
リンク・ステータス・レジスタ
　　 —— 269
リンク・トレーニング —— 136
リンク幅 —— 36
リンク番号 —— 305
累積分布関数 —— 239
ルート・コンプレックス —— 91
ルート・キャパビリティ・レジスタ
　　 —— 269
ルート・コントロール・レジスタ
　　 —— 269
ルート・コンプレックス —— 26
ルート・ステータス・レジスタ
　　 —— 269
ループ帯域幅 —— 218
ループバック —— 37
レイテンシ —— 91, 136
レーン —— 17, 25
レーン間スキュー —— 22, 39, 119
レーン間デスキュー —— 39
レーン順序 —— 22, 42, 44
レーン数 —— 22, 44
レーン番号 —— 305
レーン反転 —— 304
レシーバ検出 —— 47
ローカル・バス —— 165
ローパス・フィルタ —— 108,
　　113, 114, 115
ロー・プロファイル —— 口絵6
ロールオフ特性 —— 190
ロジック・アナライザ —— 44
論理サブブロック —— 36
【わ・ワ行】
ワイヤレス・フォーム・ファクタ
　　 —— 43
割り込み処理 —— 244
割り込みピン —— 259
割り込み無効化 —— 296
割り込みライン —— 259

索引　325

参考・引用＊文献

● **全章共通**
(1) PCI-SIG；PCI Express Base Specification Revision 1.0a，April 15，2003．
(2)＊ PCI-SIG；PCI Express Base Specification Revision 1.1，March 28，2005．
(3)＊ PCI-SIG；PCI Express Base Specification Revision 2.0，December 20，2006．
(4) PCI-SIG；PCI Express Base Specification Revision 2.1 March 4，2009．
(5) PCI-SIG；PCI Express Card Electromechanical Specification Revision 1.0a，April 15，2003．
(6)＊ PCI-SIG；PCI Express Card Electromechanical Specification Revision 1.1，March 28，2005．
(7) PCI SIG；PCI Express Card Electromechanical Specification，Revision 2.0，2007．

● **カラー・プレビュー，第3章**
(8) Board Design Guidelines for PCI Express Architecture．
(9) Genesys Logic；GL9714 Datasheet Revision 1.30，Feb，2007．
(10) NXP Semiconductors；PX1011A/PX1012A Product data sheet Rev.02，May，2006．
(11) Texas Instruments；XIO1100 Data Manual，June 2006．
(12) JEDEC Solid State Technology Division；STUB SERIES TERMINATED LOGIC FOR 2.5 VOLTS (SSTL_2)，September，1998．
(13) Intel；PHY Interface for the PCI Express Architecture Version 1.00，June，2003．
(14) Intel；PHY Interface for the PCI Express Architecture Draft Version 1.87，2006．

● **第1章**
(15) 碓井 有三；高速伝送回路の基礎 システム機器設計者に必要なパラメータを理解する，ラムバス デベロッパ フォーラム ジャパン 2003講演資料，2003年7月10日．

● **第2章**［(17)は第8章でも参考］
(16) PCI-SIG；PCI Express Architecture，Add-in Card Compliance Checklist for the PCI Express Base 1.1 Specification，2006．
(17) PCI-SIG；PCI Express PHY Electrical Test Considerations Revision 1.1，2007．
(18) D.Coleman ほか；PCI Express Electrical Interconnect Design，Intel Press，2004．
(19) 荒井 信隆ほか；PCI Express 入門講座，電波新聞社，2007年．

● **第6章**
(20) M. Walma "Pipelined Cyclic Redundancy Check (CRC) Calculation" Proceedings of 16th International Conference on Computer Communications and Networks，pp.365-370，2007．

● **第8章，第9章，Appendix-C**
(21) 中村 正澄；PCI Express デザイン・ガイド――LSI設計者のための設計 Tips，Design Wave Magazine，2003年1月号，CQ出版社．
(22) 畑山 仁；高速シリアル・インターフェースの計測ノウハウ――Gbpsの信号を正しく観測するために，Design Wave Magazine，2004年3月号，CQ出版社．
(23)＊ Howard Johnson and Martin Graham；High-Speed Digital Design, A Handbook of Black Magic，Prentice Hall，1993．
(24) PCI-SIG；PCI Express Architecture Add-in Card Compliance Checklist for the PCI Express Base 1.0a Specification，Revision 1.0，2004．
(25) PCI-SIG；PCI Express Architecture Motherboard/BIOS Compliance Checklist for the PCI Express Base 1.0a Specification，Revision 1.0，2004．
(26) PCI-SIG；PCI Express (Rev1.1) Test Methodologies Data Signal Quality；Reference Clock Jitter,Users Guide for Tektronix Real Time Oscilloscopes,Revision 1.0,September 2006．
(27) Zale Schoenborn；Board Design Guidelines for PCI Express Architecture，PCI-SIG APAC Developers Conference，2004．
(28) PCI Express 1.1 Electrical & Jitter Considerations，PCI-SIG Developers Conference APAC

Tour 2005.
(29) PCI-SIG Compliance Program，PCI-SIG Developers Conference APAC Tour 2005.
(30) PCI Express Jitter Modeling Revision 1.0RD，July 14，2004.
● 第10章，第11章
(31) PCI Local Bus Specification Revision 3.0，February 3，2004.
(32) PCI BIOS SPECIFICATION Revision 2.1，August 26，1994.
(33) PCI Firmware Specification Revision 3.0，June 20，2005.
(34) PCI Bus Power Management Interface Specification Revision 1.2，March 3，2004.
(35) PCI-to-PCI Bridge Architecture Specification Revision 1.2，June 9，2003.
(36) Single Root I/O Virtualization and Sharing Specification Revision 1.0，September 11，2007.
(37) Advanced Configuration and Power Interface Specification Revision 3.0b，October 10，2006.
(38) Intel 945G/945GZ/945GC/ 945P/945PL Express Chipset Family Datasheet，November，2007.
(39) Intel 4 Series Chipset Family Datasheet September，2008.
(40) Linux Kernel Source Code；http://www.kernel.org/
(41) Linux Kernel Source Code ドキュメント（Documentation/*）
(42) How To Write Linux PCI Drivers（Documentation/pci.txt）
(43) The PCI Express Port Bus Driver Guide HOWTO（Documentation/PCIEBUS-HOWTO.txt）
(44) The MSI Driver Guide HOWTO（Documentation/MSI-HOWTO.txt）

著者紹介

■畑山 仁（監修）：プロローグ，第1章，第8章，第9章，Appendix-C，第12章
東京都出身．テクトロニクス社でシニア・テクニカル・エクスパートとして，PCI ExpressやUSB 3.0などの高速シリアル・インターフェース分野を主に担当

■野崎 原生：第1章，第12章
1988年　日本電気㈱入社
2003年　NEC Electronics America, Inc.出向
2009年　NECエレクトロニクス㈱に復帰
2010年　合併により，社名がルネサス エレクトロニクス㈱に変わり現在に至る

■志田 晟：第2章，Appendix-A
1971年　上智大学理工学部卒業
1971年　日本電子㈱入社
1974年　理化学機器の開発設計（高周波・高速デジタル混在回路）関連業務に従事
2010年　分社により，所属会社が㈱JEOL RESONANCEに変わり（引き続き同様の業務）現在に至る

■福田 光治：カラー・プレビュー，第3章
2003年　国立東京工業高等専門学校卒業
2003年　㈱パルテック入社
2005年　高速インターフェース関連業務に従事
2008年　設計・開発事業部立ち上げを兼務，現在に至る

■鈴木 正人：第4章，Appendix-B
山梨県出身
1992年　東京エレクトロン デバイス㈱入社
現在　同社CN事業統括本部 テクニカルマネージャーとしてテクニカル・サポート・チームの統括に従事

■今井 淳：第4章，Appendix-B
群馬県出身
2005年　東京エレクトロン デバイス㈱入社
同社CN事業統括本部フィールド・エキスパート・エンジニアを経て現在に至る

―――― 著者紹介つづき ――――

■川井 敦：第5章，第6章
1971年　東京都生まれ
2000年　東京大学総合文化研究科博士課程修了，博士（学術）取得
2000～2003年　理化学研究所基盤科学特別研究員
2003～2007年　埼玉工業大学教員
現在　㈱K&F Computing Research 取締役

■五十嵐 拓郎：第7章
1973年　新潟県生まれ
1997年　㈱アバールデータ入社
現在　FPGA/ASICなどの開発に従事

■永尾 裕樹：第10章，第11章
NECエンジニアリング㈱基盤テクノロジー事業部で技術エキスパートとしてインターフェース設計に従事．特にUSB，PCI Expressインターフェースのデバイス・ドライバ・ファームウェア設計を得意としている

- ●**本書記載の社名，製品名について** ── 本書に記載されている社名および製品名は，一般に開発メーカーの登録商標です．なお，本文中では™，®，©の各表示を明記していません．
- ●**本書掲載記事の利用についてのご注意** ── 本書掲載記事は著作権法により保護され，また産業財産権が確立されている場合があります．したがって，記事として掲載された技術情報をもとに製品化をするには，著作権者および産業財産権者の許可が必要です．また，掲載された技術情報を利用することにより発生した損害などに関して，CQ出版社および著作権者ならびに産業財産権者は責任を負いかねますのでご了承ください．
- ●**本書に関するご質問について** ── 文章，数式などの記述上の不明点についてのご質問は，必ず往復はがきか返信用封筒を同封した封書でお願いいたします．ご質問は著者に回送し直接回答していただきますので，多少時間がかかります．また，本書の記載範囲を越えるご質問には応じられませんので，ご了承ください．
- ●**本書の複製等について** ── 本書のコピー，スキャン，デジタル化等の無断複製は著作権法上での例外を除き禁じられています．本書を代行業者等の第三者に依頼してスキャンやデジタル化することは，たとえ個人や家庭内の利用でも認められておりません．

JCOPY 〈出版者著作権管理機構委託出版物〉
本書の全部または一部を無断で複写複製（コピー）することは，著作権法上での例外を除き，禁じられています．本書からの複製を希望される場合は，出版者著作権管理機構（TEL: 03-5244-5088）にご連絡ください．

PCI Express設計の基礎と応用

2010年 5月15日　初　版発行　© CQ出版社 2010
2022年10月 1日　第6版発行

編著者　畑山 仁
発行人　櫻田 洋一
発行所　CQ出版株式会社
　　　　東京都文京区千石4-29-14（〒112-8619）
電話　編集　　03-5395-2123
　　　販売　　03-5395-2141

編集担当者　上村 剛士
DTP　（有）新生社
印刷・製本　三晃印刷㈱

乱丁・落丁本はご面倒でも小社宛お送りください．送料小社負担にてお取り替えいたします．
定価はカバーに表示してあります．
ISBN978-4-7898-4641-7
Printed in Japan